燃烧反应动力学

Combustion Reaction Kinetics

齐 飞 李玉阳 苑文浩 著

科学出版社

北 京

内 容 简 介

燃烧反应动力学主要关注燃烧体系中的反应动力学问题,其目的是发展具有高预测性的燃料燃烧反应机理,解释复杂燃烧过程中的反应动力学相关科学问题,并服务于动力装置燃烧室的设计与优化。本书基于作者在燃烧反应动力学领域的长期研究经验,并参考国内外同行的研究成果,旨在介绍燃烧反应动力学实验、理论计算及模拟相关基础知识,并对各类燃料的燃烧反应动力学研究成果进行总结。本书首先介绍燃烧反应动力学的基本概念,继而对燃烧反应动力学相关理论知识和研究中所涉及的实验、理论计算及模拟方法进行了详细介绍;其次,在此基础上,依据层级结构关系和燃料的类型分别介绍了 $C_0 \sim C_4$ 基础燃料机理、大分子碳氢燃料反应机理、含氧燃料反应机理及含杂原子化合物反应机理;最后,介绍燃烧污染物生成机理以及新型燃烧技术中的反应动力学。

本书可作为燃烧学、反应动力学、动力装置设计等领域研究人员的专业参考书,也可作为工程热物理、动力工程、物理化学、能源化学等学科高年级本科生和研究生的教材及教学参考书。

图书在版编目(CIP)数据

燃烧反应动力学=Combustion Reaction Kinetics / 齐飞,李玉阳,苑文浩著. —北京:科学出版社,2021.10

ISBN 978-7-03-067594-1

Ⅰ.①燃… Ⅱ.①齐… ②李… ③苑… Ⅲ.①燃烧-空气动力学 Ⅳ.①TK16

中国版本图书馆CIP数据核字(2021)第002615号

责任编辑:范运年 / 责任校对:王 瑞
责任印制:吴兆东 / 封面设计:蓝正设计

科 学 出 版 社 出版
北京东黄城根北街 16 号
邮政编码:100717
http://www.sciencep.com

中煤(北京)印务有限公司印刷
科学出版社发行 各地新华书店经销

*

2021 年 10 月第 一 版 开本:720 × 1000 1/16
2025 年 1 月第四次印刷 印张:23 1/4
字数:466 000

定价:168.00 元
(如有印装质量问题,我社负责调换)

序　一

　　燃烧是当前全球最主要的一次能源利用方式,在能源、运输、工业、国防等领域有着广泛的应用。从一百万年前人类学会用火至今,对燃烧技术的掌握、创新和改进在文明发展历程中发挥着至关重要的作用。然而,燃烧在为人类带来光明与温暖的同时,也会形成有害排放,对环境和人类健康产生负面影响。这就需要我们对于燃烧中的物理和化学过程有更深入的认识,实现对燃烧现象的预测和燃烧过程的控制,从而更好地利用燃烧。围绕这一需求,燃烧反应动力学应运而生,通过对燃烧中化学反应现象和机理的研究,实现对复杂燃烧反应网络的解析、预测和调控。燃烧反应动力学在化石能源、生物质、推进剂和含能材料、新型燃烧技术等方向均有着广泛的应用,其研究成果对于提高燃烧效率、增强燃烧稳定性、控制燃烧污染物排放意义重大。

　　该书作者团队在燃烧反应动力学领域拥有近二十年的研究经验,特别是在燃烧反应动力学实验技术发展、宽范围模型构建和燃烧反应调控方向取得了国际公认的成就,并在上海交通大学多年讲授《燃烧化学动力学》和《高等燃烧学》两门研究生课程。在该书中,作者系统介绍了燃烧反应动力学实验、理论和模拟方面的基础知识,包括与燃烧反应动力学相关的化学热力学和反应动力学基本概念、理想反应器和层流火焰、燃烧组分诊断方法、量子化学和速率常数计算方法、燃烧反应动力学模拟方法、不确定性分析方法和模型简化方法等。同时,作者还结合自己和国内外同行的研究成果,从模型层级结构的角度对氢气机理、一氧化碳和合成气机理、$C_1 \sim C_4$ 基础燃料反应机理、烷烃反应机理、环烷烃反应机理和芳香烃反应机理进行了详细介绍,并对运输模型燃料的构建策略和汽油、柴油、煤油模型燃料的反应动力学进行了介绍。除碳氢燃料外,本书还进一步介绍了含氧、氮和其他杂元素化合物的燃烧反应机理,这是国外同领域专著中介绍相对较少的部分,将有助于新型生物燃料、推进剂和含能材料、火灾安全等方向的研究学者参考。全书的最后两章一方面对各类燃烧污染物的生成机理进行了系统的总结,另一方面突破了传统燃烧技术的范畴,介绍了等离子体辅助燃烧、催化辅助燃烧和废气再循环等新型燃烧技术中燃烧反应动力学研究的发展情况。

　　该书作为我国燃烧反应动力学领域出版的首部专著,全面地梳理了燃烧反应动力学的理论框架、研究方法和实际应用之间的关系,构建了有特色的章节结构,从燃料分子结构和元素组成的角度分析了燃料对燃烧反应机理的重要作用。全书内容紧密围绕学科交叉和工程需求,对于理论框架的总结有助于读者快速了解燃烧反应动力学研究所需的基础理论，对于实验、理论和模拟方法的总结有助于初学者和其他专业研究人员掌握燃烧反应动力学研究的基本方法，对于各类气液燃料燃烧机理和污染物生成机理的总结可供内燃机、航空发动机和燃气轮机、空天动力等行业的研究人员在发动机设计中运用，对于新型燃烧技术中的反应动力学的总结则为相关方向研究人员开展交叉创新提供了参考。因此，这本书非常适合为燃烧学、反应动力学、动力装置设计等方向的研究人员提供参考，也可以作为工程热物理、动力工程、物理化学、能源化学等学科高年级本科生和研究生的教材或教学参考书。

　　该书的出版，对于我国燃烧学的教学及研究工作将会起到有力的推动作用。

中国工程院院士 黄震

二〇二一年五月四日于上海

序　二

　　燃烧是人类征服自然、建立文明的重要手段，周口店考古发现早在 40～50 万年之前北京猿人就可以有控制地用火。千百年来，燃烧技术的进步一直是人类文明发展的重要驱动力。窑炉燃烧技术的出现带来了金属冶炼水平的进步，使人类进入了青铜时代和铁器时代。燃烧动力和发电技术的出现带来了工业和交通的巨大变革，是工业革命和现代文明的基础。当前，燃烧为人类社会提供了 80%以上的一次能源，被广泛应用于能源、运输、工业、国防、环保、生活等领域。燃烧在造福人类的同时，也会排放出氮氧化物、颗粒物等大气污染物，对环境和人类健康产生影响。无论是燃烧中化学能向热能的转化，还是燃料和空气向大气污染物的转化，都离不开化学反应。燃烧是一个伴随着快速放热的化学反应过程，也是人类所面对的最为复杂的化学反应体系之一。燃烧反应动力学通过实验、理论和模型方法的发展，研究燃烧化学反应现象和机理，从而实现对燃烧反应网络的深入解析、准确预测和精细调控。燃烧反应动力学在化石能源、生物质能、交通运输、航天推进等领域均有着广泛的应用，是发展新型高效清洁燃烧技术的重要理论基础。

　　该书作者长期致力于燃烧反应动力学研究，在燃烧反应动力学实验方法发展、模型研究和反应调控等方面取得了具有国际影响的研究成果，并在上海交通大学开设了《燃烧化学动力学》、《高等燃烧学》两门研究生课程和《燃烧学》本科生课程，具有深厚的研究和教学经验。该书是作者对学科知识和其研究成果的系统总结，也是国内首部针对燃烧反应动力学的专著。在前 4 章中，作者系统介绍了燃烧反应动力学的发展历史、基础知识和研究方法，包括燃烧化学热力学和反应动力学的基本概念和定律、燃烧反应机理、理想反应器、燃烧诊断方法、燃烧反应动力学模拟等。在第 5 章至第 8 章，作者对各类燃料燃烧反应机理进行了系统介绍，包括氢气机理、一氧化碳和合成气机理、基础燃料核心机理、主要碳氢燃料机理以及含氧、氮和其他杂元素化合物的燃烧机理。在碳氢燃料的两个章节中，作者结合最新研究成果从层级结构和反应类的角度对机理发展进行深入的介绍，而在含氧、氮和其他杂元素化合物的两个章节中，作者着重介绍了其特有的反应路径，这也是国外同领域专著中着墨较少的部分，对于可再生燃料、含能材料和推进剂等方向的研究具有重要参考价值。在全书的最后两章中，作者对燃烧各类污染物的生成机理和新型燃烧技术中的燃烧反应动力学机理进行了阐述，主要关注氮氧化物、多环芳烃、碳烟的生成机理以及等离子体辅助燃烧、催化燃烧和废气再循环等新型燃烧技术，可为燃烧调控、燃烧新技术、大气污染物控制等方向的学者提供参考。

　　该书作为一门工程与化学交叉学科的专著，通过对学科相关基础知识、前沿进展和挑战问题的总结分析，系统地梳理了燃烧反应动力学的知识体系。书中的章节结构设置富有特色，特别强调了反应动力学与热科学之间的紧密联系。对于工程领域的研究人员，本书突出了燃料这一燃烧关键要素的重要作用，为深入理解各类燃料的反应机理提供了便利，从而支撑内燃机、燃气轮机、空天动力等行业的工程应用。对于化学领域的研究人员，本文提供了从燃烧学角度对于物理化学、气相自由基化学的新颖认识，不仅可直接支撑能源化学、化学工程、化学动力学等相关方向的研究，还能够为大气化学、天体化学等其他学科方向提供研究思路。除此之外，本书还可以作为动力工程及工程热物理、能源化学、物理化学、化学工程等学科高年级本科生和研究生的专业课程教材或教学参考书。近年我国燃烧反应动力学方向已经取得了长足的进步，希望以本书的出版为契机，吸引更多不同学科的年轻学者来关注燃烧及相关交叉学科的发展，为解决我国在低碳能源、空天动力、国防安全等领域面临的挑战做出积极贡献。

中国科学院院士

二〇二一年八月二十四日于深圳

前　言

　　化石燃料的燃烧提供了目前世界上约 85%的一次能源供应，而且在今后很长一段时间内仍将占据主要地位。由于多煤少油乏气的能源资源结构，我国一次能源供应传统上以煤炭为主，但未来的长期政策性调整将减少煤炭的份额。石油类燃料主要用于为汽车、飞机、舰船等交通运输工具提供动力，在我国当前一次能源供应结构中占据第二重要的地位。随着我国国民经济的发展和整体消费水平的提升，汽车保有量在今后一段时间内还将持续增长，航空和船舶运力也将持续增加，我国石油消耗量将保持在高位，石油类燃料作为我国能源消耗结构主要组成部分的地位不会发生改变。天然气作为我国排名第三位的一次能源，主要通过燃气轮机、燃气锅炉、家用燃气灶具中的燃烧进行发电和供热。

　　燃烧本质上是伴有流动的快速放热化学反应。从能量转化的角度，燃烧是将燃料中存储的化学能转化成热能并做功的过程。燃烧耦合了流动、传质、传热和化学反应等多种物理和化学过程，是工程热物理、物理化学、流体力学等学科的交叉学科。燃烧反应动力学主要关注复杂燃烧体系中的化学问题，将其中的化学问题从复杂的物理过程中解耦出来，物理过程被适当简化处理。燃烧反应动力学研究主要包含实验、理论计算和模拟等方面，其中核心是燃烧反应动力学模型，它描述了燃烧过程的复杂反应网络，包括燃烧中各组分的生成和消耗反应及其速率常数的大小，定义了每个组分的热力学性质及输运性质。燃烧反应动力学模型对更好地理解燃烧本质、预测火焰中关键参数及理解污染物生成机制起到重要作用。

　　鉴于燃烧反应动力学在动力装置燃烧室设计、优化及污染物控制等方面发挥越来越重要的作用，同时得益于实验诊断技术及理论计算方法的不断发展，近 20 年来燃烧反应动力学研究得到了飞速的发展，不断涌现出新方法和新成果，并与其他学科如量子化学、流体力学等进行密切的交叉。一方面，近年来对复杂的实际运输燃料及其烷烃、环烷烃、芳香烃、烯烃组分开展了越来越深入的研究；另一方面，燃烧反应动力学的研究范围也不断拓宽，例如由于生物燃料制备技术的发展，近年来对于生物燃料如醇类、酯类、醚类及呋喃类燃料等研究得到了广泛的关注。在燃料研究范围不断扩展的同时，燃烧反应动力学研究也越来越强调模型的准确性和适用性，越来越多的理论研究关注精确基元反应速率常数，越来越多的新实验方法被用于测量更宽广工况的模型验证数据，同时不确定性分析也被用来评估速率常数及动力学模型的准确性。

　　本书共分为 10 章，按照燃烧反应动力学研究方法和燃料分类组织全书内容。第 1 章简要介绍燃烧反应动力学的概念、研究历史及研究方法。第 2 章简要介绍燃烧反应动力学研究中所涉及的热力学与反应动力学，包括热力学基本概念和定律，生成焓、燃烧热和绝热火焰温度等概念，以及与燃烧反应动力学研究密切相关的基元反应速率常数的多种表达形式，并简要介绍燃烧反应机理层级结构和反应类。第 3 章和第 4 章主要介绍燃烧反应动力学的实验、理论和模拟方法。第 5 章介绍 $C_0 \sim C_4$ 基础燃料反应机理；第 6 ~ 8 章按照燃料不同官能团分别介绍碳氢燃料、含氧燃料及含氮、硫、卤素化合物的燃烧反应动力学规律。第 9 章介绍污染物的生成机理，主要包括氮氧化物、芳香烃和碳烟的生成机理、影响因素及控制策略，并简要介绍 CO、醛酮类和未燃碳氢化合物等其他污染物生成机理。第 10 章介绍新型燃烧技术中的反应动力学，包括等离子体辅助燃烧、催化辅助燃烧和废气再循环。同时还简要介绍柔和燃烧、富氧燃烧、化学链燃烧等新型燃烧技术中的反应动力学。由于受篇幅的限制，本书没有介绍固体燃料(包括煤、生物质、固体废弃物、金属等)，感兴趣的读者可以参考专门的书籍。

　　燃烧反应动力学是本书作者的主要研究方向之一。在近 20 年关于燃烧反应动力学的研究历程中，作者发展了同步辐射真空紫外光电离质谱研究方法，并将其应用于燃烧反应动力学研究的不同体系之中，结合各类反应器对燃料热解、氧化及火焰中的中间产物进行定性和定量的测量，尤其是各类活泼中间产物如自由基、烯醇、过氧化物等。在实验研究的基础上，强调理论计算在燃烧反应动力学研究中的重要性，结合理论计算对各类燃料如 $C_0 \sim C_4$ 基础燃料、烷烃、环烷烃、芳香烃、含氧燃料、含氮燃料及运输模型燃料的详细燃烧反应机理进行了全面的研究。

　　本书中的内容主要以作者的研究成果为基础，并结合国内外其他同行相关研究成果，依据燃料类型的不同，对不同燃料的燃料反应动力学进行分类描述，以使相关领域的同行能够快速方便地理解不同类型燃料的主要燃烧反应类，区分不同官能团的各类燃料在燃烧反应类、燃烧反应特性及燃烧反应网络方面的异同。

　　本书撰写过程中得到了国内燃烧反应动力学领域同行的大力支持，包括清华大学杨斌教授、中国科学技术大学王占东教授、张李东副教授、大连理工大学叶莉莉副教授、厦门大学蔡江淮副教授、天津大学程占军副教授和合肥工业大学贾良元副教授。同时要特别感谢正在求学或已毕业的博士后和研究生，包括李伟、张晓愿、李天宇、王国情、曾美容、张凤、周忠岳、张奎文、赵龙、王毓、金汉锋、邹家标、曹创创、张言、梅博文、杨晓媛、刘鹏、马思远、张建国、夏静娴、刘尊迪等。感谢北京航空航天大学王娟教授、广西大学卫立夏教授、中国科学院工程热物理研究所田振玉研究员对本书提出的宝贵意见。他们的辛勤劳动和无私奉献才促成了本书的完稿。最后特别感谢国家自然科学基金委员会、科学技术部、中国科学院多年来对该领域提供的项目支持，以及上海交通大学和中国科学技术大学提供的条件支持。

本书从开始撰写到统稿，历时三年多，中间经历多次修改。尽管如此，书中仍不免存在疏漏和不尽完善之处，恳请各位专家和读者斧正。

齐　飞　李玉阳　苑文浩

2021 年 3 月

目　　录

第1章 绪 论

1.1 燃烧反应动力学简介

燃烧是人类最伟大的发现之一，也是人类最早开始拥有的重要技术之一。东方和西方社会流传着许多关于火的神话故事和美丽传说。在古希腊神话中，火是普罗米修斯从宙斯手中偷来赠送给人类的。在我国古代传说中，燧人氏发明了钻木取火技术，并教人用火烹煮食物，结束了远古人类茹毛饮血的历史，从此战胜黑暗和寒冷，开创了伟大的华夏文明。古人云"火燄蓬勃，久之乃息"，在世人的眼中，火焰象征着光明、温暖、激情和希望，而事实上，它是自然界普遍存在的一种燃烧现象。

燃烧不仅出现在我们日常生活中的方方面面，也是人类文明和工业化进程的重要驱动力。从烹饪取暖到发电运输，从冶炼锻造到国防军工，燃烧技术被广泛应用于人类的生活和生产活动中，促进了文明的进步和社会的发展。目前世界能源消耗总量中，天然气、石化燃料(如汽油、柴油、航空煤油)、煤炭等化石燃料的燃烧占据了约 85%的份额[1]。煤炭作为一种重要的固体燃料，其燃烧通常被应用在火力发电中；天然气和石化燃料的燃烧常常被应用于交通运输、日常生活和国防军工等领域。随着世界石油开采高峰的临近，国际上一些经济学家提出了"后石油时代"的概念，为此各国正在积极寻找可再生替代能源。以生物燃料为代表的生物能源是当前主要的替代能源之一，它具有可再生、低污染、储量丰富等一系列优点，一般可以通过生物质的热化学转化、发酵精炼或生物合成气的费-托合成来获得。在石油资源日益消耗的今天，生物燃料作为汽油、柴油、航空煤油的添加剂和替代燃料受到了广泛关注，其发展对于实现碳中和具有重要意义。

化石燃料的燃烧是一把双刃剑。一方面，化石燃料提供了人类生活和社会发展必不可少的能源，另一方面，化石燃料的燃烧过程又产生了温室气体和大量污染物，对人类赖以生存的环境造成严重威胁。温室气体的排放引发了全球变暖，在这种大环境下，我国在过去的一个世纪里平均气温增长了 0.5~0.8℃。同时，燃烧产生的污染物导致日趋严重的环境恶化。特别是近年来，我国由颗粒物排放引发的雾霾天气发生频率之高、波及范围之广、污染程度之重前所未有，时刻威胁着国民的健康。另外，燃烧与发动机性能密切相关，现代发动机的发展趋势是高性能、高效率和低污染，先进的发动机燃烧技术在保障国防安全和能源安全方面具有十分重要的作用。

燃烧本质上是伴有流动的快速放热化学反应。从能量转化的角度，燃烧的过程是将燃料中存储的化学能转化成热能并做功的过程。燃烧耦合了流动、传质、传热和化学反应等多种物理和化学过程，是化学、流体力学、工程热物理等学科的交叉学科。燃烧反应动力学研究主要包含三个不同的层面，其中第一个层面是热力学和动力学参数的研究，主要利用电子结构计算和统计物理的方法，获得反应的焓变、熵变、热容等热力学参数和基元反应速率常数等动力学参数；第二个层面是燃料分子结构和基础燃烧化学的研究，这一部分主要通过构建和验证燃烧反应动力学模型，获得能够准确预测宽泛工况下的燃烧反应动力学模型；第三个层面是根据目标工况对燃烧反应动力学模型进行规定尺度的简化，以适应复杂的流体力学计算，并用于指导实际燃烧器的优化和设计等。

燃烧反应动力学主要关注复杂燃烧体系中的化学问题[2-8]，将其中的化学问题从复杂的物理过程中解耦出来，物理过程被适当简化处理。燃烧反应动力学研究主要包含基础燃烧实验、理论计算和动力学模型等方面，其中核心是燃烧反应动力学模型，它描述了燃烧过程的复杂反应网络，包括燃烧中各组分的生成和消耗反应，定义了各组分的热力学性质，非均相情况下还需要考虑各组分的输运性质。燃烧反应动力学模型对更好地理解燃烧本质和预测燃烧中关键参数起到重要作用，许多工程中的实际问题都与之息息相关。

燃烧反应动力学模型在汽油机、柴油机、航空发动机、新型燃烧技术发展中都有相关的应用[5, 9-12]。汽油机是依靠电火花点火的预混燃烧，正常点火下，当火焰面移动到未燃气体时，未燃气体才会被点燃。然而，非正常情况下，汽油机燃烧会发生"敲缸"现象，即火焰面尚未到达未燃气体时，未燃气体已经发生了自燃现象，导致点火压力出现震荡变化，降低发动机寿命，甚至损坏发动机。出现这一现象的原因主要是一些低温氧化活性高的燃料，比如长链正构烷烃容易发生自燃。低温氧化活性的高低与燃料的结构密切相关，这是由低温氧化机理决定的。辛烷值是用来表征燃料低温反应活性的参数，与燃料分子结构及低温氧化机理息息相关。因此，在实际发动机研究中，通常会加入辛烷值较大的燃料，比如乙醇作为添加剂，从而抑制自燃现象的发生。

柴油机是压燃非预混燃烧。当空气压缩到着火温度和压力时喷入柴油燃料，燃料发生自燃，进而驱动活塞做功，因此，毫无疑问，化学反应是控制自燃的关键因素。此外，柴油机的非预混燃烧模式会带来燃料局部浓度过高，在极富燃条件下燃烧，会导致大量碳烟等污染物的生成。此外，柴油机燃烧温度较高，高温也会促使氮氧化物大量生成，因此，柴油机中对污染物的生成预测显得至关重要，而发展准确的碳烟和氮氧化物生成机理需要对柴油燃料开展燃烧反应动力学研究。新型的均质压燃发动机结合了汽油机和柴油机的优势，即压燃式预混燃烧，既保证了柴油机较高的工作效率，又可以达到汽油机中低排放的要求。这种新型发动机的着火时刻受化学反应控制，燃料的低温机理是预测着火时刻的关键因素，因此，燃烧反应动力学在新型发动机着火中也扮演举足轻重的角色。

在航空发动机研究中，点火和污染物的排放同样受到广泛关注。燃烧反应动力学研究可以为实际计算流体力学模拟提供准确的反应机理，从而用于点火和污染物生成的预测。此外，对于超燃冲压发动机，利用吸热型碳氢燃料在热裂解过程中吸热的特性来降低关键部件温度，实现主动冷却的效果[13]。吸热型碳氢燃料的热裂解过程是由燃料的热解机理控制的，包括单分子分解、异构反应及双分子的氢提取反应等，其研究能够帮助预测热解产物并理解热解过程，在主动冷却技术中发挥重要作用。

除此之外，燃烧反应动力学在新型燃烧技术，如等离子体辅助燃烧、催化辅助燃烧、富氧燃烧、废气再循环等方向也有重要的应用，可以用于揭示燃烧新技术的化学本质，并对燃烧特性进行预测和控制。

1.2　燃烧反应动力学研究简史

尽管对燃烧的利用由来已久，人类对燃烧的认识却经历了非常漫长的历程。最早可溯源至西周初年(约公元前 11 世纪)的"五行说"，"火"元素被认为可以与其他元素之间发生相互转化的关系。公元前 6 世纪古希腊开始形成"四元素说"，人们认为火是宇宙核心组成元素之一，具有干和热两大属性。然而，在远古时期，人们并未认识到燃烧现象的复杂性及其中蕴含的物理和化学过程，只是简单地将火认为是构成物质的基本要素，将其作为一个整体来看待。

随着文艺复兴后科学的蓬勃发展，人类开始了对燃烧的科学认识，逐渐形成了对燃烧中化学现象和理论进行研究的燃烧反应动力学。燃素说由贝歇尔和斯塔尔等提出，认为火是由无数被称为燃素的微粒构成，物质燃烧时燃素弥散到空间里就令人感觉到热，同时物质的质量也因燃素的弥散而变轻。物质富含燃素便是可燃物，反之则为不可燃物。燃素说不能解释燃素的本质是什么，在解释一些物质燃烧后质量增加、空气体积减小的问题时也遇到严重挑战。1774 年，普里斯特利发现氧气，却错误地认为氧气是"脱燃素空气"，认为其能够助燃。同年，拉瓦锡制备出了氧气，并利用实验证明这种物质在空气中的比例为 1/5，将其命名为氧气(原意为酸之源)，他正确地认识到一些物质燃烧时质量的增加是由于结合了大量的氧元素，同时反应物的质量等于产物的质量，从而正式建立了燃烧的氧化说及质量守恒定律[14]。氧化说的建立终结了燃素说，也开启了燃烧科学和现代化学的新篇章。燃素说虽然被最终证伪了，但它的诞生反映了科学家为探索未知世界所作出的不懈努力。1848～1861年，法拉第做了著名的"蜡烛中的化学史"系列讲座[15]，是科学史上最为著名的燃烧科学讲座之一，其中包含大量对燃烧学的深入思考，包括燃烧过程中燃料的碳元素和氢元素的转化，以及燃烧产物的生成等。可以看到，从早期开始燃烧科学就已经与现代化学密不可分，二者相互促进，共同发展。

进入20世纪以来，燃烧反应动力学的研究走上快车道。20世纪20年代，苏联科学家谢苗诺夫[16]和英国科学家欣谢尔伍德[17]分别在氢氧反应中发现了链式反应的存在，并利用链式反应理论解释了氢气的爆炸极限，他们因此理论获得了1956年诺贝尔化学奖。20世纪40年代，诺里什和波特提出了超快化学反应和碳氢燃料燃烧理论[18]，获得了1967年诺贝尔化学奖。20世纪40年代末到50年代，泽尔多维奇提出了热力型氮氧化物生成机理[19]，弗兰克-卡门涅茨基建立了热自燃理论[20]，刘易斯和冯·埃尔贝建立了煤气燃烧与瓦斯爆炸理论[21, 22]。上述理论的建立，为燃烧反应动力学研究奠定了理论基础。

从20世纪60年代开始，随着计算机技术的进步，计算机辅助的燃烧数值模拟也得到了快速的发展。研究者开始利用计算机对燃烧反应过程进行数值求解，构建燃烧反应动力学模型。从70年代开始，研究者引入刚性方程求解器，用于解决燃烧反应数值模拟中出现的刚性问题。在过去数十年内，用于燃烧研究的光谱诊断、质谱诊断等实验方法有着长足的进步。在光谱诊断方面，包括激光诱导荧光（laser induced fluorescence，LIF）、可调谐二极管激光吸收光谱（tunable diode laser absorption spectroscopy，TDLAS）、相干反斯托克斯拉曼光谱（coherent anti-Stokes Raman spectroscopy，CARS）等一系列光谱方法得以应用，可以对燃烧中的自由基及小分子进行时间和空间分辨的测量。在质谱诊断方面，将分子束取样质谱（molecular beam mass spectrometry，MBMS）技术结合同步辐射真空紫外（vacuum ultraviolet，VUV）光电离技术[23]，可以对燃烧中复杂的中间产物进行在线分析，特别是对活泼中间产物（自由基[24-26]、烯醇[27]、过氧化物[28]）的探测，为人们认识燃烧、理解燃烧提供了直接的信息，也为燃烧反应动力学模型的发展提供了丰富的验证数据。在理论计算方面，得益于计算机科学和量子化学计算方法的发展，当前已能够对燃烧基元反应开展高精度的量子化学计算。此外，反应速率理论的发展也在不断提高速率常数计算的精度[29]。同时，随着人们对燃烧过程中化学反应认识的深入，燃烧反应动力学模型从最初的总包模型逐步发展为详细模型，模型规模逐渐增大，包含的化学信息越来越全面，可验证的工况范围越来越宽广。从研究体系来看，从早期最简单的氢气、一氧化碳、甲烷模型，逐步发展到复杂运输燃料的多组分模型燃料机理；从只有碳氢元素的碳氢燃料模型，发展到含氧的生物燃料、含氮的含能燃料等模型，实现了从简单的单组分到复杂的多组分燃料燃烧特性的预测[12]。

1.3 燃烧反应动力学主要研究方法

燃烧反应动力学的研究对象既有宏观的燃烧现象，也有微观的反应过程，还有对燃烧反应体系的数值模拟，其研究方法分为实验、理论和模型三个方面。下面将给出燃烧反应动力学研究方法的概览，具体的介绍见后续章节。

燃烧反应动力学的实验方法主要是测量基元反应的速率常数和获得用于模型验证的基础燃烧实验数据。

在基元反应速率常数测量方面，得益于多种诊断方法与多种实验装置的结合，通过实验的手段可以探测特定反应中的重要中间产物，从而为提出和验证基元反应路径提供强有力的证据和指导。此外，通过实验手段可以获得反应物和产物随时间变化的关系，将此与模型分析相结合可以得到实验条件下的基元反应速率常数。在为模型发展提供验证数据方面，各种基础燃烧实验装置为燃烧动力学模型发展提供了不同温区、不同压力、不同反应氛围以及不同边界条件的广泛验证，这些装置主要包括：射流搅拌反应器、激波管、流动反应器、快速压缩机、燃烧弹、层流预混火焰、对冲扩散火焰和同轴扩散火焰等。近年来，研究者们将这些基础燃烧实验装置与多种诊断方法（主要为光谱、质谱、色谱）相结合，在获得更加准确、全面的宏观和微观信息方面取得了重要成果。

基础燃烧实验数据包括宏观参数和微观参数：宏观参数主要指点火、熄火、火焰传播等关键燃烧参数；微观测量指的是探测燃烧过程中的中间产物组分浓度信息。对于宏观参数中的着火延迟时间的测量主要采用激波管和快速压缩机来测量，前者能够测量较高温区下的数据，着火延迟时间一般在毫秒量级以下，后者更接近实际动力机械的工况，用于获得高压低温下的数据，着火延迟时间一般在 5ms 以上[30]。激波管与快速压缩机结合测量着火延迟时间的方法可以覆盖宽温度、压力的工况，为燃烧动力学模型发展提供宽泛的验证数据。测量层流火焰传播速度这一宏观参数的方法很多，而且不同的方法各有利弊[31]。用于基础燃烧微观组分浓度探测的实验诊断方法包括原位的光谱诊断法和非原位的取样分析法。光谱诊断法主要包括吸收光谱、激光诱导荧光、拉曼光谱等方法，这些方法几乎对待测体系本身的流场无干扰，并可以提供极高的时间（<10ns）和空间（<0.001mm³）分辨率。光谱诊断法的缺点在于其选择性有限，一般只能够对反应体系中较小的组分进行探测，得到的信息量较少。取样分析法是针对燃烧体系进行测量的另一种常用诊断方法，该方法利用探针插入燃烧体系取样，并对取样后的样品进行在线或离线检测，它最大优势在于可以与各种检测手段相结合，灵敏度高，选择性好，从而实现对反应体系的全面探测，提供详细的组分浓度信息。因此，取样分析法已经成为一种重要的手段被广泛应用于燃烧研究。尤其指出的是，近年来广

泛采用的分子束取样则可以探测活泼中间产物，样品流经石英喷嘴的小孔，压力急剧下降，形成自由射流，此时结合质谱分析方法可以实现对稳定组分和活泼组分的全面探测。早期的质谱仪采用电子轰击电离，燃烧中间产物将解离成很多碎片，由于燃烧中间产物数量众多，不同碎片叠加起来使组分鉴定非常困难，该方法无法鉴别同分异构体。基于同步辐射真空紫外光电离技术的分子束取样质谱方法采用近阈值光电离，对大部分碳氢组分只产生分子离子峰，大大减少了碎片峰的干扰，此外，光子能量可调谐，可以通过测量光电离效率谱用于区分同分异构体[23, 32-35]。

  燃烧过程中包含大量的化学反应，对所有基元反应开展实验研究是不实际的，并且实验检测也常常受到温度、压力等实际条件的限制。随着量子化学方法和计算机性能的飞速发展，理论研究已成为研究燃烧化学的强有力手段。理论计算广泛应用于反应机理的研究，对反应路径及其速率常数的计算可以用来解释及预测燃烧过程中的重要路径；同时，热力学数据和输运数据等也可以由理论计算获得。

  燃烧化学中的理论研究主要涉及四方面，即势能面构建、速率常数计算、热力学数据计算和输运数据计算。势能面描述的是体系中不同反应路径相对之间的能量信息。对于一个反应体系，可以通过量子化学计算的方法来寻找所有可能发生的反应路径，同时得到其能量值，由此来预测实际可能发生的反应。以单分子反应为例，Lindemann 机理[36]是单分子反应理论研究的起点，在此基础上发展了Hinshelwood-Lindemann 机理[36, 37]，继而由 Rice、Ramsperger 和 Kassel 发展 RRK 理论[38, 39]；随后，Marcus 在前人工作的基础上将过渡态理论应用于化学反应的处理，发展了 RRKM 理论[40, 41]。燃烧反应动力学理论认为，反应过程可以被分离为分子碰撞步和化学反应步，而将这两步联系起来的桥梁就是主方程（master equation，ME）方法，它是描述体系内各组分分布随时间变化的一系列方程，用于表征源于分子碰撞的能量转移速率与化学反应速率之间的竞争关系，ME 方法主要用来计算速率常数的压力效应，通过解主方程可以得到反应随压力变化的速率常数。理论研究中，常常采用的计算速率常数方法是基于过渡态理论的 RRKM-ME 方法。其中，对化学反应步采用 RRKM 理论进行处理。将 RRKM 理论与解主方程的方法结合在一起，可以准确地预测速率常数。

  此外，在燃烧反应动力学的理论研究中，还包括很重要的两项内容：热力学数据和输运数据的计算。在构建一个燃烧模型时，除了前面得到的反应路径及其速率常数之外，分子的热力学数据和输运数据也是重要的组成部分。热力学数据主要包括组分的生成焓、熵、热容等；输运数据包括组分的热传导系数、扩散系数和黏度系数等；这些数据可以基于量子化学计算的结果而得到，为燃烧模型的发展而服务。随着理论计算方法不断发展，理论研究的角色已从解释实验现象，逐步演变为预测实验结果，并与实验测量、模型模拟互为补充、相互促进。

　　燃烧反应动力学模型包含三个要素，即基元反应及其速率常数（又称动力学参数）、热力学参数、输运参数。在初步构建了详细的燃烧反应动力学模型之后，需要对模型进行全面的验证，包括宏观参数和微观组分浓度数据的验证，覆盖宽泛温度、压力、当量比等工况范围。若模型对某条件下的实验数据表现不好，可以通过模型分析的方法，比如敏感性分析，找出误差较大的关键反应，针对这些反应，开展高精度的理论计算或者实验测量工作，获得准确度高的速率常数，减小模型误差。在充分验证详细模型的基础上，根据实际工程需求对详细机理进行适当简化后，便可以应用于流体力学数值模拟中开展进一步研究。在燃烧反应中，不同温度和压力下，主导反应不尽相同。在高温的时候，反应类型主要为单分子分解反应、氢提取反应和自由基解离反应，其主导控制反应为 $H+O_2 \Longrightarrow O+OH$ 和 $CO+OH \Longrightarrow CO_2+H$；在中温区时，$H_2O_2$ 的分解反应控制着系统的反应活性；低温反应的类型较高温反应更为复杂，低温时过氧化物及其自由基的生成和分解反应是最主要的反应类型。

　　燃烧反应动力学模型构建是建立在层级结构理论和反应类的基础上发展的，所谓层级结构理论，就是从最简单的氢气机理开始发展，构建合成气（H_2/CO）、甲醛、甲醇的机理，再往上构建甲烷和 C_2 燃料的机理，然后是 C_3 和 C_4 燃料，一般将包含 $C_0 \sim C_4$ 燃料的机理称为基础燃料机理，在此基础上加入大分子燃料的子机理，便可以得到不同燃料的模型，加入 NO_x 生成机理和碳烟生成机理，便可预测污染物生成。动力学模拟是把动力学模型与物理模型进行耦合，通过数值计算方法获得体系温度、压力、浓度等信息。不同的反应器具有不同的物理模型和边界条件，根据不同的物理模型选择合适的数值计算方法，求解相应的守恒方程从而获得模拟结果。对于模拟结果常用的分析方法有两种，一种是生成速率分析，另一种是敏感性分析。前者主要用来确定每个反应对某组分的生成或者消耗速率的贡献，后者主要是通过改变反应的指前因子，计算对体系变量如浓度、温度、热释放率、层流火焰传播速度等的影响，敏感性分析是燃烧反应动力学研究中最重要的方法之一，通过敏感性分析可以获知控制体系变量的关键反应。此外，不确定性分析可以用于确定哪些参数对于速率常数或模型的不确定性有较大影响，用于指导模型优化。

参 考 文 献

[1] BP. Statistical review of world energy[EB/OL]. (2020-06-01) [2020-09-05]. https://www.bp.com/en/global/corporate/energy-economics/statistical-review-of-world-energy.html.

[2] Glassman I, Yetter R A, Glumac N G. Combustion[M]. 5th ed. New York: Elsevier, 2014.

[3] Westbrook C K, Dryer F L. Chemical kinetic modeling of hydrocarbon combustion[J]. Progress in Energy and Combustion Science, 1984, 10(1): 1-57.

[4] Wang H, Sheen D A. Combustion kinetic model uncertainty quantification, propagation and minimization[J]. Progress in Energy and Combustion Science, 2015, 47: 1-31.

[5] Dagaut P, Cathonnet M. The ignition, oxidation, and combustion of kerosene: A review of experimental and kinetic modeling[J]. Progress in Energy and Combustion Science, 2006, 32(1): 48-92.

[6] Battin-Leclerc F, Simmie J M, Blurock E. Cleaner Combustion: Developing Detailed Chemical Kinetic Models[M]. London: Springer, 2013.

[7] Faravelli T, Manenti F, Ranzi E. Mathematical Modelling of Gas-phase Complex Reaction Systems: Pyrolysis and Combustion[M]. New York: Elsevier, 2019.

[8] Curran H J. Developing detailed chemical kinetic mechanisms for fuel combustion[J]. Proceedings of the Combustion Institute, 2019, 37(1): 57-81.

[9] Battin-Leclerc F. Detailed chemical kinetic models for the low-temperature combustion of hydrocarbons with application to gasoline and diesel fuel surrogates[J]. Progress in Energy and Combustion Science, 2008, 34(4): 440-498.

[10] Pitz W J, Mueller C J. Recent progress in the development of diesel surrogate fuels[J]. Progress in Energy and Combustion Science, 2011, 37(3): 330-350.

[11] Sarathy S M, Farooq A, Kalghatgi G T. Recent progress in gasoline surrogate fuels[J]. Progress in Energy and Combustion Science, 2018, 65: 67-108.

[12] Westbrook C K, Mehl M, Pitz W J, et al. Multi-fuel surrogate chemical kinetic mechanisms for real world applications[J]. Physical Chemistry Chemical Physics, 2018, 20(16): 10588-11606.

[13] Huang H, Spadaccini L, Sobel D. Endothermic heat-sink of jet fuels for scramjet cooling[C]. 38th AIAA/ASME/SAE/ASEE Joint Propulsion Conference & Exhibit. Indianapolis, Indiana, 2002.

[14] Lavoisier A L. Essays Physical and Chemical[M]. trans. by Henry T, Reprint, London: Frank Cass, 1970.

[15] Faraday M. The chemical history of a candle[J]. Resonance, 2002, 7(3): 90-98.

[16] Semenoff N. Zur theorie des verbrennungsprozesses[J]. Zeitschrift für Physik, 1928, 48(7-8): 571-582.

[17] Hinshelwood C N. Kinetics of Chemical Change[M]. Oxford: The Clarendon Press, 1940.

[18] Norrish R G W, Porter G. Chemical reactions produced by very light intensities[J]. Nature, 1949, 164(4172): 658-658.

[19] Zel'dovich Y B. The oxidation of nitrogen in combustion and explosions[J]. J. Acta Physicochimica, 1946, 21: 577-628.

[20] Frank-Kamenetskii D A. Diffusion and Heat Transfer in Chemical Kinetics[M]. 2nd ed. New York: Plenum Press, 1969.

[21] von Elbe G, Lewis B. Mechanism of the thermal reaction between hydrogen and oxygen[J]. Journal of Chemical Physics, 1942, 10(6): 366-393.

[22] Lewis B, von Elbe G. Combustion, Flames and Explosions of Gases[M]. 3rd ed. Orlando: Academic Press, 1987.

[23] Qi F. Combustion chemistry probed by synchrotron VUV photoionization mass spectrometry[J]. Proceedings of the Combustion Institute, 2013, 34(1): 33-63.

[24] Yang B, Huang C, Wei L, et al. Identification of isomeric C_5H_3 and C_5H_5 free radicals in flame with tunable synchrotron photoionization[J]. Chemical Physics Letters, 2006, 423(4): 321-326.

[25] Hansen N, Klippenstein S J, Taatjes C A, et al. Identification and chemistry of C_4H_3 and C_4H_5 isomers in fuel-rich flames[J]. Journal of Physical Chemistry A, 2006, 110(10): 3670-3678.

[26] Zhou Z, Du X, Yang J, et al. The vacuum ultraviolet beamline/endstations at NSRL dedicated to combustion research[J]. Journal of Synchrotron Radiation, 2016, 23 (4) : 1035-1045.

[27] Taatjes C A, Hansen N, McIlroy A, et al. Enols are common intermediates in hydrocarbon oxidation[J]. Science, 2005, 308 (5730) : 1887-1889.

[28] Battin-Leclerc F, Herbinet O, Glaude P A, et al. Experimental confirmation of the low-temperature oxidation scheme of alkanes[J]. Angewandte Chemie-International Edition, 2010, 49 (18) : 3169-3172.

[29] Klippenstein S J. From theoretical reaction dynamics to chemical modeling of combustion[J]. Proceedings of the Combustion Institute, 2017, 36 (1) : 77-111.

[30] Sung C J, Curran H J. Using rapid compression machines for chemical kinetics studies[J]. Progress in Energy and Combustion Science, 2014, 44: 1-18.

[31] Egolfopoulos F N, Hansen N, Ju Y, et al. Advances and challenges in laminar flame experiments and implications for combustion chemistry[J]. Progress in Energy and Combustion Science, 2014, 43: 36-67.

[32] Cool T A, Nakajima K, Mostefaoui T A, et al. Selective detection of isomers with photoionization mass spectrometry for studies of hydrocarbon flame chemistry[J]. Journal of Chemical Physics, 2003, 119 (16) : 8356-8365.

[33] 杨锐, 王晶, 黄超群, 等. 同步辐射单光子电离在燃烧研究中的应用[J]. 科学通报, 2005, 50: 1570-1574.

[34] Cool T A, McIlroy A, Qi F, et al. Photoionization mass spectrometer for studies of flame chemistry with a synchrotron light source[J]. Review of Scientific Instruments, 2005, 76 (9) : 094102.

[35] Qi F, Yang R, Yang B, et al. Isomeric identification of polycyclic aromatic hydrocarbons formed in combustion with tunable vacuum ultraviolet photoionization[J]. Review of Scientific Instruments, 2006, 77 (8) : 084101.

[36] Lindemann F A, Arrhenius S, Langmuir I, et al. Discussion on "the radiation theory of chemical action"[J]. Transactions of the Faraday Society, 1922, 17: 598-606.

[37] Hinshelwood C N, Sidgwick N V. On the theory of unimolecular reactions[J]. Proceedings of the Royal Society of London Series A, 1926, 113 (763) : 230-233.

[38] Rice O K, Ramsperger H C. Theories of unimolecular gas reactions at low pressures[J]. Journal of the American Chemical Society, 1927, 49 (7) : 1617-1629.

[39] Kassel L S. Studies in homogeneous gas reactions. Ⅱ. Introduction of quantum theory[J]. Journal of Physical Chemistry, 1928, 32 (7) : 1065-1079.

[40] Marcus R A, Rice O K. The kinetics of the recombination of methyl radicals and iodine atoms[J]. Journal of Physical Chemistry, 1951, 55 (6) : 894-908.

[41] Marcus R A. Unimolecular dissociations and free radical recombination reactions[J]. Journal of Chemical Physics, 1952, 20 (3) : 359-364.

第 2 章　化学热力学和反应动力学简介

热力学研究宏观系统的热现象及系统之间的能量转化关系，它包含当系统变化时所引起的物理量的变化；或者反之，当物理量发生变化时引起系统状态的变化。广义地说，热力学是研究系统宏观性质变化与系统性质变化之间关系的科学。利用热力学中的基本原理研究化学现象以及和化学有关的物理现象，称为化学热力学。热力学第一定律可以用于计算化学变化中的热效应，热力学第二定律解决化学变化的方向和程度问题，以及相平衡和化学平衡中的有关问题。有了这几个定律，在原则上只要利用热化学的相关数据就能解决化学平衡的计算问题。

热力学第零定律表达了热平衡的互通性，并为温度建立了严格的科学定义。化学热力学描述了化学过程的驱动力，通过化学热力学第二定律可以知道一个化学反应是否能够发生，以及发生的方向和程度。相比于热力学，反应动力学是以一种动态的观点去研究化学反应，研究的内容包括反应达到平衡状态需要的时间及外界因素对反应的影响，以及在这个过程中发生的分子原子层次的碰撞与反应。反应动力学与化学热力学相辅相成，是综合研究化学反应规律的两个重要部分。尽管这些概念和定律在其他书籍中有相应的介绍，为了本书的完整性，下面作简单介绍，详细内容可参考其他书籍或教材。

2.1　化学热力学基本概念和定律

2.1.1　热力学第一定律、焓和热容

英国科学家焦耳在 1850 年左右建立了能量守恒定律，即热力学第一定律。所谓能量守恒与转化定律，即自然界的一切物质都具有能量，能量有各种不同的形式，能够从一种形式转化为另一种形式，在转化中能量的总量不变。换言之，即"在孤立的系统中，能量的形式可以转化，但能量的总值不变"。

热力学第一定律是建立内能 (U) 等热力学函数的依据，它既说明了内能、热和功可以互相转化，又表述了它们转化时的定量关系，它是能量守恒定律在热现象领域内所具有的特殊形式。确切地说，热力学第一定律是能量守恒定律在热现象宏观过程中的具体表达。

设系统在变化过程中只做膨胀功而不做其他功，且系统变化是等压过程，即 $p_2 = p_1 = p$，由热力学第一定律可得出

$$U_2 - U_1 = Q_p - p(V_2 - V_1) \tag{2.1}$$

$$Q_p = (U_2 + pV_2) - (U_1 + pV_1) \tag{2.2}$$

式中，U_1 和 U_2 为状态 1 和状态 2 时对应的内能；Q_p 为等压过程热能；V_1、V_2 分别为状态 1 和状态 2 时对应的体积。若将 $U + pV$ 合并起来考虑，则数值也应只由系统的状态决定，因为该式中的 U、p、V 都是由系统的状态来决定的。在热力学上把 $U + pV$ 定义为焓 (H)。焓的定义式为

$$H = U + pV \tag{2.3}$$

由于不能确定内能的绝对值，所以也无法确定焓的绝对值。焓是状态函数，具有能量的单位。

当系统在等压条件下变化，从状态 1 变到状态 2 时，根据式 (2.2) 和式 (2.3) 可以得出

$$\Delta H = H_2 - H_1 = (U_2 + pV_2) - (U_1 + pV_1) = Q_p \tag{2.4}$$

从式 (2.4) 中可以看到，在等压条件下，用系统与环境间的热量传递 (Q) 可以衡量焓值的变化。换句话说，在没有其他功的前提下，系统在等压过程中所吸收的热，全部用于使焓增加。这就是式 (2.4) 的物理意义。由于化学反应常在等压条件下进行，所以引入焓的概念具有很重要的实用价值。

对于没有相变和化学变化且不做非膨胀功的均相封闭系统，热容 (C) 的定义为系统升高单位热力学温度 (T) 时所吸收的热，单位为 $J \cdot K^{-1}$，用公式表示为

$$C(T) = \frac{\delta Q}{\mathrm{d}T} \tag{2.5}$$

热容与系统所含物质的量及升温条件有关，摩尔热容 (C_m) 的定义为

$$C_m(T) = \frac{C(T)}{n} = \frac{1}{n}\frac{\delta Q}{\mathrm{d}T} \tag{2.6}$$

摩尔热容的单位为 $J \cdot K^{-1} \cdot mol^{-1}$。在等压过程中热容称为定压热容 (C_p)，在等容过程中热容称为定容热容 (C_v)，其公式为

$$C_p(T) = \frac{\delta Q_p}{\mathrm{d}T} = \left(\frac{\partial H}{\partial T}\right)_p, \qquad \Delta H = Q_p = \int C_p \mathrm{d}T \tag{2.7}$$

$$C_v(T) = \frac{\delta Q_v}{\mathrm{d}T} = \left(\frac{\partial U}{\partial T}\right)_v, \qquad \Delta U = Q_v = \int C_v \mathrm{d}T \tag{2.8}$$

热容是温度的函数，这种函数关系因物质、物态、温度的不同而异。根据实验常将气体的定压摩尔热容($C_{p,m}$)写成如下经验方程式，即

$$C_{p,m}(T) = a + bT^{-1} + cT^{-2} + \cdots \tag{2.9}$$

式中，a、b、c、$\cdots$为经验常数，由各种物质自身的特性决定。

2.1.2　热力学第二定律、熵和熵增原理

热力学第二定律存在两种典型表述，即克劳修斯表述和开尔文表述。德国数学家克劳修斯的表述是"不可能把热从低温物体传到高温物体，而不引起其他变化"，而英国物理学家开尔文的表述是"不可能从单一热源吸出热使之完全变为功，而不发生其他变化"。两种表述都是指某一件事是"不可能"的，即指出某种自发过程的逆过程是不能自动进行的。克劳修斯的表述指明热传导的不可逆性，开尔文的表述指明摩擦生热(功变为热)过程的不可逆性。这两种表述其实是等效的，即两种表述中一个成立，另一个便成立；反之，若其中一个不成立，另一个也不成立。

克劳修斯定义了一个热力学状态函数，称为熵(S)。如果S_A和S_B分别代表起始和终态的熵，则

$$S_B - S_A = \Delta S = \int_A^B \frac{\delta Q}{T} \tag{2.10}$$

若A和B两个平衡状态非常接近，则可写作微分形式，即

$$dS = \frac{\delta Q}{T} \tag{2.11}$$

U和H都是系统自身的性质，要认识它们，需要凭借系统与环境间热量和功的交换，从外界的变化来推断U和H的变化，比如在恒压条件下，$\Delta H = Q_p$。熵也同样，系统在一定状态下有定值，当系统发生变化时，需要用可逆变化过程中的熵变来衡量它的变化，熵变的单位是$J \cdot K^{-1}$。

对于绝热系统$\delta Q = 0$，存在

$$dS \geq 0 \text{ 或 } \Delta S \geq 0 \tag{2.12}$$

式中，大于号表示不可逆过程，等号表示可逆过程。也就是说，在绝热系统中，只可能发生$\Delta S \geq 0$的变化。

在可逆绝热过程中，系统的熵不变；在不可逆绝热过程中，系统的熵增加；

系统不可能发生熵减小的变化。这个结论是热力学第二定律的重要结果之一，它在绝热条件下，明确地用系统的熵函数是否增加来判断过程是否可逆。换句话说，在绝热条件下，趋向于平衡的过程使系统的熵增加，这就是熵增原理。

需要指出的是，不可逆过程可以是自发的，也可以是非自发的。在绝热封闭系统中，系统与环境无热交换，但可以用功的形式进行能量交换。若在绝热封闭系统中，发生一个依靠外力进行的非自发过程，则系统的熵也是增加的。

任何自发过程都是由非平衡态趋向平衡态，到了平衡态时，熵达到最大。自发的不可逆过程进行的限度是以熵函数到达最大值为标准，所以过程中任一点的熵函数值与最大值之差可以用来表征系统接近平衡态的程度。

有了熵的概念和熵增加原理及其数学表达式，热力学第二定律就可以以定量的形式被表示出来，而且涵盖了热力学第二定律的几种文字表述。

2.1.3　吉布斯自由能和化学平衡常数

吉布斯自由能(G)是状态函数，在指定的始态和终态之间吉布斯自由能的变化是定值。吉布斯自由能可以通过下式来计算，即

$$G = H - TS \tag{2.13}$$

对于微小变化，有

$$dG = dH - TdS - SdT \tag{2.14}$$

吉布斯自由能变(ΔG)是衡量一个反应是否自发进行的标准。如果一个定温定压反应焓变为负值，熵变为正值，那么吉布斯自由能变一定是负值(即 $\Delta G < 0$)，反应自发进行；如果焓变为正值，熵变为负值，则吉布斯自由能变一定是正值(即 $\Delta G > 0$)，反应不能自发进行；如果焓变与熵变均为正，温度越高，吉布斯自由能变越小，越有可能为负值，反应自发进行；如果焓变与熵变均为负值，温度越低，吉布斯自由能变越有可能为负值，反应自发进行。当吉布斯自由能变等于 0 时，反应达到化学平衡。

假设一个化学反应，表示为

$$\sum_{\text{react.}} v_i A_i = \sum_{\text{prod.}} v_j A_j \tag{2.15}$$

式中，A_i 和 A_j 分别为反应物和产物；v_i 和 v_j 分别为反应物和产物的化学计量数。该反应的吉布斯自由能可表示为

$$G(T,P) = \sum_{\text{react.}} n_i g_i(T,P) + \sum_{\text{prod.}} n_j g_j(T,P) \tag{2.16}$$

式中，n_i 和 n_j 分别为反应物和产物的物质的量；$g_i(T,P)$ 和 $g_j(T,P)$ 分别为反应物和产物在特定温度 (T) 和压力 (P) 下的吉布斯函数。

在一定温度、压力下，化学反应达到平衡时，吉布斯自由能变为 0，即

$$\frac{\mathrm{d}G(T,P)}{\mathrm{d}\varepsilon} = 0 = \sum_{\mathrm{react.}} g_i(T,P)\frac{\mathrm{d}n_i}{\mathrm{d}\varepsilon} + \sum_{\mathrm{prod.}} g_j(T,P)\frac{\mathrm{d}n_j}{\mathrm{d}\varepsilon} \tag{2.17}$$

式中，ε 为反应进度变量。由质量守恒定律可得到

$$-\sum_{\mathrm{react.}} v_i g_i(T,P) + \sum_{\mathrm{prod.}} v_j g_j(T,P) = 0 \tag{2.18}$$

式中，v_i 为化学计量系数。对于组分 i，吉布斯函数可以表示为

$$g_i(T,P) = g_0(T) + RT\ln\left(\frac{P}{P_0}\right) \tag{2.19}$$

式中，g_0 和 P_0 分别表示初始状态时的吉布斯自由能和压力，将式 (2.19) 代入式 (2.17) 后，化简后可得吉布斯自由能变与平衡常数之间的关系，即

$$\Delta G^{\mathrm{o}}(T) = -RT\ln\left(\frac{\prod_{\mathrm{prod.}} P_j^{v_j}}{\prod_{\mathrm{react.}} P_i^{v_i}}\right) \tag{2.20}$$

式中，对数项的分子和分母分别为以化学计量数为幂的产物分压乘积和反应物分压乘积。把这两项之比定义为平衡常数 (K_c)，即

$$K_c(T) = \frac{\prod_{\mathrm{prod.}} P_j^{v_j}}{\prod_{\mathrm{react.}} P_i^{v_i}} = \exp\left[-\frac{\Delta G^{\mathrm{o}}(T)}{RT}\right] \tag{2.21}$$

由式 (2.21) 可知，K_c 只是温度的函数，与其他物理量无关。平衡常数大，说明生成物的平衡浓度较大，反应物的平衡浓度相对较小，即表明反应进行得较为完全，因此，平衡常数的大小可以表示反应进行的程度。

2.2 生成焓、燃烧热和绝热火焰温度

某物质的标准生成焓是指在标准状况下，由最稳定单质定温定压生成 1mol 该物质所吸收或者放出的热量。燃烧热是指一定量的某物质定压完全燃烧生成稳

定的产物所放出的热量。由于温度是影响化学反应速率的重要因素之一，火焰温度是燃烧最重要的性质，为了方便起见，引入了绝热火焰温度(T_{ad})的概念。绝热火焰温度指的是在一定初始温度和压力下，给定的反应物(包括燃料和氧化剂)，在等压绝热条件下进行化学反应，燃烧系统(属于封闭系统)达到化学平衡时的最终温度。在实际中，火焰的热量有一部分以热辐射和热对流的方式损失掉，所以绝热火焰温度基本上不可能达到。然而，绝热火焰温度在计算燃烧效率和热量传递中起到非常重要的作用。

假设在一个绝热反应器中，反应物的初始温度和压力为 T_0、P，在恒压下发生化学变化，生成的产物温度和压力为 T_{ad}、P，由于发生化学反应过程中是等压绝热的，满足反应物到生成物的焓变为 0，即

$$H_{prod.}(T_{ad}) - H_{react.}(T_0) = 0 \tag{2.22}$$

将反应物和生成物的焓分别代入式(2.22)，可得

$$\sum_{prod.} v_j h_j(T_{ad}) - \sum_{react.} v_i h_i(T_0) = \sum_{prod.} v_j h_{f,298,j}^0 - \sum_{react.} v_i h_{f,298,i}^0 + \sum_{prod.} v_j \left[h_j(T_{ad}) - h_{f,298,j}^0 \right]$$

$$- \sum_{react.} v_i \left[h_i(T_0) - h_{f,298,i}^0 \right] = 0 \tag{2.23}$$

若初始温度 $T_0 = 298K$，便可以得到

$$\Delta H_{r,298}^0 = \sum_{prod.} v_j h_{f,298,j}^0 - \sum_{react.} v_i h_{f,298,i}^0 = -\sum_{prod.} v_j \left[h_j(T_{ad}) - h_{f,298,j}^0 \right] \tag{2.24}$$

影响绝热火焰温度的因素有很多，主要有当量比、初始温度和压力。图 2.1 展示了当量比对绝热火焰温度的影响[1]。可以看出，几种常见燃料/空气混合物的绝热火焰温度在当量比略大于 1.0 时最高。这是因为，在当量比小于 1.0 的贫燃条件下，未能被完全消耗的氧气及相应的氮气在混合物燃烧中起到了稀释作用，使绝热火焰温度较低；在当量比远大于 1.0 的富燃条件下，氧气不足以使燃料完全氧化，产生了大量的 CO 和 H_2，燃料中的化学能未能完全释放，导致绝热火焰温度也较低；在当量比等于 1.0 的化学计量比条件下，由于化学平衡的存在，燃料和氧气不会全部转化为 CO_2 和 H_2O，仍有一部分化学能无法得以释放，导致燃烧放热和绝热火焰温度的峰值出现在当量比略大于 1.0 的条件下。

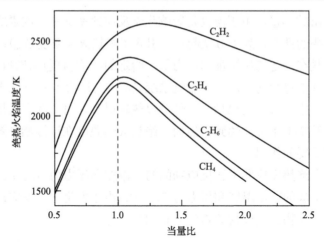

图 2.1　常见燃料/空气混合物在不同当量比下的绝热火焰温度[1]

2.3　反应动力学的基本概念

简单地说，燃烧反应机理可以看作只是一些反应组分及它们所发生的反应列表，燃烧反应机理中的反应描述了反应组分如何被转化为产物。最终这种描述转化为求解质量守恒与能量守恒方程的数值模型，可以使用专门的计算软件如CHEMKIN 来求解。在数值模拟中，描述化学反应的一个重要组成为化学源项，即反应组分随时间的变化率。

2.3.1　单分子、双分子和三分子反应

根据参加反应的分子个数，可以将基元反应分为单分子、双分子和三分子反应。早期从微观的角度去研究各类反应的理论为简单碰撞理论，该理论通过计算分子的碰撞频率以及其中活化分子的比例来计算反应速率。随后在简单碰撞理论的基础上，借助于量子力学的计算手段，发展出了"过渡态理论"。"过渡态理论"认为，发生碰撞的两个分子，需要先经过一个过渡态(活化络合物)，然后才能变成产物，而反应速率与参与反应分子的势能面有关。对于单分子反应，除了上述提到的理论外，还发展了专门针对单分子反应的理论，著名的有 Lindemann理论、Hinshelwood-Lindemann 理论、RRK 理论、Slater 理论、RRKM 理论等，并且仍在不断地发展过程中。

2.3.2　速率常数表达形式

通常采用修正后的三参数的阿伦尼乌斯公式来表示反应的速率常数(k)，即

$$k = AT^n \exp\left(\frac{-E_a}{RT}\right) \tag{2.25}$$

式中，A、n 和 E_a 分别为指前因子项、温度指数项及活化能项。对于可逆反应来说，可以由式(2.26)通过正反应速率(k_f)和平衡常数求得逆反应速率(k_b)：

$$k_b = \frac{k_f}{K_c} \tag{2.26}$$

对于某些反应而言，速率常数不仅与温度有关，还有压力有关。对这类压力依赖的反应速率常数的表达，常用的有 Lindemann 形式、Troe 形式、SRI 形式、PLOG 形式和 Chebyshev 形式。Lindemann 形式是借助于高压和低压极限速率来定义的，式(2.27)和式(2.28)分别为低压极限速率常数(k_0)和高压极限速率常数(k_∞)：

$$k_0 = A_0 T^{n_0} \exp\left(\frac{-E_{a,0}}{RT}\right) \tag{2.27}$$

$$k_\infty = A_\infty T^{n_\infty} \exp\left(\frac{-E_{a,\infty}}{RT}\right) \tag{2.28}$$

反应的速率常数可以表示为

$$k = k_\infty \left(\frac{P_r}{1+P_r}\right) F \tag{2.29}$$

式中，F 为扩展因子。反应的压力效应(P_r)用下式表示：

$$P_r = \frac{k_0 [\text{M}]}{k_\infty} \tag{2.30}$$

在 Lindemann 理论中，F 值为 1，此时往往高估了反应速率的大小。因此，在 Troe 参数[2]形式中，采用下式对反应速率常数进行了修正。参数 c、n、d 及 F_{cent} 由式(2.32)～式(2.35)给出：

$$\lg F = \left\{ 1 + \left[\frac{\lg P_r + c}{n - d(\lg P_r + c)} \right]^2 \right\}^{-1} \lg F_{cent} \tag{2.31}$$

$$c = -0.4 - 0.67 \lg F_{cent} \tag{2.32}$$

$$n = 0.75 - 1.27 \lg F_{\text{cent}} \tag{2.33}$$

$$d = 0.14 \tag{2.34}$$

式中，F_{cent} 为 Troe 参数形式的核心，可以通过 α、T^{***}、T^* 和 T^{**}（此项非必须给出）4个参数获得，即

$$F_{\text{cent}} = (1-\alpha)\exp\left(-\frac{T}{T^{***}}\right) + \alpha\exp\left(-\frac{T}{T^*}\right) + \exp\left(-\frac{T^{**}}{T}\right) \tag{2.35}$$

图 2.2 对比了反应 CH₃ + H（+M）══ CH₄(+M)速率常数的 Lindemann 形式和 Troe 形式。对于反应中出现的第三体 M，可以是体系中存在的任何组分，如分子、原子或是自由基等。一般而言，碰撞传能效率较高的 M 是指那些与激发组分具有相似能级的组分或是具有较多能级的大分子，如 H_2O 可以通过振动和转动模式吸收能量，N_2 可以通过平动、振动和转动模式吸收能量。

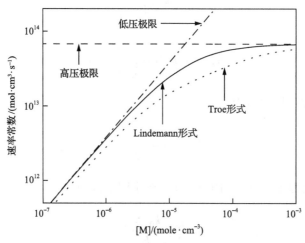

图 2.2　反应 CH₃ + H（+M）══ CH₄(+M)速率常数的 Lindemann 形式和 Troe 形式对比

另一种与 Troe 参数形式较为接近的压力依赖速率常数表达形式为 SRI 参数形式，是由 Stewart 等[3]提出的。与 Troe 参数形式相似，该参数形式也是对 F 函数进行了修正，表达式为

$$F = d\left[a\exp\left(-\frac{b}{T}\right) + \exp\left(-\frac{T}{c}\right)\right]^X T^e \tag{2.36}$$

式中，X 项的计算公式为

$$X = \frac{1}{1 + (\lg P_r)^2} \tag{2.37}$$

与 Troe 参数相似，SRI 参数也能够降低被 Lindemann 机理高估的反应速率常数。

此外，还可以用 PLOG 参数形式来表示反应的压力依赖行为，这也是一种最为简单的表示压力依赖形式的方法。基于已知的有限几个压力下的速率常数，采用对数内插的方法(式(2.38))可以求解得到所需压力范围内的速率常数。反应压力依赖性的准确性将取决于每个反应所包含的压力点的数量。

$$\lg k(T, P) = \lg k(T, P_i) + \left[\lg k(T, P_{i+1}) - \lg(k(T, P_i)\right] \frac{\lg P - \lg P_i}{\lg P_{i+1} - \lg P_i}, \qquad P_i < P < P_{i+1} \tag{2.38}$$

以上提及的 Lindemann 形式、Troe 参数和 SRI 参数形式虽然能够准确表示单势阱反应的压力依赖行为，但对于如 $C_2H_5+O_2$ 等多势阱反应则无能为力。为此，Venkatesh 等[4]提出了应用于多势阱反应的 Chebyshev 多项式形式。与 PLOG 参数相比，Chebyshev 多项式的压力依赖形式更为复杂和精确，但是该多项式具有固定的压力和温度约束，并不能用于超出其定义域的外推。反应速率常数的求解如式(2.39)所示，通过温度倒数(式(2.40))和压力对数(式(2.41))将速率常数的对数近似为二元 Chebyshev 级数的对数。整数 N 和 M 分别表示沿着温度和压力轴的基函数数量，获得的反应速率常数的精度将随着 N 和 M 的增加而增加。

$$\lg k(\tilde{T}, \tilde{P}) = \sum_{n=1}^{N} \sum_{m=1}^{M} a_{nm} \varphi_n(\tilde{T}) \varphi_m(\tilde{P}) \tag{2.39}$$

$$\tilde{T} = \frac{2T^{-1} - T_{\min}^{-1} - T_{\max}^{-1}}{T_{\max}^{-1} - T_{\min}^{-1}}, \qquad T_{\min} \leqslant T \leqslant T_{\max} \tag{2.40}$$

$$\tilde{P} = \frac{2\lg P - \lg P_{\min} - \lg P_{\max}}{\lg P_{\max} - \lg P_{\min}}, \qquad P_{\min} \leqslant P \leqslant P_{\max} \tag{2.41}$$

$$\varphi_x = \cos\{(n-1)\arccos(x)\}, \qquad n = 1, 2, 3, \cdots; \ -1 \ll x \ll 1 \tag{2.42}$$

2.4　燃烧反应机理层级结构和反应类

2.4.1　燃烧反应机理层级结构

实际燃料是混合物，由多种多样的组分以不同的含量组成。即使只针对一种组分，其燃烧反应动力学模型也相当复杂，可能由成百上千个中间组分和反应组成，因此，必须找到高效的方法去构建燃烧反应动力学模型。如图 2.3 所示，实际燃料的关键燃烧特性是由混合组分中特征的官能团信息所决定的，比如支链结构、双键结构、苯环结构等等，这些特征的官能团在燃烧过程中产生的中间产组分类和数量不同，决定了不同的燃烧反应效率、热释放率等。描述实际燃料的燃烧特性需要两个关键因素：一是找到包含实际燃料官能团信息的替代组分；二是具备一个能够准确描述关键自由基转化的基础燃料机理。为了介绍基础燃料机理在燃烧反应动力学模型构建和发展中的地位和作用，首先介绍一下模型的层级结构概念。

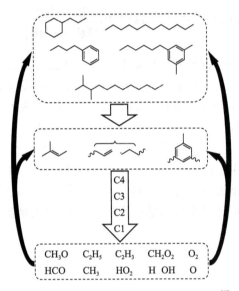

图 2.3　实际燃料在高温下燃烧的流程图[5]

　　对于大分子燃料而言，层级结构是指其复杂的燃烧反应模型可按分子中的碳数分成不同层级。基于层级结构理论，形成了构建大分子燃料模型的有效方法，即在构建大分子燃料模型时运用分层的方法，将大分子燃料模型分解成若干子机理，包括燃料子机理、C_1～C_4子机理、一氧化碳子机理和氢气子机理。以正庚烷燃烧反应模型为例，燃料子机理包含从正庚烷逐步分解氧化到C_1～C_4中间产物的反应，C_1～C_4子机理包括这些C_1～C_4中间产物逐步分解氧化到 CO 和 H_2 的反应，最底层的两个子机理则包括一氧化碳和氢气相关的反应。因此，构建大分子燃料的燃烧反应模型时，并不需要把所有子机理都全部重建，而是基于已经得到验证的碳数较少的燃料模型，在此基础上加入新构建的大分子燃料子机理，并删除重复的反应即可。

　　从图 2.4 中可以看出，氢气、合成气、甲烷及C_1～C_4燃料的氧化机理是构建大分子燃料机理的基础，在最终产物 H_2O、CO_2 及碳烟的生成中都扮演重要角色。

图 2.5 展示了当量比为 1.15，正庚烷和异辛烷在空气中燃烧的层流火焰传播速度的敏感性分析结果[6]。从图中可以看出，敏感性比较大的反应主要是涉及 $C_0 \sim C_3$ 的组分，说明涉及 $C_0 \sim C_3$ 组分的反应在正庚烷和异辛烷燃烧中扮演重要角色，对预测自由基池的组成和含量起到至关重要的作用。其中 $H + O_2 =\!\!= O + OH$ 的反应敏感性最高，而且远远超过其他反应的敏感性，说明这个反应在正庚烷和异辛烷燃烧中扮演着不可替代的作用。事实上，这个反应不仅在这两种燃料燃烧中很关

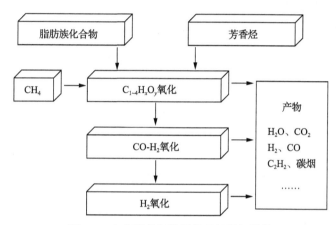

图 2.4　大分子碳氢燃料机理的层级结构

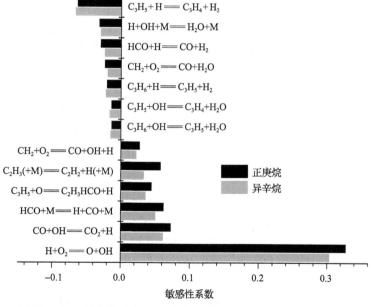

图 2.5　正庚烷/空气、异辛烷/空气的层流火焰传播速度敏感性分析，当量比为 1.15，未燃气体温度为 298K，压力为 1bar (1bar = 0.1MPa)[6]

键，它也是燃烧反应动力学模型中最重要的反应，对于不同的燃料和不同的燃烧工况条件，这个反应都非常重要。在后续的章节中，将按照层级结构的顺序，以 C_0 的机理（即氢气机理）为起点，分别介绍 C_1（一氧化碳、甲烷、甲醇、甲醛）、C_2（乙烷、乙烯、乙炔）、C_3、C_4 燃料的特征反应动力学规律以及关键反应在燃烧过程中扮演的作用。

2.4.2 反应类和速率规则

基于实验测量和理论计算，研究者们对燃烧化学中各类反应的速率常数规律进行了总结，提出了反应类的概念，从而建立了可以快速估算特定类型反应速率常数的方法，使快速自动构建燃烧反应模型成为可能[7-12]。

具体来说，反应类是指一系列具有相似反应规律的化学反应，通常是指发生反应的局部活性位点一致且发生相似的成键断键过程。同一个反应类通常包含以下三个特征：反应物特征相似，反应物向生成物的转化过程规律相似，反应物向生成物转化的速率常数相似，即遵循相同的速率规则。因此，在特定反应速率常数未知的情况下，可根据反应类的归属及该反应类已知反应的速率常数对未知速率常数进行合理估测。

燃烧反应模型中常见的反应类有几十种，按照在不同温度条件下的重要性可分为高温反应和低温反应两大类，目前还不断地有新的反应类被提出[11]。其中，高温反应类主要包括以下九种：①单分子分解反应；②燃料的氢提取反应；③燃料自由基解离反应；④燃料自由基异构化反应；⑤烯烃的氢提取反应；⑥烯烃的氧加成和羟基加成反应；⑦烯烃自由基的分解反应；⑧烯烃的单分子分解反应；⑨烯烃的逆烯（retro-ene）反应。低温反应类目前正在不断地被提出，这里以烷烃燃料为例，其常见反应类主要包括：①燃料自由基与氧气的复合反应，生成过氧烷基（$R + O_2 \Longrightarrow ROO$）；②$R + HO_2 \Longrightarrow RO + OH$；③$R + ROO \Longrightarrow RO + RO$；④$R + CH_3OO \Longrightarrow RO + CH_3O$；⑤过氧烷基的异构反应（$ROO \Longrightarrow QOOH$）；⑥协同消去反应（$ROO \Longrightarrow$ 烯烃 $+ HO_2$）；⑦$ROO + HO_2 \Longrightarrow ROOH + O_2$；⑧$ROO + H_2O_2 \Longrightarrow ROOH + HO_2$；⑨$ROO + CH_3OO \Longrightarrow RO + CH_3O + O_2$；⑩$ROO + ROO \Longrightarrow RO + RO + O_2$；⑪$ROOH \Longrightarrow RO + OH$；⑫RO 的分解反应；⑬$QOOH \Longrightarrow$ 环醚 $+ OH$；⑭$QOOH \Longrightarrow$ 烯烃 $+ HO_2$；⑮$QOOH \Longrightarrow$ 羰基化合物 $+ OH$；⑯$QOOH + O_2 \Longrightarrow OOQOOH$；⑰OOQOOH 的异构和醛酮过氧化物及 OH 的生成；⑱醛酮过氧化物的分解和 OH 的生成；⑲环醚与 OH 和 HO_2 反应；⑳羰基化合物与羰基化合物自由基的分解等。

以烷烃为例，单分子分解反应是分子通过断键生成两个自由基的反应，是一类典型的单分子反应。单分子分解反应的活化能大致等于其标准焓变，一般活化能较高（>70kcal/mol），因此只在温度高于 1000K 时才具有较高的速率，且速率常数具有明显的压力依赖性。在热解和高温氧化中，单分子分解反应是主要链引发反应。氢提取反应是燃料分子中的一个氢原子被 O_2、原子和自由基如 H、O、OH、CH_3 等提取的反应，是一类典型的双分子反应。氢提取反应的速率常数取决于分子中氢原子的种类及数目。在中低温氧化中，燃料分子与氧气的氢提取反应是主要链引发反应。自由基解离反应主要包括自由基的 β 位发生 C—C、C—H 或 C—O 键解离反应，也是一类典型的单分子反应，其中最重要的反应是 β-C—C 解离反应。这是因为 β-C—C 解离反应能垒较低而且熵变更大，其速率常数具有温度、压力依赖性。自由基异构反应是指自由基经一个环状过渡态异构为另一个自由基的反应，属于单分子反应。由于环张力越大越不易成环，所以自由基异构反应一般发生在含有 4 个以上碳原子的自由基上。燃料自由基与氧气的复合反应又被称为一次加氧反应，是一种双分子反应。该反应一般为无能垒的多通道反应，能够生成不同的产物，低温时主要生成过氧化自由基 ROO，各路径的分支比随着温度的变化而变化，其总包反应速率呈现非阿伦尼乌斯现象，在低温时随着温度的降低而增大，在高温时随着温度的升高而增大。协同消去反应（ROO ═══ alkene + HO_2）是一类单分子反应，过氧化自由基经历一个环状的过渡态，降低低温反应活性，是低温氧化中 HO_2 和相关烯烃的主要生成反应。

参 考 文 献

[1] Law C K. Combustion Physics[M]. New York: Cambridge University Press, 2006.

[2] Gilbert R G, Luther K, Troe J. Theory of thermal unimolecular reactions in the fall-off range. II. Weak collision rate constants[J]. Berichte der Bunsengesellschaft für physikalische Chemie, 1983, 87(2): 169-177.

[3] Stewart P H, Larson C W, Golden D M. Pressure and temperature dependence of reactions proceeding via a bound complex. 2. Application to $2CH_3 \rightarrow C_2H_5 + H$[J]. Combustion and Flame, 1989, 75(1): 25-31.

[4] Venkatesh P K, Chang A Y, Dean A M, et al. Parameterization of pressure- and temperature-dependent kinetics in multiple well reactions[J]. AIChE Journal, 1997, 43(5): 1331-1340.

[5] Dooley S, Won S H, Heyne J, et al. The experimental evaluation of a methodology for surrogate fuel formulation to emulate gas phase combustion kinetic phenomena[J]. Combustion and Flame, 2012, 159(4): 1444-1466.

[6] Davis S G, Law C K. Laminar flame speeds and oxidation kinetics of iso-octane-air and n-heptane-air flames[J]. Proceedings of the Combustion Institute, 1998, 27(1): 521-527.

[7] Ranzi E, Faravelli T, Gaffuri P, et al. Low-temperature combustion: Automatic generation of primary oxidation reactions and lumping procedures[J]. Combustion and Flame, 1995, 102(1): 179-192.

[8] Susnow R G, Dean A M, Green W H, et al. Rate-based construction of kinetic models for complex systems[J]. The Journal of Physical Chemistry A, 1997, 101(20): 3731-3740.

[9] Battin-Leclerc F. Detailed chemical kinetic models for the low-temperature combustion of hydrocarbons with application to gasoline and diesel fuel surrogates[J]. Progress in Energy and Combustion Science, 2008, 34(4): 440-498.

[10] Carstensen H-H, Dean A M. Rate constant rules for the automated generation of gas-phase reaction mechanisms[J]. The Journal of Physical Chemistry A, 2009, 113(2): 367-380.

[11] Westbrook C K, Pitz W J, Herbinet O, et al. A comprehensive detailed chemical kinetic reaction mechanism for combustion of n-alkane hydrocarbons from n-octane to n-hexadecane[J]. Combustion and Flame, 2009, 156(1): 181-199.

[12] Sarathy S M, Vranckx S, Yasunaga K, et al. A comprehensive chemical kinetic combustion model for the four butanol isomers[J]. Combustion and Flame, 2012, 159(6): 2028-2055.

第3章　燃烧反应动力学实验和诊断方法

燃烧反应动力学实验主要用于研究基元反应和提供基础燃烧实验数据。前者既可直接为模型提供反应路径和速率常数的参考，也可为理论计算提供验证数据；后者既可用于揭示燃烧反应机理，也可用于验证燃烧反应动力学模型。燃烧反应动力学的实验方法根据反应物的混合情况，可分为理想反应器和层流火焰两大类，能够涵盖宽广的压力、温度和当量比范围，并能够模拟不同的燃料掺混方式。燃烧反应动力学诊断方法主要包括光谱、色谱、质谱等，可获得组分浓度等微观数据。

3.1　理想反应器和层流火焰

理想反应器是指充分混合或呈活塞流的反应器，对于理想反应器的数值模拟无须考虑输运现象，仅需要动力学和热力学数据。理想反应器的数值计算过程中不考虑扩散问题，因此对反应动力学模型刚性要求较小，数值模拟易收敛。鉴于理想反应器具有以上优点，这类反应器非常适用于燃烧反应动力学研究，验证模型的准确性。按照是否有质量交换、热量交换、等容或等压，理想反应器可分为不同类型。常见的理想反应器主要包括间歇反应器(batch reactor)、充分搅拌反应器(perfectly stirred reactor)和活塞流反应器(plug flow reactor)。

在燃烧反应动力学研究中，层流火焰是非常重要的一类火焰，相较于理想反应器，层流火焰具有实际燃烧的火焰锋面结构，相较于复杂流动状态的湍流火焰，层流火焰又保持了简单的流动形式和火焰结构，因此，层流火焰是研究燃烧反应动力学的重要方法。根据燃料和氧化剂混合程度的不同，层流火焰可以分为层流预混火焰和层流扩散火焰。根据流场结构的差异，层流预混火焰又可以分为炉面稳定火焰、自由传播火焰等；层流扩散火焰可以分为同轴射流扩散火焰和对冲流扩散火焰。

理想反应器、层流火焰等实验装置可与多种不同的诊断方法相结合，适用于宽泛压力与温度范围，实验数据具有较高的精确性与重复性，可以用于验证燃烧反应动力学模型。

3.1.1　间歇反应器

　　间歇反应器为均相系统，反应物被一次充入反应器，反应过程中既不向反应器中添加反应物，也不会有产物排出反应器，反应通常在较短时间完成，一般被认为是等容反应器。由于充分预混，反应器中各点组分浓度相同，不存在浓度梯度。

　　激波管和快速压缩机均可以理想化为间歇反应器[1, 2]，多用于测量燃料的着火延迟时间，也可用来测量基元反应速率常数和中间产物浓度信息，验证动力学模型中反应速率的准确性。图 3.1 为激波管实验装置示意图，可分为高压段和低压段，也称为驱动段和被驱动段，两段之间用隔膜隔开。在低压段安装有压力传感器，用于测量腔体内压力变化，同时也可以使用激光等对腔体内组分进行探测。激波管可覆盖宽广的压力和温度范围，实验工况可从低压到 1000 个大气压，从 600～3000K[3]。

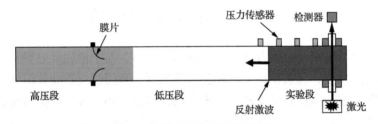

图 3.1　激波管实验装置示意图

　　激波管一般用于测量不同压力、温度和当量比条件下的着火延迟时间。同时可利用激光吸收光谱测量特定组分浓度随时间变化趋势，如 CH_3、OH、CH_4、H_2O 和 CO_2 等。由组分浓度变化可以计算出相关的基元反应速率常数，通过改变实验温度，即可得到不同温度下的速率常数，进而可以拟合得到速率常数和温度的函数关系。

　　快速压缩机为活塞反应器，适合用于测量低温高压下着火延迟时间和组分浓度。反应器内同样为均相状态，且更接近于实际动力机械装置，如压燃发动机。压缩后温度可由绝热方程推导得出。实验中着火延迟时间定义为压缩终点到压升率最大时刻的时间间隔。相比于激波管，快速压缩机在稳定工况可维持更长的时间，因此更适用于测量较长着火延迟时间。快速压缩机实验通常可覆盖 600～1200K 的温区，典型的压力工况为 5～80bar，是研究低温和中温区燃烧化学机理的重要实验工具[2]。

　　实验过程中，激波管和快速压缩机在边界层均会存在热损失，使实验结果产生一定的误差。在快速压缩机中，活塞前端卷起的涡旋会对反应器中温度场产生扰动，造成其温度分布不均，使快速压缩机的实验误差较激波管更大。

3.1.2　充分搅拌反应器

在充分搅拌反应器中，扩散速率或掺混速率无限大，流入反应器的反应物在瞬间与反应器内的组分相混合，因此反应器中温度和各组分浓度均不存在梯度，反应物到生成物的转变过程只受化学反应的控制。反应器中处于连续稳定流动状态，其出口处和反应器中的组分相同。反应物在反应器中的滞留时间为平均滞留时间，由反应器容积和反应物流速所决定[4,5]。

实验研究中采用射流搅拌反应器来模拟充分搅拌反应器，要求反应器壁面不具有催化效应，因此反应器一般由石英制作而成。反应物由石英喷口喷射而出，射流需为湍流才能保证反应器内达到完美混合，且射流速度不超过声速，喷嘴几何位置必须保证射流在反应器内形成自循环流动。为了使反应器内气体达到完美混合的状态，反应器一般设计为球形，如图 3.2 所示。

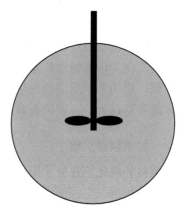

图 3.2　充分搅拌反应器示意图[4, 5]

在反应器设计合理的情况下，射流搅拌反应器实验误差主要来自温度测量过程，但一般情况下反应器温度误差控制在 10K 以内。此外，反应器内温度和组分浓度分布不均匀也会导致一定的实验误差。在反应器设计不合理的情况下，反应器会变为部分搅拌反应器，导致其中组分分布不均匀。射流搅拌反应器是测量低温到中温区燃料热解和氧化中间产物的重要实验手段，通常可覆盖 500～1400K、1～40bar[6,7]。

3.1.3　活塞流反应器

活塞流反应器是理想的一维反应器[8,9]，反应器中组分浓度沿轴向变化，在轴向上没有扩散，也没有返混。反应物流速在径向上分布均匀，且不存在温度、压力和浓度梯度。图 3.3 为活塞流反应器示意图，反应器中任一微元控制体内均为均相。

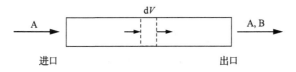

图 3.3　活塞流反应器示意图

在层流流动反应器中，层流流动受到壁面剪切力的影响，在径向上形成抛物线分布。在流动反应器足够长的情况下，轴向分子扩散会有足够长的时间来影响抛物线形的流速分布，形成径向扩散，使层流流动反应器可以近似为活塞流反应器。

层流流动反应器中的温度曲线取决于流动管的加热方式、冷却方式及化学反应的吸放热。在反应流体得到充分稀释即反应物摩尔分数在总流体中足够小时，化学反应对温度曲线的影响可以忽略。同时在反应器的径向也会存在温度分布，通过减小流动管的内径可以减小该温度梯度。

在湍流流动反应器中，提高反应物流速可使其达到湍流掺混的条件，从而可以将其简化为活塞流反应器。但在掺混过程中，具有反应活性的自由基也可向上游扩散，进而影响反应物的生成，因此需要确定反应器中反应开始的位置，但在实际的实验过程中，该位置难以准确测量。

3.1.4　层流预混火焰

燃料和氧化剂在分子层面实现均匀混合的混合物称之为预混气，在静止或低速流动的预混气空间某点进行点火，则会形成一个不断向未燃气体传播的火焰锋面，即层流预混火焰面。常压下典型的层流预混火焰面的厚度为 0.1～1mm，相对于数十厘米到数十米尺度的燃烧器，火焰锋面可以简化为无限薄的间断面，火焰结构如图 3.4 所示，在火焰锋面左侧为未燃气体，右侧为已燃气体。随着人们对预混火焰认识的深入，发现火焰锋面中包含着更加复杂的结构，未燃气体进入火焰锋面时，会经历一个预热区使燃料和氧化剂的温度提高，随后在温度更高的反应区内发生剧烈的化学反应和放热过程，反应区产生促进反应的活泼组分，由于扩散效应，这些组分会向上游预热区扩散，并和燃料、氧化剂混合。预热区和反应区厚度的总和构成了火焰锋面的总厚度，需要注意的是，在实际火焰中预热区和反应区之间并没有明显的界限。

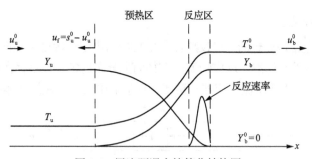

图 3.4　层流预混火焰简化结构图

从预混火焰的结构可看出，预混火焰锋面内部的精细结构和其中组分的分布均受到火焰中发生的化学反应的影响。在化学反应速率相对于流动速率无限快的极限情况下，火焰的反应区会无限薄，火焰面的厚度等于预热区的厚度；反之化学反应速率相对于流动速率非常慢的情况下，火焰的反应区会变宽，火焰的厚度也会变大。层流火焰的特征组分分布和反应速率是研究燃烧反应动力学的重要基石。

　　一个无限大的空间内充满均匀静止的预混可燃气，在不考虑热损失等因素的理想情况下，可以假定存在一理想的平面预混火焰，该火焰锋面会不断向其法线方向上未燃气体侧移动，称之为自由传播火焰，Y_u 和 Y_b 分别为未燃气和已燃气中反应物的浓度，T_u 为未燃气体的温度，其余在后面说明。如果周围存在一个观察者，会发现该自由传播的火焰锋面始终以某一恒定的速度向未燃气侧传播，该无拉伸、平面绝热火焰的传播速度被称为层流火焰传播速度（s_u^0），上标"0"表示无拉伸的情况。在层流预混火焰传播过程中，可以定义三种速度：火焰面位移速度、层流火焰传播速度和膨胀速度。其中，火焰面位移速度是指火焰面相对于静止坐标系的速度；层流火焰传播速度是指火焰面相对于无穷远处未燃气体在其法线方向上的速度；膨胀速度是指已燃混合气相对于静止坐标系的速度。如图 3.4 所示，u_u^0 和 u_b^0 分别为未燃气体和已燃气体的速度，u_b^0 同时也是膨胀速度。火焰面相对于无穷远处未燃气体移动的速度便是层流火焰传播速度。层流火焰位移速度 u_f 为 $u_f = s_u^0 - u_u^0$，在火焰面驻定的情况下其值为零，即 $s_u^0 = u_u^0$。

　　层流火焰传播速度与给定温度、压力、当量比、氧气/稀释气比例等条件下的化学反应活性、输运特性和放热密切相关，是层流火焰最重要的宏观参数之一[10-12]，被广泛用于验证燃烧化学反应机理。而且，由于火焰传播过程受到化学反应过程的影响，通过改变温度、压力、当量比等实验条件，就可以测量在不同条件下的层流火焰传播速度，用于研究不同燃料火焰的反应动力学特性。

　　尽管测量层流火焰传播速度比测量非常薄火焰面内部的温度和组分浓度曲线更为容易，实验中准确测量层流火焰传播速度仍面临两方面困难。一方面，真实物理世界中很难获得理想的一维绝热平面火焰，通常火焰是处于运动状态且呈现弯曲状；另一方面是如何确定火焰面的位置与方向，火焰本身具有一定的厚度和结构，在火焰呈弯曲形状时，相对于火焰的来流流动方向也难以确定。由于层流火焰传播速度的实用价值和研究意义，人们已经发展了多种实验方法来克服以上困难，用于测定层流火焰传播速度。

　　目前，用于测量层流火焰传播速度的火焰主要包括本生火焰、球形火焰、对冲流火焰、管内传播火焰和平面火焰等。由于球形火焰传播过程最接近自由传播火焰，这里介绍比较典型的球形火焰的测量原理。如图 3.5 所示，球形火焰法的基本原理是在一个充满均匀可燃混

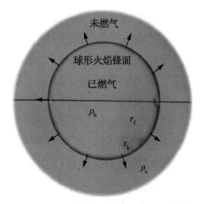

图 3.5　自由传播球形火焰图像[13]

合气的密闭容器中心点火，产生一个向外传播的球形火焰，随着火焰向外传播，容器内温度压力均会升高，通过记录球形火焰传播的图像或者容器内压力的连续变化，推导出层流火焰传播速度。利用压力曲线测量火焰传播，由于无法直接观察火焰，很难定量分析火焰受到的拉伸情况及火焰表面不稳定结构的影响，所以得到的层流火焰传播速度不确定度大。目前应用最广的是记录火焰图像的测量方式，常用的记录方法有阴影法、纹影法、激光光谱法和粒子示踪方法等。当记录下火焰传播图像时，便可根据拍摄的图像得到不同时刻火焰面位置（r_f），从而得到已燃气的火焰面速度 $s_b = \mathrm{d}r_f / \mathrm{d}t$，由于球形火焰自身曲率会随半径增长而降低，根据拉伸率 κ 和 s_b 之间的关系，外推可以得到火焰拉伸率为零时的已燃气传播速度 s_b^0，由连续性得到未燃气体的无拉伸层流火焰传播速度 $s_u^0 = \rho_b s_b^0 / \rho_u$，其中 ρ_u 和 ρ_b 分别为未燃气体和已燃气体的密度。层流火焰传播速度的实验测量结果可以和数值软件根据燃气的热力学、输运和动力学参数计算出的层流火焰传播速度进行对比，从而可以用实验数据约束对火焰传播敏感的基元反应的不确定度，验证燃烧反应动力学模型。

　　炉面稳定火焰是另一类非常重要的平面预混火焰，其稳定的火焰结构令其成为认识高温燃烧反应动力学的理想体系，一般采用 McKenna 燃烧炉产生[14,15]。这是一种水冷式燃烧器，由不锈钢或黄铜烧结的多孔金属来均匀气流并作为火焰的稳定边界。燃料和氧化剂在上游预混并通过管道输送到燃烧炉，通过保持稳定的流量和燃烧器的水冷，可以形成炉面稳定的平面火焰。对于炉面稳定火焰，组分类型和组分浓度在径向方向上不随半径变化，仅在轴向方向有变化。该类火焰具有非常好的稳定性和准一维结构，可以帮助人们认识火焰结构和构建详细的反应动力学模型，因此对该类火焰的基础研究有非常重要的作用。然而，在常压下炉面稳定火焰锋面的厚度通常小于 1mm，不利于解析火焰内部组分分布。由于反应区的厚度与压力成反比，在 0.0133～0.133bar 的低压下，火焰面的厚度约为 3～10mm，所以人们通常选择在低于大气压的环境下研究这类火焰，采用取样式或非侵扰的光学测量手段，以使火焰结构在空间上可分辨。需要注意的是，由于周围保护气的存在，保护气体的径向扩散会改变边缘处的火焰结构，导致炉面稳定火焰边缘的火焰结构与中心火焰略有区别。此外，由于实际的燃烧中许多反应都有很强的压力依赖特性，低压下重要的反应在高压下可能并不关键，所以将低压火焰的结构和组分分布推广到高压燃烧时需要格外注意。

　　针对炉面稳定的低压火焰，人们已经发展了很多实验方法来研究一维空间的组分浓度分布，包括基于分子束取样技术的侵入式探针测量和非侵入式光谱测量，各自具有不同的优缺点，在后面小节中进一步阐述。温度曲线可以用热电偶或激光吸收光谱等方法进行测量。图 3.6 给出了典型的低压炉面稳定火焰结构和组分浓度分布。可以看出火焰由三个区域组成：①预热区，位于燃烧炉表面和反应区之间；②反应区，也称为发光区，通常在碳氢火焰中可以清楚地看到明亮的蓝色区域；③后火焰区，离燃烧炉表面较远区域。组分浓度和温度的最大梯度存在于预热区。随着气体混合物接近火焰，来自反应区的热量向上游扩散加热气体分子，此时燃料转化反应和放热可忽略不计，然而组分输运过程在改变组分的摩尔分数分布方面起着重要作用，反应区产生的产物向燃烧器表面扩散并稀释来流气体。一旦温度足够高时，燃料和氧气将开始反应，最终生成 H_2、H_2O、CO、CO_2 等主要产物。在后火焰区，由于燃料被消耗殆尽，燃烧放热反应结束，三体碰撞反应开始消耗多余的活泼自由基，反应达到接近热平衡的状态。同时由于下游远端冷边界的存在，火焰温度开始逐渐降低。

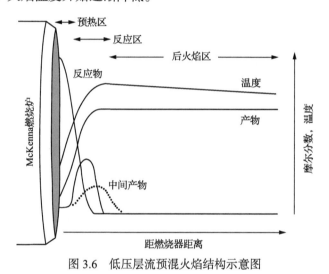

图 3.6　低压层流预混火焰结构示意图

3.1.5　层流扩散火焰

由于预混的可燃气遇到火源时非常容易发生爆炸，存在着一定的危险性。因此在大多数实际的燃烧系统中，燃料和氧化剂最初都是分开的，燃烧时两者才进行掺混。如果燃料和氧化剂的混合速度比较慢，则反应只会在很薄区域内进行，且反应过程受到组分扩散过程的控制，这种火焰形式称之为层流扩散火焰。图 3.7 给出了典型的层流扩散火焰结构简图，火焰由燃料供给侧、氧化剂供给侧和反应区三个区域组成，图中，$Y_{F,0}$ 是燃料 F 在 0 位置处的浓度，T_0 是在 0 位置处的温度，$Y_{O,l}$ 是氧化剂 O 在 l 位置处的浓度，T_l 是 l 位置处的温度，燃料 F 和氧化剂 O 通过扩散或对流输运到反应区进行反应，反应区产生的 CO_2、H_2O 等产物和放出的热量通过扩散向两侧输运，同时加热向中心输运的反应物。如果化学反应的速率足够快，扩散火焰的反应区将成为一个无限薄的面，燃料和氧化剂一进入这个面便完全发生反应而消失，生成的产物则会从反应面中产生。而实际上化学反应

是以有限的速率发生的，这就造成了扩散火焰的反应区具有一定的厚度，少量的
燃料也会无法完全燃烧而向反应区两侧扩散。相较于层流预混火焰，层流扩散火
焰较容易产生多环芳烃和碳烟，是研究碳烟污染物的重要体系。观察含有碳氢燃
料的同轴射流扩散火焰颜色会发现其不同于预混火焰，预混火焰是淡紫色或蓝绿
色，而扩散火焰则会呈现亮黄色或橙色，扩散火焰的这种颜色来自其燃料侧形成
的碳烟。实际生活中看到的蜡烛火焰、油滴燃烧等均是层流扩散火焰，正是由于
扩散火焰易产生碳烟，可以在这类火焰中观察到非常明亮的火焰面，即火焰中炙
热的碳烟发出的高温热辐射。

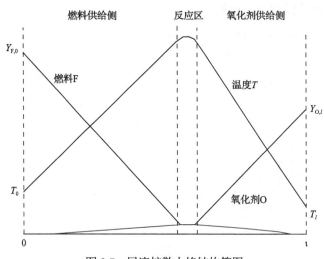

图 3.7　层流扩散火焰结构简图

　　同轴射流扩散火焰又称 Burke-Schumann 火焰，最早于 1928 年由 Burke 和
Schumann 开展这类扩散火焰的详细分析[16]。如图 3.8 所示，这类火焰主要由同轴
的燃料和氧化剂均匀同向流动，燃料气在内管中，在长度足够的管道内形成充分
发展的管流；氧化剂如空气在周围环形区域，通过金属多孔介质等结构使空气流
动均匀，从而在燃烧炉出口位置形成均匀的平面层流流场，两者随后混合并发生
燃烧反应而形成火焰。根据燃料和氧化剂的流量不同，同轴射流扩散火焰既可以
是闭口的形式也可以是开口的形式。如果外围空气的体积流量超过中心燃料射流
的体积流量所需的化学计量空气，则火焰发展为细长的闭口火焰。而当燃料喷射
进入空气中时，如果燃料的流量足够大，外环空气供应少于燃料所需的化学计量
的空气，便会形成中心开口的火焰。火焰弯曲的形状表示化学计量的绝热火焰温
度等温线。同轴扩散火焰是二维火焰，采用侵入式的探针或非侵入式的光学测量
方法，便可以测量火焰不同高度和径向位置的组分分布，从而帮助人们认识扩散
火焰中燃烧反应的进程以及碳烟污染物生成机制。

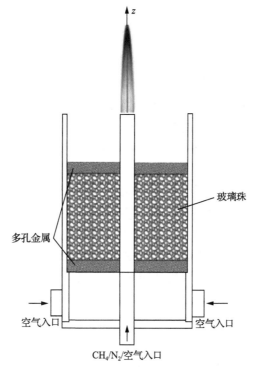

图 3.8　层流扩散火焰燃烧炉结构图[17]

　　对冲流扩散火焰可以分为两大类[10]，一类是两个相对的气体(燃料和氧化剂)射流之间形成的火焰，另一类是在均匀氧化剂气流中多孔介质表面形成的滞止火焰，见图 3.9。这些射流的特点之一就是气流速度沿轴向下降，并产生径向分量，因此火焰是在带有速度梯度的流场中传播的。然而，当上游来流进入预热区后，由于温度升高导致热膨胀，反而会使流动速度再次上升，最终当温度不再升高时，

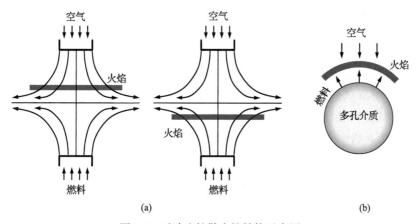

图 3.9　对冲流扩散火焰结构示意图

流动速度会再次降低。由于存在速度梯度，所以对冲流扩散火焰也是拉伸火焰，可以用最大速度梯度 $\max(-\mathrm{d}u/\mathrm{d}x)$ 来表示火焰拉伸率，通常采用粒子示踪方法测量速度场并用于求解速度梯度。对冲流扩散火焰可以方便地获得近平面的稳定火焰，同时可以很好地排除热损失、来流不均匀性等影响，直接获得原始的流场分布，已经被广泛用于研究各种燃料和氧化剂组合火焰的反应速率、详细火焰结构、层流扩散火焰机理及电场和抑制剂对火焰结构的影响。

需要注意的是，尽管对冲流扩散火焰存在径向的流动，考虑到火焰的中心区域时其依然可以被认为是一维的火焰。对冲扩散火焰面的位置既可以位于燃料侧，也可以位于氧化剂侧。对冲流扩散火焰的化学结构非常复杂，与层流预混火焰有着很大的不同。由于对冲流扩散火焰是拉伸的火焰，通过改变燃料侧或空气侧的气体流速可以改变火焰的拉伸情况，从而可以得到不同拉伸率情况下的火焰结构，用于研究不同拉伸率下火焰中燃烧反应特征。如果流速足够大，则火焰受到的拉伸率会非常强，可燃物在火焰面内部的滞留时间会非常短，最终火焰会熄灭，接近熄火极限时的火焰同常规燃烧的火焰有显著的不同，可以帮助认识极限情况下燃烧反应。

3.2　燃烧组分诊断方法

燃烧反应动力学研究中涉及的组分诊断方法主要包括光谱测量和取样测量两大类。光谱测量主要包括吸收光谱、发射光谱和散射光谱等，可以测量组分浓度、温度、流速等信息，用于研究基元反应动力学。取样测量主要包括色谱和质谱两种，适合较大的组分。燃烧诊断是燃烧学的主要研究方向之一，本节简要介绍涉及燃烧反应动力学研究的一些常用组分测量方法，感兴趣的读者可参考专门的燃烧诊断书籍和文献。

3.2.1　光谱诊断方法

燃烧反应动力学中的光谱诊断方法对火焰无干扰，具有较高的时间和空间分辨能力，能够准确地区分不同组分，并测量不同组分的浓度。应用光谱研究火焰的历史可以追溯到 1857 年 Swan 对蜡烛火焰的测量[18]和 1860 年 Kirchhoff 和 Bunsen 针对火焰中金属元素光谱的测量[19]。图 3.10 列出了常见的几种光谱诊断方法的原理示意图。总的来说，光谱是由分子与电磁波相互作用产生的，主要源于分子的电偶极矩与光的电场发生吸收、发射、散射等相互作用。分子的电偶极矩包含永久偶极和诱导偶极两部分。分子永久偶极产生对电磁波的吸收，进而产生吸收光谱或激光诱导荧光等发射光谱。分子一阶诱导偶极导致拉曼散射，三阶诱导偶极与激光电场发生四波混频过程，散射光的相位是相干的，因此被称为相干光谱法。

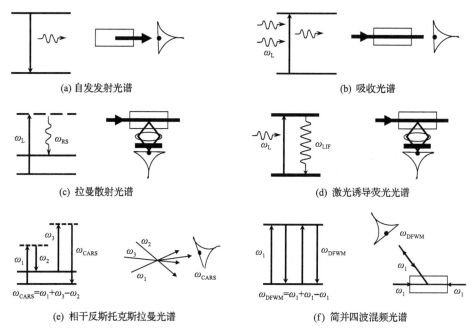

(a) 自发发射光谱　　　　　　　　　　　　(b) 吸收光谱

(c) 拉曼散射光谱　　　　　　　　　　　　(d) 激光诱导荧光光谱

(e) 相干反斯托克斯拉曼光谱　　　　　　　(f) 简并四波混频光谱

图 3.10　几种常见的光谱诊断方法的原理示意图[20]

　　燃烧反应动力学研究中的光谱诊断方法如吸收光谱与激光诱导荧光光谱方法，可实现原位无扰动测量，但限于在比较简单的反应条件下测量小分子组分的浓度。而多原子组分的光谱非常复杂，指认仍有困难，尤其是在高温和高压的环境下，激光光谱的应用还有待进一步的发展。

　　自发的发热发光是燃烧的一大显著特征。火焰中处于高能态的高温分子会自发跃迁到相对较低的能态而发光，而发光的波长对应着高能态和低能态的能级差。火焰的化学发光光谱中主要的发光组分有 OH、CH、C_2、CO_2 等。在火焰中颗粒比较多的情况下，特别是碳烟浓度较高情况下，火焰的发光可以近似看作连续的黑体辐射发光。通过测量火焰自发光可以定性了解火焰中的主要组分，但该方法不具有空间分辨，且难以定量测量。

　　吸收光谱可以用于测量组分浓度和火焰温度，包括红外波段的振动转动吸收光谱和紫外可见波段的电子吸收光谱，前者的线宽远小于后者[21]，选择性更高，因此在燃烧诊断中红外吸收光谱更为常用[1,22]。由于分子结构和质量的不同，分子的振动转动跃迁有极高的选择性，称为分子指纹峰，可以精确测量这些小分子的转动—振动能级，避免背景中其他组分的交叉干扰。例如，HITRAN 数据库收

录了 H_2O、CO_2 等稳定小分子的各种同位素的吸收频率、谱线指认和跃迁强度等信息[23]。红外吸收光谱一般应用可调谐半导体激光吸收光谱方法，通过调制连续发光的半导体激光波长，直接测量燃烧组分在不同波长的吸收光谱。分子的红外吸收光谱受到浓度、温度、压力及速度的综合影响：通过测量谱线的强度，可以得到分子的浓度；通过测量不同光路下同一谱线的多普勒位移，可以确定分子的相对速度，分子谱线的相对强度由温度决定，谱线的线形主要由压力和温度决定，因此一般采用双波长比值的方法测量燃烧体系的温度[24]。波长为 $0.95\sim1.5\mu m$ 的近红外半导体激光多用于测量分子的振动倍频吸收。在波长从 $3\sim10\mu m$ 的中红外波段，几乎所有分子都有很强的基本振动模式，吸收强度是近红外吸收的数十倍，因此中红外 TDLAS 光谱具有极高的灵敏度，已被广泛应用于测量 CO_2、CO 和 H_2O 等燃烧产物。一般来说，活泼的燃烧中间产物浓度较低，普通的 TDLAS 方法不足以测量中间产物的红外吸收信号，需应用各种增长光程的技术提高检测的灵敏度。吸收光谱研究中常用的提高灵敏度的方法有长程池、波长调制、光腔衰荡光谱(cavity ring-down spectroscopy，CRDS)和光腔增强吸收谱(cavity enhanced absorption spectroscopy，CEAS)等[25-27]，合理地应用这些方法，可以检测到 OH[28]、CH[29]、HO_2[30]等活泼中间产物。吸收光谱的缺点是空间分辨率低，测量从激光器到检测器之间所经过光路的积分信号，是一种光程平均的测量方法，难以满足高空间分辨的燃烧诊断需求。对于这种情况需要用多束光路交叉测量，采用层析扫描的算法对火焰的浓度场和温度场进行重构[31-33]。

激光诱导的发光光谱中，LIF 在燃烧反应动力学中有广泛应用。LIF 已用于 CH、OH、CH_2O、CH_2 等小分子和自由基的检测[34]。在燃烧诊断研究中，平面激光诱导荧光(planar laser induced fluorescence，PLIF)方法可以测量燃烧过程中的燃料分布与混合、温度场等二维信息[35-37]。利用两种不同波长激发的 NO、OH 等小分子的 PLIF 信号强度比值也可以用于测量火焰温度[37]。但由于激光诱导荧光信号受到分子密度、激光强度、吸收截面、吸收距离、发光量子效率、荧光测量的接收角、探测器效率及信号猝灭等各种因素影响，PLIF 方法难以准确测量组分浓度，往往需要用吸收光谱来标定组分浓度，或者用一种已知组分的浓度去标定另一种组分的浓度。高压下，分子间碰撞降低了有效荧光量子产率，使 LIF 信号强度大幅降低，不利于信号的解读。

激光与分子的散射相互作用主要包括弹性的瑞利散射和非弹性的拉曼散射。瑞利散射不改变光的波长，在燃烧诊断中主要用于组分浓度[38-40]、温度和速度测量[41]。自发拉曼散射过程中，当分子与强激光相互作用时，振动基态和激发态的分子会分别产生斯托克斯和反斯托克斯波长的拉曼散射峰，可以通过拉曼位移得到散射光谱。拉曼散射光谱测量分子的振动转动能级结构，因此可以用于燃烧主要组分测量，如 N_2、O_2、CO_2、H_2O、H_2、CH_4、C_2H_2、CH_2O、C_2H_4、C_2H_6 的浓度测量[42-45]。拉曼光谱的测量需要将激光聚焦以获得较强的激光强度,因此有较高的空间分辨率,避免了吸收光谱测量视线平均的问题;但信号较吸收光谱低3～4 个数量级,难以测量低浓度的反应中间产物。通过选择合适的泵浦光、斯托克斯光及探测光波长,可以产生非线性的 CARS。由于 CARS 信号与组分浓度的三次方成正比,只有高浓度的主要组分才有比较强的信号,在燃烧诊断中 CARS主要通过测量 N_2 分子的振动和转动光谱来测量温度。通过 CARS 测量的主要组分还包括 N_2、O_2、CO、CO_2、H_2、H_2O 等[46, 47]。燃烧诊断中应用的三阶非线性光谱还有简并四波混频光谱(degenerate four-wave mixing spectrum,DFWM)[47]、偏振光谱(polarization spectroscopy,PS)[48]和激光诱导热光栅光谱(laser induced thermal grating spectroscopy,LITGS)[49]。各种方法按照光路设计的不同,各有其特点,例如 DFWM 和 PS 方法有较高的灵敏度,并可得到二维的相干成像;LITGS在高压环境下具有独特的优势,可以用于温度测量。但由于过程复杂,非线性相干散射光谱难以准确地对燃烧过程中的各组分进行定量测量。

总的来说,任何一种光谱方法都有其局限性。在实际问题中,通常根据需求将几种光谱法结合使用[50]。在燃烧组分测量方面,一些高浓度的稳定组分,如 CO、CO_2、H_2O、CH_4、C_2H_4 等,主要通过红外吸收光谱的方法测量,而一些较高浓度的自由基,如 OH、CH 等,主要通过 LIF 方法进行测量。在使用 LIF 方法测量其他低浓度中间产物时,定量测量需要的吸收截面难以直接测量,通常通过其他波段的光谱法估算得到,因此一般需要结合 CRDS 等定量方法对 LIF 数据进行标定。在实际燃烧器的测量方面,通常结合拉曼散射、CARS、LIF 等测量方法,得到火焰中主要组分、温度、火焰结构等信息[36];在湍流燃烧研究方面,一般采用拉曼散射、瑞利散射、PLIF 等方法准确测量温度和主要组分的浓度分布,得到混合物分数、标量耗散率等火焰结构的关键信息[51]。

3.2.2 取样分析法

取样分析法是针对燃烧体系的另一种常用诊断方法,该方法利用探针插入燃烧体系中,可适用于火焰、热解和氧化等反应氛围,并对取样后的气态样品进行在线或离线检测,它最大的优势在于可以与各种检测手段相结合,从而实现对反应体系的全面探测,提供详细的组分浓度信息。虽然该方法对燃烧体系有一定的扰动,但是研究表明,通过对取样探针外形的优化可以大幅降低扰动的影响,从而得到接近真实条件的结果[52,53],因此取样分析法已经成为一种重要的手段被广泛地应用于燃烧研究[9,15,54]。

具体来说,取样探针可大致分为毛细管取样和分子束取样两类。毛细管取样使用惰性材质的毛细管(如石英),插入燃烧体系进行取样,为了最大限度地降低对反应体系结构的干扰,通常采用细长的毛细管进行取样,但这一设计同时也会增强产物与壁面之间的碰撞，导致自由基等不稳定中间产物在毛细管内淬灭而无法被检测，因而仅能用来检测较为稳定的组分。分子束取样则可以实现对活泼中间产物的探测，如图 3.11 所示，典型的分子束取样法采用圆锥型的石英喷嘴，通过位于尖端的小孔进行取样[9,54]，组分流经石英喷嘴的小孔，压力急剧下降，在极短的时间内，经过近似绝热膨胀过程使组分快速冷却，形成内部无碰撞的自由分子束流，阻止了各组分间的进一步反应，使其化学组分被"冻结"，从而得到近似无扰动情况下火焰的真实化学结构信息。

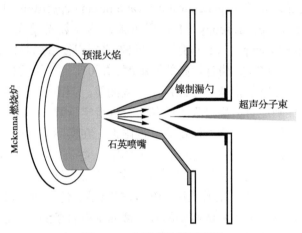

图 3.11　分子束取样示意图

取样后通常结合气相色谱(gas chromatography，GC)、质谱(mass spectrometry，MS)、色质联用(GC/MS)等分析方法。对于分子束取样技术来说，为了保存采集到的活性组分，质谱(尤其是飞行时间质谱)最为常用，同时也是最为可靠的检测手段，详细的介绍将在下一节予以展开。本节将着重介绍一下气相色谱技术，在分析技术飞速发展的今天，气相色谱技术依靠其优异的性能，仍然在燃烧诊断领域中占据着不可替代的位置。

色谱法的概念最早是由俄国植物学家 Tswett 于 1903 年提出的。色谱柱中静止不动的一相(固体或液体)称为固定相，运动的一相(一般是气体或液体)称为流动相。任何两种不同的物质，只要它们存在物理、化学或生物学性质上的差异，就会导致它们在不同物相上分配系数的差别，当两相做相对运动时，都可以在色谱过程中得到分离，从而完成对不同物质的定性和定量分析。

色谱法种类较多，相应的分类标准也各有不同，根据流动相是气体还是液体，色谱可以简单分为气相色谱和液相色谱两种，分别用于分析分子量(或沸点)较小和较大的化合物。气相色谱主要是利用组分的沸点、极性和吸附性质的差异等来实现混合物的分离，而高效液相色谱则适合分离大分子、高沸点、强极性、离子性和热不稳定性的化合物等。对于燃烧体系而言，大部分产物通常可以直接应用气相色谱来完成检测，这也是气相色谱在燃烧诊断中应用范围如此之广的原因。对于少部分具有较大分子量的组分，如大质量数的多环芳烃类化合物等，需要在取样之后通过冷凝、溶解或者吸附的方法予以富集，随后利用液相色谱来完成分析工作。然而，由于液相色谱的分析过程较为繁琐，产物在分析过程中发生变化的概率较大，而气相色谱分析速度快，可以直接用于燃烧体系的在线诊断[55, 56]。

　　无论是热导检测器还是火焰离子化检测器的定性分析均需借助于标准物方能开展定性鉴定。当缺少标准保留时间或相应标准物对照时，燃烧体系的产物定性会变得较为困难，气质联用技术结合了气相色谱对混合物的高效分离能力和质谱对组分的准确鉴定能力，已发展为分析复杂未知混合物最为有效的手段之一。对于色谱而言，联用的质谱仪就是一个功能强大的检测器。目前商用的色质联用仪一般选用 70eV 的电子轰击源作为电离源，通过将待测产物的质谱图与标准电子轰击质谱图库进行比对，继而实现对未知产物的鉴定。优异的组分分离能力和较高的检测灵敏度使气相色谱技术能够探测低浓度产物，并且完成对同分异构体的有效鉴别，目前，气相色谱和色质联用技术已被广泛应用于基础燃烧实验组分测量中。

　　随着待测组分复杂程度提升，一根色谱柱往往难以完成全面的分析，此时可采用色谱-色谱联用技术。即将不同类型的色谱技术或是同一类型不同分离模式的色谱技术进行组合，也称为多维色谱。全二维气相色谱（GC×GC）是多维色谱的一种，它将分离机理不同而又相互独立的两根色谱柱以串联方式连接，组分在第一根色谱柱中分离后再经第二根色谱柱做进一步的分离。相比于常规的色谱技术而言，全二维气相色谱技术具有分辨率高、峰容量大、灵敏度高等特点，已被广泛地应用于复杂样品的组分分析上。

　　除此之外，气相色谱技术还可以与傅里叶变换红外光谱等相结合，通过傅里叶变换红外光谱提供的分子指纹图和官能团信息进行鉴定，这些分析仪器作为气相色谱检测器时有助于获取更为全面的产物信息，因此光谱技术和质谱技术的提升也同时大大提升气相色谱的分析能力，势必会加强气相色谱在燃烧诊断中的应用。

　　取样分析法结合质谱技术是分析燃烧反应产物的另一种重要手段，可以实现对产物的快速检测和分析，被广泛应用于各类燃烧体系，如测量热解、氧化和火焰中的产物、中间产物，包括活泼的自由基和过氧化物等[9]。首先简要介绍一下质谱技术的基本原理，然后介绍质谱技术在燃烧研究中的应用。

　　质谱技术被广泛应用于化学、生命科学、药物学、环境科学和能源转化等研究领域[9,57-60]。质谱技术的基本原理是通过合适的方法，将有机或无机分子电离，利用质荷比差异将这些离子进行分离，并通过探测器对离子进行检测[61]。通过分析这些离子，可以得到化合物的分子量、分子结构及浓度信息等。质谱技术的两个关键是如何实现化合物的有效电离及如何对离子进行有效的分离。

　　化合物的电离方式多种多样，其中最具代表性的电离源是电子轰击电离，在商品化的电子轰击电离质谱中通常采用能量为 70eV 的电子束，由于其稳定的性能，被广泛的应用于电离弱极性和中等极性的有机物分子[62]。但是，大部分有机化合物的电离能在 6～14eV，并且碎片的出现能一般小于 20eV，采用 70eV 的电子能量导致产生大量碎片，给谱图的解析、化合物的定性和定量带来了很多困难[63]。软电离方式主要包括化学电离、光电离和电喷雾电离等。化学电离和电喷雾电离主要针对极性的分子，而光电离与分子的极性无关[61]。光电离主要包括多光子电离和单光子电离两种，单光子电离一般采用真空紫外波段的光子，常用的光源为真空紫外放电灯、激光和同步辐射光源。放电灯和激光的波长固定或有限可调[64]，而同步辐射光源的波长连续可调，并具有很好的准直性和较高的亮度，是适合软电离的光源[9,54,65,66]。图 3.12 比较了正庚烷分子的电子轰击电离和光电离质谱，可以看出，70eV 的电子轰击电离会产生大量碎片离子峰，不适用于复杂燃烧组分的分析；而光电离只有分子离子峰，通过改变光子能量，使之略高于分子的电离能(近电离阈值)，这种情况下没有碎片离子峰，如图 3.12(b) 所示，因此近阈值光电离能够大大简化分析过程。由于同步辐射的光子能量可调，通过测量光电离效率谱，可以进一步区分同分异构体，如图 3.13 所示，可以区分丁醇火焰中的乙烯醇和乙醛同分异构体[67]。

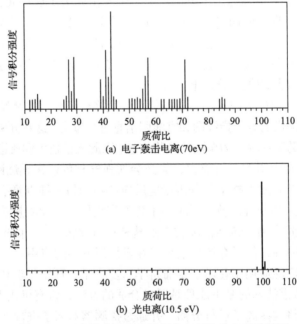

(a) 电子轰击电离(70eV)

(b) 光电离(10.5 eV)

图 3.12　正庚烷分子的电子轰击电离和光电离质谱图

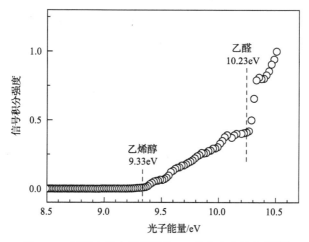

图 3.13　丁醇火焰中质量数为 44 的光电离效率谱[67]

为了验证燃烧动力学模型，必须获得各种组分的绝对浓度随空间、温度等分布。这里以平面预混火焰为例介绍，根据 Cool 等及本书作者的研究工作[68-70]，当光子能量为 E 和火焰温度为 T(代表取样位置)时，光电离质谱信号公式为

$$S_i(T,E) = CX_i(T)\sigma_i(E)\Phi(E)D_i \text{FKT}(T,T_0) \tag{3.1}$$

式中，C 为比例常数；$X_i(T)$ 为物质 i 的摩尔分数；$\sigma_i(E)$ 为物质 i 在光子能量 E 下的光电离截面；$\Phi(E)$ 为量子产率归一化后的光强；D_i 为物质 i 的质量歧视因子，只与其分子量相关且可以从实验上确定；$\text{FKT}(T,T_0)$ 为经验仪器取样函数，依赖于火焰气体的体积属性，对一个火焰中所有火焰组分来说都是相同的，T_0 为喷嘴与燃烧炉的最近位置。

光电离截面是摩尔分数推导过程中的关键参数，很多文献对碳氢化合物的光电离截面进行了测量[71-76]，对于没有文献光电离截面的中间产物，可采用理论计算或估算的光电离截面[77,78]。误差分析显示，光电离截面已知的中间产物的摩尔分数误差约为±25%，而采用估算光电离截面的组分的摩尔分数误差因子为 2(即实验误差范围为-50%～+100%)。

基于不同的离子分离原理，常用质谱类型有四级杆质谱仪、飞行时间质谱仪、离子阱质谱仪和傅里叶变换离子回旋共振质谱仪等[61]。通常情况下，四级杆质谱仪的质量分辨较差，飞行时间质谱仪居中，离子阱质谱仪和傅里叶变换离子回旋共振质谱仪质量分辨最高。由于飞行时间质谱的质量分辨适中，结构相对简单，易于设计和加工，在燃烧研究中应用广泛[9]。本书作者等将真空紫外光电离技术结合分子束取样，发展了多种独特的实验方法，广泛应用于燃烧研究中，包括流动反应器中的热解、射流搅拌反应器中的氧化、层流预混火焰和层流扩散火焰等，已探测到从 H、OH、CH、CH$_3$ 到 C$_9$ 的多种自由基，以及烯醇等活泼中间产物和低温氧化过程中的过氧化物等[9,79]；Tranter 等[80]将微型激波管和同步辐射真空紫外光电离质谱相结合，开展高温下的燃烧化学反应研究；Taatjes 等[81,82]将流动反应器和同步辐射光电离质谱相结合，开展了大量燃烧和大气中的基元反应研究，探测到低温氧化中的一系列烷基过氧自由基(ROO)及氢过氧烷基自由基(QOOH)等[83,84]。

参 考 文 献

[1] Hanson R K, Davidson D F. Recent advances in laser absorption and shock tube methods for studies of combustion chemistry[J]. Progress in Energy and Combustion Science, 2014, 44: 103-114.

[2] Sung C J, Curran H J. Using rapid compression machines for chemical kinetics studies[J]. Progress in Energy and Combustion Science, 2014, 44: 1-18.

[3] Tranter R S, Brezinsky K, Fulle D. Design of a high-pressure single pulse shock tube for chemical kinetic investigations[J]. Review of Scientific Instruments, 2001, 72(7): 3046-3054.

[4] Matras D, Villermaux J. Un réacteur continu parfaitement agité par jets gazeux pour l'étude cinétique de réactions chimiques rapides[J]. Chemical Engineering Science, 1973, 28(1): 129-137.

[5] Dagaut P, Reuillon M, Boettner J-C, et al. Kerosene combustion at pressures up to 40 atm: Experimental study and detailed chemical kinetic modeling[J]. Proceedings of the Combustion Institute, 1994, 25(1): 919-926.

[6] Dagaut P, Reuillon M, Cathonnet M. Experimental study of the oxidation of n-heptane in a jet stirred reactor from low to high temperature and pressures up to 40 atm[J]. Combustion and Flame, 1995, 101(1): 132-140.

[7] Ristori A, Dagaut P, Bakali A E, et al. Benzene oxidation: Experimental results in a JDR and comprehensive kinetic modeling in JSR, shock-tube and flame[J]. Combustion Science and Technology, 2001, 167(1): 223-256.

[8] Zhang Y, Cai J, Zhao L, et al. An experimental and kinetic modeling study of three butene isomers pyrolysis at low pressure[J]. Combustion and Flame, 2012, 159(3): 905-917.

[9] Qi F. Combustion chemistry probed by synchrotron VUV photoionization mass spectrometry[J]. Proceedings of the Combustion Institute, 2013, 34(1): 33-63.

[10] Law C K. Combustion Physics[M]. New York: Cambridge University Press, 2006.

[11] Ranzi E, Frassoldati A, Grana R, et al. Hierarchical and comparative kinetic modeling of laminar flame speeds of hydrocarbon and oxygenated fuels[J]. Progress in Energy and Combustion Science, 2012, 38(4): 468-501.

[12] Egolfopoulos F N, Hansen N, Ju Y, et al. Advances and challenges in laminar flame experiments and implications for combustion chemistry[J]. Progress in Energy and Combustion Science, 2014, 43: 36-67.

[13] Wang G, Li Y, Yuan W, et al. Investigation on laminar burning velocities of benzene, toluene and ethylbenzene up to 20 atm[J]. Combustion and Flame, 2017, 184: 312-323.

[14] Prucker S, Meier W, Stricker W. A flat flame burner as calibration source for combustion research: Temperatures and species concentrations of premixed H$_2$/air flames[J]. Review of Scientific Instruments, 1994, 65(9): 2908-2911.

[15] Hansen N, Cool T A, Westmoreland P R, et al. Recent contributions of flame-sampling molecular-beam mass spectrometry to a fundamental understanding of combustion chemistry[J]. Progress in Energy and Combustion Science, 2009, 35(2): 168-191.

[16] Burke S P, Schumann T E W. Diffusion flames[J]. Industrial & Engineering Chemistry, 1928, 20(10): 998-1004.

[17] Jin H, Wang Y, Zhang K, et al. An experimental study on the formation of polycyclic aromatic hydrocarbons in laminar coflow non-premixed methane/air flames doped with four isomeric butanols[J]. Proceedings of the Combustion Institute, 2013, 34(1): 779-786.

[18] Swan W. On the prismatic spectra of the flames of compounds of carbon and hydrogen[J]. Proceedings of the Royal Society of Edinburgh, 1857, 3: 376-377.

[19] Kirchhoff G, Bunsen R. Chemical analysis by observation of spectra[J]. Annalen der Physik Und der Chemie, 1860, 110: 161-189.

[20] Wolfrum J. Lasers in combustion: From basic theory to practical devices[J]. Proceedings of the Combustion Institute, 1998, 27(1): 1-41.

[21] Jeffries J B, Schulz C, Mattison D W, et al. UV absorption of CO_2 for temperature diagnostics of hydrocarbon combustion applications[J]. Proceedings of the Combustion Institute, 2005, 30(1): 1591-1599.

[22] Hanson R K. Applications of quantitative laser sensors to kinetics, propulsion and practical energy systems[J]. Proceedings of the Combustion Institute, 2011, 33(1): 1-40.

[23] Rothman L S, Gordon I E, Babikov Y, et al. The HITRAN2012 molecular spectroscopic database[J]. Journal of Quantitative Spectroscopy and Radiative Transfer, 2013, 130: 4-50.

[24] Klingbeil A E, Porter J M, Jeffries J B, et al. Two-wavelength mid-IR absorption diagnostic for simultaneous measurement of temperature and hydrocarbon fuel concentration[J]. Proceedings of the Combustion Institute, 2009, 32(1): 821-829.

[25] Cheskis S, Goldman A. Laser diagnostics of trace species in low-pressure flat flame[J]. Progress in Energy and Combustion Science, 2009, 35(4): 365-382.

[26] Mercier X, Therssen E, Pauwels J F, et al. Quantitative features and sensitivity of cavity ring-down measurements of species concentrations in flames[J]. Combustion and Flame, 2001, 124(4): 656-667.

[27] Luque J, Berg E P, Jeffries J B, et al. Cavity ring-down absorption and laser-induced fluorescence for quantitative measurements of CH radicals in low-pressure flames[J]. Applied Physics B-Lasers and Optics, 2004, 78(1): 93-102.

[28] Schocker A, Brockhinke A, Bultitude K, et al. Cavity ring-down measurements in flames using a single-mode tunable laser system[J]. Applied Physics B-Lasers and Optics, 2003, 77(1): 101-108.

[29] Evertsen R, van Oijen J A, Hermanns R T E, et al. Measurements of absolute concentrations of CH in a premixed atmospheric flat flame by cavity ring-down spectroscopy[J]. Combustion and Flame, 2003, 132(1-2): 34-42.

[30] Djehiche M, Le Tan N L, Jain C D, et al. Quantitative measurements of HO_2 and other products of n-butane oxidation (H_2O_2, H_2O, CH_2O, and C_2H_4) at elevated temperatures by direct coupling of a jet-stirred reactor with sampling nozzle and Cavity Ring-Down Spectroscopy (cw-CRDS)[J]. Journal of the American Chemical Society, 2014, 136(47): 16689-16694.

[31] Gouldin F C, Edwards J L. Infrared absorption tomography for active combustion control[M] //Roy G D. Combustion Processes in Propulsion. Burlington: Butterworth-Heinemann, 2005: 9-20.

[32] Ma L, Cai W. Numerical investigation of hyperspectral tomography for simultaneous temperature and concentration imaging[J]. Applied Optics, 2008, 47(21): 3751-3759.

[33] Liu X, Wang G, Zheng J, et al. Temporally resolved two dimensional temperature field of acoustically excited swirling flames measured by mid-infrared direct absorption spectroscopy[J]. Optics Express, 2018, 26(24): 31983-31994.

[34] Kohse-Höinghaus K, Jeffries J B. Applied Combustion Diagnostics[M]. New York: Taylor and Francis, 2002.

[35] Ballester J, García-Armingol T. Diagnostic techniques for the monitoring and control of practical flames[J]. Progress in Energy and Combustion Science, 2010, 36 (4): 375-411.

[36] Schulz C, Dreizler A, Ebert V, et al. Combustion diagnostics[M] //Tropea C, Yarin A L, Foss J F. Springer Handbook of Experimental Fluid Mechanics. Berlin, Heidelberg: Springer, 2007: 1241-1315.

[37] Copeland C, Friedman J, Renksizbulut M. Planar temperature imaging using thermally assisted laser induced fluorescence of OH in a methane–air flame[J]. Experimental Thermal and Fluid Science, 2007, 31 (3): 221-236.

[38] Patton R A, Gabet K N, Jiang N, et al. Multi-kHz temperature imaging in turbulent non-premixed flames using planar Rayleigh scattering[J]. Applied Physics B-Lasers and Optics, 2012, 108 (2): 377-392.

[39] McManus T A, Papageorge M J, Fuest F, et al. Spatio-temporal characteristics of temperature fluctuations in turbulent non-premixed jet flames[J]. Proceedings of the Combustion Institute, 2015, 35 (2): 1191-1198.

[40] Patton R A, Gabet K N, Jiang N, et al. Multi-kHz mixture fraction imaging in turbulent jets using planar Rayleigh scattering[J]. Applied Physics B-Lasers and Optics, 2012, 106 (2): 457-471.

[41] Estevadeordal J, Jiang N, Cutler A D, et al. High-repetition-rate interferometric Rayleigh scattering for flow-velocity measurements[J]. Applied Physics B-Lasers and Optics, 2018, 124 (3): 41.

[42] Magnotti G, Geyer D, Barlow R S. Interference free spontaneous Raman spectroscopy for measurements in rich hydrocarbon flames[J]. Proceedings of the Combustion Institute, 2015, 35 (3): 3765-3772.

[43] Magnotti G, KC U, Varghese P L, et al. Raman spectra of methane, ethylene, ethane, dimethyl ether, formaldehyde and propane for combustion applications[J]. Journal of Quantitative Spectroscopy and Radiative Transfer, 2015, 163: 80-101.

[44] Magnotti G, Barlow R S. Effects of high shear on the structure and thickness of turbulent premixed methane/air flames stabilized on a bluff-body burner[J]. Combustion and Flame, 2015, 162 (1): 100-114.

[45] Magnotti G, Barlow R S. Dual-resolution Raman spectroscopy for measurements of temperature and twelve species in hydrocarbon–air flames[J]. Proceedings of the Combustion Institute, 2017, 36 (3): 4477-4485.

[46] Roy S, Gord J R, Patnaik A K. Recent advances in coherent anti-Stokes Raman scattering spectroscopy: Fundamental developments and applications in reacting flows[J]. Progress in Energy and Combustion Science, 2010, 36 (2): 280-306.

[47] Kiefer J, Ewart P. Laser diagnostics and minor species detection in combustion using resonant four-wave mixing[J]. Progress in Energy and Combustion Science, 2011, 37 (5): 525-564.

[48] Li Z S, Rupinski M, Zetterberg J, et al. Mid-infrared PS and LIF detection of CH_4 and C_2H_6 in cold flows and flames at atmospheric pressure[J]. Proceedings of the Combustion Institute, 2005, 30 (1): 1629-1636.

[49] Hayakawa A, Yamagami T, Takeuchi K, et al. Quantitative measurement of temperature in oxygen enriched $CH_4/O_2/N_2$ premixed flames using Laser Induced Thermal Grating Spectroscopy (LITGS) up to 1.0 MPa[J]. Proceedings of the Combustion Institute, 2019, 37 (2): 1427-1434.

[50] Dreizler A, Böhm B. Advanced laser diagnostics for an improved understanding of premixed flame-wall interactions[J]. Proceedings of the Combustion Institute, 2015, 35 (1): 37-64.

[51] Barlow R S. Laser diagnostics and their interplay with computations to understand turbulent combustion[J]. Proceedings of the Combustion Institute, 2007, 31 (1): 49-75.

[52] Biordi J C, Lazzara C P, Papp J F. Molecular beam mass spectrometry applied to determining the kinetics of reactions in flames. I. Empirical characterization of flame perturbation by molecular beam sampling probes[J]. Combustion and Flame, 1974, 23 (1): 73-82.

[53] Biordi J C. Molecular beam mass spectrometry for studying the fundamental chemistry of flames[J]. Progress in Energy and Combustion Science, 1977, 3(3): 151-173.

[54] Li Y, Qi F. Recent applications of synchrotron vuv photoionization mass spectrometry: Insight into combustion chemistry[J]. Accounts of Chemical Research, 2010, 43(1): 68-78.

[55] Cord M, Husson B, Lizardo Huerta J C, et al. Study of the low temperature oxidation of propane[J]. Journal of Physical Chemistry A, 2012, 116(50): 12214-12228.

[56] Serinyel Z, Herbinet O, Frottier O, et al. An experimental and modeling study of the low- and high-temperature oxidation of cyclohexane[J]. Combustion and Flame, 2013, 160(11): 2319-2332.

[57] Aebersold R, Mann M. Mass spectrometry-based proteomics[J]. Nature, 2003, 422(6928): 198-207.

[58] Picó Y, Font G, José Ruiz M, et al. Control of pesticide residues by liquid chromatography-mass spectrometry to ensure food safety[J]. Mass Spectrometry Reviews, 2006, 25(6): 917-960.

[59] Jiao F, Li J, Pan X, et al. Selective conversion of syngas to light olefins[J]. Science, 2016, 351(6277): 1065-1068.

[60] Zhou Z, Guo H, Qi F. Recent developments in synchrotron vacuum ultraviolet photoionization coupled to mass spectrometry[J]. TrAC Trends in Analytical Chemistry, 2011, 30(9): 1400-1409.

[61] Gross J H. Mass Spectrometry: A Textbook[M]. Berlin, Heidelberg: Springer, 2004.

[62] Gross J H. Electron ionization[M] //Gross J H. Mass Spectrometry: A Textbook. Berlin, Heidelberg: Springer, 2004: 193-222.

[63] Jia L, Zhou Z, Li Y, et al. Novel applications of synchrotron VUV photoionization mass spectrometry in combustion and energy research[J]. Science China Chemistry, 2013, 43(12): 1686-1699.

[64] Wilkinson P G, Byram E T. Rare gas light sources for the vacuum ultraviolet[J]. Applied Optics, 1965, 4(5): 581-588.

[65] Leone S R, Ahmed M, Wilson K R. Chemical dynamics, molecular energetics, and kinetics at the synchrotron[J]. Physical Chemistry Chemical Physics, 2010, 12(25): 6564-6578.

[66] 齐飞. 同步辐射真空紫外单光子电离技术及其应用[J]. 中国科学技术大学学报, 2007, 37: 414-425.

[67] Yang B, Oßwald P, Li Y, et al. Identification of combustion intermediates in isomeric fuel-rich premixed butanol-oxygen flames at low pressure[J]. Combustion and Flame, 2007, 148(4): 198-209.

[68] Cool T A, Nakajima K, Taatjes C A, et al. Studies of a fuel-rich propane flame with photoionization mass spectrometry[J]. Proceedings of the Combustion Institute, 2005, 30(1): 1681-1688.

[69] Li Y, Zhang L, Tian Z, et al. Experimental study of a fuel-rich premixed toluene flame at low pressure[J]. Energy & Fuels, 2009, 23(3): 1473-1485.

[70] 李玉阳. 芳烃燃料低压预混火焰的实验和动力学模型研究[D]. 合肥: 中国科学技术大学, 2010.

[71] National Synchrotron Radiation Laboratory. Photonionization Cross Section Database (Version 2.0)[DB/OL]. (2017-01-01) [2020-09-08]. http://flame.nsrl.ustc.edu.cn/database/.

[72] Cool T A, Nakajima K, Mostefaoui T A, et al. Selective detection of isomers with photoionization mass spectrometry for studies of hydrocarbon flame chemistry[J]. Journal of Chemical Physics, 2003, 119(16): 8356-8365.

[73] Xie M, Zhou Z, Wang Z, et al. Determination of absolute photoionization cross-sections of nitrogenous compounds[J]. International Journal of Mass Spectrometry, 2011, 303(2): 137-146.

[74] Zhou Z, Zhang L, Xie M, et al. Determination of absolute photoionization cross-sections of alkanes and cyclo-alkanes[J]. Rapid Communications in Mass Spectrometry, 2010, 24(9): 1335-1342.

[75] Xie M, Zhou Z, Wang Z, et al. Determination of absolute photoionization cross-sections of oxygenated hydrocarbons[J]. International Journal of Mass Spectrometry, 2010, 293(1): 28-33.

[76] Zhou Z, Xie M, Wang Z, et al. Determination of absolute photoionization cross-sections of aromatics and aromatic derivatives[J]. Rapid Communications in Mass Spectrometry, 2009, 23 (24): 3994-4002.

[77] Huang C, Yang B, Zhang F. Calculation of the absolute photoionization cross-sections for C_1–C_4 Criegee intermediates and vinyl hydroperoxides[J]. Journal of Chemical Physics, 2019, 150 (16): 164305.

[78] Koizumi H. Predominant decay channel for superexcited organic molecules[J]. Journal of Chemical Physics, 1991, 95 (8): 5846-5852.

[79] Zhou Z, Du X, Yang J, et al. The vacuum ultraviolet beamline/endstations at NSRL dedicated to combustion research[J]. Journal of Synchrotron Radiation, 2016, 23 (4): 1035-1045.

[80] Tranter R S, Lynch P T. A miniature high repetition rate shock tube[J]. Review of Scientific Instruments, 2013, 84 (9): 094102.

[81] Taatjes C A, Welz O, Eskola A J, et al. Direct measurements of conformer-dependent reactivity of the Criegee intermediate CH_3CHOO[J]. Science, 2013, 340 (6129): 177-180.

[82] Savee J D, Papajak E, Rotavera B, et al. Direct observation and kinetics of a hydroperoxyalkyl radical (QOOH) [J]. Science, 2015, 347 (6222): 643-646.

[83] Meloni G, Zou P, Klippenstein S J, et al. Energy-resolved photoionization of alkylperoxy radicals and the stability of their cations[J]. Journal of the American Chemical Society, 2006, 128 (41): 13559-13567.

[84] Knepp A M, Meloni G, Jusinski L E, et al. Theory, measurements, and modeling of OH and HO_2 formation in the reaction of cyclohexyl radicals with O_2[J]. Physical Chemistry Chemical Physics, 2007, 9 (31): 4315-4331.

第4章　燃烧反应动力学理论与模拟方法

第3章重点介绍了燃烧反应动力学中主要的实验和诊断方法，通过实验测量的手段可以帮助人们直观地认识燃烧并总结燃烧的规律。然而这还远远不够，要能从本质上认识燃烧并预测燃烧，才是燃烧反应动力学的研究目标。为了实现这一目标，燃烧反应动力学的理论和模型研究应运而生。承接上一章内容，本章重点介绍燃烧反应动力学中基于量子化学的理论计算方法、动力学模拟方法、误差分析和模型简化方法。基于量子化学计算和反应动力学计算，可以获得燃烧组分及中间产物的热力学数据、基元反应的反应路径、速率常数等，为燃烧反应动力学模型发展提供基础数据。反应动力学模拟是连接微观反应动力学和实际应用的桥梁，是实现燃烧预测的关键手段。模型的误差分析是定量评估模型预测性能的手段，也是进行模型优化的基础。模型简化则是燃烧反应动力学详细模型走向实际工程应用的必由之路。

4.1　量子化学计算方法

量子化学是理论化学的一个分支学科，它是应用量子力学的基本原理和方法研究化学问题的一门基础科学。量子化学计算通过求解化学反应体系中微观粒子的量子力学基本方程——薛定谔方程，得到微观体系的能量、分子的结构及性能、分子之间的相互作用等物理量。随着量子化学理论方法和计算机技术的发展，量子化学方法被广泛地应用到化学、物理、材料和生物等各个学科领域。具体到燃烧领域，量子化学计算的优势近年来逐渐凸显，现已成为燃烧基础研究中不可或缺的一种重要研究手段，特别是在复杂反应体系热力学数据和动力学数据的计算方面。

对于包含原子核和电子的体系，其定态薛定谔方程可表达为

$$\hat{H}\psi(r,R)=E\psi(r,R) \tag{4.1}$$

式中，$\hat{H}$ 为系统的哈密顿量；ψ 为多粒子系统波函数；R 和 r 分别为原子核坐标和电子坐标；E 为能量。

$$\hat{H} = -\sum_{I=1}^{N_n} \frac{\overbrace{\nabla_{R_I}^2}^{T^n}}{2M_I} + \overbrace{\sum_{I=1}^{N_n}\sum_{J>I}^{N_n} \frac{Z_I Z_J}{|R_I - R_J|}}^{V^{nn}} - \underbrace{\sum_{i=1}^{N_e} \frac{\nabla_{r_i}^2}{2}}_{T^e} + \underbrace{\sum_{i=1}^{N_e}\sum_{j>i}^{N_e} \frac{1}{|r_i - r_j|}}_{V^{ee}} + \underbrace{\sum_{i=1}^{N_e}\sum_{J=1}^{N_n} \frac{-Z_J}{|r_i - R_J|}}_{V^{ne}} \qquad (4.2)$$

式中，N_n 和 N_e 分别为原子核数目和电子数目，本书中用下标 n 和 e 分别指代原子核和电子；M 为原子核质量；Z 为核电荷数；T 和 V 分别为粒子的动能和势能；I 和 J 代表不同的原子核；i 和 j 代表不同的电子。

原则上，只要对式(4.1)进行求解即可获得体系的所有物理性质。然而对于一般的分子体系，薛定谔方程的求解极为复杂，必须采用一些近似才能得到方程的解。玻恩-奥本海默近似[1](Born-Oppenheimer approximation，又称定核近似或绝热近似)是被广泛应用的一种近似。该近似的基础是原子核的质量远大于电子的质量(一般约大 3～4 个数量级)，运动速度要比电子慢得多，电子能够随时调整自身运动状态以适应核势场的变化，因此可以近似地假设核的运动不影响电子的运动状态。基于这一近似，可以对原子核和电子的运动进行分离，分子体系的薛定谔方程则可近似地分解为原子核运动方程和电子运动方程：

$$\psi(r, R) = \psi_n(R) \cdot \psi_e(r, R) \qquad (4.3)$$

注意，$\psi_e(r, R)$ 中的 R 为参量而非变量。由于化学上人们更关心的是电子状态，所以只需研究电子的薛定谔方程：

$$\hat{H}_e(R)\psi_e(r) = (T^e + V^{ee} + V^{ne})\psi_e(r) = E(R)\psi_e(r) \qquad (4.4)$$

式中，T^e 为电子的动能；V^{ee} 为电子-电子相互作用势能；V^{ne} 为核-电子相互作用势能，可看作原子核产生的外势场；$E(R)$ 与原子核的位置有关，通常被称为势能面。由势能面可以获得化学反应的重要参数，例如从极小点得到反应物和产物的几何结构，从鞍点得到过渡态结构，从势阱深度得到反应能量等。

玻恩-奥本海默近似大大简化了薛定谔方程的求解过程，且在大多数情况下比较准确，因而是量子化学中普遍采用的一种近似方法。然而，分子体系中一般包含多个电子，由于电子之间相互作用非常复杂，薛定谔方程仍然很难求解，需要做进一步简化。从根本上讲，量子化学计算方法的发展是寻找求解薛定谔方程近似方法的过程。基于不同的理论框架，量子化学计算方法主要包括基于波函数的从头计算法、密度泛函理论(density functional theory，DFT)、半经验算法、Green 函数方法和密度矩阵方法[2]。受篇幅所限，这里仅简要介绍在燃烧化学研究中应用最广泛的前两种计算方法。

4.1.1　基于波函数的从头计算法

Hartree-Fock(HF)理论是基于多电子波函数的所有量子化学计算方法的基础，是现代量子化学的基石。HF 理论忽略了电子-电子相互作用，假设电子在由原子核和其他电子形成的平均势场中独立运动，即应用单电子近似和平均场近似。应用泡利不相容原理[3]，分子体系总的多体波函数通过由单电子波函数为基础构造的单个 Slater 行列式(Slater determinant，SD)来表示，采用自洽场(self-consistent field，SCF)迭代方法，应用变分原理计算总能量。

HF 理论最严重的缺陷是使用的单电子近似考虑了电子间的平均相互作用，但事实上电子的运动是相互关联的。严格来讲，电子相关包括库仑相关和费米相关(由电子交换引起)。HF 理论采用的 Slater 行列式波函数在一定程度上考虑了相同自旋电子的相关作用[4]，这部分电子相关被单独命名为交换相互作用，因此通常所说的电子相关能是指精确的基态能量与 HF 能量之差。对电子相关能描述的充分程度往往直接影响计算结果的准确性，进而影响燃烧反应动力学模型热力学数据和动力学数据的精度。

以 HF 理论为基础，人们发展了一系列方法来计算电子相关能，这些方法常被称为 post-HF 方法，主要包括组态相互作用(configuration interaction，CI)方法、耦合簇(coupled-cluster，CC)方法、多体微扰(Moller-Plesset perturbation，MP)方法和二次组态相互作用(quadratic configuration interaction，QCI)方法等。

1. 组态相互作用方法

CI 方法通过引入激发组态来考虑电子相关。电子从占据轨道(公式中简写为 occ)被激发到空轨道(公式中简写为 vir)中形成激发组态，电子波函数表示为

$$\psi = C_0\psi_0 + \sum_a^{vir}\sum_i^{occ} C_i^a \psi_i^a + \sum_{a<b}^{vir}\sum_{i<j}^{occ} C_{ij}^{ab} \psi_{ij}^{ab} + \sum_{a<b<c}^{vir}\sum_{i<j<k}^{occ} C_{ijk}^{abc} \psi_{ijk}^{abc} + \cdots \tag{4.5}$$

式中，C 为线性组合系数；ψ 为体系波函数；ψ_0 为基态波函数；a、b、c、i、j、k 为电子能态。一般用 S、D、T、Q 等字母来表示从低到高的激发组态，例如 CIS 表示 CI 方法只引入单重激发组态 S，CISD 表示 CI 方法引入单重激发组态 S 和双重激发组态 D。对式(4.5)截断处理的等级要根据计算精度和大小一致性的要求而定。对于包含 K 个分子轨道和 N 个电子的体系，可能的组态数目为 $C_{2K}^N = \dfrac{(2K)!}{N!(2K-N)!}$。

全组态相互作用方法(Full CI)是考虑所有激发组态的情况，是特定基组下的精度极限，一般仅适用于较小的体系。CI 计算对硬件设备，如 CPU、内存等要求较高，因此多用于较小分子体系。目前，CI 系列耗时较高而计算精度不够理想，引入高

激发组态的 CISDTQ 虽精度理想，但耗时极高，因此在燃烧反应动力学计算中并不是很常用的方法。

对于某些分子，如基态近简并或远离平衡构型的分子，HF 单行列式有时不能给予充分描述，这时需要采用多个 Slater 行列式来表示电子波函数。在应用变分法求解最低能量时，需要同时优化行列式组合系数和组成各个行列式的轨道基函数的组合系数，这就是多组态自洽场(multi-configurational self-consistent field，MCSCF)方法。根据自洽场分子轨道的不同划分和处理，可以分为完全活性空间自洽场(complete active space self-consistent-field，CASSCF)方法和限制性活性空间自洽场(restricted active space self-consistent-field，RASSCF)方法。以 MCSCF 得到的波函数作为参考组态还可以产生新的激发组态函数，继续进行 CI 计算。由于有多个参考组态，这种方法称为多组态相互作用(multi-reference configuration interaction，MRCI)。对于多参考体系，MRCI 通常能够以较高的准确性描述分子之间的相互作用，例如自由基与自由基之间的复合反应常表现出明显的多参考特征，对最小能量路径进行扫描时 MRCI 的结果一般较单参考方法更为可靠。MRCI 计算量非常大，一般适用于小分子体系。

2. 耦合簇方法

CC 方法是目前最流行的包含电子关联效应的量子化学方法之一，它采用指数形式的簇算符来表征电子相关能，波函数表达为

$$\psi = e^{\hat{T}} \psi_0 \tag{4.6}$$

式中，$\hat{T}$ 为簇算符，可写为 $\hat{T} = \hat{T}_1 + \hat{T}_2 + \hat{T}_3 + \cdots$，$\hat{T}_1$ 为单激发算符，$\hat{T}_2$ 为双重激发算符，以此类推。将 $e^{\hat{T}}$ 展开为泰勒级数表达式：

$$e^{\hat{T}} = 1 + \hat{T} + \frac{\hat{T}^2}{2!} + \frac{\hat{T}^3}{3!} + \cdots = \sum_{K=0}^{\infty} \frac{\hat{T}^K}{K!} \tag{4.7}$$

对 $\hat{T}$ 算符作不同程度的截断可以得到各级近似的 CC 方法。以 CCSD 为例，其波函数为

$$\psi_{CCSD} = \left(1 + \hat{T}_1 + \hat{T}_2 + \frac{1}{2}\hat{T}_1^2 + \hat{T}_1\hat{T}_2 + \frac{1}{2}\hat{T}_2^2 \right) \psi_0 \tag{4.8}$$

完全的 CC 与 Full CI 是等价的。此外，高阶激发项可以作为微扰项用微扰理论的方法来处理，例如 CCSD(T)方法，括号中的 T 表示三重激发作为微扰项进行处理。在应用耦合簇理论时，微扰项(T)通常能显著提升计算精度。CCSD(T)是高精度计算中最流行的 CC 方法，计算精度一般优于同级别的 CCSD(2)T 和 CCSD[T]，

常被用作量子化学计算的黄金标准。值得注意的是，更高级别的 CCSD(TQ) 和 CCSDT 方法对计算资源的要求相当高，但计算精度未必胜于 CCSD(T)，因而燃烧化学研究中应用较少。对于含几个原子的小分子体系，如果想获得比 CCSD(T) 更高的精度，则可选用 CCSDT(2)Q 或 CCSDT(Q) 方法。总的来说，耦合簇方法的计算量非常大，一般适用于小分子体系。

　　CC 方法具有大小一致性，这是它比 CI 方法优越的地方之一。与 CI 方法类似，耦合簇理论中 ψ_0 也可以采用多参考组态函数的形式，形成多参考态耦合簇 (multi-reference coupled cluster，MRCC) 方法，但 MRCC 的应用不及 MRCI 普遍。

　　3. 多体微扰方法

　　MP 方法 (MPn, n = 2, 3, 4, 5, …) 以 HF 波函数为零阶波函数，将电子相关作用处理成微扰项 $\hat{V}$：

$$\hat{H}=\hat{H}_0 + \hat{V} \tag{4.9}$$

在多体微扰理论中，零阶哈密顿量 $\hat{H}_0$ 的特征值是 HF 能量。容易证明 $E_{\mathrm{MP1}} \equiv \psi_0|\hat{V}|\psi_0 = 0$，即一阶 MP 微扰修正后的能量仍是 HF 能量。在 MP 系列中，MP2 是最常用的 MP 方法，也是最廉价的 post-HF 方法。MP3 应用比较少，MP4、MP5 性价比很低，远不及同级别耦合簇方法。与 CI 和 CC 方法相比，使用小基组进行 MP 计算难以获得较高精度，且经验表明大基组低级别 MP 计算的精度往往优于小基组高级别 MP 计算。当前化学反应研究中 MP2 很大程度上已被其他方法取代，但借助 MP2 可以用较低耗时近似计算大基组下的 CCSD(T) 能量，是一种非常实用的获得高精度能量的方法，即

$$E[\mathrm{CCSD(T)}/大基组] = E[\mathrm{CCSD(T)}/小基组] + (E[\mathrm{MP2}/大基组] - E[\mathrm{MP2}/小基组]) \tag{4.10}$$

这主要是因为 MP2 和 CCSD(T) 相关能差异不大，且此处利用的是不同基组下能量的差值，所以差异进一步减小。

　　与 MRCI 类似，同样可以在 MCSCF 的基础上进行微扰修正。例如，CASPT2 方法 (complete active space perturbation theory) 就是以 CASSCF 得到的波函数为零阶波函数，并在此基础上做二级微扰修正。相比 MRCI 方法，CASPT2 可适用于稍大的多参考体系。

　　4. 二次组态相互作用方法

　　QCI 方法是 CI 方法的扩展和延伸，专为修正 CISD 方法的大小一致性问题而建立。QCISD 是该系列第一种方法，多数情况下计算精度与 CCSD 相当，但耗时

要低。QCISD(T)将三重激发态作为微扰项进行处理，但在耗时和精度上较CCSD(T)并未表现出明显优势，远不如CCSD(T)应用普遍。

这里需要说明的是，在研究实际燃烧化学反应问题时人们通常关心的是体系的相对能量，而不是绝对能量。不同方法存在的误差抵消程度不同，因此不能仅靠对相关能的计算来衡量方法的精确程度，必须具体考察实际问题。

4.1.2　密度泛函理论

HF和post-HF方法是电子结构理论的经典方法，以复杂的多电子波函数作为体系的基本物理量，常被称为从头算(ab-initio)理论。对于包含 N 个电子的体系，波函数有 $3N$ 个变量(每个电子有三个空间变量)，因此实际求解过程十分复杂。密度泛函理论的确立是计算化学领域的一个重大理论飞跃，它用电子密度取代波函数作为体系的基本物理量，由电子密度来计算其他所有可观测量[5,6]。电子密度仅是空间坐标的函数，因此 $3N$ 维波函数问题被简化成 3 维粒子密度问题，无论从概念上还是实际处理上都更为简便。

DFT起源于Thomas-Fermi均匀电子气模型，随后Hohenberg-Kohn定理证明了多电子体系所有基态物理性质都可由电子密度唯一确定，奠定了DFT的基础。在Hohenberg-Kohn定理的基础上，Kohn和Sham引入了一个假想的无相互作用的多电子体系，该体系与相互作用多电子体系具有相同的电子密度，由此得到了著名的Kohn-Sham方程[6]：

$$\left[-\frac{\hbar^2}{2m}\nabla^2+v_{\text{ext}}(r)+v_{\text{H}}(r)+v_{\text{XC}}(r)\right]\psi_i=\varepsilon_i\psi_i \tag{4.11}$$

式中，$v_{\text{ext}}(r)$、$v_{\text{H}}(r)$、$v_{\text{XC}}(r)$ 分别为外势、Hartree 势和交换相关势；ψ_i 为 Kohn-Sham轨道；ε_i 为 Kohn-Sham 轨道能。能量泛函中唯一的未知项是交换相关项 $v_{\text{XC}}(r)$，比泛函中其他已知项小很多，其精确形式很难得到，在实际计算中一般采用各种近似形式。DFT的精度直接由交换相关能量泛函的近似形式决定，因此寻找更好的交换相关近似是DFT体系发展的一条主线。常用的交换相关能量泛函包括以下几种。

1. 局域密度近似(local density approximation，LDA)

用具有相同密度的均匀电子气的交换相关泛函作为对应的非均匀系统的近似值。对电子密度变化缓慢或电子密度较高的体系(如金属等)，LDA的准确性较高。如果进一步考虑不同自旋分量的电子密度，就得到局域自旋密度近似(local spin density approximation，LSDA)。LDA在几何结构和振动频率计算方面表现优异，但是会显著高估结合能。常见的LDA方法有PW92和VWN等。

2. 广义梯度近似(generalized gradient approximation，GGA)

实际体系中电子密度不可能是均匀分布的，因此人们对 LDA 做进一步改进，将交换相关能表示为电子密度及密度梯度的泛函。GGA 泛函中应用非常广泛的方法有 PBE、PW91 和 BLYP 等。GGA 显著改善了 LDA 高估结合能的问题，但化学精度仍然不理想。

3. meta-GGA 泛函

在 GGA 的基础上，交换相关泛函中进一步加入了密度拉普拉斯或动能密度等变量。meta-GGA 的代表性泛函包括 TPSS、PKZB 和 M06-L 等。

4. 杂化泛函(hybrid functional)

运用 HF 理论从 Kohn-Sham 轨道计算得到的 HF 交换被称为精确交换，杂化泛函是在交换相关能量泛函中混合部分精确交换来提高计算精度。常见的方法有 B3LYP、B3PW91、PBE0、X3LYP 和 HSE。特别地，B3LYP 方法是应用最广泛、最为流行的杂化泛函方法，在燃烧反应动力学研究中应用十分频繁。关于 B3LYP 泛函优缺点的详细介绍可参考各类综述文章，尽管已经出现了性能更好的杂化泛函方法，但 B3LYP 泛函对量子化学计算方法的发展及其应用普及所带来的巨大影响是其他方法难以超越的。

5. 双杂化泛函(double hybrid functional)

在交换能量中混合了部分 HF 交换，在相关能量中混合了部分 MP2 相关，所以称为双杂化。B2PLYP 是最早的双杂化泛函，由 Grimme 于 2006 年提出，精度远高于普通杂化泛函，后来提出的 PWPB95-D3 精度相较 B2PLYP 更有显著提升。这类泛函的计算过程要比普通泛函更难收敛，所需的计算时间更长。

DFT 较好地平衡了计算精度和计算成本，可以解决较大分子体系的大多数化学反应问题，因而是当今计算化学领域应用最为广泛的方法之一。除此之外，将 DFT 与 post-HF 方法相结合发展的热力学组合方法如 Gn 系列和 CBS 系列等，也是燃烧化学研究中常用的量子化学计算方法，W 系列组合方法的精度非常高但极为昂贵，目前应用较少。

这一节简要介绍了燃烧反应动力学研究中常用的量子化学计算方法，实际计算时这些方法需要与基组(basis set)一起配合使用。基组是用于描述体系波函数的一组具有一定性质的函数，构成基组的函数越多，基组规模就越大，计算精度也越高。目前燃烧反应动力学研究中普遍应用的基组主要有三类，分别是：①Pople 劈裂价键基组，如 6-31G(d)、6-311+G(d,p)等；②Dunning 相关一致性基组，即

cc-pVnZ 系列如 cc-pVTZ、aug-cc-pV（D+d）Z 等；③Ahlrichs 系列基组，如 TZVP、def2-SVP。DFT 计算和 post-HF 计算对基组的要求并不相同，DFT 方法一般不需要太多高角动量基函数，而 post-HF（以及多参考方法）对基组要求较高，通常需要靠高角动量基函数才能充分描述电子相关作用。对于 DFT 计算，在同级别基组下使用 Ahlrichs 系列基组往往可以获得比 Pople 基组更高的精度。

随着量子化学理论的发展和计算机性能的提升，量子化学计算将在燃烧反应动力学研究中发挥更加重要的作用，对化学反应的预测会越来越准确。量子化学计算方法的发展方向至少应包括以下方面：一是加快 CC 等高精度方法的计算速度，向更大分子体系进行扩展；二是发展更好的交换相关近似，提高 DFT 方法的精度；三是 DFT 向含时理论和相对论等方面的扩展。值得注意的是，近年来密度拟合近似（density fitting approximation，也称 RI 近似）在量子化学计算程序中的应用和发展使计算速度获得了飞跃性的提升，密度拟合近似的加速效果对大体系则更为可观[7, 8]。在现阶段，密度拟合技术在量子化学程序 ORCA 中的发展值得人们关注。

以异氰化氢异构化为氰化氢的单分子反应（图 4.1）来简单示例通过量子化学计算获得的主要分子参数和反应能量等。表 4.1 列出了通过量子化学计算得到的反应物和过渡态的振动频率和转动常数，同时给出了温度为 298.15 K 时分子的振动、转动、平动、电子配分函数及总配分函数。这些均是在应用过渡态理论计算速率常数过程中的重要参数，可直接用于下节的动力学计算中。表中所列参数是在 B3LYP/6-31G（d）水平下的计算结果，实际计算时需要根据精度要求和体系大小合理选择计算方法。在研究实际问题时，为了平衡计算精度和计算成本，可以将低级别计算方法与高级别计算方法结合使用，例如可以选用 DFT 方法对分子进行结构优化和频率分析，然后对优化后的分子结构使用高级别的 post-HF 方法来提高

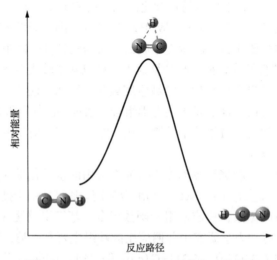

图 4.1　反应 HNC ══ HCN 的势能面示意图

电子能量的计算精度。这主要是因为结构优化和频率分析的结果对计算方法的敏感度要低于电子能量。

表 4.1　应用过渡态理论计算 HNC ══ HCN 反应速率常数所需的主要参数

振动频率/cm⁻¹		转动常数/cm⁻¹	
反应物	过渡态	反应物	过渡态
403	2065	1.503	13.748
2126	2593	1.503	1.822
3878	1145i(虚频)		1.609
反应能垒：$E_0/\text{kJ}\cdot\text{mol}^{-1}=129$			
配分函数		反应物	过渡态
振动配分函数($v=0$)		1.167	1.000
转动配分函数		0.871	8.327×10^2
平动配分函数		5.518×10^6	5.518×10^6
电子配分函数		1.000	1.000
总配分函数($v=0$)		5.605×10^6	4.595×10^9

4.2　速率常数计算方法

反应动力学关注化学反应速率及其影响因素。通过量子化学计算可以获得反应途径中反应物、过渡态和产物等组分性质和能量，在此基础上，利用反应速率理论可以对各反应途径进行动力学计算。在反应速率理论的发展史上，Rice 和 Ramsperger[9,10]、Kassel[11,12]及 Marcus[13,14]等的贡献尤为突出，发展了一系列具有广泛应用的反应速率理论，包括 RRK 理论、QRRK 理论和 RRKM 理论等。其中，RRKM 理论是当前普遍应用的被人们广泛认可的反应速率理论。

4.2.1　过渡态理论

不同反应类型的势能面表现出不同的特征。图 4.2 是三类常见反应沿反应坐标的二维势能面示意图。根据反应势能面的特点，在应用 RRKM 理论时需要选择

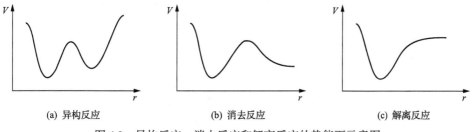

图 4.2　异构反应、消去反应和解离反应的势能面示意图

不同的处理方法来进行速率常数计算，其中一个重要的判断标准是反应势能面上是否存在显著的势垒。以图 4.2 为例，图(a)和(b)中极小点代表的稳定分子发生异构反应和消去反应时沿反应坐标均存在明显势垒，而图(c)示意的断键解离反应沿反应坐标不存在明显的势垒。根据是否存在明显势垒，可分别按不同的处理方法来计算速率常数。

1. 传统过渡态理论(conventional TST)

对于沿反应坐标存在明显势垒的反应，速率常数的变分效应比较小，而量子隧道效应则比较重要(多在温度低于 800K)。这类反应一般应用传统过渡态理论，过渡态分隔面直接位于鞍点位置处，并由此得到速率常数最小值，常见反应有异构反应、分子内消去反应和自由基 β 解离反应等。对量子隧道效应的处理是影响低温区速率常数准确性的重要因素之一。对于质量较轻的粒子，量子隧道效应往往比较重要，例如氢迁移反应。Wigner 模型[15]和 Eckart 模型[16]是计算量子隧道效应最常用方法，这两种方法的实际操作较为简单，其中的关键在于过渡态虚频值的准确性。其他计算方法如 Truhlar 等发展的多维小曲率隧道效应(small curvature tunneling)[17]和大曲率隧道效应(lage curvature tunneling)[18]等，对量子隧道效应的处理更为精确，不过实际操作过程也要复杂得多。

2. 变分过渡态理论(variational TST)

沿反应坐标不存在势能鞍点或者势能最大值附近区域能量变化平缓，变分效应比较显著，而量子隧道效应则通常不明显，这时一般需要应用变分过渡态理论计算速率常数。这类反应过渡态的位置并不固定，而是随温度沿反应坐标发生变化。燃料直接断键解离反应和自由基-自由基复合反应是这类反应的代表，过渡态的位置随着温度的升高逐渐向两自由基靠近的方向移动。需要注意的是，对于少数反应，尽管存在比较明显的势垒，但最佳过渡态的位置也有可能并不位于鞍点处。因此在计算这类反应的速率常数时，有时也需要额外考虑鞍点附近的其他过渡态构型。

3. 可变反应坐标过渡态理论(variable-reaction-coordinate TST)

主要适用于无势垒反应，特别是自由基-自由基复合反应。这类反应的过渡态通常结构松弛，分子中的振动自由度可被划分成守恒自由度和过渡自由度。守恒模式的自由度一般是指参与反应的两部分各自的振动模式，它们在从双分子反应物到过渡态的转变过程中变化不明显，多对应频率较高的振动模式，而过渡自由度一般包括参与反应的两部分各自的转动、相对运动及沿反应坐标的平动等。可变反应坐标过渡态理论对这两类自由度分别计算其配分函数，通过构建复杂的过渡态分隔面来提高过渡态配分函数的准确性，过渡态分隔面呈现多元分隔面的特点[19]。首先在两反应片段上各取一个支点，两个支点之间的距离定义为反应坐标。在应用变分原理时，需要同时变化支点位置和两支点之间的距离来获得最小速率常数。由于同样利用变分原理来寻找过渡态，可变反应坐标过渡态理论本质上也是变分过渡态理论的一种。

4. 多结构扭转变分过渡态理论(multistructural-torsional VTST)和多路径变分过渡态理论(multi-path VTST)

这两种方法是 Truhlar 等[20,21]对变分过渡态理论的进一步发展。分子内部扭转模式可产生多个构象异构体，多结构扭转、多路径变分过渡态理论全面地考虑了所有构象异构体和分子内部扭转运动对配分函数的影响和贡献，有效地修正了振动频率的非谐性效应。对于含有多个构象异构体的反应体系，相较于只考虑能量最低构型的一般过渡态理论，多结构扭转、多路径变分过渡态理论能够提高热力学数据和速率常数的准确性。但相应地，本方法需要对所有可能的构象进行结构优化和频率计算，对于含多个单键的体系计算量非常巨大。

4.2.2   碰撞能量转移

处于能级 E(E 大于反应临界能)的活化分子除了进行化学反应外，还可以通过分子之间的相互碰撞发生能量转移。压力通过改变分子碰撞频率影响活化分子的能量布居，从而使热化学反应速率常数 $k(T)$ 表现出压力相关性。对碰撞能量转移过程的处理是影响 $k(T)$ 准确性的重要因素。

分子碰撞诱发能量转移的微观过程是当前燃烧反应动力学研究的前沿问题。目前，单指数下降模型是描述碰撞能量转移过程最常用的近似模型，其他近似模型如双指数下降模型和高斯模型等应用比较少[22]。一般而言，碰撞诱发能量转移的具体函数形式对速率常数的压力依赖效应的影响并不大，后者受能量转移平均值的影响较大，特别是单次碰撞平均能量转移参数($<\Delta E_{down}>$)。此外，将碰撞能量转移参数如$<\Delta E_{down}>$等处理成温度相关量比处理成常数所得到的结果往往更为可靠。

4.2.3   主方程

考虑到化学反应的时间尺度通常大于气体分子碰撞的时间尺度，可将反应过程划分为化学反应步和碰撞能量转移步。主方程将化学反应步和碰撞活化/去活化过程联系在一起，由描述反应体系中组分浓度随时间变化的一系列方程组成。对于某个组分，其浓度 $x(E)$ 随时间的变化关系可用以下方程描述：

$$\partial x(E)/\partial t = -k(T,P)x(E) = [M]\int_0^\infty R(E,E')x(E') - R(E',E)x(E)]\mathrm{d}E' - k(E)x(E)$$

$$(4.12)$$

式中，$[M]$ 为载气浓度；$R(E, E')$ 为经碰撞后分子内能从 E' 变为 E 的速率常数；$k(E)$ 为分子处于能级 E 时的微观反应速率常数。由此可见，主方程将表观反应速率常数 $k(T, P)$ 与微观反应速率常数 $k(E)$、$R(E, E')$ 联系在一起，通过求解主方程可以得到不同温度和压力条件下的表观反应速率常数 $k(T, P)$。大多数情况下，由于时间尺度的差异，化学反应速率常数和碰撞诱发的分子能量弛豫的速率常数可以从数量级上明显区分，所以 ME 方法是获得压力相关型反应速率常数的有效手段。

这里以 4.1 节最后给出的反应 HNC $\Longleftrightarrow$ HCN 为例，简单地示意如何应用过渡态理论计算该反应在高压极限条件下的速率常数。高压极限条件下，反应物各能级满足平衡分布，正向反应的速率常数计算公式为

$$k_{\text{uni}}^{\infty} = \kappa \sigma \frac{k_{\text{B}} T}{h} \frac{Q_{\text{TS}}^{\neq}}{Q_{\text{HNC}}} \exp(-E_0 / RT) \tag{4.13}$$

式中，Q_{HNC} 和 $Q_{\text{TS}}^{\neq}$ 分别为反应物和过渡态的配分函数；E_0 为反应发生所需要的最小能量；R 为理想气体常数；k_{B} 为玻尔兹曼常数；h 为普朗克常数；κ 为用于校正隧道效应的透射系数。

由表 4.1 可知，温度为 298.15K 时，式中各项分别为 $Q_{\text{TS}}^{\neq} = Q_{\text{TS|total}}^{\neq} = Q_{\text{TS|vib}}^{\neq} \cdot Q_{\text{TS|rot}}^{\neq} \cdot Q_{\text{TS|tran}}^{\neq} \cdot Q_{\text{TS|elec}}^{\neq} = 4.595 \times 10^9$，下标中，total 指总能量，vib 指振动能，rot 指转动能，tran 指平动能，elec 电子能，因此 $Q_{\text{TS|total}}^{\neq}$ 为总配分函数，$Q_{\text{TS|vib}}^{\neq}$ 为振动配分函数，$Q_{\text{TS|rot}}^{\neq}$ 为转动配分函数，$Q_{\text{TS|tran}}^{\neq}$ 为平动配分函数，$Q_{\text{TS|elec}}^{\neq}$ 为电子配分函数。$Q_{\text{HNC}} = Q_{\text{HNC|total}} = Q_{\text{HNC|vib}} \cdot Q_{\text{HNC|rot}} \cdot Q_{\text{HNC|tran}} \cdot Q_{\text{HNC|elec}} = 5.609 \times 10^6$，$E_0 = 129 \text{kJ} \cdot \text{mol}^{-1}$，$R = 8.31447 \text{J} \cdot \text{mol}^{-1} \cdot \text{K}^{-1}$，$k_{\text{B}} = 1.381 \times 10^{-23} \text{J} \cdot \text{K}^{-1}$，$h = 6.626 \times 10^{-34} \text{J} \cdot \text{s}$，$\kappa = 1 + (h v_i / k_{\text{B}} T)^2 / 24 = 2.274$（这里选用简单的 Wigner 模型），$\sigma = \sigma_{\text{TS}} / \sigma_{\text{HNC}} = 1$。将以上各项代入式 (4.13)，计算得到 $k_{\text{uni}}^{\infty} = 2.910 \times 10^{-7} \text{s}^{-1}$。

需要说明的是，这里计算的是高压极限条件下的速率常数，因而可直接利用式 (4.13)。在非高压极限条件下，需要考虑分子处在不同能级的微观速率常数 $k(E)$。首先利用过渡态理论计算化学反应的微观速率常数 $k(E)$，在平衡分布条件下由 $k(E)$ 得到高压极限速率常数 $k_\infty(T)$。然后，利用主方程将微观反应速率常数 $k(E)$ 和碰撞能量传递速率常数 $R(E, E')$ 耦合在一起，通过求解矩阵特征值，得到不同压力条件下的反应速率常数。另外，本例中反应物和过渡态的振动自由度全部采用谐振子模型进行处理，实际计算时为使结果更准确，一般需要将分子中内转动模式处理成自由转子、阻尼转子等，因而配分函数的计算有所不同。目前，RRKM-ME 方法是燃烧反应动力学计算中常用的、准确性较高的获得压力相关型速率常数的有效方法。

综上所述，量子化学计算和反应速率常数计算是燃烧反应动力学研究的重要

手段。特别是对于复杂反应体系(如碳氢燃料的低温氧化等)，实验研究通常具有较大的局限性，这是由于一方面这些基元反应的内在反应机理非常复杂，多条反应通道同时竞争共存；另一方面，难以将目标反应单独"隔离"而不受其他反应的影响；再者，很多重要反应的速率常数常超出实验测量能力范围。因此理论研究已发展成为获得燃烧反应动力学详细机理的重要手段，其中将量子化学计算与反应速率理论相结合的方法是最为有效的一种。理论计算与实验测量的结合在关键反应机理的发现、解释和验证方面发挥着越来越重要的作用，共同促进了人们对燃烧本质的认识和理解，将燃烧反应动力学的科学研究带入新的发展阶段。

4.3　燃烧反应动力学模拟方法

燃烧反应动力学模拟在燃烧研究中的作用举足轻重。通过动力学模拟，可以预测热释放率、火焰传播、熄火、点火等燃烧参数，了解动力机械中的燃烧过程及氮氧化物、碳烟等污染物的排放，理解火焰结构及着火、火焰传播等各种燃烧现象的控制因素，从而进行燃烧调控。动力学模拟是把反应、流动、传热、传质这些燃烧的基本过程通过复杂化学反应、热力学性质、反应器物理模型和边界条件及组分的输运性质结合起来，通过数值模拟对燃烧过程中的组分浓度、热释放、污染物的排放及宏观燃烧参数等进行预测，如图 4.3 所示。本节内容将主要介绍当前国际主流模拟软件的结构、主要实验类型的模拟方法和生成速率分析、敏感性分析等方法。

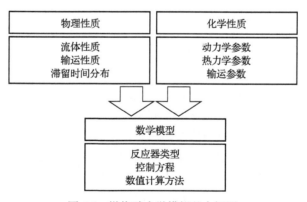

图 4.3　燃烧动力学模拟基本框图

目前国际上的动力学模拟软件多种多样，但最经典的主流动力学模拟软件是 Chemkin Ⅱ，这款软件是由桑迪亚国家实验室基于 Fortran 语言编写的，是最早的主流模拟软件，也是 Chemkin 系列程序/软件发展的源头。在此基础上，Chemkin 3.X、Chemkin 4.X 和 Chemkin PRO 先后发展起来。值得一提的是，Chemkin PRO

是基于 Java 编写的一款商业软件，具有友好的用户界面，求解速度快且准确度高，并且具有强大的后处理工具。Cantera 是一款与 Chemkin 类似的动力学模拟软件，最新版本的 Cantera 的功能涵盖了反应动力学、热力学和输运过程的一系列问题的解决方案，它使用面向对象的 C++语言编写，可以直接接入 C++和 Fortran 编写的各种应用，也可以利用 Python 和 Matlab 平台交互运行。此外，由于其开源的特性和很好的可移植性，目前 Cantera 在复杂反应流模拟中得到了广泛的应用。OpenSMOKE++是一款用于模拟复杂反应体系的数值模拟软件，使用面向对象的 C++语言编写，易于扩展和随用户定制。OpenSMOKE++可以处理一系列理想反应体系，包括密闭间歇反应器、充分搅拌反应器、活塞流反应器、激波管、快速压缩机和一维平面火焰等，它也可以扩展到多维 CFD 模拟工具当中，用于处理详细化学反应机理。OpenSMOKE++提供了和 Chemkin 类似的敏感性和生成速率分析，用于识别骨干化学反应和整合模拟结果的动力学信息，实现了计算资源的高效利用，能够提供精确快捷有效的模拟结果，详细信息请参阅参考文献[23]。

　　除了以上介绍的比较流行的模拟软件之外，其他动力学模拟软件与上述软件在功能上大同小异，包括 FlameMaster、LOGE 和 COSILAB 等，运用相同的物理模型预测相同工况下的燃烧特性，所得结果基本一样。读者可以根据个人喜好和需求来选择适合自己的模拟软件。

4.3.1　模拟软件结构和数值计算方法

　　不同模拟软件结构大同小异，本节以 Chemkin 系列软件为例，简单介绍一下气相动力学模拟软件的结构。如图 4.4 所示，首先，Chemkin 的机理解释器将输入的气相化学机理文件和热力学参数文件进行读取处理，形成 Chemkin 链接文件（在 Chemkin Ⅱ中后缀名为.bin 的文件，在 Chemkin PRO 中后缀名为.asc 的文件），此文件中包含了动力学模拟所需要的基本信息，形成 Chemkin 库文件。对于均相反应器的模拟，结合 Chemkin 库文件及定义的边界条件，比如初始温度、压力、组分浓度等，即可在 Chemkin 包含的不同反应器模型中进行求解；对于非均相反应器的模拟，还需要输运参数的信息，因此，还需要额外提供输运参数文件，该文件通过 Chemkin 中的输运数据拟合程序形成链接文件，进而形成输运数据库文件，与 Chemkin 库文件一起用于后续求解。通过反应器模型的求解便可得到输出结果。Chemkin 中自带的后处理工具还可以提供对模拟结果的生成速率分析、灵敏度分析等。

　　Chemkin 中包含了瞬态求解器和稳态求解器，分别用来求解瞬态问题和稳态问题。在瞬态问题的求解过程中利用有限差分法对控制方程进行离散，然后利用隐式时间积分来求解，通过解非线性微分方程可以求得温度、组分浓度等信息，解线性微分方程可以求得一阶灵敏度因子。

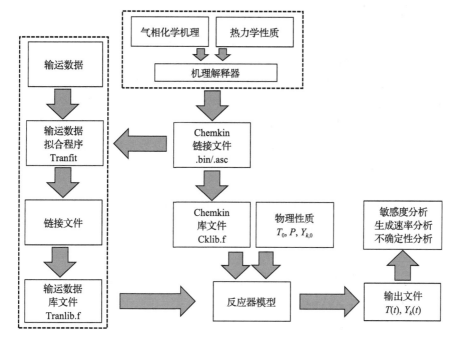

图 4.4　Chemkin 软件的计算流程

此外，Chemkin 在求解稳态问题时，会根据是否需要网格采用不同的数值计算方法。对于零维均相反应体系，无须进行网格设置，因此，只需要根据初始猜测值进行阻尼牛顿方程的迭代，如果失败，更新雅克比(Jacobi)矩阵，然后判断是否满足收敛标准，如果满足收敛标准，则输出计算所得的稳态结果，如果不满足，则进行隐式伪时间步积分，然后再判断是否满足收敛标准，如果满足，将重新进行阻尼牛顿方程迭代。对于一维火焰的求解，初始猜测中需要加入初始网格的划分，运算过程中通过自适应网格来优化，其他的算法与零维均相反应体系的计算相同。从数值算法的逻辑中看到，初始猜测、收敛标准、时间步长、初始网格和自适应网格设置将对数值计算的结果和收敛时间产生重要影响。

4.3.2　热力学、动力学和输运参数

燃烧反应动力学模拟所需要的参数包括热力学参数、动力学参数和输运参数，其中动力学参数即为反应速率常数，模拟中通常使用阿伦尼乌斯形式来表示速率常数。热力学参数是任何一个燃烧反应动力学模型不可或缺的重要组成部分，包括每个组分的 H、S 和 C_p。有了热力学参数即可求出每个化学反应的热效应，可用于求解能量守恒方程，还可以求出吉布斯自由能变，从而求出化学反应的方向、平衡常数，在已知正反应速率的情况下得到逆反应速率。无须动力学参数，可以由热力学参数直接求得混合物的平衡组成和绝热火焰温度。以上功能均可说明热

力学参数在燃烧模型中的作用举足轻重。

在燃烧反应动力学模型中，每个组分的热力学参数可以简洁地用 NASA 热力学数据的形式表达，如图 4.5 所示。这里以 H_2O 为例，第一行定义了组分的名称，接着定义了组分的组成和相态，本例中 G 代表气相的英文单词 gas 的首字母，最后定义了温度拟合的起始温度、最高温度和中间温度。之所以定义一个中间温度，是因为热力学参数采用两段温区来拟合，第一段是从中间温度到最高温度，第二段是从最低温度到中间温度，这两段温度分别用 7 个参数来拟合，共计 14 个参数，分别写在第二到第四行，如图 4.5 所示。

```
H₂O                          H  2 O 1  0   0G  200.000 6000.00 1000.00     1
  0.26770389E+01  0.29731816E-02-0.77376889E-06  0.94433514E-10-0.42689991E-14   2
 -0.29885894E+05  0.68825500E+01  0.41986352E+01-0.20364017E-02  0.65203416E-05   3
 -0.54879269E-08  0.17719680E-11-0.30293726E+05-0.84900901E+00                    4
```

图 4.5   NASA 热力学数据的表达形式

每个组分在定义温区内任意温度下的热容 (C_p)、熵 (S)、焓 (H) 可以分别用式 (4.14)、式 (4.15)、式 (4.16) 来计算。

$$\frac{C_p}{R} = a_1 + a_2T + a_3T^2 + a_4T^3 + a_5T^4 \tag{4.14}$$

$$\frac{S}{R} = a_1\ln T + a_2T + \frac{a_3T^2}{2} + \frac{a_4T^3}{3} + \frac{a_5T^4}{4} + a_7 \tag{4.15}$$

$$\frac{H}{R} = a_1T + \frac{a_2T^2}{2} + \frac{a_3T^3}{3} + \frac{a_4T^4}{4} + \frac{a_5T^5}{5} + a_6 \tag{4.16}$$

式中，a_1、a_2、a_3、a_4、a_5、a_6、a_7 为拟合系数。

热力学数据的来源有很多，可以通过实验获得[24]，也可以通过高精度的理论计算获得[25]，还可以根据官能团加和法近似获得[26]。对于结构复杂的大分子来说，官能团加和法是个很不错的方法，它是一种将一个组分分为官能团和化学键来对其热力学参数进行估算的方法。所谓官能团的定义，即中心原子和其周围的配体。这种方法将未知结构的热力学参数划分为几个已知结构的热力学参数，并考虑与非相邻原子的相互作用，虽然是近似的经验方法，但具有一定的准确度，是很多自动生成软件中首选的方法。通过量子化学的方法也可以求出组分的热力学参数，因为组分的焓、熵、热容也可以由统计力学的方法推导得出，通过计算组分的结构、能量信息，获得组分的配分函数，便可通过配分函数与热力学焓、熵、热容的关系求出相应热力学参数。由于量子化学计算对大分子的计算成本较高，一般对大于 5 个重原子的组分采用高精度的理论计算方法需要很高的计算成本，而采用较低精度的计算方法获得的热力学数据准确性会降低。

相对热力学数据而言，并不是所有模型都需要包括输运参数，只有受扩散影响的体系，输运参数才是必不可少的输入参数，用来描述热量传导、物质传输等。流体的输运遵循守恒定律，在求解动量守恒、能量守恒和质量守恒方程中，均有表示动量、热量和质量流量的项，在这些项中最关键的参数为黏度系数、二元扩散系数、热传导和热扩散系数。

表 4.2 展示了 TRANLIB 形式的输运参数表示方法，需要定义的参数一共有 7 个，第 1 列为组分名称，这个名称要与热力学数据和动力学数据中定义的名称保持一致；第 2 列是组分结构，0、1 和 2 分别代表单原子、线性分子和非线性分子；第 3 和第 4 列分别定义了 Lennard-Jones 势函数的阱深(ε/k_B)和碰撞半径(σ)；第 5～7 列分别定义了偶极矩(μ)、极化率(α)和 298 K 下的转动常数(Z_{rot})。有了以上 7 个参数，在数值模拟程序中便可计算组分的输运参数，一般分为 5 个步骤。第 1 步程序自动读取 TRANLIB 形式的输运参数，第 2 步计算组分对之间的约化质量、碰撞积分、阱深、约化偶极矩，第 3 步评估每个单一组分的碰撞积分和每个可能的组分对之间的碰撞积分，第 4 步计算每个纯组分的黏度和热传导以及每个组分对之间的二元扩散系数，第 5 步计算混合物的热传导、黏度和扩散系数。

表 4.2　TRANLIB 形式的输运参数

组分名称	结构	ε/k_B	σ	μ	α	Z_{rot}
He	0	10.200	2.576	0.000	0.000	0.000
H_2	1	38.000	2.920	0.000	0.790	280.000
H_2O	2	572.400	2.605	1.844	0.000	4.000

输运数据也可以由实验和理论计算的方法获得，尤其是理论计算的方法不受实验条件的限制，比较灵活，高精度的理论计算结果比较可靠[27]。输运参数的误差对燃烧反应动力学模型也有重要影响，尤其是 Lennard-Jones 势函数的阱深和碰撞半径，因为不同的势函数决定了碰撞积分的不同，而碰撞积分直接决定了黏度、热传导和质量扩散的差异。

4.3.3　主要实验类型的模拟方法

1. 燃烧反应动力学模拟流程简介

在第 3 章中介绍了各类实验方法，包括间歇反应器、充分搅拌反应器、活塞流反应器等理想反应器和层流预混火焰、层流扩散火焰。本节以 Chemkin PRO 软件为例，介绍如何运用动力学模拟软件模拟这些实验，从而预测关键燃烧参数，比如温度、压力、着火延迟时间、层流火焰传播速度及污染物浓度，以及如何通过模型分析认识燃烧中的控制反应，从而调控燃烧。下面将简单介绍各种反应器的模拟方法，以及生成速率分析和敏感性分析这两种常用的模型分析方法。

燃烧反应动力学模拟一般包含以下 6 个步骤。

(1)选择合适的物理模型:这是所有步骤中最关键的步骤。选择合适的物理模型的前提既需要模拟者对基础燃烧实验有充分的认识,也需要对模拟软件中包含的物理模型有足够深入的理解。以均相反应器模拟为例,模拟者需要考虑真实实验物理模型,比如通过判断实验过程中与外界有无物质交换,可以确定要选的物理模型是密闭型反应器还是开放型反应器;通过判断实验中有无与外界进行热量交换,可以确定所选用的物理模型是绝热的,还是非绝热的;通过判断实验中有无压力、体积变化,确定物理模型是等压的还是等容的。Chemkin PRO 中包含多种多样的反应器,代表各种不同的物理模型,包括密闭型均相反应器(如密闭均相间歇反应器)、开放型均相反应器(如充分搅拌反应器)、流动反应器(如活塞流反应器)、火焰反应器(如层流预混炉面稳定火焰和自由传播火焰)等等。本节内容主要介绍以上反应器的模拟方法。

(2)创建反应器或反应器网络的结构连接图,包括入口、反应器、出口及它们之间的连接。

(3)读取化学反应、热力学参数文件,对于非均相体系,还要读取输运数据文件,进行预运行。

(4)选择正确的求解方法,并定义初始条件和边界条件。根据实际的实验条件正确输入必不可少的温度、压力、入口浓度等信息,有时根据需要,也可以输入额外的信息,比如热损失、壁面效应等。

(5)运行程序进行求解:Chemkin PRO 中有三种运算方式,第一种是只运行单一算例,第二种是多个模拟条件独立运算,用于瞬态问题的模拟,第三种也是针对多个模拟条件的运算,但与第二种不同,这种运算模式的后一个模拟条件是在前一个模拟条件的结果上进行运算,准确地说,这种方法适用于稳态问题的求解,上一个条件的模拟结果将作为下一个模拟条件的初始猜测值代入运算。值得一提的是,在进行模拟运算之前,模拟者还可以根据需要调整程序中默认的求解算法(在"Solver"中设置),比如收敛标准、运算时间步、步长等。另外,在输出控制中还可以设置"着火延迟时间"、"敏感性分析"等结果的输出。

(6)对模拟结果进行分析:模拟者有两种选择,一种是利用 Chemkin PRO 自带的后处理程序进行生成速率分析和敏感性分析,另一种是通过 Excel 将原始模拟和分析结果输出,然后按照自己的需求进行数据处理。值得一提的是,前一种方法方便快捷,选择路径分析选项,便可以实现迅速的数据处理和分析,并以图型的形式呈现出来,非常直观。

2. 密闭均相间歇反应器的模拟方法

在进行数值模拟之前,首先要对物理模型具备充分的理解和认识。密闭均相间歇反应器(closed homogeneous batch reactor)具有以下特征：①没有入口和出口，是封闭系统；②均匀预混，反应器中没有组分浓度的梯度变化；③符合质量作用定律。根据以上特征，结合物质守恒方程、能量守恒方程，以及等体积(或等压)条件的假设和初始边界条件，可以求解出均相密闭间歇反应器中不同反应时间下的温度、压力和组分浓度的信息。这种反应器最重要的应用是用来模拟激波管和快速压缩机中的着火延迟时间及组分浓度分布，也可以用来模拟部分流动反应器的实验。这里主要介绍它在激波管和快速压缩机着火延迟时间模拟中的应用。

激波管的物理模型可以理想化为密闭间歇反应器。发生反应时的温度和压力分别可以通过计算和测量得到，边界条件清晰。此外，该过程无须考虑物质、能量的输运过程，可视为均相体系。研究表明，反射激波后的物理过程既非等压过程，又非绝对的等容过程，但更接近于等容过程，因此，对于着火延迟时间小于2ms 的实验可以采用固定体积解能量方程的方法来模拟，对结束时间的设定要足够长，以便点火可以发生，其他的输入条件，比如点火时的温度、压力、组分浓度信息根据实验条件设置即可。对于着火延迟时间大于 2ms 的激波管实验，点火发生前压力会随时间发生变化(dP/dt)，此时的物理模型偏离等容或等压近似，因此，模拟时需要额外给出 dP/dt 的变化曲线。

与激波管相比，快速压缩机的实验条件并没有那么理想，在压缩冲程及压缩后，反应体系存在向壁面发生热损失的情况，因此在快速压缩机的数值模拟中需要充分合理地考虑这部分热损失。在快速压缩机模拟的物理模型中，认为热损失只在靠近壁面的一个薄边界层中发生，中心区域仍为均相绝热体系，并定义了有效体积的概念来模拟热损失，如式(4.17)和式(4.18)所示。在压缩结束前，即 $t \leqslant 0$ 时，有效体积等于反应室的体积 $V_g(t)$ 与热损失的体积 V_{add} 之和，而在压缩完成后，即 $t > 0$ 时，有效体积为压缩刚结束时的体积 $V_{eff}(0)$ 与基于压力测量的散热系数 $v_p(t)$ 的乘积。因此，V_{add} 和 $v_p(t)$ 用来模拟热损失，它们可以通过惰性气体组分的对照实验得到。在进行快速压缩机实验模拟时，首先要根据惰性气体对照实验中得到的 P-t 曲线获得 $V_{eff}(t)$，然后将 $V_{eff}(t)$ 作为热损失的输入参数进行模拟，其他的模拟条件设置与激波管相似。

$$V_{eff}(t) = V_g(t) + V_{add}, \qquad t \leqslant 0 \qquad\qquad (4.17)$$

$$V_{eff} = V_{eff}(0) v_p(t), \qquad t > 0 \qquad\qquad (4.18)$$

在激波管中着火延迟时间为反射激波到达至着火的时间，在快速压缩机中着火延迟时间为活塞到达上止点(即压缩结束时)到着火的时间。实验测量中通常通过 OH^*、CH^*(*代表激发态)自发光信号或者压力的变化等来定义着火延迟时间。因此，最准确的模拟方法是根据实验测量的组分或物理量来获得着火延迟时间的模拟结果，但事实上，基于不同组分和物理量（如温度、压力）变化所定义的着火延迟时间是相近的。在 Chemkin PRO 的输出控制选项中，模拟者可根据自己的需求定义着火延迟时间，也可以用 Excel 输出组分浓度、温度或压力信息，自行处理获得着火延迟时间。

3. 充分搅拌反应器的模拟方法

充分搅拌反应器具有以下特征：①具有入口和出口，是开放的系统；②分子扩散速率很快，经射流喷嘴形成高强度湍流射流达到均匀混合的效果；③入口和出口质量流量、压力、温度一致，反应器为稳态均相反应器；④反应物到产物的转化仅由反应动力学控制，而非混合或扩散控制。该物理模型主要用于模拟射流搅拌反应器、连续搅拌流动反应器（continuous stirred flow reactor）及点火和熄火极限的模拟。本节主要介绍如何利用充分搅拌反应器来模拟射流搅拌反应器实验。

在射流搅拌反应器实验中，一般有两种测量模式：①固定滞留时间，测量组分浓度随温度的变化；②固定温度，测量组分浓度随滞留时间的变化。这两种实验模式均可用充分搅拌反应器这一物理模型进行模拟。在射流搅拌反应器实验中，一般是保持温度恒定的，因此，模拟时选择固定温度的求解方式。在这种求解方式下，模拟者还可以自由选择瞬态和稳态的求解方法。利用瞬态求解器模拟时，需要输入终止时间，这个时间要足够长，以至于反应达到平衡。Chemkin PRO 中瞬态求解器与稳态求解器计算的结果基本一致，但稳态求解往往计算速度更快，但 Chemkin II 中使用的是稳态求解的方式。需要特别说明的是，稳态求解的方法需要上一条件的结果作为 Twopnt 的初始猜测值，因此需要利用连续求解的方式按从高温到低温的顺序建立。值得注意的是，滞留时间是射流搅拌反应器中的关键输入参数，指的是平均滞留时间，即反应器总体积与流速的比值。因此，在进行数值模拟时，输入滞留时间等同于同时输入反应器总体积和流速，二者任意输入其一即可。其他输入参数，如温度、压力、初始组分组成和浓度的信息，按照实验的真实情况输入即可。

对于连续搅拌流动反应器的模拟需要在以上模拟方法的基础上充分考虑热损失，因此，额外的信息如热导率、反应器表面积、环境温度等需要作为输入参数。此外，对于点火和熄火极限的模拟，需要解能量方程的方法来实现，在这里不加赘述。

4. 活塞流反应器的模拟方法

活塞流反应器是理想的一维反应器，也是很多流动反应器的设计目标。这个物理模型具有以下特征：①具有入口和出口，是开放的系统；②组分浓度、温度随流动反应器轴向变化，在反应器轴向上没有扩散，没有返混；③在反应器的径向上扩散无限快，没有温度、压力、浓度梯度。值得注意的是，并非所有的流动反应器实验都可以用活塞流反应器这一物理模型来模拟。对于层流流动反应器而言，其内部的层流流动受到壁面剪切力的影响，流速在径向会形成抛物线分布，不符合活塞流反应器的物理模型特征。但是，某些层流流动反应器可以近似为活塞流反应器，并利用活塞流反应器的物理模型来模拟。

在实际流动反应器实验中，温度分布是已知量，因此，在利用活塞流反应器模拟过程中选择固定温度的模式进行模拟。温度沿流动反应器轴向的分布是关键的输入参数。此外，流动反应器的几何特征，如直径、总长度的信息，以及压力分布、初始组分组成和浓度、入口流量等信息也需要作为输入参数。值得注意的是，一般实验中会测量流动反应器末端的组分浓度信息，而模拟所得的结果是沿整个流动反应器的组分浓度分布，因此，模拟者需要提取出模拟结果中反应器末端的浓度信息与实验结果进行比较。

对于某些层流流动反应器，其温度沿轴向分布基本保持恒定，温度上升和下降都非常迅速，也可以近似为绝热的密闭均相间歇反应器，利用恒压解能量方程的方法来模拟即可。这种模拟方法也同样适合湍流流动反应器的模拟。

5. 层流预混炉面稳定火焰的模拟方法

层流预混炉面稳定火焰(premixed laminar burner-stabilized flame)模型具有以下特征：①具有入口和出口，是开放的系统；②需要考虑热损失；③需要考虑热扩散和质量扩散；④冷边界的流速/质量流量及燃料混合物的初始组成已知，在热边界梯度消失。该物理模型一般应用于模拟一维层流平面预混火焰。

实际实验中会测量轴向上的温度分布，这将作为模拟的输入参数来准确描述热损失。因此，求解一般选择固定温度的模式来模拟，此外，实验时的压力、初始质量流量、网格设置，以及火焰边界也是必要的输入参数。为了模拟结果更加准确，可以选择考虑热扩散效应，并采用多组分方式拟合的输运参数进行求解，但与此同时，计算成本也将大大提高。Chemkin PRO 软件在进行数值求解时，首先会根据初始条件和平衡条件给出一个初始猜测值，在粗网格上进行离散，然后以粗网格得到的结果作为迭代的输入条件，采用自适应网格优化的方法不断优化网格，其强大的稳态求解器 Twopnt 将利用隐式的牛顿迭代与伪时间步相结合的方法，得到最终稳态的结果。需要特别说明的是，在某些利用喷嘴取样进行中间产物测量的实验中，需要考虑喷嘴的吸入效应和冷却效应，这些非理想的因素导致取样喷嘴所取样品并非确切的当地气体，而是稍微偏向上游的气体，这一非理想的因素可以通过平移实验测得的温度曲线来修正。

6. 层流火焰传播速度的模拟方法

　　层流火焰传播速度的物理模型与层流预混炉面稳定火焰相比，具有以下特征：①绝热体系，不需要考虑热损失；②需要考虑热扩散和质量扩散；③冷边界的流速/质量流量未知；④火焰在一个无限大的空间自由传播。该物理模型一般应用于模拟一维层流平面预混火焰实验。无论是哪种实验方法测得的层流火焰传播速度，包括燃烧弹、热流法、本生灯等，都可以用该物理模型来模拟层流火焰传播速度。

　　与层流预混炉面稳定火焰的模拟不同，该物理模型不考虑热损失，认为整个火焰传播的过程是绝热的，因此选择解能量方程的方法进行求解。需要输入的参数包括初始温度、压力、混合物组成及初始浓度，定义网格、计算边界，并需要给出初始猜测的流速、质量流量。需要特别说明的是，计算边界需要足够大，以使在热边界所有的梯度消失，否则火焰速率的计算结果会受到热边界热损失的影响。此外，考虑热扩散和多组分输运参数拟合，以及更精细的网格设置会使计算结果更加可靠，但同时会增加计算成本，模拟者在进行数值模拟时需要综合考虑这些因素的影响。

7. 对冲火焰的模拟方法

　　对冲火焰的物理模型具有以下特征：①滞留平面(轴向流速为 0)的位置取决于燃料端和氧化物端的动量；②需要考虑热扩散和质量扩散；③层流火焰；④理想气体；⑤轴对称，可简化为二维物理模型；⑥定常流、稳态；⑦所有的物理性质只依赖于轴向坐标。很显然，在以上假设的前提下，该物理模型将对冲扩散火焰实验简化为简单的一维问题。

　　对冲火焰实验的模拟可以参考层流预混炉面稳定火焰的模拟，这里不加赘述。需要注意的是，对冲火焰的模型结构连接图需要定义两个入口、一个反应器和一个出口，因此，需要根据实验条件分别定义两个入口端的初始条件和边界条件，其中计算区域为两个入口端之间的距离。

4.3.4　模型分析方法

1. 敏感性分析

　　敏感性分析(sensitivity analysis)可分为局部敏感性分析和全局敏感性分析两类。一般而言，局部敏感性分析常用于研究详细机理的动力学特性，本书中主要对局部敏感性分析进行介绍。局部敏感性分析的定义：在一个随时间动态变化的复杂反应体系中，t_1时刻，参数 x_j(可以是反应速率常数、热力学数据等)变化一定小量 Δx_j，引起的参数 Y_i(如组分浓度等)在 t_2时刻的变化程度，如式(4.19)

（图 4.6）。对 Y_i 进行 Taylor 展开，如式（4.20）所示。其中，将 $\partial Y_i / \partial x_j$ 称为一阶局部敏感性系数，同理 $\partial^2 Y_i /(\partial x_k \partial x_j)$ 称为二阶局部敏感性系数。若不做特殊说明，所指的敏感性系数均指一阶敏感性系数。在此情况下，认为二阶及高阶量均为小值，不予考虑。因此，可以近似得到式（4.21），S 即为敏感性系数。在实际的燃烧模型分析中，通常使用的是归一化的敏感性系数 $(x_j / Y_i)(\partial Y_i / \partial x_j)$，表示 x 变化百分率对应 Y 变化百分率，无量纲化使得反应之间敏感性系数能够互相比较且更为直观。

$$\frac{dY}{dt} = f(Y,x), Y(t_0) = Y_0 \tag{4.19}$$

$$Y_i(t, x + \Delta x) = Y_i(t, x) + \sum_{j=1}^{m} \frac{\partial Y_i}{\partial x_j} \Delta x_j + \frac{1}{2} \sum_{k=1}^{m} \sum_{j=1}^{m} \frac{\partial^2 Y_i}{\partial x_k \partial x_j} \Delta x_k \Delta x_j + \cdots \tag{4.20}$$

$$\widetilde{Y_i}(t_2) \approx Y_i(t_2) + S(t_2, t_2) \Delta x_j \tag{4.21}$$

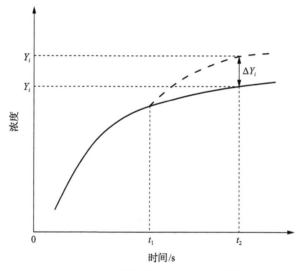

图 4.6　敏感性分析定义示意图[28]

局部敏感性分析的方法很多，最为简单的 Brute-force 法及基于雅克比矩阵的直接计算法、Green 函数法和多项式近似法等，其中，以雅克比矩阵为基础的方法能够获得比 Brute-force 法更为准确的结果，同时耗时较短，因而在 Chemkin 等商业数值模拟软件中得到了较为广泛的应用。下面将对 Brute-force 法和直接计算法做简单介绍。

Brute-force 法也被称为有限差分近似法或是间接计算法，在 t_1 到 t_2 的连续时间内运用有限差分近似可以得到式（4.22）。很多情况下，作为一个示意性的敏感性分析表示方法, 在使用式(4.22)时常会直接将参数改变50%或是 $2^{[29\text{-}31]}$, 由此得到的敏感性系数既非局部敏感性, 也非全局敏感性。

$$\frac{\partial Y_i}{\partial x_j}(t_1,t_2) \approx \frac{\Delta Y_i(t_2)}{\Delta x_j} = \frac{\widetilde{Y}_i(t_2) - Y_i(t_2)}{\Delta x_j} \tag{4.22}$$

直接计算法[32]是对式(4.19)直接求微分得到下式:

$$\frac{\mathrm{d}}{\mathrm{d}t}\frac{\partial Y_i}{\partial x_j} = \frac{\partial f}{\partial Y}\frac{\partial Y_i}{\partial x_j} + \frac{\partial f}{\partial x_j}, \quad \frac{\partial Y_i}{\partial x_j}(t_0) = 0, \quad j = 1,2,\cdots,N \tag{4.23}$$

式中, 雅可比矩阵 $\boldsymbol{J} = \dfrac{\partial f}{\partial Y}$, 当使用牛顿法(Newton method)对反应器进行求解时, 可以得到 $\boldsymbol{J}$ 值[33], 矩阵 $\boldsymbol{F} = \dfrac{\partial f}{\partial x_j}$ 也可在数值求解过程中得到。敏感性系数矩阵 $s_i = \dfrac{\partial Y_i}{\partial x_j}$ 通过式(4.23)便可获得。

敏感性分析的特点在于反应速率常数的改变直接影响到对应反应中组分的浓度, 而后者又会改变其关联反应中其他组分, 这一点可推广至其他采用相似的微分方程的模型。因此, 在对组分进行敏感性分析时, 得到的敏感性反应中不一定是包含该目标组分的反应。敏感性系数的数值有正负之分, 正值表示增大参数会引起求解变量的增加, 负值表示增大参数会引起求解变量的减小, 显示了各个反应对目标组分生成与消耗的影响。除此之外, 敏感性分析还可以对其他求解变量(如层流火焰传播速度)进行分析, 其反映的是参数(如反应速率常数的指前因子)的绝对变化引起的求解变量的绝对变化, 是衡量化学反应重要性的关键手段。

2. 生成速率分析

在气相燃烧反应中, 某个反应 i 对组分 k 的生成或消耗贡献可以表示为

$$C_{k,i} = v_{k,i}q_i \tag{4.24}$$

式中, $v_{k,i}$ 和 q_i 分别表示该反应的化学计量系数和反应进度。生成速率(rate of production, ROP)分析表达的就是每个反应对目标组分的净生成或消耗的贡献, 分别如式(4.25)和式(4.26)所示, 其中 p 表示生成(production)贡献, d 表示消耗(depletion)贡献。其中, max 函数表示在 v_{ki} 与 0 之间取最大值, 同理 min 函数取最小值。

$$\bar{C}^{\mathrm{p}}_{ki} = \frac{\max(v_{ki},0)q_i}{\displaystyle\sum_{i=1}^{I}\max(v_{ki},0)q_i} \tag{4.25}$$

$$\overline{C}_{ki}^{d} = \frac{\min(v_{ki}, 0)q_i}{\sum\limits_{i=1}^{I} \min(v_{ki}, 0)q_i}$$

(4.26)

与敏感性分析类似, 生成速率分析得到的结果也有正负之分, 正、负分别表示增大参数会引起求解变量的增加或减小。所不同的是, 生成速率分析得到的反应结果中必须是包含目标组分的, 且研究对象只有组分。一般而言, 常用生成速率分析来判断反应体系中元素(碳、氢、氧等)流向和流量。图 4.7 展示了甲烷体系中碳元素的流量和流向, 其中箭头的粗细表示该通道碳流量的大小。生成速率分析和敏感性分析的结合有助于研究者从成百上千的反应中快速找到影响研究对象的关键反应, 从而揭示燃烧反应的化学本质。

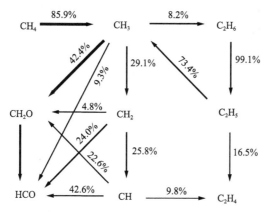

图 4.7　压力 0.067bar、当量比 1.0 时甲烷层流预混火焰中甲烷的部分反应路径图[34]

4.4　不确定性分析方法

无论是采用数值还是实验方法确定的燃烧反应动力学基本参数, 都存在不同程度的不确定性(误差)。从实验的角度来说, 即使利用最先进的实验测量技术, 测定的燃烧反应速率常数仍有 15%左右的误差。从数值计算的角度来说, 控制方程本身存在理想假设, 此外, 微分方程的求解方法存在不同程度的求解精度, 这些都导致数值计算存在误差。最后, 在燃烧反应动力学模型的构建过程中, 有许多基于理论分析和相似推断方法获得的基本参数也普遍存在误差。

需要注意的是, 误差和错误是不同的概念。误差是指由于缺乏对实际过程的详尽认知而导致的实验测量、理论计算和数值模拟的不确定性, 这些误差的存在无可避免, 只能通过不确定性分析和敏感性分析等方法进行分析, 尽可能降低误差对于计算精度及模型预测结果的影响。错误更偏向于由于人为原因导致的、可有效识别和挽回的不足之处。例如在进行计算时将一个参数的值输入错误，为模拟过程设置了与实验条件不符的初始值，或是某个基元反应的正向和逆向反应速率常数不遵循化学平衡等，这些都属于错误的范畴，可以通过纠正来加以弥补。误差分为两类，偶然误差和认知误差(也称系统误差)。其中偶然误差是一个带有随机性的固有属性，只能通过概率分布来刻画它而无法完全消除。认知误差则是由于对于燃烧过程的认知不足所造成的参数估计值与真实值之间的差异。

　　燃烧模型基本参数的误差在数值模拟过程中将传递到最终的模型预测，导致预测值存在不确定性。目前量子化学计算和燃烧反应动力学分析都存在一定的误差，这严重制约着这些方法在燃烧过程分析和数值模拟中的应用。举例来说，在量子化学计算中，反应的能垒、反应物及过渡态的振动频率和转动常数等参数可以导致计算的基元反应速率常数的不确定性。Xing 等研究表明，部分压力依赖反应速率常数不确定性可达 3 倍以上[35]。此外在燃烧反应动力学模型的分析中，模型误差问题更为严重。即使对于目前最准确的合成气机理，对层流火焰传播速度的预测结果也存在着较大的不确定性，如图 4.8 所示。另外，在由氢气、合成气向更复杂的 $C_2 \sim C_4$ 乃至更大分子的碳氢化合物机理构建过程中，其模型预测的不确定性甚至可能增加到数个量级。

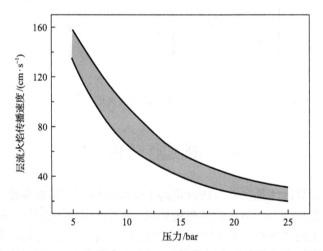

图 4.8　$H_2/O_2/CO_2$ 在压力 5~25bar、温度 353K 及当量比 2.5 条件下
层流火焰传播速度的误差带

　　为了探究理论计算和燃烧反应动力学模型不确定性产生的机制，并进一步提高准确性，不确定性分析的概念被引入到了燃烧反应动力学研究中。不确定性分析指的是系统性地描述、分析如何减少误差的一系列数学方法，主要用来分析模型参数的误差来源并定量地描述参数误差的大小，进而探究燃烧反应动力学模型的误差传递机制，并在此基础上尝试采用模型优化等方法减少模型预测的偏差。

燃烧反应动力学中的不确定性分析基本过程为：借助实验和数值计算结果，确定量子化学计算或是燃烧反应动力学模型参数的不确定性来源，确定参数的不确定性范围并进行定量表示，再进行不确定性定量分析得到模型预测的不确定性，最后通过模型优化等方法采用更精确的实验数据反向约束量子化学计算或是动力学模型基本参数。通过反应动力学的误差分析，可以得到理论计算和模型预测的误差范围，判断计算和模型所得结论的适用范围，提高计算精度和模型的预测能力。误差分析还可以用于判别模型中是否存在路径缺失，或是通过对比模型预测不确定性和实验不确定性进行燃烧实验设计。

4.4.1　不确定性来源

要进行不确定性分析，首先要理解模型不确定性的来源。不确定性的主要来源可分为三类：结构误差、参数误差和数值计算误差。

结构误差是指在理论计算和模型构建的过程中所采用的物理近似和假设所导致的误差。有时是由于在理论计算或是模型构建过程中对于燃烧过程背后的深层次物理原理理解不够，漏掉了部分重要的反应路径、没有正确书写守恒方程等。此外，一些特定温度和压力范围下的实验很难在实验室中进行实验验证，为了构建可适用于宽范围下的燃烧反应动力学模型，常常需要利用已有的计算结果来类比估计其他条件下的速率常数，或是将模型预测结果的适用范围做一定推广。通过这种方法得到的速率常数计算结果和模型预测值具有很大的不确定性，即使是十分相似的类比推广，也可能会得到与真实值相去甚远的结果。例如，激波管实验经常用来测量高温条件下的速率常数，也可以通过推广的方法得到低温条件下的速率常数预测值。但事实证明，这种推广在低温下的预测很不理想，不确定性很大。

参数误差是指由于对模型参数了解程度不足导致的参数值存在误差，比如量子化学计算中的反应能垒、振动频率等参数及燃烧反应动力学模型中的速率常数、热力学参数等。对于这些有误差的输入参数，只能给出其可能的分布范围。一般情况下认为，认识程度比较充分的参数呈正态分布，而认识程度较浅的参数呈均匀分布。此外，一些用于验证模型预测值的基础燃烧实验常常也存在误差，这些误差会给模型验证过程带来困难。降低实验测量误差的常用方法是仔细评估类似仪器的实验测量误差，以及在不同仪器中重复实验。

数值计算误差则是指数学模型计算过程中由于收敛性和计算精度所导致的误差。例如，在求解反应动力学方程组时，常常会遇到一些刚性方程，此时需要采取一些方法减弱方程的刚性或是将问题转化为求解另外的方程组来简化计算，尽可能地减小由于求解刚性微分方程带来的计算误差。认真考虑求解的收敛性和求解精度，并调整计算方法也是减小计算误差的一个常用手段。

4.4.2　不确定性定量分析

　　不确定性定量分析主要用来研究模型参数到模型预测结果之间的误差传递机制，分析模型预测的不确定性范围。主要采用的方法为蒙特卡罗分析方法和响应面方法。

　　蒙特卡罗分析方法属于统计实验的一种，主要通过统计抽样的方法为一些复杂的问题提供近似解。首先，蒙特卡罗方法通过一种随机取样方式产生一系列分布于输入参数空间各处的样本点，再调用模型计算程序来得到模型的预测结果。通常情况下，可以采用模型预测样本的概率密度分布，或是采用方差等统计信息来反应模型预测的不确定性。

　　蒙特卡罗分析中常用的取样方法有：简单随机取样、拉丁超立方取样和低偏差序列取样等。简单随机取样是最普遍适用的抽样方法，主要思路是根据输入参数的概率密度进行随机抽样。这种方法较为简单，但是具有很大的随机性，在样本量较少的情况下可能出现样本点聚集的情况，导致取样结果在空间中不够分散，不利于分析输入参数在整个参数空间内变化时预测结果的不确定性。通过增大样本量可以保证样本点分布具有很好的代表性，但是也会带来额外的计算量。因此，一些不同结构的取样方法被引入了蒙特卡罗分析之中，这些方法能够在不显著增加样本量的情况下增大样本点在参数空间中分布的离散程度，避免了样本点聚集在某个参数空间的子空间内的情况，增大了所得样本对于整个参数空间的代表性。

　　燃烧反应动力学模型分析中，拉丁超立方取样法和低偏差序列取样法更为常见。这两种方法是在人为规定的取样规则下进行取样的方法，并不是完全由概率密度决定的，故也被称为伪随机数取样。拉丁超立方抽样的关键是对输入概率分布进行分层，分层在累积概率尺度(0 到 1)上把累积曲线分成相等的区间，然后，从输入分布的每个区间中随机抽取样本。这样的取样思路保证了拉丁超立方取样在空间中能够避免样本点聚集的情况。另外一种伪随机取样法是低偏差序列法，主要是通过生成一系列偏差较低的伪随机数来构建取样序列。这里的偏差是对取样点分布均匀性的一种测度，可以定义为序列中取样点处于某参数子空间的频率与此子空间与全空间体积之比的差异。因此，低偏差序列取样可以有效规避以下的情况：一些所占体积不容忽视的参数子空间中几乎没有取到样本点，或者一些所占体积并不大的参数子空间中聚集了大量样本点。低偏差序列取样所得到的样本具有很明显的结构特征，均匀地占据了参数空间内更多的范围，能有效地代表整个参数空间。常见的低偏差序列为 Halton 序列、Sobol 序列。

　　响应面模型的基本思想是采用一个数学形式上更为简单易求解的替代模型，或者称之为元模型，来近似替代原有的复杂模型或是复杂的计算过程。这个替代模型的生成过程与蒙特卡罗分析方法有一定的相似之处，需要在模型输入参数空间内进行取样并计算原始模型的预测结果，再根据输入参数与预测结果所构成的样本集合来按照一定的规则生成替代模型。一般来说，采用响应面模型法所构建的替代模型可以减少误差分析所需的计算量，并且精度可控。目前采用较为广泛的响应面模型主要有混沌多项式展开法、高维模型表示法。

4.4.3　反向不确定性分析

反向不确定性分析指的是利用已有的实验数据及其不确定，反向对模型的输入参数进行优化的方法，又称为模型优化方法[36]。此方法可以充分地利用现有实验室条件下的实验数据及实验数据的不确定范围，通过数值方法约束模型参数不确定性范围，并得到可以最大程度和现有实验数据相吻合的燃烧反应动力学优化模型。现有的主流模型优化计算框架为响应面模型加优化方法的思路：从原始样本出发，构建数学响应面替代模型，再结合数学替代模型的数学形式构建模型优化方法。典型的代表为基于混沌多项式展开法构建的 MUM-PCE 模型优化方法[37]。

反向不确定性分析方法主要依赖于实验数据的精确度，但是现有的实验室条件和实际发动机燃烧室工况相差较多，基础燃烧实验难以满足实际发展的需求。因此，如何在有限的实验条件下，寻找对实际工况下动力学模型预测有较强约束作用的实验条件，或是包含对基元反应速率常数的约束最有效的实验条件，对于优化实际燃料燃烧反应动力学模型至关重要。为此，基于实验设计的模型优化方法成为研究热点。实验设计方法大多是基于敏感性分析进行的，除此之外，一些新的方法如敏感性熵分析方法和相似性分析方法也正在被广泛利用。敏感性熵分析方法[38]以寻找对模型参数约束能力较强的实验条件为目的，通过度量不确定性来源的分散程度，评估不同条件下全局敏感性系数包含的信息。如果某个实验条件下敏感性熵越小，不确定性来源就越集中，在此基础上可以针对性地进行相关实验，通过新的实验数据对模型进行优化以降低相关反应的不确定性。替代模型相似性分析法[39]以提高模型在实际工况下的预测能力为出发点，采用距离度量的理论，评估不同条件下模型预测的相似性，并通过相似性大小评估不同燃烧反应体系的相似程度。替代模型相似性分析法可以判断实验室条件下和难以测量条件下的模型预测之间的相似关系，寻找对约束在实验室条件范围外的模型预测最有效的实验条件，并可以推广目前的实验验证范围，更合理地选择对目标条件下的模型预测产生重要影响的实验数据。

4.5　模型简化方法

描述实际燃料燃烧的反应动力学模型非常庞大。不同时期典型的燃烧反应动力学模型的规模差别很大。例如，1995 年所发展的 GRI1.2 模型[40]仅包含 32 个组分、177 个反应，而 2011 年劳伦斯利佛莫尔国家实验室发布的 2-甲基烷烃和直链烷烃机理[41]则包含了 7200 个组分、31400 个反应。通常为了尽可能详细地描述燃烧特性参数的变化，模型的温度、压力、当量比、滞留时间等参数都将在一个较大范围内变化。对于庞大机理而言，数值计算成本十分昂贵，不利于湍流燃烧的耦合计算。此外，由于不同反应物活性的差异，在模拟过程中不同反应之间存在时间尺度的差异，约束燃烧过程物质变化的动力学方程组常常是刚性方程组，这一特征给求解过程带来了很大的困难。然而，在众多的反应和组分中，并非所有的反应和组分都对整个模型的预测结果有显著的影响，也并非所有模型都需要得到宽范围、宽时间尺度下的准确预测结果。因而，一些模型简化方法可以在不对模型预测性能构成较大影响的基础上大大简化模型。

　　模型简化方法主要是指在识别模型中的反应和组分对于模型预测的影响大小的基础上，减少详细机理中所涉及的反应和组分个数，或是将模型计算过程中的数学问题通过数值方法进行简化，构建出更易求解的简化模型。为了尽可能地精简燃烧反应动力学模型并进行准确预测，现在的模型简化研究通常结合多个简化手段，利用不同方法的优势，以得到最精简的骨架机理模型，主要分为以下两个阶段。

　　第一阶段是针对机理所包含的反应和组分本身进行的框架简化，即通过考虑不同反应和组分间的耦合关系，分析不同反应和组分对于整个燃烧过程的影响，将燃烧反应机理中对于整个过程影响不显著的反应和组分从机理中删除，达到简化整体机理框架的目的。常用的方法主要有反应速率分析和雅克比分析。其中，反应速率分析的原理是：如果移除消耗某一个组分的所有反应，对于其他组分的浓度并没有明显影响，就可以判定这个组分是可以从当前机理中删去的。然而，这种方法的缺陷比较明显，若采用上述方法依次考虑每个组分的重要性，所需求的计算量十分巨大。雅克比分析方法借助变量的雅克比矩阵来描述他们之间的耦合关系，但在求解雅克比矩阵的过程中却存在着复杂的迭代步骤。而且面对复杂的非线性耦合关系，雅克比矩阵无法判定变量间的耦合程度。

　　第二阶段则是在第一阶段的基础上，运用部分平衡假设和稳态近似，结合敏感性分析、净产率分析等对模型进行机理简化。许多燃烧反应同时涉及快反应和慢反应，其中快反应的正向和逆向反应都很迅速，此时可以假设快反应部分达到了平衡态，借助平衡常数来进行组分浓度的计算，这就是部分平衡假设。而稳态近似是指，在反应模型的网络结构中，如果某些中间产物具有很强的反应活性并且存在时间很短，那么可以假设其净产率为 0，使表达其产率的微分方程变为代数方程，方程组求解过程得以简化。下面介绍几种常用的模型简化方法。

4.5.1　直接关系图法

详细机理的复杂性不仅仅体现在反应和组分的数量上，组分间的耦合也使模型求解变得十分繁琐，直接关系图法就是一种可以高效识别变量间耦合关系并对模型中的冗余组分进行去除的模型简化方法。在直接关系图中，每个节点代表一个组分，组分间的箭头代表耦合关系。耦合关系的计算方法如下[42,43]：

$$\omega_i = k_{\mathrm{f},i}\prod_{j=1}^{K}C_j^{v_{ij}'} - k_{\mathrm{b},i}\prod_{j=1}^{K}C_j^{v_{ij}''} \tag{4.27}$$

$$k_{\mathrm{f},i} = \left[A_iT^{n_i}\mathrm{e}^{-E_i/RT}\right]F_i \tag{4.28}$$

式中，下标 i、j 分别表示第 i 个基元反应和第 j 个组分；v_{ij}' 和 v_{ij}'' 分别为组分 j 在反应 i 的正向和逆向反应中的化学计量数；ω_i 为反应 i 的净生成速率；$k_{\mathrm{f},i}$ 和 $k_{\mathrm{b},i}$ 分别为正向和逆向反应的速率常数；A_i、T、E_i 分别为指前因子、温度、活化能；F_i 为阿伦尼乌斯公式中的修正项。为了量化组分 A、B 之间的耦合关系，将组分 B 对组分 A 影响的贡献率作如下定义：

$$r_{\mathrm{AB}} \equiv \frac{\sum_{i=1,I}\left|v_{i\mathrm{A}}'\omega_i\delta_{\mathrm{B}i}\right|}{\sum_{i=1,I}\left|v_{i\mathrm{A}}'\omega_i\right|} \tag{4.29}$$

式中，当反应 i 中包含组分 B 时，$\delta_{\mathrm{B}i}=1$，否则 $\delta_{\mathrm{B}i}=0$。

根据上述定义，可通过 r_{AB} 的大小来判断 A、B 之间耦合关系的强弱。进一步地，可根据需要为 r_{AB} 设置一个阈值 ε，当 r_{AB} 大于 ε 时，即认为 A 对 B 有较强的依赖关系，在直接关系图中用一条由 A 指向 B 的箭头表示，箭头的粗细用来表示依赖关系的强弱，即 r_{AB} 的相对大小。如图 4.9 中所示，在直接关系图中，由于组分 A 对于组分 B 有依赖，组分 B 又依赖于组分 C，进一步传递到 D，因而组分 A 对于组分 B、C、D 都有依赖，将集合 $S_{\mathrm{A}}=\{\mathrm{B},\mathrm{C},\mathrm{D}\}$ 称为组分 A 的依赖集。而对

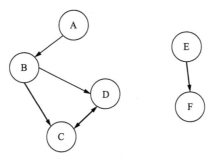

图 4.9　直接关系图法示例

于组分 D，它只依赖于组分 C，且组分 C 也只依赖于组分 D，因而它们的依赖集中均只含有对方这一个元素。E 和 F 则与 A、B、C 和 D 这四个组分都没有依赖关系，是一个独立的体系。

在实际计算中，往往选定一些组分(常常是燃烧反应中的燃料分子等)作为计算的起点，通过计算与之有较强依赖关系的组分来构建直接关系图。有时也会将 NO 等含氮化合物加入到计算起点当中，便于研究 NO_x 的生成。在起点的基础上，先计算起点组分的依赖集，再依次计算依赖集中每个组分的依赖集，以此类推，得到完整的直接关系图。当整个直接关系图构建完成之后，即可将与直接关系图中的所有组分都没有明显耦合关系的组分从机理中移除，同时也要将不包含任何一个直接关系图中组分的反应从机理中去掉，这样就得到了简化的模型。值得注意的是，直接关系图法所得到的结果与阈值 ε 的选取密切相关，阈值 ε 越小，则所得的简化机理越接近于原始机理，当阈值 ε 趋于 0 时，简化机理相当于原始机理。因此，需要根据模型简化程度和精确度的需求来选择阈值 ε。

在实际计算中，直接关系图法可以大致分为如下 3 步。

(1)节点构建。即根据式(4.29)进行运算，得到所有组分之间的贡献率 r_{AB}。从式(4.29)的表达式来看，共需要计算 $O(K^2)$ 量级的贡献率数值，而每计算一个贡献率，则需要进行 $O(I)$ 量级的乘法运算，其中 K 为机理中所包含的组分总数，I 为机理中所包含的反应总数。也就是说，全部计算过程的复杂度在 $O(K^2I)$ 的水平，看似是个不小的量级，然而事实上，由于单个基元反应中所包含的组分数量并不多，一般不超过 8 个，所以这一步骤所花费的计算量实际上仅仅是反应个数 I 的线性函数。

(2)图的搜索和遍历。在已知所有组分贡献率的前提下，可将贡献率按照数值大小进行排序，并与设定的阈值 ε 进行比较，将贡献率较小的路径去掉，再进行深度优先的图搜索得到简化后的机理表示图。由于深度优先搜索算法的特性，这一步骤的计算复杂度也是反应个数 I 的线性函数。

(3)框架机理的构建。前两步基本已经完成了直接关系图的构建，但包含了一些已经在前两步中被去除的组分，这一步的目的是将此类反应从机理的图中去除，从而得到最终的简化机理。因而第 3 步只需遍历每个反应即可，计算复杂度也受 I 的线性函数的约束。

综合上述分析，直接关系图法的整体算法复杂度是原始详细机理中所包含的反应数量 I 的线性函数，在复杂模型的简化计算当中具有很高的实用性。

燃烧反应的典型实验，例如着火延迟时间、层流火焰传播速度等宏观燃烧参数和充分搅拌反应器、活塞流反应器、层流预混火焰、层流扩散火焰中的组分浓度数据，都可以作为直接关系图法的实验基础来提供上述计算的数据。但在实际计算中，为了节省计算时间，常常采用充分搅拌反应器等均相反应器的实验数据来进行计算。此外，零维均相反应器实验由于最大限度地降低了扩散过程对于燃烧过程的影响，化学反应过程占据了支配性的地位，采用这样的实验进行研究有助于对于化学反应机理深入理解。而且，虽然上述计算采用的是零维均相反应器，但所得的直接关系图及简化后的机理仍然可以用于其他更复杂的实验预测中。

4.5.2　敏感性分析法

由于燃烧反应动力学模型求解过程中涉及的主要问题是求解微分方程组，4.3.4 节中 Y 为模型的预测结果，x 为输入参数，t 为反应时间。因而可以从输入参数对于方程组的影响大小来判断输入参数的重要性，进而移除模型中的冗余反应，这是基于敏感性分析的机理简化基础。具体计算时，既可以采用求解梯度矩阵的形式来表征敏感性系数，也可以采用一些基于方差分析的方法来判断方程组的解 Y 受各个输入参数的影响大小。敏感性分析法有两种不同的思路，分别是基于方程组解的敏感性分析法和基于方程组表达式的敏感性分析法。

基于方程组解的敏感性分析法通过分析方程组的解随输入参数的变化来表征输入参数对于模型的影响大小，常常需要先求解方程组，再对方程组的解求梯度来获得敏感性系数，计算过程较为繁琐。基于方程组表达式的敏感性分析法则是分析各个输入参数变化对于方程组表达式的影响大小来判断输入参数的重要性，不需要求解微分方程组，计算复杂度较低。由于方程组解 Y 是随时间变化的，而方程组右端的表达式 f 则与时间 t 无关，所以当采用基于方程组解的敏感性分析方法时，将会得到随时间变化的敏感性分析结果。而基于方程组表达式的敏感性分析所得的结论则与时间无关，但为保证结论的可靠性，需要在不同时间范围内进行计算，综合各个时间范围内的结论来判断输入参数的重要性。

4.5.3　计算奇异摄动法

燃烧反应动力学模型的复杂性来源主要是一些刚性较强的微分方程的求解，因而如何减弱微分方程的刚性成了模型简化的一个重要问题。计算奇异摄动法是一种用于求解刚性微分方程的有效手段[44]。刚性产生的原因是不同化学反应的时间尺度的差异，如果能够使模型中的不同化学反应的时间尺度变得一致，刚性问题也就得以解决。正如同木桶效应一样，化学反应模型中对于反应速度起到决定性因素的是慢反应，所以将快反应从模型中移除后所得的简化模型常常是详细模型的一个很好的近似。计算奇异摄动法的基本思路是通过矩阵分解将代表快反应与慢反应的方程式区分开，然后将快速反应机理从体系中移除，用剩下的机理构成新的简化机理。

通常，描述一个化学反应体系的微分方程有如下的表示方法：

$$\frac{\partial \boldsymbol{y}}{\partial t} = L(\boldsymbol{y}) + g(\boldsymbol{y}) \tag{4.30}$$

式中，$L(\boldsymbol{y})$、$g(\boldsymbol{y})$ 分别为空间微分算子（包括对流项和扩散项）和描述反应动力学的非线性函数，$\boldsymbol{y} = (y_1, y_2, \cdots, y_N)$ 代表各个组分的浓度。

将化学反应体系的方程式用速率常数和化学计量数进行表达可得到如下关系式：

$$\frac{\partial \boldsymbol{y}}{\partial t} = L(\boldsymbol{y}) + \boldsymbol{S}\boldsymbol{R}(\boldsymbol{y}) \tag{4.31}$$

式中，$\boldsymbol{S}$ 为 $N \times K$ 维矩阵，代表 K 个基元反应中的每个组分的化学计量数；$\boldsymbol{R}$ 为 K 维列向量，表示 K 个基元反应的化学反应速率常数：

$$\boldsymbol{S} = (\boldsymbol{S}_1, \boldsymbol{S}_2, \cdots, \boldsymbol{S}_K), \boldsymbol{S}_i = \begin{pmatrix} S_i^1 \\ \vdots \\ S_i^N \end{pmatrix}, \boldsymbol{R} = \begin{pmatrix} R_1 \\ \vdots \\ R_K \end{pmatrix}, \quad i = 1, 2, \cdots, K \tag{4.32}$$

计算奇异摄动法将组分反应空间定义为两个子空间，即快反应子空间和慢反应子空间。通常，研究者对于自己要研究问题的时间尺度有一定的定义，换句话说，某些时间尺度过小的反应其实不在所要探讨的问题范围之内。假设所探究问题的时间尺度为 Δt，则当某个反应的时间尺度 $\tau \leqslant \Delta t$ 时，该反应就被认为是快反应，其他满足 $\tau > \Delta t$ 的反应则被定义为慢反应。慢反应类型中，反应速度最快的反应通常是对模型有着关键性作用的主要反应。

在进行子空间的分解过程中，需要借助基向量。首先通过两步修正可以得到如下的组分空间的基向量：

$$\boldsymbol{a}_{\mathrm{r}} = (a_1, a_2, \cdots, a_M), \quad \boldsymbol{a}_{\mathrm{s}} = (a_{M+1}, a_{M+2}, \cdots, a_N), \quad \boldsymbol{a} = (\boldsymbol{a}_{\mathrm{r}}, \boldsymbol{a}_{\mathrm{s}}) \tag{4.33}$$

式中，M 为快反应的数量，也就是快反应子空间的维数。

引入向量 $\boldsymbol{a} = (\boldsymbol{a}_{\mathrm{r}}, \boldsymbol{a}_{\mathrm{s}})$ 的逆向量 $\boldsymbol{b} = (\boldsymbol{b}_{\mathrm{r}}, \boldsymbol{b}_{\mathrm{s}})$，二者满足如下关系式：

$$\boldsymbol{a}\boldsymbol{b}^{\mathrm{T}} = \boldsymbol{b}\boldsymbol{a}^{\mathrm{T}} \tag{4.34}$$

则式 (4.31) 也可以写成如下形式：

$$\frac{\partial \boldsymbol{y}}{\partial t} = \boldsymbol{a}_{\mathrm{r}} h^{\mathrm{r}} + \boldsymbol{a}_{\mathrm{s}} h^{\mathrm{s}} \tag{4.35}$$

式中，$h^{\mathrm{r}} = \boldsymbol{b}_{\mathrm{r}}(L + g)$、$h^{\mathrm{s}} = \boldsymbol{b}_{\mathrm{s}}(L + g)$，分别表示快反应子空间和慢反应子空间的幅度。

在快速空间中，计算奇异摄动法所计算得到的基向量 $\boldsymbol{a}$ 使快反应子空间的幅度可以忽略不计，即

$$\boldsymbol{h}^j = \boldsymbol{b}_j(L+g) \approx 0, \qquad j = 1, 2, \cdots, M \tag{4.36}$$

经过简化，得到了如下的简化方程式：

$$\frac{\partial \boldsymbol{y}}{\partial t} \approx \boldsymbol{a}_{\mathrm{s}}\boldsymbol{b}_{\mathrm{s}}L + \boldsymbol{a}_{\mathrm{s}}\boldsymbol{b}_{\mathrm{s}}g \tag{4.37}$$

由于守恒关系的存在，将会构成若干个守恒关系方程式，这些方程式均为代数方程，利用这些代数方程可以进一步减少与燃烧反应动力学相关的反应子空间维数，式 (4.37) 得到简化方程式：

$$\frac{\partial \boldsymbol{y}}{\partial t} \approx \boldsymbol{a}_{\mathrm{s}}\boldsymbol{b}_{\mathrm{s}}L + \hat{\boldsymbol{a}}_{\mathrm{s}}\hat{\boldsymbol{b}}_{\mathrm{s}}g \tag{4.38}$$

式中，$\boldsymbol{a}_{\mathrm{s}} = (\hat{\boldsymbol{a}}_{\mathrm{s}}, \boldsymbol{a}_{\mathrm{c}})$，$\boldsymbol{a}_{\mathrm{c}}$ 为 E 维向量，表示守恒关系方程式所代表的子空间的基向量，与之对应的是 $\boldsymbol{b}_{\mathrm{s}} = (\hat{\boldsymbol{b}}_{\mathrm{s}}, \boldsymbol{b}_{\mathrm{c}})$，$\boldsymbol{b}_{\mathrm{c}}$ 为 E 维向量。

4.5.4　其他模型简化方法

测试误差方法[45]采用直接测试的方法来判断移除某一组分对于整个模型预测结果的影响，即尝试性的移除某一组分，然后进行模型计算，得出移除该组分之后模型预测相对于完整模型的误差大小。如果误差可以接受，则所移除的组分确实是冗余的。

生成速率分析法是一种研究不同反应对某一组分的生成和消耗速率影响的分析方法，当某一个反应在任何时间对于任何组分的生成和消耗速率的影响贡献率都低于某一人为给定的阈值时，即认为这个反应对整个模型预测几乎没有影响，则该反应是可以去掉的冗余反应。

基于熵产的分析方法由 Kooshkbaghi[46]提出，通过分析孤立系统的熵产来源，判定某个反应对于整个系统的影响大小，当某个反应对整个体系的熵产贡献率低于一定的阈值时，可以认为该反应是冗余的。

由于模型简化的本质是在误差允许的范围内尽可能地精简模型结构，所以可以将模型简化转化为一个优化问题来求解，即将简化模型与原模型之间的误差函数作为目标函数，求解模型微分方程约束下的优化问题。在这种思想的指导下，诸如遗传算法等现代优化算法也被用于模型简化之中。

参 考 文 献

[1] Born M, Oppenheimer R. Zur quantentheorie der molekeln[J]. Annalen der Physik, 1927, 389(20): 457-484.

[2] 徐光宪, 黎乐民, 王德民. 量子化学: 基本原理和从头计算法[M]. 第二版. 北京: 科学出版社, 2007.

[3] Pauli W. Über den zusammenhang des abschlusses der elektronengruppen im atom mit der komplexstruktur der spektren[J]. Zeitschrift für Physik, 1925, 31: 765-783.

[4] Slater J C. The theory of complex spectra[J]. Physical Review, 1929, 34(10): 1293-1322.

[5] Hohenberg P, Kohn W. Inhomogeneous electron gas[J]. Physical Review, 1964, 136(3B): B864-B871.

[6] Kohn W, Sham L J. Self-consistent equations including exchange and correlation effects[J]. Physical Review, 1965, 140(4A): A1133-A1138.

[7] Neese F. An improvement of the resolution of the identity approximation for the calculation of the coulomb matrix[J]. J. Comp. Chem., 2003, 24(14): 1740-1747.

[8] Neese F, Wennmohs F, Hansen A, et al. Efficient, approximate and parallel Hartree-Fock and hybrid DFT calculations. A 'chain-of-spheres' algorithm for the Hartree-Fock exchange[J]. Chemical Physics, 2009, 356(1-3): 98-109.

[9] Rice O K, Ramsperger H C. Theories of unimolecular gas reactions at low pressures[J]. Journal of the American Chemical Society, 1927, 49(7): 1617-1629.

[10] Rice O K, Ramsperger H C. Theories of unimolecular gas reactions at low pressures. II[J]. Journal of the American Chemical Society, 1928, 50(3): 617-620.

[11] Kassel L S. Studies in homogeneous gas reactions. II. Introduction of quantum theory[J]. Journal of Physical Chemistry, 1928, 32(7): 1065-1079.

[12] Kassel L S. The Kinetics of Homogeneous Gas Reactions[M]. New York: Chemical catalog company, 1932.

[13] Marcus R A. Unimolecular dissociations and free radical recombination reactions[J]. Journal of Chemical Physics, 1952, 20(3): 359-364.

[14] Marcus R A, Rice O K. The kinetics of the recombination of methyl radical and iodine atoms[J]. Journal of Physical Chemistry, 1951, 55(6): 894-908.

[15] Wigner E P. Über das Überschreiten von potentialschwellen bei chemischen reaktionen[J]. Zeitschrift für Physikalische Chemie, 1932, 19: 203-216.

[16] Eckart C. The penetration of a potential barrier by electrons[J]. Physical Review, 1930, 35(11): 1303-1309.

[17] Skodje R T, Truhlar D G, Garrett B C. A general small-curvature approximation for transition-state-theory transmission coefficients[J]. Journal of Physical Chemistry, 1981, 85(21): 3019-3023.

[18] Garrett B C, Truhlar D G, Wagner A F, et al. Variational transition state theory and tunneling for a heavy-light-heavy reaction using an ab initio potential energy surface. 37Cl+H(D) 35Cl→H(D) 37Cl+35Cl[J]. Journal of Chemical Physics, 1983, 78(7): 4400-4413.

[19] Georgievskii Y, Klippenstein S J. Transition state theory for multichannel addition reactions: Multifaceted dividing surfaces[J]. Journal of Physical Chemistry A, 2003, 107(46): 9776-9781.

[20] Zheng J, Meana-Pañeda R, Truhlar D G. MSTor version 2013: A new version of the computer code for the multi-structural torsional anharmonicity, now with a coupled torsional potential[J]. Computer Physics Communications, 2013, 184(8): 2032-2033.

[21] Zheng J, Mielke S L, Clarkson K L, et al. *MSTor*: A program for calculating partition functions, free energies, enthalpies, entropies, and heat capacities of complex molecules including torsional anharmonicity[J]. Computer Physics Communications, 2012, 183(8): 1803-1812.

[22] Gilbert R G, Smith S C. Theory of Unimolecular and Recombination Reactions[M]. Oxford: Blackwell Scientific Publications, 1990.

[23] Cuoci A, Frassoldati A, Faravelli T, et al. OpenSMOKE++: An object-oriented framework for the numerical modeling of reactive systems with detailed kinetic mechanisms[J]. Computer Physics Communications, 2015, 192: 237-264.

[24] Ruscic B. Active thermochemical tables: Sequential bond dissociation enthalpies of methane, ethane, and methanol and the related thermochemistry[J]. Journal of Physical Chemistry A, 2015, 119(28): 7810-7837.

[25] Goldsmith C F, Magoon G R, Green W H. Database of small molecule thermochemistry for combustion[J]. Journal of Physical Chemistry A, 2012, 116(36): 9033-9057.

[26] Ritter E R, Bozzelli J W. THERM: Thermodynamic property estimation for gas phase radicals and molecules[J]. International Journal of Chemical Kinetics, 1991, 23(9): 767-778.

[27] Brown N J, Bastien L A J, Price P N. Transport properties for combustion modeling[J]. Progress in Energy and Combustion Science, 2011, 37(5): 565-582.

[28] Turányi T, Tomlin A S. Analysis of Kinetic Reaction Mechanisms[M]. Berlin: Springer, 2014.

[29] Olsson J O, Andersson L L. Sensitivity analysis based on an efficient brute-force method, applied to an experimental CH_4/O_2 premixed laminar flame[J]. Combustion and Flame, 1987, 67(2): 99-109.

[30] Dodge M C, Hecht T A. Rate constant measurements needed to improve a general kinetic mechanism for photochemical smog[J]. International Journal of Chemical Kinetics, 1975, 7(Suppl. 1): 155-163.

[31] Ebert K H, Ederer H J, Isbarn G. Computer simulation of the kinetics of complicated gas phase reactions[J]. Angewandte Chemie-International Edition, 1980, 19(5): 333-343.

[32] Polak L S. Primenenie Vychislitel'noi Matematiki V Khimicheskoi I Fizicheskoi Kinetike[M]. Izd. Nauka, Moscow: 1969.

[33] Miller J A, Kee R J, Westbrook C K. Chemical kinetics and combustion modeling[J]. Annual Review of Physical Chemistry, 1990, 41(1): 345-387.

[34] Jin H, Frassoldati A, Wang Y, et al. Kinetic modeling study of benzene and PAH formation in laminar methane flames[J]. Combustion and Flame, 2015, 162(5): 1692-1711.

[35] Xing L, Li S, Wang Z, et al. Global uncertainty analysis for RRKM/master equation based kinetic predictions: A case study of ethanol decomposition[J]. Combustion and Flame, 2015, 162(9): 3427-3436.

[36] Frenklach M. Systematic optimization of a detailed kinetic model using a methane ignition example[J]. Combustion and Flame, 1984, 58(1): 69-72.

[37] Sheen D A, Wang H. The method of uncertainty quantification and minimization using polynomial chaos expansions[J]. Combustion and Flame, 2011, 158(12): 2358-2374.

[38] Li S, Tao T, Wang J, et al. Using sensitivity entropy in experimental design for uncertainty minimization of combustion kinetic models[J]. Proceedings of the Combustion Institute, 2017, 36(1): 709-716.

[39] Wang J, Li S, Yang B. Combustion kinetic model development using surrogate model similarity method[J]. Combustion Theory and Modelling, 2018, 22(4): 777-794.

[40] Frenklach M, Wang H, Goldenberg M, et al. GRI-mech-An optimized detailed chemical reaction mechanism for methane combustion[R]. Menlo Park CA: SRI International, 2000.

[41] Sarathy S M, Westbrook C K, Mehl M, et al. Comprehensive chemical kinetic modeling of the oxidation of 2-methylalkanes from C_7 to C_{20}[J]. Combustion and Flame, 2011, 158 (12): 2338-2357.

[42] Lu T, Law C K. Linear time reduction of large kinetic mechanisms with directed relation graph: n-Heptane and iso-octane[J]. Combustion and Flame, 2006, 144 (1): 24-36.

[43] Lu T, Law C K. A directed relation graph method for mechanism reduction[J]. Proceedings of the Combustion Institute, 2005, 30 (1): 1333-1341.

[44] Lam S H, Goussis D A. The CSP method for simplifying kinetics[J]. International Journal of Chemical Kinetics, 1994, 26 (4): 461-486.

[45] Turányi T. Reduction of large reaction mechanisms[J]. New Journal of Chemistry, 1990, 14 (11): 795-803.

[46] Kooshkbaghi M, Frouzakis C E, Boulouchos K, et al. Entropy production analysis for mechanism reduction[J]. Combustion and Flame, 2014, 161 (6): 1507-1515.

第 5 章　C$_0$～C$_4$ 基础燃料反应机理

前几章主要介绍了基本的热力学和动力学规律，并介绍了燃烧反应动力学中常用的研究方法，在此基础上，本书将从本章至第 8 章详细介绍各类燃料的燃烧反应机理。不同于第 6 章及以后章节，本章将重点介绍氢气机理、一氧化碳机理、甲烷机理、C$_2$ 燃料机理(乙烷、乙烯、乙炔)、C$_3$ 燃料机理(丙烷、丙烯、丙二烯/丙炔)、C$_4$ 燃料机理(丁烷异构体、丁烯异构体、1,3-丁二烯)，这些机理共同构成了燃烧反应动力学模型发展的基础，同时也是构建各类大分子燃料和实际燃料机理的基础，因此被称为基础燃料机理。本书在介绍燃烧反应动力学规律的同时，强调这些规律在解释宏观实验现象中的应用。

5.1　氢 气 机 理

氢气是一种燃烧后只会产生水而不会产生二氧化碳的燃料，具有很好的应用前景。目前关于氢气的研究主要集中在燃料电池，将氢气燃料电池作为能量载体。还有相当数量的研究关注氢气在内燃机中的应用[1]。此外，氢气还是推进剂的重要组分之一，被应用于火箭和吸气式发动机中。尽管氢气具有很多优势和很好的应用前景，它的实际利用却存在很大的安全隐患。这是因为氢气相比于其他大多数燃料，更容易点燃，并且可燃极限更宽，在运输和存储过程中易发生爆炸。此外，相同质量下氢气的能量密度非常高，1kg 氢气燃烧释放出来的热量相当于 3kg 石油释放的热量[2]。这是一把双刃剑，一方面说明氢气燃烧能产生更多的能量，另一方面，如果这个能量没有得到安全有效的利用，其破坏力更大。因此，人们对氢气燃料的另一个关注点是如何实现安全利用。

氢气机理在燃烧反应动力学中举足轻重的地位毋庸置疑。无论何种燃料燃烧都将生成 H、O、OH 和 HO$_2$，这些自由基一方面与燃料及中间产物反应，主要承担链传递的任务，另一方面这些自由基之间也会互相转化，使自由基池的种类和数量发生变化，承担重要的链传递、链分支和链终止的使命。氢气机理描述了不同燃烧体系中 H、O、OH、HO$_2$、H$_2$、O$_2$、H$_2$O、H$_2$O$_2$ 之间的相互转化，对发展各种燃料的燃烧反应动力学模型至关重要。

5.1.1　氢气机理中的基元反应

尽管氢气机理是目前研究最充分的机理，但是该机理中到底包含多少个反应仍然存在争议。本章介绍氢气机理中已经确认的比较重要的 20 个反应，通过介绍这些反应的特征来揭示它们在不同燃烧条件下发挥的作用，并简单介绍一下关键反应速率的误差。

氢气机理中的基元反应可以分成以下四类：自由基与分子的置换反应（R5.1～R5.4）、HO_2 的反应（R5.5～R5.10）、H_2O_2 的反应（R5.11～R5.16）、自由基与自由基的复合反应（R5.17～R5.20）。

$$H + O_2 \Longrightarrow O + OH \tag{R5.1}$$

$$O + H_2 \Longrightarrow H + OH \tag{R5.2}$$

$$OH + H_2 \Longrightarrow H + H_2O \tag{R5.3}$$

$$O + H_2O \Longrightarrow OH + OH \tag{R5.4}$$

$$H + O_2 + M \Longrightarrow HO_2 + M \tag{R5.5}$$

$$HO_2 + H \Longrightarrow OH + OH \tag{R5.6}$$

$$HO_2 + H \Longrightarrow H_2 + O_2 \tag{R5.7}$$

$$HO_2 + H \Longrightarrow H_2O + O \tag{R5.8}$$

$$HO_2 + O \Longrightarrow OH + O_2 \tag{R5.9}$$

$$HO_2 + OH \Longrightarrow H_2O + O_2 \tag{R5.10}$$

$$HO_2 + HO_2 \Longrightarrow H_2O_2 + O_2 \tag{R5.11}$$

$$OH + OH \ (+M) \Longrightarrow H_2O_2 \ (+M) \tag{R5.12}$$

$$H_2O_2 + H \Longrightarrow HO_2 + H_2 \tag{R5.13}$$

$$H_2O_2 + H \Longrightarrow H_2O + OH \tag{R5.14}$$

$$H_2O_2 + OH \Longrightarrow H_2O + HO_2 \tag{R5.15}$$

$$H_2O_2 + O \Longrightarrow OH + HO_2 \tag{R5.16}$$

$$H + OH + M \Longrightarrow H_2O + M \tag{R5.17}$$

$$H + H + M \Longrightarrow H_2 + M \tag{R5.18}$$

$$O + O + M \Longrightarrow O_2 + M \tag{R5.19}$$

$$\text{H} + \text{O} + \text{M} \Longrightarrow \text{OH} + \text{M} \qquad\qquad (\text{R5.20})$$

在第一类置换反应(R5.1~R5.4)中,除 R5.3 是链传递反应外,其他三个反应都是链分支反应。这四个反应共同描述了 H、O、OH 之间的迅速转化。由于这四个反应的速率常数具有温度依赖效应,这些反应在高温下的反应速率常数高于低温下的反应速率常数,如图 5.1 所示。

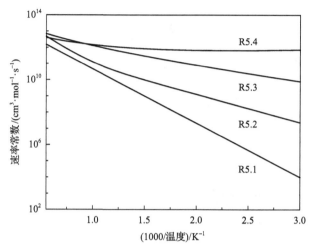

图 5.1　R5.1~R5.4 的反应速率常数随温度的变化关系[4-6]

在层流预混火焰实验条件下,后火焰区燃料和中间产物基本反应殆尽,而 H、O、OH 及 H_2、H_2O 等产物具有可观的浓度;此外,温度在 2000K 左右,R5.1~R5.4 也具有较高的速率常数,以上两点原因使 R5.1~R5.4 在该条件下变得非常重要,它们之间的迅速转化控制着当地的自由基池。需要特别说明的是,在这四个反应中,R5.1 是最慢的反应,也就是“速控步”,因此它是这四个反应中最重要的反应。不仅在火焰条件下,R5.1 在着火条件下也非常重要,图 5.2 展示了该反应在激波管着火延迟时间测量实验中的敏感性,可以看出,在不同的反应温区 R5.1 都是最敏感的反应,而且这个反应对着火延迟时间具有负的敏感性系数,说明该反应促进点火。由于这个反应非常重要,研究者们对它进行了深入的实验和理论研究,在其主要反应温区,即 1200~1700K,速率常数的误差大概在 20%以内[3]。

第二类反应是涉及 HO_2 的反应,其中 R5.5 是 HO_2 的重要生成来源,也是 R5.1 的竞争路径。值得注意的是,R5.5 是压力依赖的反应,在接近高压极限速率前,压力越高,速率越大,较 R5.1 的竞争优势越大。这个反应虽然没有 R5.1 那么重要,但也是氢气机理及其他燃料机理中的重要反应,具有较高的敏感性。图 5.3 中展示了 R5.5 在层流火焰传播速度预测中的敏感性。可以看到,在不同压力下该

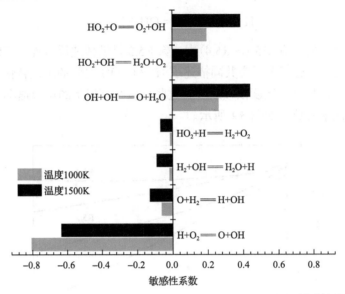

图 5.2　氢气在常压、当量比 1、不同温度下着火延迟时间的敏感性分析

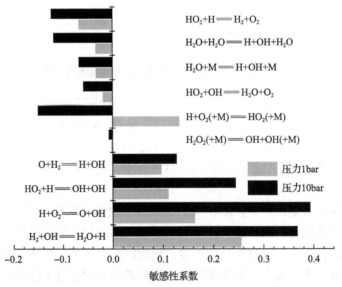

图 5.3　氢气火焰在常温、当量比 1、不同压力下层流火焰传播速度的敏感性分析

反应的敏感性系数不同，在常压下，该反应的敏感性系数为正值，意味着该反应促进火焰传播，提高燃料反应活性；而在高压下，该反应敏感性系数为负值，抑制火焰传播。

　　在火焰等高温条件下，HO_2 很容易通过 R5.6～R5.10 与浓度可观的 H、O、OH 反应而被消耗，因此，在火焰条件下，HO_2 的浓度一般比较低，主要发生链传递反应和链终止反应。在富燃条件下，H 富集，HO$_2$ 主要与 H 发生反应，通过 R5.6~R5.8 消耗；在贫燃条件下，O 和 OH 富集，HO$_2$ 主要通过 R5.9 和 R5.10 消耗。

在中低温条件下，生成的 HO$_2$ 不能迅速被消耗，尤其是在着火过程中，没有足够的活泼自由基(比如 H、O、OH)，因此 HO$_2$ 将会通过 R5.11 生成 H$_2$O$_2$。此时，前面所划分的第三类反应，即 H$_2$O$_2$ 的相关反应(R5.11~R5.16)变得尤为重要。R5.11 是燃烧反应中一个重要的链终止反应，尤其是在中温区，R5.11 生成的 H$_2$O$_2$ 不能获得足够的能量发生链分支(R5.12 的逆反应)，导致反应体系中的自由基猝灭，反应活性大大降低，因此出现温度上升反应活性反而降低的现象，也就是所谓的"负温度效应"。需要特别说明的是，R5.11 的速率常数随温度的升高存在先减小再增大的趋势，在 750K 附近出现极小值点，呈现非阿伦尼乌斯关系的线型，如图 5.4 所示。该反应的速率常数误差较大，速率的极小值点存在争议，随温度增加的速率常数上升阶段仍然存在较大误差[3, 7]。R5.12 是氢气机理中另一个重要的压力依赖反应，反应速率随压力的升高而升高，在高压条件下会变得更为重要。图 5.3 展示了该反应的逆反应在层流火焰传播速度中表现出来的敏感性，可以看出，在高压条件下表现出了较大的敏感性，它也是中温区最重要的链分支反应，在燃烧反应动力学模型发展中扮演重要角色，但该反应的速率常数误差仍然比较大，图 5.5 展示了 R5.12 高压极限和低压极限速率常数的不确定度，在中温区大概在 40%左右[3]。

第四类反应是自由基与自由基的复合反应(R5.17~R5.20)。这四个反应中，R5.17 和 R5.18 分别在当量和富燃条件下的后火焰区扮演重要角色，因为在当量条件下，H 和 OH 的浓度可观，而在富燃条件下，H 浓度可观。它们是重要的链终止反应，并释放出大量的热量。将 R5.5 与 R5.7 相加可以得到 R5.18。R5.18 是氢气机

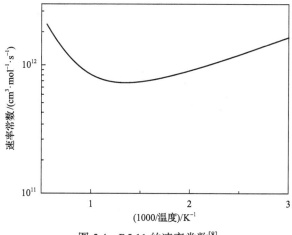

图 5.4　R5.11 的速率常数[8]

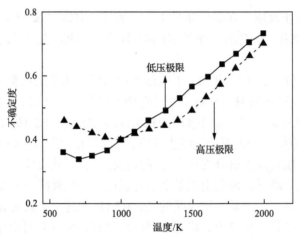

图 5.5 R5.12 高压极限和低压极限速率常数的不确定度[3]

理中最重要的放热反应，其释放的热量是 R5.1 的 10 倍，但该反应的发生需要体系中有足够多的自由基。R5.1 是最重要的链分支反应，可以用来提供反应体系的自由基，但反应的发生却需要足够多的能量来克服反应能垒。因此，R5.1 和 R5.18之间存在着相互依赖的关系，R5.1 为 R5.18 提供反应所需要的自由基，而 R5.18通过放热使体系温度升高，为 R5.1 提供足够多的能量。然而，尽管目前已经有相当多的研究关注 R5.17 和 R5.18 的速率常数，但这两个反应的速率常数同样存在较大的误差，如图 5.6 所示，在 2000K 时，这两个反应的低压极限速率误差能达到 70%[3]。R5.19 和 R5.20 与上面两个反应相比并不那么重要，因为在大多数情况下，O 的浓度都比较低。

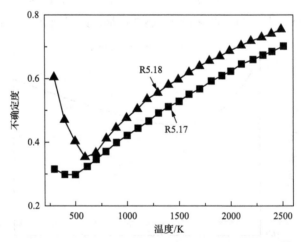

图 5.6 R5.17 和 R5.18 低压极限速率常数的不确定度[3]

此外，还有一些反应并没有包含在大多数氢气机理中，如 R5.21～R5.23，一方面，通常认为这些反应的速率太慢以至于在整个氢气机理中不能表现出明显的贡献；另一方面，这些反应的速率常数并没有得到充分的研究。因此，还需要开展更多的工作来确认这些反应的重要性。

$$H + OH + M \Longrightarrow H_2O + M \tag{R5.21}$$

$$H_2 + O_2 \Longrightarrow OH + OH \tag{R5.22}$$

$$H_2 + O_2 \Longrightarrow H_2O + O \tag{R5.23}$$

5.1.2　氢气的自燃和爆炸理论

上一小节介绍了氢气机理中的 20 步关键反应，包括了链分支、链传递和链终止反应，并且重点介绍了一些反应的基本特征。本节将在此基础上介绍这些关键反应在氢气的自燃和爆炸中所发挥的作用。

早在 1927 年，Hinshelwood 开展了氢气的爆炸实验[9-11]，图 5.7 展示了氢气的爆炸实验的示意图，氢气和氧气混合物以一个稳定流量通入，反应器被浸没在油浴中，油浴温度保持恒定，通过控制进口和出口两个阀门来控制压力。实验中观测到了三个爆炸极限，如图 5.8 所示，氢气的爆炸与温度、压力之间存在复杂的关系，可以用一条"Z"字形的曲线将混合物爆炸与不爆炸的区域分开。

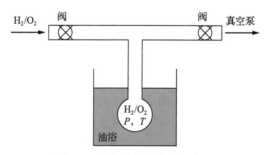

图 5.7　氢气的爆炸实验示意图

如果固定反应温度在图中的虚线位置，然后不断升高压力，这条虚线与 X 轴和"Z"字形实线相交于 A、B、C、D 四点，混合物将先后经历不爆炸（A→B）、爆炸（B→C）、不爆炸（C→D）、爆炸（D 以上）的过程。这条"Z"字形线可以分成三段，从低压到高压分别代表了"第一爆炸极限"、"第二爆炸极限"和"第三爆炸极限"。每条爆炸极限都是爆炸与不爆炸的分界线，分界线所代表的温度和压力为是否发生爆炸的临界条件。实验中还发现，第一爆炸极限与反应腔体的大小和腔体内壁材料有关，而第二和第三爆炸极限与以上二者没有关系。下面将根据氢气机理，解释氢气爆炸的现象，探讨温度、压力依赖关系。

1. 第一爆炸极限

氢气和氧气的混合物通过 R5.7 的逆反应引发链反应，生成的 H 与氧气反应生成 O 和 OH，即发生重要的链分支反应 R5.1。如图 5.8 所示，选取虚线的温度固定不变，当压力比较低的时候，即图中 B 点对应的压力以下，H 与氧气碰撞发生反应的概率比较低，即链分支反应的效率很低，即便发生了 R5.1，生成的 O 和 OH 与氢气的进一步反应（如 R5.2 和 R5.3）的效率也受到压力过低的影响，导致碰撞几率低而难以发生反应。与此相反，在压力极低的情况下，活泼的 H、O、OH 与壁面发生碰撞的概率较大，它们与壁面碰撞而损失，导致链反应中止，因此，在极低压力的条件下，氢气与氧气的混合物不发生爆炸。需要特别强调的是，在第一爆炸极限以下，活泼自由基与壁面碰撞损失是关键的反应动力学特征，因此，活泼

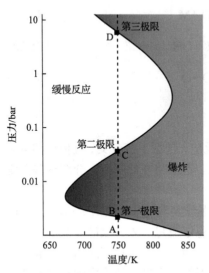

图 5.8　氢气的三个爆炸极限

自由基向壁面扩散的速率控制着整个反应进程。压力越高，自由基扩散受阻，自由基的扩散速率与压力成反比。

当压力继续升高，处在图 5.8 所示的点 B 和点 C 之间时，图中显示该区域为爆炸区。与压力极低时一样，此时氢气和氧气混合物通过链引发反应 R5.7 的逆反应，生成了 H，但与上一阶段不同的是，此时的压力与之前相比明显升高，H 与氧气碰撞的概率大大增加，使 R5.1 的效率明显升高，而且通过 R5.1 生成的 O 和 OH 与氢气的进一步反应（R5.2 和 R5.3）的效率也明显升高，值得注意的是，在发生链引发反应生成一个 H 之后，通过 R5.1～R5.3 一共生成了三个 H，如图 5.9 所示，生成的三个 H 在下一轮的反应中会变成 9 个 H，以此类推，H 将在链反应发生的过程中呈现指数增长。此外，R5.3 在生成 H_2O 的同时放出大量的热，随着自由基的增多，链反应不断地循环，放热也会随之不断增加。由于自由基呈指数增加，热释放也将呈现指数增加的趋势。自由基增加促进放热反应 R5.3 发生，放热反应又为链分支

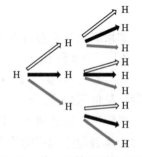

图 5.9　第一和第二爆炸极限
之间 H 的指数增长

反应 R5.1 和 R5.2 提供所需能量，二者相辅相成，相互促进，导致爆炸现象的发生。如果将 R5.1～R5.3 做一下简单的数学处理，即将 R5.3 乘以 2 倍，再加上 R5.1 和 R5.2，消去 OH 和 O，就可以得到 R5.24。该反应式简洁地描述了这一爆炸区的反应动力学特征，揭示了爆炸现象发生的本质。

$$H + 3H_2 + O_2 \Longrightarrow 2H_2O + 3H \tag{R5.24}$$

2. 第二爆炸极限

当压力继续升高，处于第二和第三爆炸极限之间时，即图 5.8 所示的点 C 和点 D 之间时，反应动力学的特征继续发生变化。作为链分支 R5.1 的竞争反应，压力依赖反应 R5.5 的速率常数与压力密切相关，当压力增大时该反应的竞争力增强。当压力处于图 5.8 中点 B 和点 C 之间时，压力较低，R5.5 的竞争力不足，R5.1 主导的链分支反应控制着体系的反应动力学特征，导致爆炸现象的发生。然而，当压力升高，处在图 5.8 中点 C 和点 D 之间时，R5.5 的竞争力明显增强，在与 R5.1 的竞争中占据优势。在着火条件下，由于缺乏足够多的活泼自由基，即 H、O、OH，导致 HO₂ 不能通过 R5.6、R5.8 和 R5.9 被及时转化掉，要么与壁面碰撞损失掉，要么通过自复合反应 R5.11 发生链终止反应。这两种选择都将导致链反应中止，爆炸现象消失。

第二爆炸极限是氢气和氧气混合物从"爆炸"到"不爆炸"转变的分界线。从上面定性的分析中可知，决定爆炸现象发生与否的关键是 R5.1 与 R5.5 的竞争关系。下面用数学表达来推导氢气爆炸的临界条件，更清晰地揭示 R5.1 与 R5.5 随温度和压力变化的数值表达关系。

假设 R5.1～R5.3 的速率常数分别为 k_1、k_2 和 k_3，R5.5 的速率常数为 k_5。根据质量作用定律，可以得出 H、O、OH 的浓度[H]、[O]和[OH]随时间的变化分别满足式(5.1)～式(5.3)：

$$\frac{d[H]}{dt} = -k_1[H][O_2] + k_2[O][H_2] + k_3[OH][H_2] - k_5[H][O_2][M] \tag{5.1}$$

$$\frac{d[O]}{dt} = k_1[H][O_2] - k_2[O][H_2] \tag{5.2}$$

$$\frac{d[OH]}{dt} = k_1[H][O_2] + k_2[O][H_2] - k_3[OH][H_2] \tag{5.3}$$

由于 O 和 OH 都非常活泼，一旦生成很快被消耗，此处可以近似认为 O 和 OH 的浓度不随时间发生变化，满足"稳态近似"的假设。此时式(5.2)和式(5.3)满足式(5.4)和式(5.5)：

$$\frac{d[O]}{dt} = k_1[H][O_2] - k_2[O][H_2] = 0 \tag{5.4}$$

$$\frac{d[OH]}{dt} = k_1[H][O_2] + k_2[O][H_2] - k_3[OH][H_2] = 0 \tag{5.5}$$

通过将式(5.4)和式(5.5)进一步变换，可以得出式(5.6)和式(5.7)：

$$k_1[H][O_2] = k_2[O][H_2] \tag{5.6}$$

$$k_3[OH][H_2] = 2k_1[H][O_2] \tag{5.7}$$

将式(5.6)和式(5.7)代入式(5.1)中，可以得到式(5.8)：

$$\frac{d[H]}{dt} = (2k_1 - k_5[M])[H][O_2] \tag{5.8}$$

根据前面的分析知道，爆炸现象发生的必要条件是体系中 H 的量不断增加，因此根据式(5.8)可以得到爆炸与否的临界条件：

(1)当 $2k_1 - k_5[M] > 0$ 时，$\frac{d[H]}{dt} > 0$，体系 H 不断积累，爆炸发生。

(2)当 $2k_1 - k_5[M] = 0$ 时，$\frac{d[H]}{dt} = 0$，体系 H 不变，达到爆炸极限临界。

(3)当 $2k_1 - k_5[M] < 0$ 时，$\frac{d[H]}{dt} < 0$，体系 H 不断减少，不发生爆炸。

根据前面的介绍，可知 R5.1 的速率常数是温度依赖的，且速率常数随温度上升增加很快，如图 5.1 所示。而 R5.5 的速率常数则明显依赖于压力的变化。如果固定温度，不断升高压力，R5.1 的速率常数几乎不变，R5.5 的速率常数 k_5 越来越大，将会导致 $2k_1 < k_5[M]$，反应体系从爆炸变为不爆炸；相反，如果保持体系压力不变，不断增加体系温度，R5.5 的速率常数缓慢减小，R5.1 的速率常数迅速增加，这将导致 $2k_1 > k_5[M]$，反应体系从不爆炸变为爆炸。图 5.10 展示了 R5.1 的两倍速率常数($2k_1$)和 R5.5 的速率常数与浴气浓度的乘积($k_5[M]$)，图中实线与虚线的交点即为 $2k_1 = k_5[M]$ 的坐标，即第二爆炸极限上的点。在常压时，氢气的临界温度约为 1000K，低于这个温度，不发生爆炸，高于这个温度爆炸现象出现。

由于氢气的爆炸曲线是温度和压力的函数，根据理想气体作用定律，将式 $2k_1 - k_5[M] = 0$ 转变为速率常数与压力的变化关系，就得到了第二爆炸极限的压力（P_{limit}）的数学表达式，即式(5.9)：

$$P_{\text{limit}} = \frac{2k_1 RT}{k_5} \tag{5.9}$$

式(5.9)中揭示了第二爆炸极限的压力与 R5.1 和 R5.5 之间的关系。如果温度一定，根据 R5.1 和 R5.5 的速率常数就可以求出爆炸极限处的压力。

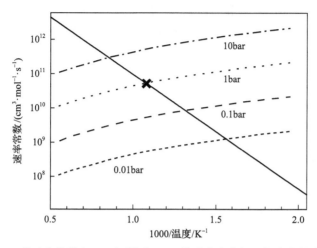

图 5.10　R5.1 的速率常数($2k_1$，实线)和 R5.5 的速率常数与浴气浓度的乘积(k_5[M])

3. 第三爆炸极限

当压力持续升高，越过第三爆炸极限临界点(超过图 5.8 的 D 点时)，爆炸现象将重现，但此时控制爆炸的反应与上一次并不相同。当压力处在第二和第三爆炸极限之间时，R5.5 是最关键的反应，由于缺少足够多的活泼自由基 H、O 和 OH，HO_2 不能被迅速消耗，只能通过 R5.11 生成 H_2O_2，链反应中止。然而在第三爆炸极限以上，压力非常高，这就导致本来在较低压力下不重要的压力依赖反应 R5.12 变得更为重要，这个反应的逆反应是链分支反应，同时生成两个 OH，维持了链反应的发生，而且压力越大，R5.12 的逆反应速率常数越大，越能迅速产生 OH，导致爆炸现象重现。

氢气的爆炸现象是认识燃烧反应动力学过程的基础，本节通过介绍氢气机理中的关键反应，尤其是竞争反应随温度、压力变化的关系，揭示了爆炸现象的发生。

5.1.3　氢气的预混燃烧

1. 氢气的预混火焰结构

早在 19 世纪 60 年代初，泽尔多维奇就提出了预混火焰结构的解析解[12]，用来近似得到火焰温度、反应物、产物分布和层流火焰传播速度。在他的分析中，运用了一个两步的化学模型，第一步是一个自催化的链分支反应 R5.25，其中 A 和 B 分别表示反应物和链载体，第二步是放热的复合反应 R5.26。R5.26 的反应速率常数是定值，不随温度的变化而改变，C 代表一个化学惰性组分。其实这两步反应与氢气的两步简化机理形式相近，如 R5.27 和 R5.28 所示。根据泽尔多维奇的研究，层流预混火焰可以分为预热区、反应区和后火焰区，其中反应区温度急速上升，但只分布在一个很窄的空间范围里，有兴趣的读者可以进一步参考其著作中的第 397～401 页[13]。

$$A + B = 3B \tag{R5.25}$$

$$B + B + M = C + M \tag{R5.26}$$

$$3H_2 + O_2 = 2H_2O + 2H \tag{R5.27}$$

$$H + H + M = H_2 + M \tag{R5.28}$$

根据前面介绍的 20 步氢气详细机理，可以对氢气预混火焰中详细的火焰结构，包括反应物、产物及中间产物自由基的分布进行预测。图 5.11 分别展示了贫

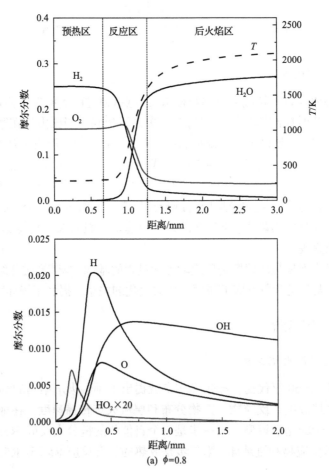

(a) $\phi=0.8$

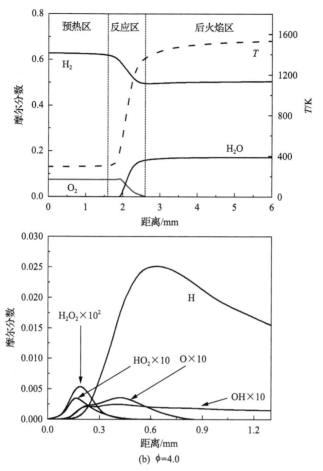

图 5.11　详细机理预测出的氢气预混火焰的火焰结构[14]

燃(当量比为 0.8)和富燃(当量比为 4.0)条件下氢气的火焰结构信息(图中数字表示浓度倍数)。从图中可以看到,自由基和温度的迅速增长只发生在中间一个很薄的区域内,预热区和后火焰区则占有较宽的空间分布,这一点与泽尔多维奇的研究完全一致。无论是贫燃还是富燃火焰,在反应区氢气和氧气迅速被消耗,HO_2 具有一定的浓度,尤其是在贫燃条件下;在反应区,HO_2 几乎被消耗殆尽,活泼自由基迅速增长,贫燃条件下,H、O、OH 都具有可观浓度,富燃条件下,由于氧气不足,H 是主要的自由基,O 和 OH 这两个含氧自由基浓度相对较低;在后火焰区,贫燃条件下燃料消耗殆尽,富燃条件下氧气消耗殆尽,自由基无法高效地维持链反应,绝热条件下温度不再发生变化,产物 H_2O 的浓度也几乎不发生变化,贫燃下 OH 明显过剩,富燃条件下 H 明显过剩。通过贫燃和富燃条件火焰结构的对比可以发现,贫燃时火焰温度能达到 2000K 以上,而富燃时火焰温度不到

1600K，这是因为当量比的差异导致反应生成的自由基池的含量差别很大，贫燃下活泼自由基的浓度远大于富燃条件，更多的自由基含量导致更充分的链反应发生，进而释放更多的热量。氢气火焰结构的特征是认识其他燃料预混燃烧火焰结构的基础，因为预热区、反应区和后火焰区的反应特征相近，其他燃料除了在反应区发生的反应更复杂，在后火焰区的主要自由基种类、分布以及自由基与当量比的关系与氢气火焰基本一致。

2. 氢气的层流火焰传播速度

　　氢气是所有燃料中研究最多的，前人已研究了氢气在不同初始温度、压力及不同稀释气体中的层流火焰传播速度[15]。结果显示，氢气的层流火焰传播速度在当量比为 1.5 时达到峰值，并不是当量附近层流火焰传播速度最快，如图 5.12 所示。

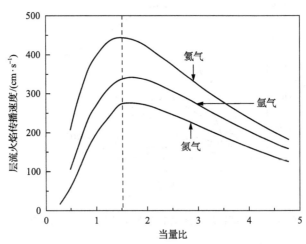

图 5.12　常温常压下不同稀释气体(氮气、氩气、氦气)中氢气的层流火焰传播速度[15]

　　氢气非常特殊，燃烧过程中氢气是燃料，H 是中间产物和主要产物，它们都具有可观浓度，这两个组分的热扩散效应是所有组分中最强的。在富燃条件下，H 和氢气都具有更高的浓度，这将更有利于热扩散，导致层流火焰传播速度加快。

　　在高温的实验条件下，R5.1~R5.3 是氢气火焰传播过程中重要的链分支和链传递反应，在这三个反应中，R5.1 是最慢的反应，是"速控步"，这一步生成的 O 和 OH 将迅速被 R5.2 和 R5.3 所消耗，将这三个反应式做进一步的数学处理，消去寿命极短的 O 和 OH，得到 R5.27，即氢气两步简化机理中的链分支步。当量条件下氢气燃烧的化学方程式为 R5.29：

$$2H_2 + O_2 \xlongequal{\hspace{1em}} 2H_2O \hspace{3em} \text{(R5.29)}$$

因此,在当量比为 1.5 时,生成 H 的效率最高。H 是链分支反应 R5.1 引发的关键因素,也是热扩散效应最大的组分,因此 H 的浓度决定了层流火焰传播速度的大小。通过上面的分析,可以很好地解释氢气层流火焰传播速度峰值出现在当量比为 1.5。

5.2 一氧化碳和合成气机理

合成气在目前以及未来能源生产中都占有举足轻重的地位。合成气的主要组分是氢气和一氧化碳,根据来源不同二者的比例不同,同时也可能含有不同比例的二氧化碳、水、甲烷、氮气、氨气等[16]。合成气的来源非常广泛,可由煤、焦炭、生物质等固体燃料气化产生,也可由天然气和石脑油等轻质烃制取,还可由重油经部分氧化法生产。将得到的合成气在催化剂的作用下加压(费托合成)可以得到碳氢化合物和醇类。煤气化制备合成气并应用于燃煤电厂、燃气轮机燃烧的研究受到了广泛的关注,目前整体煤气化联合循环(IGCC)技术已成为实现清洁高效燃烧的重要手段之一。

除氢气机理外,一氧化碳的氧化机理在燃烧反应动力学中同样非常重要。这是因为一氧化碳向二氧化碳的转化过程会放出大量的热,使整个燃烧体系温度升高,同时为链分支反应提供能量,保障链反应持续发生,维持燃烧的进行。与氢气机理一样,一氧化碳的机理同样是所有碳氢燃料及含氧燃料燃烧机理构建的基础,与其相关的反应在很多燃料和绝大多数条件下都非常重要。作为污染物的一种,一氧化碳能否充分燃烧还关系到排放是否达标,因此,一氧化碳燃烧反应动力学研究有助于认识一氧化碳氧化的特点及规律,为控制一氧化碳排放提供理论基础。

5.2.1 一氧化碳的燃烧反应机理

干燥的一氧化碳在氧气中的燃烧非常困难,因为燃烧体系中的链引发反应 R5.30 需要非常高的能量才能发生。这就意味着即使温度很高,化学反应速率也很慢。图 5.13 展示了 R5.30 的速率常数,可以看出,在 2000K 时,这个反应的速率常数只有大约 $10^7 \mathrm{cm}^3 \cdot \mathrm{mol}^{-1} \cdot \mathrm{s}^{-1}$。另外,即使是获得了足够多的能量使链引发反应得以发生,生成的 O 也会与一氧化碳紧接着发生链终止反应生成 CO_2(R5.31)。整个链反应过程中缺少链传递和链分支反应,没有足够多的自由基维持链反应发生,最终导致化学反应中止。

$$CO + O_2 =\!=\!= CO_2 + O \tag{R5.30}$$

$$CO + O + M =\!=\!= CO_2 + M \tag{R5.31}$$

$$CO + OH \Longleftrightarrow CO_2 + H \tag{R5.32}$$

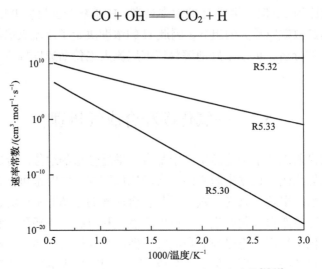

图 5.13　R5.30、R5.32 和 R5.33 的速率常数[17-19]

　　然而，在早期的实验研究中却观察到一氧化碳在氧气中的燃烧存在类似氢气燃烧的爆炸现象，图 5.14 展示了当时观测到的一氧化碳的爆炸极限。一氧化碳在氧气中发生爆炸的现象无法用 R5.30 和 R5.31 来解释。直到后来，人们才意识到早期的一氧化碳实验中有痕量的水存在，导致一氧化碳燃烧反应加剧。

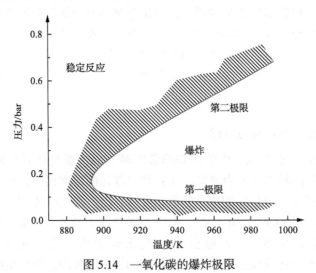

图 5.14　一氧化碳的爆炸极限

　　一氧化碳与氧气发生链引发反应 R5.30 生成 O，如果这时燃烧体系中存在痕量的 H_2O，O 就会迅速与 H_2O 发生反应生成 OH(R5.4)。这个反应的发生打破了干燥的一氧化碳燃烧中 O 只能与一氧化碳结合生成 CO_2 的限制，由一个 O 变成了两个 OH，是典型的链分支反应。不仅如此，OH 与一氧化碳发生反应生成 CO_2

和 H（R5.32），为一氧化碳的高效氧化提供了重要原料。与氧气氧化一氧化碳相比，OH 氧化一氧化碳的效率非常高，尤其是在高温条件下，这个反应的速率常数在 2000K 时接近 $10^{12} \text{cm}^3 \cdot \text{mol}^{-1} \cdot \text{s}^{-1}$，比 R5.30 的速率常数高出 5 个数量级左右，如图 5.13 所示。R5.32 不仅在一氧化碳燃烧中非常重要，在合成气及几乎所有碳氢和含氧燃料中都比较重要，这是因为这个反应具备两个典型特征：第一，该反应为燃烧体系提供 H，在上节氢气燃烧中提到，H 热扩散很快，在火焰传播过程中起到关键作用，此外，H 还是链分支反应 R5.1 发生的前提，该反应提供的 H 无疑促进了 R5.1 的发生，使体系中自由基数量呈指数增长；第二，该反应为典型的放热反应，其标准反应焓是–24.8kcal/mol，反应的发生同时促进了体系中温度的升高，为链反应提供足够的能量持续进行。R5.32 与 R5.1 构成了链反应循环，通过发生 R5.32 为链分支反应 R5.1 提供 H 和热量，R5.1 为 R5.32 提供 OH，促进一氧化碳氧化，正是二者之间的相互依存和互为补充保障了链反应持续进行。因此，此时将不再需要水的参与，痕量的水只是提供了痕量的 OH，促使 R5.32 得以发生，此后 R5.32 和 R5.1 构成的链反应循环使一氧化碳被迅速氧化。这便是痕量的水能够促进一氧化碳氧化的关键原因。

5.2.2　合成气的燃烧反应机理

不同含量组成的合成气具有不同的燃烧特性，合成气中氢气的含量越高，其层流火焰传播速度越快，如图 5.15 所示。氢气与一氧化碳的相对含量不同会导致生成的自由基含量不同，但控制合成气燃烧的化学反应却是相同的，本节将介绍干燥一氧化碳中掺混氢气后发生的关键化学反应。

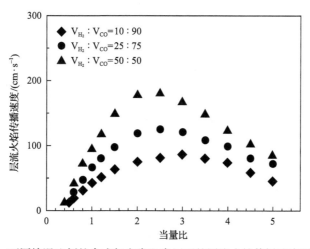

图 5.15　不同掺混比例的合成气在常温常压下的层流火焰传播速度测量值[20]

如果在干燥一氧化碳中掺入了少量的氢气，以一氧化碳作为分析的起点，与上述提到的一氧化碳中存在痕量水的燃烧体系相似，首先会发生链引发反应R5.30，然后生成的 O 与少量的氢气反应生成 OH 和 H(R5.2)。生成的 OH 既可以与 CO 反应生成 CO_2 和 H(R5.32)，也可以与氢气继续反应生成 H_2O 和 H(R5.3)。值得注意的是，R5.32 和 R5.3 都将 OH 转化为 H，为链分支反应 R5.1 和链传递反应 R5.5 提供所需的 H。在压力较低、温度较高的条件下，H 趋向于与氧气发生R5.1 生成 OH 和 O。当压力升高，R5.5 的竞争力逐渐增强产生 HO_2，HO_2 会与一氧化碳反应生成 CO_2 的同时生成 OH，即 R5.33。

$$CO + HO_2 == CO_2 + OH \qquad\qquad (R5.33)$$

R5.33 的速率常数随温度的变化如图 5.13 所示，该反应速率常数介于 R5.30和 R5.32 之间，在 2000K 时，速率大概是 $10^{11} cm^3 \cdot mol^{-1} \cdot s^{-1}$。在合成气燃烧体系中，R5.32 具有较高的敏感性，如图 5.16 所示。

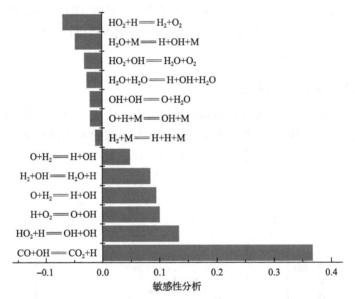

图 5.16　合成气常温常压当量比为 1 时层流火焰传播速度的敏感性分析

氢气的掺混使干燥一氧化碳的燃烧体系中自由基池变得丰富，尤其是 OH 和HO_2，促进了一氧化碳氧化的链传递反应，将一氧化碳氧化成 CO_2 的同时，还生成活泼自由基 H 或 OH，使链反应得以继续进行，直到燃料或者氧气消耗殆尽，链反应中止。由于 OH 和 HO_2 都是含氧的官能团，在贫燃条件下含量较高，因此，贫燃条件下一氧化碳的氧化较富燃条件下更加充分，生成的 CO_2 也比较多。相比之下，在富燃条件下，H 的含量很高，导致一氧化碳无法被有效氧化成 CO_2而残留。

5.3　C_1 燃料机理

　　天然气是当今世界上主要化石能源之一，被广泛应用于人类的生产、生活之中。天然气的主要组分是甲烷，甲烷含量因地域不同而有所差异，但基本在 90% 左右，其他组分比如乙烷、丙烷、丁烷、氮气、二氧化碳、硫化氢等含量加起来占 10% 左右。表 5.1 展示了不同地区天然气的组成[21]。天然气的来源很多，比如蕴藏在地下多孔隙岩层中，包括油田气、气田气、煤层气和泥火山气等。因此根据来源不同也常被称作页岩气、煤层气、可燃冰等，其中俄罗斯、美国、欧洲、中东地区天然气储量丰富，而我国天然气储量较少。

表 5.1　不同地区天然气的组成[21]　　（单位：%，体积分数）

天然气组分	俄罗斯	北海	阿布扎比	印度尼西亚	阿尔及利亚
甲烷	96.24	88.72	82.07	89.91	89.533
乙烷	1.17	4.9	15.86	5.44	8.367
丙烷	0.34	1.12	1.89	3.16	1.197
异丁烷	0.05	0.14	0.07	0.67	0.166
正丁烷	0.08	0.21	0.06	0.75	0.226
异戊烷	0.02	0.04	——	0.03	0.016
C_5 以上碳氢化合物	0.04	0.11	——	——	——
氮气	1.79	3.36	0.05	0.04	0.495
二氧化碳	0.26	1.40	——	——	——

　　天然气作为燃料的优势表现在环境和经济两方面。研究表明[22]，天然气燃烧在温室气体（主要是 CO_2）、氮氧化物、硫氧化物（主要是 SO_2）和颗粒物排放方面都远远低于煤和石油的燃烧。另外，与汽油相比，天然气作为运输燃料的价格更加便宜，与煤炭火力发电相比，天然气发电的效率更高。因此，天然气在未来能源发展利用中极具潜力。

　　天然气的主要组分是甲烷，甲烷是最简单的烷烃，是研究烷烃燃烧反应动力学规律的基础，甲烷的热解和氧化机理同样是 $C_0 \sim C_4$ 基础燃料机理的重要组成部分，扮演着举足轻重的角色。本节将重点介绍甲烷和 CH_3 的相关基元反应，分析不同基元反应在不同实验条件下的竞争关系，进而深入了解甲烷燃烧的本质，最后简单介绍瓦斯爆炸中蕴含的燃烧反应动力学规律。

5.3.1　甲烷燃烧反应机理

甲烷的链引发反应主要包括 R5.34 和 R5.35，其活化能分别约为 56kcal/mol 和 105kcal/mol（1cal=4.184J）。R5.34 的活化能较低，该反应在较低的温度下即可发生；而 R5.35 则只有在温度较高时才可能越过能垒发生反应。此外，R5.34 需要有氧气参与，在没有氧气的热解条件下，R5.35 是唯一的链引发反应，该反应在甲烷热解条件下很重要，其逆反应在甲烷和大分子燃料的着火和火焰传播中都具有较高的敏感性，尤其是在富燃 H 比较多和压力较高的条件下。R5.35 是典型的压力依赖反应，随着压力的增加，反应速率将变大，图 5.17 展示了 R5.35 的逆反应速率常数随压力的变化[23]。值得注意的是，对于压力依赖反应，其速率常数的大小不仅与压力有关，还与浴气 M 的种类密切相关。通常实验和理论计算中的 M 为氮气、氩气或者氦气，不同浴气的碰撞效率差别很大，同一种浴气在不同温度下的碰撞效率也有差别，不同理论模型计算得出的碰撞效率因子不同且误差较大[24]。

$$CH_4 + O_2 \Longrightarrow CH_3 + HO_2 \qquad\qquad (R5.34)$$

$$CH_4\,(+\,M) \Longrightarrow CH_3 + H\,(+\,M) \qquad\qquad (R5.35)$$

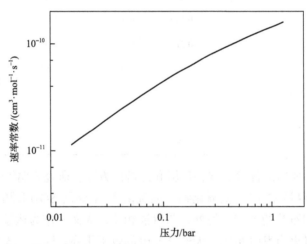

图 5.17　R5.35 的逆反应速率常数在 400K、浴气为氦气下随压力的变化[23]

涉及甲烷的链传递反应主要包括 H、O、OH 和 HO_2 进攻的氢提取反应，即 R5.36～R5.39，主要承担着快速消耗甲烷的任务。至于它们对甲烷消耗的贡献取决于自由基池的种类和浓度，而自由基池又依赖于温度、压力和当量比等条件的变化。由于不同当量比条件下 H、O、OH 的浓度差别较大，贫燃时 O 和 OH 较多，富燃时 H 较多，所以贫燃条件下 OH、O 的进攻反应 R5.37 和 R5.38 对甲烷消耗的贡献较大，而富燃条件下 R5.36 对甲烷消耗的贡献更大。由 5.1 节氢气机理可知，HO_2 在中低温和高压下浓度较高，因此 R5.39 在中低温下比较重要，是甲烷的主要消耗反应。针对 R5.36~R5.38 的速率常数展开的基元反应测量和理论计算的工作非常多，在 1000K 以上，这三个反应的速率常数误差比较小，大概在 50%以内[25]。相比之下，R5.39 的基元反应速率常数误差较大，需要进一步开展实验和理论计算研究[25]。

$$CH_4 + H \longrightarrow CH_3 + H_2 \tag{R5.36}$$

$$CH_4 + OH \longrightarrow CH_3 + H_2O \tag{R5.37}$$

$$CH_4 + O \longrightarrow CH_3 + OH \tag{R5.38}$$

$$CH_4 + HO_2 \longrightarrow CH_3 + H_2O_2 \tag{R5.39}$$

在甲烷燃烧体系中，存在氧气以及 H、O、OH 和 HO_2 等自由基，它们与 CH_3 之间反应的快慢取决于不同的实验条件，所涉及的反应会有多条路径，不同反应路径在不同的条件下具有不同的竞争关系。比如 CH_3 与氧气的反应主要有四条竞争通道，即 R5.40~R5.43[26]。其中 R5.40 的发生不需要能垒，R5.43 能垒非常高，R5.41 和 R5.42 的能垒较低。由于 R5.43 的能垒太高，很多反应机理中都不包括这个反应，认为其在燃烧条件下的贡献可以忽略。R5.40 随温度的升高速率常数降低，而 R5.41 和 R5.42 随温度的升高速率常数增加，使总包（R5.40~R5.43）速率随温度的上升先减小后增加。在常压下，当温度较低时，R5.40 的速率常数远远高于 R5.41 和 R5.42，是 1000K 以下最主要的反应通道，当温度较高时，如火焰条件下，R5.41 和 R5.42 成为相互竞争的两条反应通道。

$$CH_3 + O_2 \longrightarrow CH_3OO \tag{R5.40}$$

$$CH_3 + O_2 \longrightarrow CH_2O + OH \tag{R5.41}$$

$$CH_3 + O_2 \longrightarrow CH_3O + O \tag{R5.42}$$

$$CH_3 + O_2 \longrightarrow HCO + H_2O \tag{R5.43}$$

CH_3 与 O 的反应也有多种反应通道，由于能垒的差异，在反应机理中主要考虑能垒较低的反应通道，即 R5.44 和 R5.45。通常情况下，自由基与自由基的反应具有很弱的温度依赖效应，研究表明，$CH_3 + O$ 的总包反应速率常数几乎不随温度的变化而变化，R5.44 和 R5.45 的分支比也几乎没有温度依赖[27-29]。

$$CH_3 + O \longrightarrow CH_2O + H \tag{R5.44}$$

$$CH_3 + O \longrightarrow HCO + H_2 \tag{R5.45}$$

　　CH_3 与 OH 的反应有更多的反应通道，主要包括 R5.46～R5.51[30]。在常压条件下，当温度在 1200K 以下，生成 CH_3OH 的反应路径 R5.48 是主要的反应通道，使 CH_3OH 成为甲烷燃烧中的重要中间产物，当温度升高，该反应速率常数下降，R5.46 和 R5.47 的竞争增强，成为温度较高时的主要反应通道，其他的反应在整个温区的贡献较小。

$$CH_3 + OH \Longrightarrow {}^1CH_2 + H_2O \qquad\qquad (R5.46)$$

$$CH_3 + OH \Longrightarrow CH_2OH + H \qquad\qquad (R5.47)$$

$$CH_3 + OH \Longrightarrow CH_3OH \qquad\qquad (R5.48)$$

$$CH_3 + OH \Longrightarrow CH_2O + H_2 \qquad\qquad (R5.49)$$

$$CH_3 + OH \Longrightarrow CH_3O + H \qquad\qquad (R5.50)$$

$$CH_3 + OH \Longrightarrow HCOH + H_2 \qquad\qquad (R5.51)$$

　　CH_3 与 HO_2 的反应主要包括 R5.52～R5.55[31]。在低温和高压下，通过 R5.52 生成 CH_3OOH；当温度升高时，通过化学活化反应 R5.53 生成 CH_3O 和 OH，R5.54 是 R5.34 的逆反应，此时该反应是链终止反应。在中高温条件下 R5.53 和 R5.54 是两个重要的竞争反应，前者将 HO_2 转化为 OH，是链传递反应，后者是链终止反应，会使反应体系自由基浓度降低。因此这两个反应的分支比对燃烧参数的预测至关重要。然而，由于实验数据的欠缺，目前这两个反应的分支比还存在较大分歧[32]。

$$CH_3 + HO_2 \Longrightarrow CH_3OOH \qquad\qquad (R5.52)$$

$$CH_3 + HO_2 \Longrightarrow CH_3O + OH \qquad\qquad (R5.53)$$

$$CH_3 + HO_2 \Longrightarrow CH_4 + O_2 \qquad\qquad (R5.54)$$

$$CH_3 + HO_2 \Longrightarrow CH_2O + H_2O \qquad\qquad (R5.55)$$

　　下面将介绍甲烷在不同温区的关键反应机理。低温条件下（<800K），甲烷通过 R5.34 发生链引发反应后生成 CH_3，由于此时温度较低，CH_3 将与氧气发生反应，主要包括 R5.40～R5.42 三条反应通道。在 1bar、800K 以下，CH_3 与氧气反应几乎都生成 CH_3OO，如图 5.18 所示。生成的 CH_3OO 与 HO_2 或者甲烷反应生成 CH_3OOH，CH_3OOH 进一步发生单分子分解生成两个自由基 CH_3O 和 OH，即 R5.56，该反应是典型的链分支反应，使反应体系的自由基浓度迅速积累。在温度较低时，CH_3O 既可以发生氢提取反应生成 CH_3OH（R5.57），也可以通过单分子分

解(R5.58)或与氧气反应生成 CH_2O(R5.59)。可以看出，甲烷的低温氧化主要中间产物为 CH_3OO、CH_3OOH、CH_3O、CH_3OH 和 CH_2O，其中 CH_3OOH 的分解是最关键的链分支反应，决定着体系的反应活性。

$$CH_3OOH\ (+M) == CH_3O + OH\ (+M) \qquad (R5.56)$$

$$CH_3O + CH_4 == CH_3OH + CH_3 \qquad (R5.57)$$

$$CH_3O + M == CH_2O + H + M \qquad (R5.58)$$

$$CH_3O + O_2 == CH_2O + HO_2 \qquad (R5.59)$$

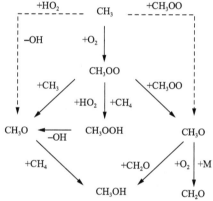

图 5.18　CH_3 在 800K 以下的反应路径，其中实线是主要的反应路径，虚线是次要的反应路径[33]

当温度逐渐升高，R5.40 的速率常数逐渐下降，R5.41 的速率逐渐增强。这一结果直接导致 CH_3OO 的生成大大降低，继而导致链分支反应 R5.56 不再具有主导反应活性的作用。在 800～1200K 时，甲烷氧化体系中的 CH_3O 和 HCO 更倾向于与氧气发生反应生成 HO_2，因此，体系中与 HO_2 相关的反应发挥着重要作用，比如与 CH_3 反应生成 CH_3O 和 OH(R5.53)，或者自复合生成 H_2O_2，此时，H_2O_2 的分解(R5.12 的逆反应)是主要的链分支反应，为体系提供足够多的自由基。

当温度高于 1200K 时，甲烷氧化体系中的 CH_3O 和 HCO 自由基更倾向于发生解离反应生成 H，在高温条件下生成的 H 直接与氧气发生链分支反应 R5.1，促进体系自由基快速增长。众所周知的瓦斯爆炸主要就是由甲烷的高温氧化机理控制的。

瓦斯一般指煤气、天然气等气体混合物，主要组分是烷烃，其中甲烷占绝大多数，另有少量的乙烷、丙烷和丁烷等。瓦斯爆炸是矿井下发生的灾难，其本质就是一定浓度的甲烷在空气中燃烧，发生了链反应。发生瓦斯爆炸的条件与燃烧的条件一致，即一定浓度的甲烷、高温火源和充足的氧气。空气中瓦斯遇火后能引起爆炸的浓度范围称为瓦斯爆炸界限，瓦斯爆炸界限为 5%～16%。当瓦斯浓度低于 5%时，遇火不爆炸，但能在瓦斯外围形成燃烧层，当瓦斯浓度为 9.5%时，其爆炸威力最大，此时氧气和瓦斯完全反应；瓦斯浓度在 16%以上时，失去其爆炸性，但在空气中遇火仍会燃烧。值得注意的是，瓦斯爆炸界限并不是固定不变的，它还受温度、压力及煤尘、其他可燃性气体、惰性气体的混入等因素的影响。

　　在燃烧学中，将通常情况下的燃烧和剧烈的燃烧现象分别称为爆燃和爆轰现象，如图 5.19 所示。图 5.19(a)展示了爆燃现象的示意图，其燃烧速率是由氧气供应到火焰面的速率控制的，燃烧反应的发生与速率的大小强烈依赖于能量释放区域的质量和热量传递，爆燃现象中化学反应不是特别剧烈，火焰面的移动也在音速以下；图 5.19(b)展示了爆轰现象的示意图，与图 5.19(a)相比，很明显的区别是爆轰现象中产生了激波，激波压缩并加热未燃气体，推动火焰向前传播，激波和火焰面的传播速度都是超声速的，速度能够达到 2000m/s，爆轰现象的破坏力远远大于爆燃现象。在爆轰现象中，大量的自由基在反应区内生成，主要包括 CH_3、OH、H、O 和 HCO，它们之间的相互转化维系着链反应的发生。

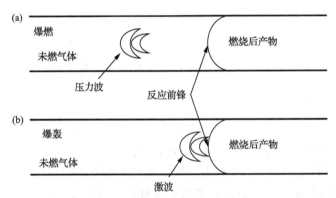

图 5.19　(a)爆燃和(b)爆轰的示意图

　　着火条件下的自由基浓度远低于火焰传播条件，这就导致在着火条件下，一旦发生了链引发反应，CH_3 和 CH_3O 等更容易与氧气反应，而在火焰条件下，CH_3 等自由基与 O、OH 的反应在体系中扮演重要角色，即 R5.44、R5.46、R5.47 在高温条件下变得更加重要。不仅如此，在火焰条件下，温度很高，CH_3 可以获得足够的能量发生进一步的脱氢反应，直到生成 CH，即 $CH_3 \rightarrow {}^1CH_2/{}^3CH_2 \rightarrow CH$[34]。CH 是快速型 NO 生成的前驱体，对 CH 的准确预测是对 NO_x 生成预测的前提，因此，从甲烷出发到生成 CH 的路径和反应速率常数也很重要。

　　图 5.20 展示了压力为 0.067bar 和当量比为 1.0 时甲烷层流预混火焰中甲烷的反应路径图[35]，可以看到，H 和 OH 进攻的氢提取反应是甲烷的主要消耗路径，

生成的 CH₃ 大部分与 O 反应生成 CH₂O，小部分再发生氢提取反应生成 CH₂，还有更少一部分发生复合反应生成乙烷，涉及乙烷的机理将在后续章节内容中详细展开介绍。

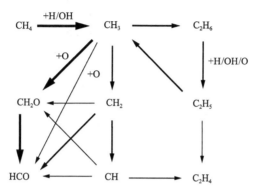

图 5.20　压力在 0.067bar 和当量比为 1.0 下甲烷层流预混火焰中甲烷的反应路径图[35]
箭头的粗细代表反应的碳流量大小

5.3.2　甲醇燃烧反应机理

甲醇是甲烷燃烧的重要中间产物，尤其是在中低温条件下，同时甲醇也是结构最简单的醇类分子。甲醇可作为燃料或者燃料添加剂，具有较高的辛烷值和较高的层流火焰传播速度。此外，甲醇的氧化和燃烧主要生成 CH₂O、HCO、CH₂OH 等含氧中间产物，不易复合生长成大的多环芳烃，因此添加甲醇有助于降低颗粒物的排放。作为最简单的醇类燃料，甲醇的燃烧反应机理是其他更大醇类机理的基础。

甲醇的燃烧反应机理非常简单，主要的链引发反应为 R5.48 的逆反应、R5.60 和 R5.61。其中 R5.60 是热解条件下的主要链引发反应，R5.61 是氧化条件下的主要链引发反应。与甲烷相似，甲醇的链传递反应主要为 H、O、OH 和 HO₂ 进攻燃料的氢提取反应。与甲烷不同的是，甲醇分子中有 3 个氢原子与碳原子相连，有 1 个氢原子与氧原子相连，由于碳原子较氧原子的电负性较小，C—H 键的键能较 O—H 键弱，所以 H 进攻甲基中氢原子的氢提取反应较进攻羟基中氢原子速率更快，且在低温下更明显。氢提取反应生成两种燃料自由基，分别为 CH₂OH 和 CH₃O，如 R5.62 和 R5.63 所示。值得注意的是，这两个燃料自由基后续的反应规律不尽相同，如图 5.21 所示，

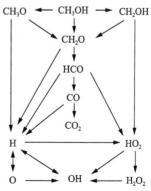

图 5.21　甲醇燃烧的反应路径图[36]

尽管二者都主要生成 CH_2O 这一中间产物，但与之一起生成的自由基种类不同。CH_3O 主要发生 β 解离反应（即 R5.64）生成 CH_2O 和 H，而 CH_2OH 主要发生 R5.65 生成 HO_2。燃料氢提取反应的分支比决定了 CH_3O 和 CH_2OH 的相对含量，继而决定了自由基池中 H 和 HO_2 的相对含量。由于 H 的活性远远大于 HO_2，如果 R5.63 的分支比增大，将导致 H 的相对含量升高，进而增加反应体系的活性。CH_2O 是甲醇燃烧中最重要的中间产物，其反应机理将在下节介绍。

$$CH_3OH \Longrightarrow {}^1CH_2 + H_2O \tag{R5.60}$$

$$CH_3OH + O_2 \Longrightarrow CH_2OH + HO_2 \tag{R5.61}$$

$$CH_3OH + H \Longrightarrow CH_2OH + H_2 \tag{R5.62}$$

$$CH_3OH + H \Longrightarrow CH_3O + H_2 \tag{R5.63}$$

$$CH_3O \Longrightarrow CH_2O + H \tag{R5.64}$$

$$CH_2OH + O_2 \Longrightarrow CH_2O + HO_2 \tag{R5.65}$$

5.3.3　甲醛燃烧反应机理

甲醛不仅是甲醇燃烧重要的中间产物，CH_3 氧化也可以直接生成 CH_2O 和 HCO；此外，甲醛的氧化也是生成 CO 的重要来源（如图 5.21 所示），几乎所有燃料生成 CO 的路径都要经过 CH_2O 的氧化。因此，甲醛燃烧的反应动力学在所有碳氢化合物和含氧化合物模型中都非常重要。

甲醛的氧化分解主要通过 H、OH、HO_2 等自由基进攻引发的氢提取反应生成 HCO，如 R5.66~R5.68。尽管甲醛分子中含有双键结构，与自由基可以发生加成反应，且加成反应的能垒较低，但因为过渡态熵较低，其速率常数在燃烧条件下仍然比较小，难以与氢提取反应相竞争。所以甲醛与自由基的反应还是以氢提取反应为主[37]。此外，理论计算研究表明[38]，由于甲醛与 H、OH 等自由基反应生成的 HCO 具有较高的能量，一部分的 HCO 会迅速解离直接生成 CO 和 H，因此反应 R5.69~R5.71 也有可能发生。甲醛通过氢提取反应直接高效地生成 H，这些反应在层流火焰传播速度的预测中起到关键作用，尤其是在低压或者常压条件下，这是因为压力较低时，能量较高的 HCO 来不及得到有效的碰撞生成稳定的 HCO 就直接解离生成了 H 和 CO。

$$CH_2O + H \Longrightarrow HCO + H_2 \tag{R5.66}$$

$$CH_2O + OH \Longrightarrow HCO + H_2O \tag{R5.67}$$

$$CH_2O + HO_2 \Longrightarrow HCO + H_2O_2 \tag{R5.68}$$

$$CH_2O + H \Longrightarrow H + CO + H_2 \tag{R5.69}$$

$$CH_2O + OH \Longrightarrow H + CO + H_2O \tag{R5.70}$$

$$CH_2O + HO_2 \Longrightarrow H + CO + H_2O_2 \tag{R5.71}$$

$$HCO + M \Longrightarrow H + CO + M \tag{R5.72}$$

$$HCO + O_2 \Longrightarrow CO + HO_2 \tag{R5.73}$$

在 HCO 的消耗路径中，最重要的两条竞争路径为 R5.72 和 R5.73，都会生成 CO，但不同的是，前者生成 H 而后者生成 HO_2。根据这两个反应的特点，前者在温度较高、压力较高的情况下更具有优势，后者在温度较低、贫燃条件下更重要。此外，H 比 HO_2 更活泼，与反应物和中间产物反应的反应活性更高，热扩散也更快，因此 R5.72 通常情况下会促进点火和火焰传播，而其竞争反应 R5.73 则相反。R5.73 是 HCO 与氧气的反应，因此具有明显的当量效应，贫燃时该反应的重要性往往大于当量和富燃条件。这两个反应是直接生成 CO 的反应，因此，它们不仅在甲烷体系中重要，在其他碳氢和含氧化合物的动力学模型中同样非常重要。R5.72 是典型的温度和压力依赖反应，其速率常数随温度和压力的升高而增大，R5.73 具有明显的温度依赖效应[39]，随温度的升高，速率常数迅速增加。

5.4　C_2 燃料机理

根据当量比为 1.0 时甲烷燃烧的反应路径图 (图 5.20)，只有不足 10%的 CH_3 发生复合反应生成 C_2 中间产物，因此，在当量比为 1.0 和贫燃条件下，C_2 中间产物的机理并不重要。然而，当使用只包含 C_1 机理来模拟甲烷层流火焰传播速度时会发现，贫燃条件下模拟结果与实验符合得较好，富燃条件下的预测高出许多，如图 5.22 中虚线所示。前面介绍了 CH_3 与氧气、OH、HO_2、O 的相关反应，这些分子和自由基在贫燃条件下比较充足，可以将 CH_3 有效地氧化掉。然而在富燃条件下，氧气不足燃料过量，含氧自由基的浓度下降而 CH_3 的含量增大，此时 CH_3 不能充分有效地被氧化掉，且 CH_3 继续分解生成 $^3CH_2$ 需要足够的能量越过较高的能垒，因此，甲基复合反应在此时占据竞争优势，主要生成 C_2H_6 和 C_2H_5，导致碳链增长，如 R5.74 和 R5.75。生成的 C_2H_6 和 C_2H_5 将进一步反应依次生成 C_2H_4 和 C_2H_2。由此可知，C_2 机理在预测富燃条件下的甲烷燃烧中起到至关重要的作用，图 5.22 中实线所示为包含了 C_2 机理的甲烷燃烧模型的模拟结果，明显降低了层流火焰传播速度的预测值。

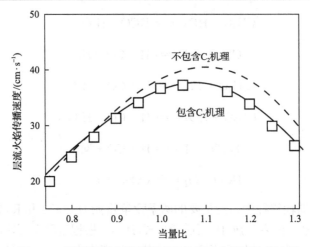

图 5.22　甲烷层流火焰传播速度的实验和模拟结果比较
方框代表实验结果[40]，虚线和实线分别代表不包含 C_2 机理和包含 C_2 机理的模拟结果

$$CH_3 + CH_3 \,(+M) \Longrightarrow C_2H_6 \,(+M) \qquad (R5.74)$$

$$CH_3 + CH_3 \Longrightarrow C_2H_5 + H \qquad (R5.75)$$

本节主要介绍的 C_2 燃料包括乙烷、乙烯和乙炔。乙烷和乙烯的子机理不仅在甲烷富燃条件下的燃烧中起到关键作用，在其他碳氢和含氧燃料燃烧中同样重要，因为它们是各种燃料燃烧中大量存在的重要中间产物，图 5.23 展示了正辛烷和两种航空煤油的裂解产物，可以看出，除甲烷外，C_2H_4 和 C_2H_6 是含量最多的两种产物。C_2H_2 是在富燃条件下大量生成的中间产物，也是苯生成的前驱体，在多环芳烃生长过程中起到关键作用，与碳烟生成的预测密不可分。除此之外，由于乙烯和乙炔分别包含了烯烃和炔烃的官能团，不同的官能团有着各自独特的反应规

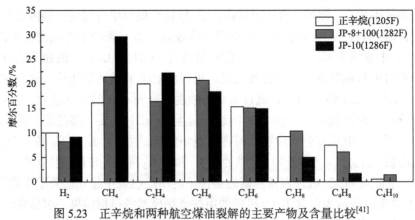

图 5.23　正辛烷和两种航空煤油裂解的主要产物及含量比较[41]

律,在燃烧反应动力学中扮演不同的角色。5.3.1 小节甲烷燃烧反应机理中介绍了烷烃的基元反应,这里不再详细介绍乙烷的基元反应,重点介绍乙烯和乙炔涉及的基元反应以及其燃烧反应动力学特征。

5.4.1　乙烷燃烧反应机理

甲基复合有两条互相竞争的产物通道,即 R5.74 生成 C$_2$H$_6$ 和 R5.75 生成 C$_2$H$_5$ 和 H。甲基复合反应的特征可以用图 5.24 简单来表示,两个 CH$_3$ 会复合生成活化的 C$_2$H$_6^*$,其消耗路径与温度和压力直接相关,如果温度不高而压力足够高,C$_2$H$_6^*$很容易通过有效的碰撞失活,生成 C$_2$H$_6$。由于甲基复合生成 C$_2$H$_6$ 的反应几乎是没有能垒的,说明这个反应在温度较低时就很容易发生;相反,在低压条件下,C$_2$H$_6^*$不能得到充分的碰撞而失活,由于其本身具有较高的能量,很容易在高温下克服 C—H 键的解离能而生成 C$_2$H$_5$ 和 H。所以,R5.74 和 R5.75 是两个温度和压力依赖的竞争反应,在较高压力和较低温度下,R5.74 更占据优势;相反,在较低压力和较高温度下,R5.75 的竞争力更强。势能面上 CH$_3$ 会复合生成 C$_2$H$_6$,C$_2$H$_6$再通过解离生成 C$_2$H$_5$ 和 H 的路径为热活化反应,而甲基复合直接越过势阱生成C$_2$H$_5$ 和 H 的路径称为化学活化反应。热活化反应路径需要经过势能面上的能垒、势阱,化学活化反应路径可以从反应物出发,直接跨越一个或多个能垒、势阱生成产物。热活化和化学活化反应路径的特征决定了它们彼此之间的温度、压力竞争关系,即热活化反应路径在高压和低温时占据竞争优势,化学活化反应在低压和高温下更有优势。

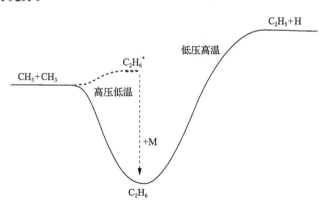

图 5.24　甲基复合反应势能面的示意图

由于乙烷的氢提取反应与甲烷的氢提取反应类似,本节将不再赘述,乙烷通过氢提取反应生成唯一的燃料自由基——C$_2$H$_5$,本节主要介绍一下 C$_2$H$_5$ 的氧化反应。首先是 C$_2$H$_5$ 与氧气的反应,C$_2$H$_5$ 与氧气的反应与 CH$_3$ 与氧气的反应,以及C$_3$ 及其以上烷烃自由基与氧气的反应不尽相同,拥有独特的反应规律。图 5.25 展

示了 C_2H_5 与氧气反应的势能面, 实线所示的反应路径能垒最低, 是最重要的反应路径, 最终生成 C_2H_4 和 HO_2。虚线所示的多条路径, 即生成 c-C_2H_4O 和 CH_3CHO 的路径, 由于能垒高于入口反应物的能垒, 在竞争中不占优势, 可以不予考虑。需要特别说明的是, C_2H_4 和 HO_2 的生成其实有三种路径, 第一种就是图中虚线表示的典型的热活化路径, 分别经过 CH_3CH_2OO、TS3、CH_2CH_2OOH、TS6、$C_2H_4 + HO_2$, 用分子结构图表示如图 5.26 (a) 所示; 第二种是 CH_3CH_2OO 的协同消去反应, 如图 5.26 实线表示的典型热活化路径, 其过渡态 TS2 经过五元环过渡态并同时断两个化学键生成 C_2H_4 和 HO_2, 如图 5.26 (b) 所示; 第三种没有在势能面上展示出来, 就是上面提到的化学活化反应路径, 即 C_2H_5 与氧气直接跨越势能面上的势阱生成 C_2H_4 和 HO_2。在以上三种生成 C_2H_4 和 HO_2 的路径中, 第一种需要经过 CH_3CH_2OO 向 CH_2CH_2OOH 的异构反应, 这个异构反应需要通过一个五元环的过渡态 TS3, 由于该能垒较高, 这条反应路径的贡献很小。第二种路径是典型的热活化路径, 在高压和低温时竞争占优势, 第三种路径是典型的化学活化路径, 在低压和高温时更重要。这两种路径虽然反应物和产物相同, 但反应历程却不同, 前者要经过两步反应, 即 R5.76 和 R5.77, 后者只需要一步反应 (R5.78) 即可。根据理论计算[42], C_2H_5 与氧气的反应在不同温度和压力下虽然反应路径不同, 但 C_2H_4 和 HO_2 都是主要的产物通道, 这与甲烷不同, 甲烷与氧气反应主要生成 CH_3OOH、CH_2O 或者 CH_3O。造成二者产物通道不同的最主要原因是 C_2H_5 能够经历五元环过渡态发生协同消去反应, 而协同消去反应的能垒 TS2 低于生成醛类的能垒 TS4。C_2H_5 与更长碳链的烷基相比, 由于碳链太短, 导致从烷基过氧自由基生成氢过氧烷基自由基时无法形成六元环过渡态, 只能通过能垒较高的五元环过渡态, 致使该路径贡献很低, 继而导致从氢过氧烷基自由基到后续产物通道 (比如环醚和醛酮) 的贡献很低, 关于 $CH_3CH_2CH_2$ 及更大的直链烷基与氧气反应的产物通道及反应规律将在后续的章节中介绍。

$$C_2H_5 + O_2 \Longrightarrow CH_3CH_2OO \qquad\qquad (R5.76)$$

$$CH_3CH_2OO \Longrightarrow C_2H_4 + HO_2 \qquad\qquad (R5.77)$$

$$C_2H_5 + O_2 \Longrightarrow C_2H_4 + HO_2 \qquad\qquad (R5.78)$$

　　C_2H_5 和自由基的反应与 CH_3 和自由基的反应相似。通过类比 CH_3 与自由基的反应, 可以猜测出 C_2H_5 与 O、OH、HO_2 反应的主要反应通道。CH_3 与自由基的反应中, CH_3OH、CH_2O 和 CH_3O 是重要的中间产物。同理, 在 C_2H_5 与自由基的反应中, C_2H_5OH、CH_3CHO 和 C_2H_5O 是重要的中间产物, 所涉及的反应将在后续醇类燃料和醛类燃料中详细介绍。

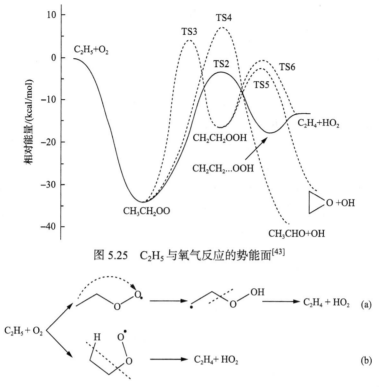

图 5.25 C₂H₅ 与氧气反应的势能面[43]

图 5.26 C₂H₅ 与氧气通过(a)热活化路径和(b)协同消去反应生成 C₂H₄ 和 HO₂[44]

5.4.2 乙烯燃烧反应机理

燃烧中生成 C_2H_4 的路径有很多,主要包括大分子燃料自由基或中间产物自由基的 C—C 解离反应、C_2H_5OH 的单分子脱水反应及 C_2H_5 的相关反应等。R5.77 和 R5.78 是两个典型的 C_2H_5 氧化生成 C_2H_4 的反应,其实直接由 C_2H_5 发生 β-C—H 解离反应也可以生成 C_2H_4,即 R5.79,该反应在燃烧反应动力学中扮演着重要角色,因为这个反应是生成 H 的反应,在层流火焰传播速度的预测中尤为重要。

$$C_2H_5\,(+\,M) \Longrightarrow C_2H_4 + H\,(+\,M) \tag{R5.79}$$

乙烯是最简单的烯烃,乙烯的两个碳原子通过 sp^2 杂化,分别与两个氢原子和一个碳原子通过 σ 键相连,各自剩余一个电子在乙烯分子平面上形成 π 键,与 σ 键构成了乙烯分子中的双键。乙烯分子中的 π 键非常活泼,很容易与 H、O、OH 等自由基结合发生加成反应或加成消去反应,这类反应的规律是由烯烃特殊的双键官能团决定的,是乙烯及其他长链烯烃的特征反应,本节主要介绍乙烯与 OH 和 O 的特征反应。

首先是乙烯与 OH 的反应，图 5.27 展示了该反应的势能面，除了发生氢提取反应外，可以看到乙烯与 OH 结合会生成 CH_2CH_2OH 的加合物，然后通过异构反应生成最后的产物。在势能面上显示的主要产物通道有四个（图中 P1～P4 所示），分别生成 CH_2O、CH_3CHO、C_2H_3、C_2H_3OH，即 R5.80～R5.83。其中 R5.82 是典型的氢提取反应(P3)，从反应物出发经过一个 4.9kcal/mol 的能垒生成产物，其他三个反应(R5.80、R5.81 和 R5.83)都是化学活化反应，从乙烯和 OH 出发，直接越过势能面上的能垒生成了产物 P1、P2 和 P4。势能面上典型的热活化反应路径即发生加成反应生成 CH_2CH_2OH，即 R5.84。根据热活化反应的规律可知，该反应一般在高压和低温时比较重要。由于乙烯和 OH 反应的化学活化路径能垒都比较高，高于氢提取反应 R5.82 的反应能垒，所以这些化学活化反应路径在高温下的速率仍不及 R5.82，如图 5.28 所示，在常压和氮气氛围下，当温度低于 900K 时，加成反应 R5.84 的分支比更大，当温度高于 900K 时，氢提取反应 R5.82 的分支比最大，化学活化反应整体的分支比不超过 20%。

$$C_2H_4 + OH \Longrightarrow CH_2O + CH_3 \tag{R5.80}$$

$$C_2H_4 + OH \Longrightarrow CH_3CHO + H \tag{R5.81}$$

$$C_2H_4 + OH \Longrightarrow C_2H_3 + H_2O \tag{R5.82}$$

$$C_2H_4 + OH \Longrightarrow C_2H_3OH + H \tag{R5.83}$$

$$C_2H_4 + OH \Longrightarrow CH_2CH_2OH \tag{R5.84}$$

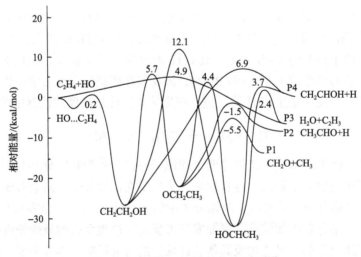

图 5.27　乙烯与 OH 反应的势能面[45]

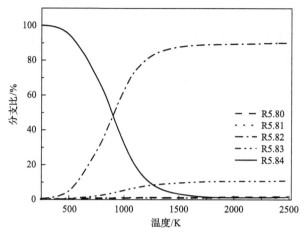

图 5.28　乙烯与 OH 反应不同产物通道的分支比[45]

压力为 1bar、浴气为氮气

　　乙烯与 O 的反应比与 OH 的反应更复杂，原因是 O 根据最外层电子的自旋方式不同可以分为单态和三态。因此，实际上 O 与乙烯的完整反应势能面同时包含单态氧和三态氧与乙烯的反应，如图 5.29 所示，乙烯与三态 O(^{3}P) 反应，经过一个很低的能垒 TS1 生成双自由基(CH₂CH₂O)，这个双自由基可以在三态势能面上继续发生解离(图中虚线所示)，也可以发生系间窜越到单态势能面上，并沿着单态势能面上的反应路径发生反应(图中实线所示)，这就导致了三态势能面上和单

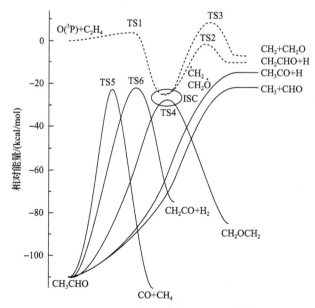

图 5.29　乙烯与 O 反应的势能面[48]

实线和虚线分别表示单态和三态反应路径

态势能面上的反应路径存在竞争，相互影响，因此在理论计算中需要同时考虑两个势能面，并且准确评估这两个势能面之间的相互影响。图中椭圆标记的位置是最有可能发生系间窜越的位置。由于单态和三态势能面之间的系间窜越(ISC)很难准确测量，尤其是在高温下，导致乙烯与O反应的产物通道在高温下仍然存在争议，早期理论计算认为在1000K以上，R5.85和R5.86是主要的产物通道[46]，而最近的理论计算[47]却认为R5.85和R5.87是高温下的主要产物通道，R5.86只在低温下重要。

$$C_2H_4 + O \Longrightarrow CH_2CHO + H \tag{R5.85}$$

$$C_2H_4 + O \Longrightarrow CH_3 + HCO \tag{R5.86}$$

$$C_2H_4 + O \Longrightarrow {}^3CH_2 + CH_2O \tag{R5.87}$$

　　根据前面的介绍，乙烯与自由基反应生成的自由基主要包括CH_3、HCO、C_2H_3和CH_2CHO。其中CH_3和HCO的反应在前面内容中已经介绍过，这里主要介绍C_2H_3和CH_2CHO的相关反应。

　　C_2H_3与氧气的反应势能面也比较复杂，如图5.30所示，从反应物出发需要经过多个势阱和过渡态生成产物，如图中黑色粗实线所示，既存在热活化路径间的相互竞争，也存在热活化与化学活化反应的相互竞争，因此，不同反应通道的速率常数存在温度和压力依赖。在低压下，R5.88和R5.89是主要的反应通道，其中R5.88在低温时更重要，反应5.89在高温时更重要；在高压下，R5.90的分支比大大增加，尤其是在低温条件下，它成为最重要的反应分支，随着温度的升高，其重要性逐渐减小，逐渐被R5.88和R5.89所取代。值得注意的是，在高温下，R5.89十分重要，作为链分支反应在着火和火焰传播中都将大大增加反应体系的活性，而其竞争反应R5.88则会抑制反应体系的活性，如图5.31所示。

$$C_2H_3 + O_2 \Longrightarrow CH_2O + HCO \tag{R5.88}$$

$$C_2H_3 + O_2 \Longrightarrow CH_2CHO + O \tag{R5.89}$$

$$C_2H_3 + O_2 \Longrightarrow C_2H_3OO \tag{R5.90}$$

　　CH_2CHO是R5.85和R5.89的重要产物，其相关反应也具有较高的敏感性，如图5.31所示。CH_2CHO与氧气的反应势能面与C_2H_3与氧气的势能面比较相似，这里不再赘述，主要的产物通道包括热活化反应路径R5.91和化学活化反应路径R5.92，低温和高压条件下R5.91更重要，高温低压条件下R5.92更重要。此外，在氧气不足的条件下，CH_2CHO也可以发生β解离反应生成CH_2CO和H，即R5.93。

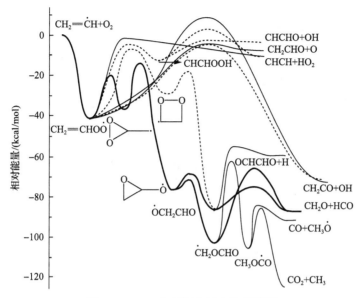

图 5.30　C_2H_3 与氧气的反应势能面[49]

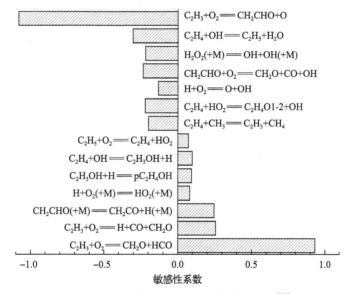

图 5.31　乙烯着火延迟时间的敏感性分析[32]

温度 1100K，压力 30bar，当量比为 1.0

$$CH_2CHO + O_2 \Longrightarrow OOCH_2CHO \qquad (R5.91)$$

$$CH_2CHO + O_2 \Longrightarrow CH_2O + CO + OH \qquad (R5.92)$$

$$CH_2CHO\ (+M) \Longrightarrow CH_2CO + H\ (+M) \qquad (R5.93)$$

5.4.3　乙炔燃烧反应机理

富燃条件下，乙烯发生氢提取反应后生成 C_2H_3，由于氧气不足，C_2H_3 很难发生氧化 R5.88～R5.90，而是发生 β 解离反应生成 C_2H_2 和 H，即 R5.94。这个反应与 R5.79 的规律相似，具有明显的温度和压力依赖效应。

$$C_2H_3 \, (+M) \Longrightarrow C_2H_2 + H \, (+M) \qquad\qquad (R5.94)$$

乙炔分子中的两个碳原子通过 sp 杂化，分别与相邻碳原子和氢原子相连，各自剩余的两个电子分别在两个互相垂直的平面内形成 π 键，所以乙炔分子是直线结构，两个 C 间由一个 σ 键和两个 π 键相连。π 键的存在使乙炔和乙烯一样非常活泼，很容易与自由基发生加成反应。与此同时，C≡C 的存在，使乙炔分子中的 C—H 键键能更大，因此，乙炔分子的氢提取反应很难发生。

在氧化条件下，乙炔分子主要与 OH 和 O 发生加成反应或者加成消去反应，反应特征与乙烯的反应相似，反应势能面复杂，存在热活化反应路径和化学活化反应路径的竞争，具有明显的温度和压力依赖特征。根据目前的研究，乙炔与 OH 的反应路径主要包括 R5.95～R5.99[50]，常压下 R5.96、R5.98 和 R5.99 相互竞争；高压低温下，R5.98 是最主要的反应通道。其他两个反应通道 R5.95 和 R5.97 的贡献在 2000K 以下和 0.025～100bar 的压力范围内都比较小。乙炔与 O 的反应通道主要包括 R5.100 和 R5.101，这两个反应通道的分支比大概为 75：25 左右[51, 52]。

$$C_2H_2 + OH \Longrightarrow C_2H + H_2O \qquad\qquad (R5.95)$$

$$C_2H_2 + OH \Longrightarrow CH_2CO + H \qquad\qquad (R5.96)$$

$$C_2H_2 + OH \Longrightarrow HCCOH + H \qquad\qquad (R5.97)$$

$$C_2H_2 + OH \Longrightarrow HCCHOH \qquad\qquad (R5.98)$$

$$C_2H_2 + OH \Longrightarrow CH_3 + CO \qquad\qquad (R5.99)$$

$$C_2H_2 + O \Longrightarrow HCCO + H \qquad\qquad (R5.100)$$

$$C_2H_2 + O \Longrightarrow {}^3CH_2 + CO \qquad\qquad (R5.101)$$

在乙炔的中高温氧化中，CH_2CO 和 HCCO 分别是重要的中间产物和自由基，特别需要强调的是，HCCO 和 H、O、OH 和 O_2 的反应可以直接生成 CO 或者 CO_2，如下面 R5.102～R5.106 所列[53-55]。因此，在乙炔的氧化中，CO 和 CO_2 的生成不需要通过前面介绍的 $CH_2O \rightarrow HCO \rightarrow CO \rightarrow CO_2$ 路径，可以直接快速地由

$C_2H_2 \to HCCO \to CO \to CO_2$ 生成。

$$HCCO + H \Longrightarrow {}^1CH_2 + CO \qquad (R5.102)$$

$$HCCO + O \Longrightarrow H + CO + CO \qquad (R5.103)$$

$$HCCO + OH \Longrightarrow HCOH + CO \qquad (R5.104)$$

$$HCCO + O_2 \Longrightarrow OH + CO + CO \qquad (R5.105)$$

$$HCCO + O_2 \Longrightarrow H + CO + CO_2 \qquad (R5.106)$$

在整个燃烧反应动力学研究中，乙炔在富燃高温条件下大量生成，此时乙炔的热解反应路径关系到碳链的增长及苯和多环芳烃的生成，继而对碳烟的预测起到关键作用。在复杂的燃烧体系中存在多种多样的自由基，因此，碳链的增长存在不同的反应路径。乙炔的氢加成和氢提取反应可分别生成 C_2H_3 和 C_2H，这两个自由基可以与乙炔反应生成 C_4 分子或者自由基。生成的 C_4 分子或者自由基继续与乙炔或者 C_2H 发生加成反应或加成消去反应生成 C_6 分子或者自由基，也可以与另一个 C_4 分子或者自由基结合生成 C_8 分子或者自由基，依此类推，碳链得以不断增长，图 5.32 展示了从乙炔出发的热解路径，包括分子反应路径(虚线箭头所示)和自由基反应路径(实线箭头所示)[56]。由于分子与自由基的反应速率常数更大，实线箭头所示的碳链生长的路径效率更高。

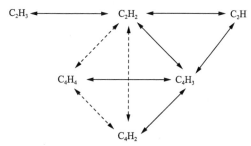

图 5.32　乙炔热解的反应路径[56]

虚线箭头和实线箭头分别表示分子反应路径和分子与自由基的反应路径

5.5　C_3、C_4燃料机理

5.5.1　丙烷燃烧反应机理

与甲烷和乙烷类似，丙烷也可以发生氢提取反应。所不同的是，丙烷存在伯碳(只与一个碳原子直接相连)和仲碳(与两个碳原子相连)两种形式的碳原子，因

而氢提取反应发生的位点有两种，相应地可以生成两种丙基自由基，分别是 $CH_3CH_2CH_2$ 和 CH_3CHCH_3，以下将着重介绍两种丙基自由基与氧气的反应。

图 5.33 是 $CH_3CH_2CH_2$ 与氧气反应的势能面，二者先发生加成反应 R5.107 生成 $CH_3CH_2CH_2O_2$，其后续反应路径包括异构反应、解离反应和协同消去反应。其中，通过 1,5-氢迁移异构生成 $CH_2CH_2CH_2OOH$ 的反应能垒最低，是最重要的反应路径(R5.108)。由于 $CH_2CH_2CH_2OOH$ 后续分解反应的能垒均明显高于入口反应物，$CH_2CH_2CH_2OOH$ 又会返回至 $CH_3CH_2CH_2O_2$，最终二者达到化学平衡。在实际着火工况下，$CH_2CH_2CH_2OOH$ 会进一步和氧气反应，打破平衡导致链分支。此外，$CH_3CH_2CH_2O_2$ 还可经由 1,4-氢迁移异构生成 CH_3CHCH_2OOH(R5.109)，该反应的能垒虽不及 R5.108 低，却与入口反应物的能量相持平，因而也具有一定的贡献。与 $CH_2CH_2CH_2OOH$ 相比，CH_3CHCH_2OOH 的自由基位点在仲碳上，化学性质更加稳定，能量也更低。该自由基的后续分解路径主要为 R5.110 和 R5.111，分别生成 $CH_3\text{-}cCHCH_2O$ 和 OH 以及 C_3H_6 和 HO_2。R5.112 中 C_3H_6 和 HO_2 的生成是 $CH_3CH_2CH_2O_2$ 的协同消去反应，与乙烷体系中 CH_3CH_2OO 的反应类似，在此就不再赘述。

$$CH_3CH_2CH_2 + O_2 \Longrightarrow CH_3CH_2CH_2O_2 \tag{R5.107}$$

$$CH_3CH_2CH_2O_2 \Longrightarrow CH_2CH_2CH_2OOH \tag{R5.108}$$

$$CH_3CH_2CH_2O_2 \Longrightarrow CH_3CHCH_2OOH \tag{R5.109}$$

$$CH_3CHCH_2OOH \Longrightarrow CH_3\text{-}cCHCH_2O + OH \tag{R5.110}$$

$$CH_3CHCH_2OOH \Longrightarrow C_3H_6 + HO_2 \tag{R5.111}$$

$$CH_3CH_2CH_2O_2 \Longrightarrow C_3H_6 + HO_2 \tag{R5.112}$$

CH_3CHCH_3 存在支链结构，有效碳链长度会随之降低，其与氧气反应生成的 $(CH_3)_2CHO_2$ 只能经过 1,4-氢迁移异构生成 $CH_2CH(CH_3)OOH$，如图 5.34，该反应的能垒高于入口反应物，在竞争中不占优势，这与乙烷中 CH_3CH_2OO 到 CH_2CH_2OOH 的反应相似。与 R5.109 相比，虽然二者都是经过 1,4-氢迁移的五元环过渡态，产物 CH_3CHCH_2OOH 的仲碳位自由基显著降低了反应能垒，使得该反应能够发生。对于 $(CH_3)_2CHO_2$ 而言，主要的消耗路径是发生协同消去反应 R5.114 生成 C_3H_6 和 HO_2。

$$CH_3CHCH_3 + O_2 \Longrightarrow (CH_3)_2CHO_2 \tag{R5.113}$$

$$(CH_3)_2CHO_2 \Longrightarrow C_3H_6 + HO_2 \tag{R5.114}$$

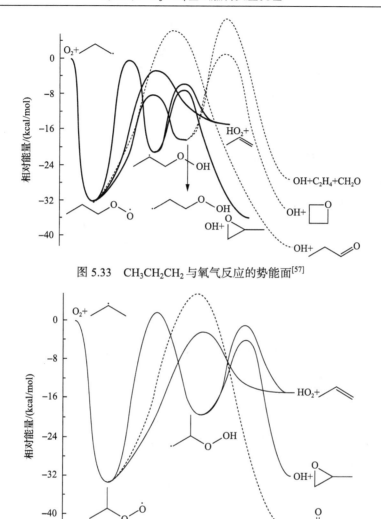

图 5.33　$CH_3CH_2CH_2$ 与氧气反应的势能面[57]

图 5.34　CH_3CHCH_3 与氧气反应的势能面[57]

上述提到的 $CH_3CH_2CH_2$ 和 CH_3CHCH_3 与氧气的反应（R5.107 和 R5.113）被称为一次加氧反应，生成的过氧自由基异构生成的三种烷基过氧化物 $CH_2CH_2CH_2OOH$、CH_3CHCH_2OOH 和 $CH_2CH(CH_3)OOH$，可继续与氧气发生二次加氧反应，这些反应决定了丙烷的低温反应活性。二次加氧反应将在大分子烷烃燃料章节中详细介绍。

5.5.2　丙烯燃烧反应机理

丙烯是继乙烯之后最具代表性的烯烃。与乙烯相比，丙烯多了一个 C—C 键，因而能够通过 R5.115 生成 a-C_3H_5。这是一种共轭稳定的自由基，双键中的 π 电子与亚甲基官能团上的单电子形成 p-π 共轭，使得自由基上的电子被分散到三个碳原子上。R5.115 的逆反应可以吸收体系中的 H，是重要的链终止反应，对丙烯层流火焰传播速度的预测具有很高的敏感性。

$$C_3H_6 \, (+M) \Longrightarrow a\text{-}C_3H_5 + H \, (+M) \tag{R5.115}$$

鉴于 a-C_3H_5 在丙烯及大分子碳氢燃料燃烧中的重要地位，将重点介绍 a-C_3H_5 的相关反应，而丙烯自身参与的反应与乙烯类似，不再赘述。下面以 a-C_3H_5 和 HO_2 的反应为例，该反应在中低温条件下是 a-C_3H_5 消耗的主要路径，HO_2 在该条件下十分丰富。图 5.35 是反应势能面，其中实线和虚线分别表示单态和三态路径。在三态的势能面上，a-C_3H_5 提取 HO_2 中的 H 生成 C_3H_6 和 $^3O_2$。而在单态势能面上，a-C_3H_5 与 HO_2 主要发生加成反应，其能垒最低，生成 a-C_3H_5OOH（R5.116），该中间产物的化学性质比较活泼，O—O 键极易断裂生成 C_3H_5O 和 OH（R5.119）或脱水生成 C_2H_3CHO（R5.120）。a-C_3H_5 和 HO_2 也可以在单态势能面上发生氢提取反应生成 C_3H_6 和 $^1O_2$ 或 a-C_3H_4 和 H_2O_2，但这些反应的能垒较高，贡献较低。除此之外，a-C_3H_5 与 HO_2 可以直接跨越势能面上的势阱生成 C_3H_5O 和 OH（R5.117）或是 C_2H_3CHO 和 H_2O（R5.118），后者的贡献几乎可以忽略。图 5.36 比较了两个主要反应路径 R5.116 和 R5.117 在不同温度和压力下的分支比，可以看出在低温下 R5.116 占据优势，而随着温度升高 R5.117 的贡献增强并逐渐成为主导反应。随着压力的升高，二者之间的转变温度点也随之升高，这是因为 R5.116 为热活化反应，速率常数随着压力的升高而增加，而 R5.117 属于化学活化路径，呈现相反的趋势。除了发生氧化反应外，a-C_3H_5 还可与其他自由基或其自身碰撞发生链终止反应（如 R5.121 和 R5.122），这也是碳链增长的主要途径。

$$a\text{-}C_3H_5 + HO_2 \Longrightarrow a\text{-}C_3H_5OOH \tag{R5.116}$$

$$a\text{-}C_3H_5 + HO_2 \Longrightarrow C_3H_5O + OH \tag{R5.117}$$

$$a\text{-}C_3H_5 + HO_2 \Longrightarrow C_2H_3CHO + H_2O \tag{R5.118}$$

$$a\text{-}C_3H_5OOH \Longrightarrow C_3H_5O + OH \tag{R5.119}$$

$$a\text{-}C_3H_5OOH \Longrightarrow C_2H_3CHO + H_2O \tag{R5.120}$$

$$a\text{-}C_3H_5 + CH_3 \Longrightarrow 1\text{-}C_4H_8 \tag{R5.121}$$

$$a\text{-}C_3H_5 + a\text{-}C_3H_5 \Longrightarrow C_6H_{10} \tag{R5.122}$$

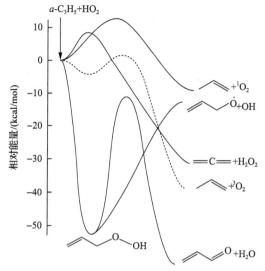

图 5.35　a-C₃H₅ 与 HO₂ 反应的势能面[58]

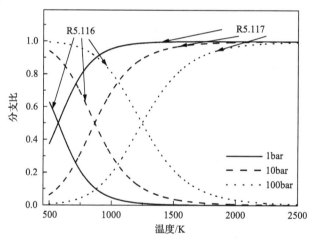

图 5.36　a-C₃H₅ 与 HO₂ 反应的分支比[59]

5.5.3　丙二烯和丙炔燃烧反应机理

在热解和高温条件下，a-C₃H₅易于发生 $β$-C—H 解离反应(R5.123)生成 a-C₃H₄，这是最简单的一种累积二烯烃(分子中两个双键连在同一个碳原子上)，化学性质比普通的烯烃更为活泼，极易发生异构化生成其异构体 p-C₃H₄，二者之间存在互变异构(R5.124 和 R5.125)。研究表明[60]，丙二烯火焰中 p-C₃H₄的生成量约是相同条件下丙炔火焰中 a-C₃H₄生成量的 4 倍，这是因为丙炔的热力学性质比丙二烯更稳定，R5.125 的正向反应速率比逆向更快，且二者不易达到平衡。

$$a\text{-}C_3H_5 \Longrightarrow a\text{-}C_3H_4 + H \tag{R5.123}$$

$$a\text{-}C_3H_4 \Longrightarrow p\text{-}C_3H_4 \tag{R5.124}$$

$$a\text{-}C_3H_4 + H \Longrightarrow p\text{-}C_3H_4 + H \tag{R5.125}$$

此外，丙二烯和丙炔还可发生氢提取反应（R5.126 和 R5.127）和加成消去反应（R5.128），这些反应与异构反应存在竞争关系。图 5.37 比较了 R5.125 的逆反应、R5.127 和 R5.128 在不同温度下的反应速率常数，在该温度条件下 R5.128 是丙炔与 H 反应的主要消耗路径。异构反应 R5.125 的反应速率随温度的变化不如其他两个反应明显，在各温度下均有一定的贡献。

$$a\text{-}C_3H_4 + H \Longrightarrow C_3H_3 + H_2 \tag{R5.126}$$

$$p\text{-}C_3H_4 + H \Longrightarrow C_3H_3 + H_2 \tag{R5.127}$$

$$p\text{-}C_3H_4 + H \Longrightarrow C_2H_2 + CH_3 \tag{R5.128}$$

在丙二烯和丙炔火焰中，发生氢提取反应 R5.126 和 R5.127 可以生成 C_3H_3，这是一种共轭稳定的自由基，C_3H_3 易于生成而不易消耗的特性使得其在火焰中能够大量聚集，增加了发生碰撞自复合反应的频率，C_3H_3 自复合反应也被认为是大多数脂肪族燃料燃烧时第一个芳香环的主导生成路径[61]。

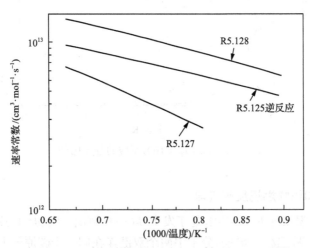

图 5.37　丙炔与 H 反应不同路径的反应速率常数[62]

5.5.4　丁烷燃烧反应机理

丁烷存在两种同分异构体，分别是直链的正丁烷和有甲基支链的异丁烷。其中，正丁烷与丙烷类似存在伯碳和仲碳两种形式的碳原子，而异丁烷由于支链的存在出现了叔碳(直接与三个碳原子相连)结构。作为最小的具有同分异构体结构的烷烃,丁烷也常被用作研究同分异构体效应的模型燃料。

与甲烷等烷烃类似,丁烷可以发生氢提取反应生成四种丁基自由基,正丁烷生成 $p\text{-}C_4H_9$ 和 $s\text{-}C_4H_9$,异丁烷生成 $i\text{-}C_4H_9$ 和 $t\text{-}C_4H_9$。图 5.38 对比了正丁烷和异丁烷由 H 进攻引发的氢提取反应(R5.129～R5.132)的速率常数[63]。在不考虑简并度的情况下,由于 R5.129 和 R5.131 夺取的 H 均为伯氢,这两个反应的速率常数基本相同。当夺取的 H 类型不同时,反应速率常数按照叔氢、仲氢和伯氢的顺序逐渐降低。该规律对长链烷烃具有普适性。生成的四种丁基自由基主要通过 β 解离反应进行后续消耗。

$$n\text{-}C_4H_{10} + H \Longrightarrow p\text{-}C_4H_9 + H_2 \qquad (\text{R5.129})$$

$$n\text{-}C_4H_{10} + H \Longrightarrow s\text{-}C_4H_9 + H_2 \qquad (\text{R5.130})$$

$$i\text{-}C_4H_{10} + H \Longrightarrow i\text{-}C_4H_9 + H_2 \qquad (\text{R5.131})$$

$$i\text{-}C_4H_{10} + H \Longrightarrow t\text{-}C_4H_9 + H_2 \qquad (\text{R5.132})$$

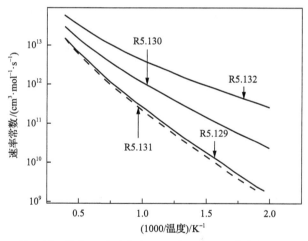

图 5.38   正丁烷和异丁烷与 H 发生氢提取反应的反应速率常数(不考虑简并度)[63]

正丁烷和异丁烷分子结构的不同导致二者在燃烧性质上的差异。图 5.39 比较了常温常压下正丁烷和异丁烷的层流火焰传播速度,在相同条件下正丁烷的层流火焰传播速度要快于异丁烷。这是因为,一方面,正丁烷燃烧会生成大量的 C_2H_4,继而生成较为活泼的 C_2H_3,而异丁烷则主要生成 C_3H_6,后续产物主要为共轭稳定的 $a\text{-}C_3H_5$;另一方面,正丁烷发生在仲碳位的氢提取反应(R5.130)和异丁烷于伯碳和叔碳位发生的氢提取反应(R5.131 和 R5.132)均对火焰传播表现为抑制作用，这是因为 $s\text{-}C_4H_9$、$i\text{-}C_4H_9$、$t\text{-}C_4H_9$ 后续生成的 C_3H_6 和 $i\text{-}C_4H_8$ 趋向于降低层流火焰传播速度。而对于 R5.129，C_2H_5 作为 $p\text{-}C_4H_9$ 的 $\beta\text{-}C{-}C$ 解离反应主要产物，主要通过 $\beta\text{-}C{-}H$ 解离生成 H，从而促进了正丁烷的层流火焰传播速度。同样发现，正丁烷的着火延迟时间要比异丁烷短。

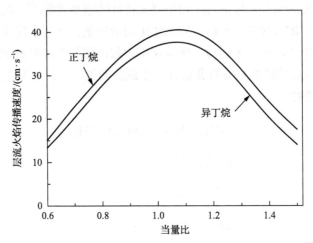

图 5.39　正丁烷和异丁烷在常温常压下的层流火焰传播速度[64]

在低温方面，由于正丁烷的碳链长度比丙烷更长，其生成的丁基过氧自由基更易于发生 1,5-氢迁移反应生成氢过氧丁基自由基，所以具有明显的负温度系数区。而异丁烷中甲基支链的存在导致氢迁移反应的贡献变低，低温氧化活性并不高。由此可以得到结论：相同碳原子数的直链烷烃比支链烷烃的低温活性高，这一规律同样适用于长链烷烃。

5.5.5　丁烯燃烧反应机理

丁烯存在三种同分异构体，分别是 1-丁烯、2-丁烯和异丁烯，其中，2-丁烯有顺式和反式两种构型，其结构式如图 5.40 所示。

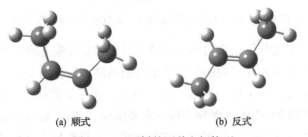

(a) 顺式　　　　　　　(b) 反式

图 5.40　2-丁烯的两种空间构型

丁烯的反应与丙烯类似，可以发生单分子分解反应、加成反应和氢提取反应。

1-丁烯的双键位于端位，容易发生 C—C 断键反应生成共轭稳定的 a-C$_3$H$_5$ 和 CH$_3$，而 2-丁烯和异丁烯发生 C—C 断键反应则生成 CH$_3$ 和 CH$_3$CHCH 或 CH$_3$ 和 CH$_3$CCH$_2$。丁烯的加成消去反应也能导致 C—C 键断裂，如 1-丁烯和 OH 的反应可以生成 CH$_3$CH$_2$CH$_2$ 和 CH$_2$O（R5.133）或 C$_2$H$_5$ 和 CH$_3$CHO，2-丁烯则生成 C$_2$H$_5$ 和 CH$_3$CHO（R5.134），异丁烯生成 CH$_3$CHCH$_3$ 和 CH$_2$O（R5.135）。对于氢提取反应而言，丁烯中烯丙基位的 C—H 键键能要比丁烷的仲碳位 C—H 键低约 10kcal/mol，因而更容易发生该位点的氢提取反应，生成共轭稳定的丁烯基，该反应对着火延迟时间和层流火焰传播速度均有一定的敏感性。

$$1\text{-}C_4H_8 + OH \Longrightarrow CH_3CH_2CH_2 + CH_2O \tag{R5.133}$$

$$2\text{-}C_4H_8 + OH \Longrightarrow C_2H_5 + CH_3CHO \tag{R5.134}$$

$$i\text{-}C_4H_8 + OH \Longrightarrow CH_3CHCH_3 + CH_2O \tag{R5.135}$$

同样，分子结构的不同使丁烯异构体的层流火焰传播速度存在差异。如图 5.41 所示，常温常压下层流火焰传播速度遵循异丁烯＜2-丁烯＜1-丁烯的规律，这与分子中烯丙基位点的数量密切相关。1-丁烯存在一个烯丙基位生成共轭的 C$_4$H$_7$1-3，该自由基后续发生 β 解离反应生成 1,3-C$_4$H$_6$ 和 H，继而发生链传递反应。对于 2-丁烯而言，其存在两个烯丙基位点可以生成 C$_4$H$_7$1-3，因而层流火焰传播速度低于 1-丁烯。同样，异丁烯也存在两个烯丙基位点生成共轭稳定的自由基，该自由基主要通过 β 解离反应生成 a-C$_3$H$_4$ 和 CH$_3$，进一步降低了活泼自由基的浓度，层流火焰传播速度最低。

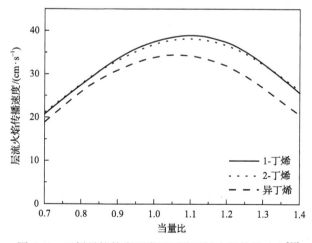

图 5.41 丁烯异构体常温常压下的层流火焰传播速度[65]

5.5.6　丁二烯燃烧反应机理

1,3-丁二烯是最简单的共轭双烯，四个碳原子经过 sp^2 杂化后与氢原子和碳原子通过 σ 键相连，此时每个碳原子还剩有一个 p 轨道，这些 p 轨道彼此间互相平行形成一个离域大 π 键。1,3-丁二烯分子发生了键长的平均化效应，即仲碳—仲碳键的键长要明显小于烷烃中 C—C 单键的键长。1,3-丁二烯与 1,2-丁二烯、2-丁炔可以互相发生异构反应(R5.136~R5.138)。与丙二烯和丙炔之间主要发生的异构反应 R5.125 不同，1,3-丁二烯与其他二烯或炔烃异构体发生的异构反应主要是没有 H 参与的热活化反应，其反应速率常数随着压力的升高而增加，而氢辅助异构反应(R5.139)则随着压力的升高反应速率常数呈现相反的趋势。

$$1,3\text{-}C_4H_6 \Longequal 1,2\text{-}C_4H_6 \qquad\qquad (R5.136)$$

$$1,3\text{-}C_4H_6 \Longequal 2\text{-}C_4H_6 \qquad\qquad (R5.137)$$

$$2\text{-}C_4H_6 \Longequal 1,2\text{-}C_4H_6 \qquad\qquad (R5.138)$$

$$1,3\text{-}C_4H_6 + H \Longequal 1,2\text{-}C_4H_6 + H \qquad\qquad (R5.139)$$

除了氢提取反应外，双键的存在使 1,3-丁二烯易于与其他自由基发生加成反应，包括 H、O、OH 和 HO_2 等。1,3-丁二烯与 H 的加成反应主要生成 C_2H_4 和 C_2H_3(R5.140)、$C_4H_71\text{-}3$(R5.141)和 $C_4H_71\text{-}4$(R5.142)，其中 R5.140 为化学活化路径，反应速率常数随着压力的生成呈现降低的趋势，而热活化反应 R5.141 和 5.142 的速率常数随压力的升高而增加。在低温下，R5.141 占主导，生成的共轭稳定的 $C_4H_71\text{-}3$ 能够抑制体系的活性；而在高温下 R5.140 更具优势，生成的 C_2H_4 和 C_2H_3 可以进一步反应生成活泼的 H，因而 R5.140 在层流火焰传播速度和高温着火延迟时间的预测上都较为敏感。

$$1,3\text{-}C_4H_6 + H \Longequal C_2H_4 + C_2H_3 \qquad\qquad (R5.140)$$

$$1,3\text{-}C_4H_6 + H \Longequal C_4H_71\text{-}3 \qquad\qquad (R5.141)$$

$$1,3\text{-}C_4H_6 + H \Longequal C_4H_71\text{-}4 \qquad\qquad (R5.142)$$

在高温条件下，1,3-丁二烯与 O 的加成反应同样十分重要，主要生成 C_2H_3 和 CH_2CHO(R5.143)及 CH_2O 和 $a\text{-}C_3H_4$(R5.144)。R5.143 生成的两个自由基很活泼，该反应有助于提高活性；而 R5.144 生成了两个稳定的组分，抑制了体系的活性，在温度高于 1000K 时具有极高的敏感性。在低于 1000K 下，1,3-丁二烯则主要与 OH 和 HO_2 发生加成反应。

$$1,3\text{-}C_4H_6 + O \Longrightarrow C_2H_3 + CH_2CHO \tag{R5.143}$$

$$1,3\text{-}C_4H_6 + O \Longrightarrow CH_2O + a\text{-}C_3H_4 \tag{R5.144}$$

5.6　基础燃料的燃烧反应规律

　　层流火焰传播速度是预混燃烧的重要宏观参数之一，在湍流燃烧和发动机设计中都具有重要意义。下面将运用本章介绍的燃烧反应动力学规律解释不同燃料在层流火焰传播速度上的差异。图 5.42 比较了四种烷烃在常温常压下的层流火焰传播速度，乙烷具有最大的层流火焰传播速度，丙烷和丁烷次之，而甲烷最小。对于这四种直链烷烃而言，R5.1 都是最关键的链分支反应，具有最高的敏感性。因而能够生成 R5.1 所需 H 的反应对其火焰传播具有促进作用，相反如果该反应消耗了 H 则与 R5.1 形成竞争态势，对火焰传播具有负敏感性。体系中自由基的生成情况一定程度代表了火焰传播的难易程度。甲烷燃烧时主要是通过氢提取反应进行后续的消耗，生成了大量的 CH_3，CH_3 的化学性质不如 H 活泼，因而火焰传播最慢。而乙烷燃烧主要发生氢提取反应生成 C_2H_5，C_2H_5 最主要的分解路径是发生 β-C—H 解离反应生成 C_2H_4 和 H(R5.79)，促进链分支反应 R5.1。在丙烷和正丁烷中，二者的 H 和 CH_3 的浓度基本相近，介于甲烷和乙烷之间。同样，四种直链烷烃的着火延迟时间也存在相同的趋势，即甲烷着火最慢，乙烷最快，丙烷和正丁烷介于二者之间。

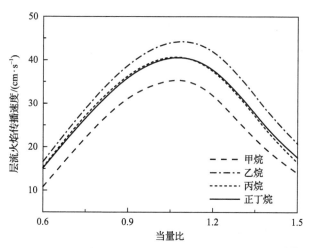

图 5.42　C_1～C_4烷烃常温常压下的层流火焰传播速度[64]

　　对于烯烃而言，分子中双键的存在使其燃烧反应规律与烷烃明显不同。图 5.43

比较了 $C_2 \sim C_4$ 烯烃在常温常压下的层流火焰传播速度。在相同条件下，乙烯的火焰传播明显快于 1-丁烯，1-丁烯略快于丙烯。乙烯、丙烯和 1-丁烯燃烧分别会生成 C_2H_3、a-C_3H_5 和 C_4H_71-3 自由基，其中，a-C_3H_5 和 C_4H_71-3 均是共轭稳定的自由基，化学活性低于 C_2H_3，主要消耗路径包括与其他自由基发生碰撞或自身的解离反应生成稳定产物，从而很大程度上降低了丙烯和 1-丁烯的反应活性。

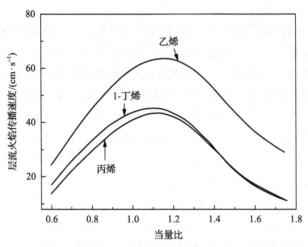

图 5.43 $C_2 \sim C_4$ 烯烃在常温常压下的层流火焰传播速度[64]

C_2 碳氢燃料包括乙烷、乙烯和乙炔三种，具有相同碳原子数、不同碳氢比和不同官能团，其燃烧性质存在很大的差异。以层流火焰传播速度为例，如图 5.44 所示，乙炔的火焰传播要明显高于其他两个 C_2 燃料，其中，乙烯又快于乙烷，其差异不仅仅受动力学的影响。化学反应速率对温度十分敏感，一般而言，温度越

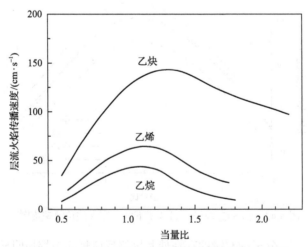

图 5.44 室温下 C_2 碳氢燃料的层流火焰传播速度[64]

高，反应速率越快，火焰传播也就越快。乙炔的绝热火焰温度最高，因而火焰传播也最快。此外，乙炔本身的化学性质也十分活泼，燃烧会生成大量的活泼自由基，如 H、HCO 和 CH_2 等，均可极大促进乙炔火焰的传播。乙烷的绝热火焰温度最低，因而火焰传播最慢。由此可见，三个 C_2 燃料层流火焰传播速度受到火焰温度和动力学的共同影响。

参 考 文 献

[1] White C M, Steeper R R, Lutz A E. The hydrogen-fueled internal combustion engine: A technical review[J]. International Journal of Hydrogen Energy, 2006, 31(10): 1292-1305.

[2] Reed R J. North American combustion handbook[M]. Scranton: North American Manufacturing Company, 2014.

[3] Nagy T, Valkó É, Sedyó I, et al. Uncertainty of the rate parameters of several important elementary reactions of the H_2 and syngas combustion systems[J]. Combustion and Flame, 2015, 162(5): 2059-2076.

[4] Michael J V, Sutherland J W. Rate constants for the reactions of hydrogen atom with water and hydroxyl with hydrogen by the flash photolysis-shock tube technique over the temperature range 1246-2297 K[J]. Journal of Physical Chemistry, 1988, 92(13): 3853-3857.

[5] Baulch D L, Cobos C J, Cox R A, et al. Evaluated kinetic data for combustion modeling[J]. Journal of Physical and Chemical Reference Data, 1992, 21(3): 411-734.

[6] Hong Z, Davidson D F, Barbour E A, et al. A new shock tube study of the $H + O_2 \rightarrow OH + O$ reaction rate using tunable diode laser absorption of H_2O near 2.5 μm[J]. Proceedings of the Combustion Institute, 2011, 33(1): 309-316.

[7] Hashemi H, Christensen J M, Gersen S, et al. Hydrogen oxidation at high pressure and intermediate temperatures: Experiments and kinetic modeling[J]. Proceedings of the Combustion Institute, 2015, 35(1): 553-560.

[8] Zhou D D Y, Han K, Zhang P, et al. Theoretical determination of the rate coefficient for the $HO_2 + HO_2 \rightarrow H_2O_2 + O_2$ reaction: Adiabatic treatment of anharmonic torsional effects[J]. Journal of Physical Chemistry A, 2012, 116(9): 2089-2100.

[9] Willbourn A H, Phil D, Hinshelwood C N. The mechanism of the hydrogen-oxygen reaction I. The third explosion limit[J]. Proceedings of the Royal Society of London. Series A. Mathematical and Physical Sciences, 1946, 185(1003): 353-369.

[10] Willbourn A H, Hinshelwood C N. The mechanism of the hydrogen-oxygen reaction II. The reaction occurring between the second and third explosion limits[J]. Proceedings of the Royal Society of London. Series A. Mathematical and Physical Sciences, 1946, 185(1003): 369-376.

[11] Hinshelwood C N, Askey P J, Hartley H B. The influence of hydrogen on two homogeneous reactions[J]. Proceedings of the Royal Society of London. Series A, Containing Papers of a Mathematical and Physical Character, 1927, 116(773): 163-170.

[12] Zel'dovich Y B. Chain reactions in hot flames - An approximate theory for flame velocity[J]. Kinetika i Kataliz, 1961, 11(3): 305-318.

[13] Zel'dovich Y B, Barenblatt G I, Librovich V B, et al. The mathematical theory of combustion and explosions[C]. Consultants Bureau. New York, 1985: 397-401.

[14] Sánchez A L, Williams F A. Recent advances in understanding of flammability characteristics of hydrogen[J]. Progress in Energy and Combustion Science, 2014, 41: 1-55.

[15] Burke M P, Chaos M, Ju Y, et al. Comprehensive H_2/O_2 kinetic model for high-pressure combustion[J]. International Journal of Chemical Kinetics, 2012, 44(7): 444-474.

[16] Chacartegui R, Sánchez D, Muñoz de Escalona J M, et al. SPHERA project: Assessing the use of syngas fuels in gas turbines and combined cycles from a global perspective[J]. Fuel Processing Technology, 2012, 103: 134-145.

[17] Tsang W, Hampson R F. Chemical kinetic data base for combustion chemistry. Part I. Methane and related compounds[J]. Journal of Physical and Chemical Reference Data, 1986, 15(3): 1087-1279.

[18] Joshi A V, Wang H. Master equation modeling of wide range temperature and pressure dependence of CO + OH→ products[J]. International Journal of Chemical Kinetics, 2006, 38(1): 57-73.

[19] You X, Wang H, Goos E, et al. Reaction kinetics of CO + HO_2 → products: Ab initio transition state theory study with master equation modeling[J]. Journal of Physical Chemistry A, 2007, 111(19): 4031-4042.

[20] Lee H C, Jiang L Y, Mohamad A A. A review on the laminar flame speed and ignition delay time of syngas mixtures[J]. International Journal of Hydrogen Energy, 2014, 39(2): 1105-1121.

[21] Lamoureux N, Paillard C E. Natural gas ignition delay times behind reflected shock waves: Application to modelling and safety[J]. Shock Waves, 2003, 13(1): 57-68.

[22] EIA. Energy information administration office of oil and gas[R]. Washington: U.S. Energy Information Administration, 1999.

[23] Jasper A W, Pelzer K M, Miller J A, et al. Predictive a priori pressure-dependent kinetics[J]. Science, 2014, 346(6214): 1212-1215.

[24] Jasper A W, Miller J A, Klippenstein S J. Collision efficiency of water in the unimolecular reaction CH_4 ($+H_2O$) ⇆ CH_3 + H ($+H_2O$): One-dimensional and two-dimensional solutions of the low-pressure-limit master equation[J]. Journal of Physical Chemistry A, 2013, 117(47): 12243-12255.

[25] Baulch D L, Bowman C T, Cobos C J, et al. Evaluated kinetic data for combustion modeling: Supplement II[J]. Journal of Physical and Chemical Reference Data, 2005, 34(3): 757-1397.

[26] Zhu R, Hsu C C, Lin M C. Ab initio study of the CH_3+O_2 reaction: Kinetics, mechanism and product branching probabilities[J]. Journal of Chemical Physics, 2001, 115(1): 195-203.

[27] Fockenberg C, Preses J M. Temperature dependence of the rate constant and product distribution of the reaction of CH_3 radicals with O(^{3}P) atoms[J]. Journal of Physical Chemistry A, 2002, 106(12): 2924-2930.

[28] Preses J M, Fockenberg C, Flynn G W. A measurement of the yield of carbon monoxide from the reaction of methyl radicals and oxygen atoms[J]. Journal of Physical Chemistry A, 2000, 104(29): 6758-6763.

[29] Fockenberg C, Hall G E, Preses J M, et al. Kinetics and product study of the reaction of CH_3 radicals with O(^{3}P) atoms using time resolved time-of-flight spectrometry[J]. Journal of Physical Chemistry A, 1999, 103(29): 5722-5731.

[30] Jasper A W, Klippenstein S J, Harding L B, et al. Kinetics of the reaction of methyl radical with hydroxyl radical and methanol decomposition[J]. Journal of Physical Chemistry A, 2007, 111(19): 3932-3950.

[31] Jasper A W, Klippenstein S J, Harding L B. Theoretical rate coefficients for the reaction of methyl radical with hydroperoxyl radical and for methylhydroperoxide decomposition[J]. Proceedings of the Combustion Institute, 2009, 32(1): 279-286.

[32] Metcalfe W K, Burke S M, Ahmed S S, et al. A hierarchical and comparative kinetic modeling study of $C_1 - C_2$ hydrocarbon and oxygenated fuels[J]. International Journal of Chemical Kinetics, 2013, 45(10): 638-675.

[33] Zhang X, Ye L, Li Y, et al. Acetaldehyde oxidation at low and intermediate temperatures: An experimental and kinetic modeling investigation[J]. Combustion and Flame, 2018, 191: 431-441.

[34] Versailles P, Watson G M G, Lipardi A C A, et al. Quantitative CH measurements in atmospheric-pressure, premixed flames of C₁–C₄ alkanes[J]. Combustion and Flame, 2016, 165: 109-124.

[35] Jin H, Frassoldati A, Wang Y, et al. Kinetic modeling study of benzene and PAH formation in laminar methane flames[J]. Combustion and Flame, 2015, 162(5): 1692-1711.

[36] Zhang X, Wang G, Zou J, et al. Investigation on the oxidation chemistry of methanol in laminar premixed flames[J]. Combustion and Flame, 2017, 180: 20-31.

[37] Xu S, Zhu R S, Lin M C. Ab initio study of the OH + CH₂O reaction: The effect of the OH··OCH₂ complex on the H-abstraction kinetics[J]. International Journal of Chemical Kinetics, 2006, 38(5): 322-326.

[38] Labbe N J, Sivaramakrishnan R, Goldsmith C F, et al. Weakly bound free radicals in combustion: "Prompt" dissociation of formyl radicals and its effect on laminar flame speeds[J]. Journal of Physical Chemistry Letters, 2016, 7(1): 85-89.

[39] Faßheber N, Friedrichs G, Marshall P, et al. Glyoxal oxidation mechanism: Implications for the reactions HCO + O₂ and OCHCHO + HO₂[J]. Journal of Physical Chemistry A, 2015, 119(28): 7305-7315.

[40] Bosschaart K J, De Goey L P H. The laminar burning velocity of flames propagating in mixtures of hydrocarbons and air measured with the heat flux method[J]. Combustion and Flame, 2004, 136(3): 261-269.

[41] Huang H, Spadaccini L, Sobel D. Endothermic heat-sink of jet fuels for scramjet cooling[C]. 38th AIAA/ASME/SAE/ASEE Joint Propulsion Conference & Exhibit. Indianapolis, Indiana, 2002.

[42] Hashemi H, Jacobsen J G, Rasmussen C T, et al. High-pressure oxidation of ethane[J]. Combustion and Flame, 2017, 182: 150-166.

[43] Klippenstein S J. From theoretical reaction dynamics to chemical modeling of combustion[J]. Proceedings of the Combustion Institute, 2017, 36(1): 77-111.

[44] Zádor J, Taatjes C A, Fernandes R X. Kinetics of elementary reactions in low-temperature autoignition chemistry[J]. Progress in Energy and Combustion Science, 2011, 37(4): 371-421.

[45] Senosiain J P, Klippenstein S J, Miller J A. Reaction of ethylene with hydroxyl radicals: A theoretical study[J]. Journal of Physical Chemistry A, 2006, 110(21): 6960-6970.

[46] Nguyen T L, Vereecken L, Hou X J, et al. Potential energy surfaces, product distributions and thermal rate coefficients of the reaction of O(^{3}P) with C₂H₄(X^1A_g): A comprehensive theoretical study[J]. Journal of Physical Chemistry A, 2005, 109(33): 7489-7499.

[47] Li X, Jasper A W, Zádor J, et al. Theoretical kinetics of O+ C₂H₄[J]. Proceedings of the Combustion Institute, 2017, 36(1): 219-227.

[48] Fu B, Han Y-C, Bowman J M, et al. Intersystem crossing and dynamics in O(^{3}P)+ C₂H₄ multichannel reaction: Experiment validates theory[J]. Proceedings of the National Academy of Sciences of the United States of America, 2012, 109(25): 9733-9738.

[49] Goldsmith C F, Harding L B, Georgievskii Y, et al. Temperature and pressure-dependent rate coefficients for the reaction of vinyl radical with molecular oxygen[J]. Journal of Physical Chemistry A, 2015, 119(28): 7766-7779.

[50] Senosiain J P, Klippenstein S J, Miller J A. The reaction of acetylene with hydroxyl radicals[J]. Journal of Physical Chemistry A, 2005, 109(27): 6045-6055.

[51] Leonori F, Balucani N, Capozza G, et al. Dynamics of the O(^{3}P)+ C₂H₂ reaction from crossed molecular beam experiments with soft electron ionization detection[J]. Physical Chemistry Chemical Physics, 2014, 16(21): 10008-10022.

[52] Nguyen T L, Vereecken L, Peeters J. Quantum chemical and theoretical kinetics study of the $O(^3P)$ + C_2H_2 reaction: A multistate process[J]. Journal of Physical Chemistry A, 2006, 110(21): 6696-6706.

[53] Nam P-C, Raghunath P, Huynh L K, et al. Ab initio chemical kinetics for the HCCO + H reaction[J]. Combustion Science and Technology, 2016, 188(7): 1095-1114.

[54] Klippenstein S J, Miller J A, Harding L B. Resolving the mystery of prompt CO_2: The HCCO+O_2 reaction[J]. Proceedings of the Combustion Institute, 2002, 29(1): 1209-1217.

[55] Xiong S, Yao Q, Li Z, et al. Reaction of ketenyl radical with hydroxyl radical over $C_2H_2O_2$ potential energy surface: A theoretical study[J]. Combustion and Flame, 2014, 161(4): 885-897.

[56] Saggese C, Sánchez N E, Frassoldati A, et al. Kinetic modeling study of polycyclic aromatic hydrocarbons and soot formation in acetylene pyrolysis[J]. Energy & Fuels, 2014, 28(2): 1489-1501.

[57] Goldsmith C F, Green W H, Klippenstein S J. Role of O_2 + QOOH in low-temperature ignition of propane. 1. Temperature and pressure dependent rate coefficients[J]. Journal of Physical Chemistry A, 2012, 116(13): 3325-3346.

[58] Goldsmith C F, Klippenstein S J, Green W H. Theoretical rate coefficients for allyl + HO_2 and allyloxy decomposition[J]. Proceedings of the Combustion Institute, 2011, 33(1): 273-282.

[59] Burke S M, Metcalfe W, Herbinet O, et al. An experimental and modeling study of propene oxidation. Part 1: Speciation measurements in jet-stirred and flow reactors[J]. Combustion and Flame, 2014, 161(11): 2765-2784.

[60] Hansen N, Miller J A, Westmoreland P R, et al. Isomer-specific combustion chemistry in allene and propyne flames[J]. Combustion and Flame, 2009, 156(11): 2153-2164.

[61] Miller J A, Klippenstein S J. The recombination of propargyl radicals and other reactions on a C_6H_6 potential[J]. Journal of Physical Chemistry A, 2003, 107(39): 7783-7799.

[62] Miller J A, Senosiain J P, Klippenstein S J, et al. Reactions over multiple, interconnected potential wells: Unimolecular and bimolecular reactions on a C_3H_5 potential[J]. Journal of Physical Chemistry A, 2008, 112(39): 9429-9438.

[63] Peukert S L, Sivaramakrishnan R, Michael J V. High temperature rate constants for H/D+n-C_4H_{10} and i-C_4H_{10}[J]. Proceedings of the Combustion Institute, 2015, 35(1): 171-179.

[64] Ranzi E, Frassoldati A, Grana R, et al. Hierarchical and comparative kinetic modeling of laminar flame speeds of hydrocarbon and oxygenated fuels[J]. Progress in Energy and Combustion Science, 2012, 38(4): 468-501.

[65] Zhao P, Yuan W, Sun H, et al. Laminar flame speeds, counterflow ignition, and kinetic modeling of the butene isomers[J]. Proceedings of the Combustion Institute, 2015, 35(1): 309-316.

第 6 章　大分子碳氢燃料反应机理

实际运输燃料主要是由成百上千种碳氢化合物组成，可分为烷烃、环烷烃和芳香烃等。本书中大分子碳氢燃料指 C_5 以上的碳氢燃料，而在有些文献中，大分子碳氢燃料也指运输燃料中 C_7 以上大分子组分。本章主要针对烷烃、环烷烃和芳香烃三类大分子燃料的燃烧反应动力学进行分析，系统总结三类燃料燃烧反应机理中的主要高温和低温反应类，并借助模型方法简要分析一些燃烧现象中蕴含的反应动力学机制。鉴于以上三类燃料是运输模型燃料的重要组分，本章还将对汽油、柴油和煤油运输模型燃料的构建方法进行介绍，以帮助了解实际运输模型燃料的燃烧反应动力学模型构建过程。

6.1　烷烃反应机理

烷烃是一种开链的饱和碳氢燃料，分子中的原子均以单键相连，分子式可统一用 C_nH_{2n+2} 表示，其中 n 为碳原子数。根据烷烃分子结构类型，可以简单分为直链烷烃和支链烷烃两种。对于直链烷烃而言，除甲烷和乙烷外的其他烷烃均只包含伯碳和仲碳两种类型的碳原子；支链烷烃则可能包含伯、仲、叔和季四种类型碳原子。在实际运输燃料和运输模型燃料中，直链烷烃和支链烷烃都是不可或缺的组分，对燃料的物理化学性质和燃烧特性影响巨大。就实际运输燃料而言，烷烃在汽油中的浓度比例可达 35%～78%，在柴油中比例为 25%～50%，在航空煤油中的浓度比例则为 50%～65%。在运输模型燃料中，直链烷烃和支链烷烃也都占有比较高的比重，特别是支链烷烃在汽油模型燃料中浓度比例高达 40%[1]，远高于其他组分，而直链烷烃则在柴油和航空煤油中的占比较大，约为 30%。

鉴于直链烷烃和支链烷烃在实际运输燃料和运输模型燃料中的重要性，同时可作为研究其他不同类型燃料的基础，前人对烷烃开展了大量的实验和理论研究，并在此基础上总结了烷烃燃料的主要高温和低温反应类。图 6.1 为烷烃的典型反应路径，包括了低温和高温两种类型。可以明显看出，与高温反应相比，低温反应的种类更多，也更为复杂。下面将就烷烃的主要高温反应类和低温反应类分别进行介绍。

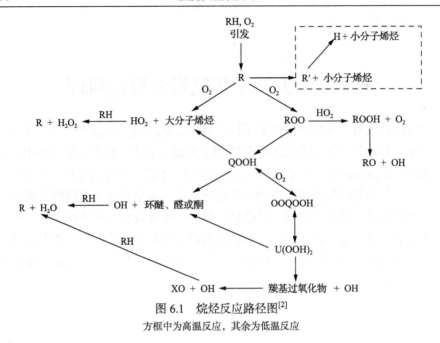

图 6.1　烷烃反应路径图[2]

方框中为高温反应，其余为低温反应

6.1.1　烷烃主要高温反应类

1. 烷烃的单分子分解反应

烷烃的单分子分解反应主要包括单分子的 C—C 断键和 C—H 断键反应，通过断键反应会生成两种烷基自由基或是一种烷基自由基与 H。在热解和燃烧条件下，此类反应提供了后续反应所需的自由基，被看作是烷烃的链引发反应。一般而言，C—H 键能要大于 C—C 键能，例如正庚烷中 C—C 键能为 86.3～88kcal/mol[3]，而 C—H 键能则高达 99kcal/mol[3]，因而 C—C 断键反应往往在烷烃的分解中占据着更大的优势。相反，C—H 断键反应则主要以逆反应的形式作为 H 重要的"吸收剂"存在于燃烧反应体系中。相比于氢提取反应，C—C 断键和 C—H 断键反应通常具有较高的键解离能，一般在高温（>900K）条件下方才凸显其重要性。

2. 烷烃的氢提取反应

氢提取反应是指 H、O、OH、CH_3、HO_2 和氧气等夺取烷烃上的氢原子生成相应的烷基自由基和小分子的反应。此类反应的速率常数与自由基、小分子的种类和被提取的氢原子类型密切相关。通常而言，伯碳上的氢原子具有最高的 C—H 键能，因而最不易被夺取；而叔碳上的 C—H 键能最弱，更易被夺取。但这并不意味着反应速率常数的大小完全遵循叔碳＞仲碳＞伯碳的顺序，氢提取反应的速率常数还会受到空间位阻和简并度等影响。

图 6.2 对比了不同自由基进攻引发的氢提取反应的速率常数，H、OH 和 O 引发的氢提取反应的速率常数最高，CH_3 和 HO_2 的氢提取反应的速率常数要低至少两个数量级，因此，OH 和 H 引发的氢提取反应在燃烧条件下非常重要。相比 OH 和 H，O 浓度较低，对烷烃消耗的贡献度也随之降低。相比 H 和 OH，HO_2 进攻燃料的氢提取反应虽然速率常数较低，但 HO_2 在中低温和高压条件下较活泼的 H 和 OH 具有更高的浓度，因此 HO_2 进攻燃料的氢提取反应在这种特殊条件下也同样非常重要。此外，HO_2 反应生成的 H_2O_2 可继续分解为两个 OH，从而加速反应进程。

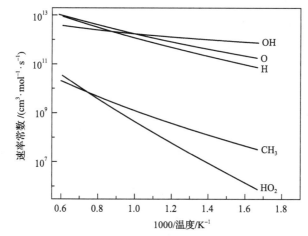

图 6.2　不同自由基进攻仲碳引发的氢提取反应的速率常数对比[4]

3. 烷基自由基的解离反应

烷烃的单分子分解反应和氢提取反应生成的烷基自由基可发生 β-C—C 和 β-C—H 解离反应，生成烯烃、更短碳链的烷基自由基和 H。由此生成的烷基自由基会依照该反应类往下逐级分解，生成新的烯烃和烷基自由基。与烷烃的单分子反应类似，β-C—C 解离反应的活化能也远低于 β-C—H 解离反应。这些解离反应的能垒通常较高，在相对较高的温度下（>850K）会比较重要。

4. 烷基自由基的异构反应

烷基自由基的异构反应与解离反应互为竞争，由于该反应类过渡态的能垒较解离反应更低，异构反应通常在较低温度条件下更为重要。烷基自由基的异构反应主要是指氢原子在自由基内部的迁移过程，该过程需要经过一个环状的过渡态。该类反应的速率常数主要依赖于形成环状过渡态的环张力和发生氢迁移的氢原子的类型。一般而言，当形成的环状过渡态小于五元环时环张力很大，稳定性较差，反应能垒增加；而大于七元环时分子的自由转动大大受到限制，从而导致反应熵变减小。通常情况下能够形成五、六和七元环的过渡态的异构反应更为重要。

5. 烷基自由基加氧气生成烯烃和 HO_2

烷基自由基与氧气的反应涉及很多反应路径，如可以发生化学活化反应，生成烯烃和 HO_2。由于反应开始便具有很高的能量，可以直接翻越能垒生成产物，这类反应一般在中高温的条件下比较重要，与热活化路径存在竞争关系。

6. 自由基进攻烯烃的氢提取反应

烯烃是烷烃燃烧过程中所生成的重要中间产物，对烷烃的燃烧性质具有重要影响，因此，将烯烃反应类的介绍融入烷烃中，而不单列一节。在第 5 章 $C_0 \sim C_4$ 基础燃料机理部分对小分子烯烃的关键反应进行了详细的介绍，且烯烃与烷烃在反应类上也存在一定的相似性，本节将着重关注双键的引入对反应类的影响，以及大分子烯烃所具有的普适性反应规律。

烯烃与自由基发生的氢提取反应与烷烃类似，不同的是，由于烯烃中双键的存在，发生氢提取反应后，除 C_2H_4 外均会生成一个与 a-C_3H_5 结构类似的共轭

烯丙基位

图 6.3　3-庚烯发生氢提取反应的位点

稳定自由基(图 6.3)。由于该结构的相对稳定性，烯丙基位的氢提取反应的焓要比烷基位低 15kcal/mol 左右[5]，但是共轭稳定的结构也限制了分子的转动，从而导致活化熵的降低，使此类反应的指前因子要比相应的烷烃小约 1 个数量级左右。

7. 自由基加成到烯烃的反应

烯烃中不饱和双键的存在决定了烯烃可以发生自由基的加成反应，如 H、CH_3、O 和 OH 等。在 5.4.2 节曾详细介绍了乙烯与 O 和 OH 的反应，大分子烯烃具有类似的反应，这里不再赘述。需要注意的是，此类反应与自由基进攻烯烃的氢提取反应存在竞争关系。

8. 烯烃的逆烯反应

逆烯反应，即烯烃分解反应，是烯烃所具有的一类不同于烷烃的特殊反应，图 6.4 展示了烯烃分解反应的过程，即经历了一个六元环状的过渡态，在发生 1,5-氢迁移的同时伴随着键的断裂，从而生成两个烯烃，属于周环反应。该反应易于在高温下发生，而在高压下倾向于发生烯烃分解的逆反应，即两个烯烃也可以生成一个烯烃。

图 6.4　烯烃的逆烯反应[6]

6.1.2　烷烃主要中低温反应类

1. 一次加氧反应

烷烃发生低温氧化反应的第一步是烷基自由基 R 与氧气发生加成反应，该反应类可以用 R+O$_2$══ROO 表示，如图 6.5 所示，是低温氧化反应进程中关键的一步。对于每一种烷烃而言，都可以生成相应的烷基过氧自由基 ROO。图 6.5 简要展示了 R 与氧气的反应势能面，包括前面提到的直接生成烯烃和 HO$_2$ 的化学活化路径，该反应与热活化路径、烷基自由基与氧气加成生成烷基过氧自由基的路径存在竞争关系。

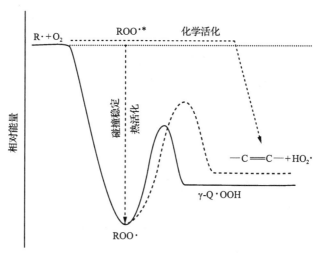

图 6.5　烷基自由基与氧气发生一次加氧反应的势能面

ROO 随后发生异构反应，该反应类可以用 ROO══QOOH 表示。这是烷烃发生低温氧化反应的第二步，也是最为关键的一步，可以提供后续反应所需的关键自由基。该反应经历了一个分子内的氢迁移过程，与烷烃的异构反应类似，该类反应的速率常数同样依赖于发生迁移的氢原子种类及形成环状过渡态的环张力。一般而言，氢原子所在的碳级数越大，异构反应的活化能越低，反应越容易发生。综合考虑成环的能垒和自由转子的数量，通常情况下形成五、六和七元环的过渡态的异构反应更为重要。

ROO 还可以发生协同消去反应，如图 6.5 中虚线曲线所示，生成烯烃和 HO$_2$，

是中低温下 HO_2 和大分子烯烃的主要生成来源。该反应类可以用 ROO══烯烃 $+HO_2$ 表示，反应历程经过了一个五元环的环状过渡态，在 C—O 键解离的同时，带走了邻位碳原子上的氢原子。该反应生成 HO_2，与 ROO 的异构反应是一对竞争反应，因此该反应的发生倾向降低反应体系的低温活性。

除了单分子的反应，ROO 还可以发生双分子反应，反应类包括 ROO+R══RO+RO、ROO$+HO_2$══ROOH$+O_2$、ROO$+H_2O_2$══ROOH$+HO_2$、ROO$+CH_3OO$══RO$+CH_3O+O_2$、ROO+ROO══RO+RO$+O_2$。其中反应 ROO$+H_2O_2$══ROOH$+HO_2$ 将 H_2O_2 转化为 ROOH，一般而言 ROOH 的分解温度要低于 H_2O_2，因此该反应在低温下会增强反应的整体活性。

ROO 异构生成的 QOOH 的后续分解反应可以用 QOOH══环醚+OH、QOOH══烯烃$+HO_2$ 和 QOOH══烯烃+醛+OH 表示。在三类反应中，比较重要的是 QOOH 发生 O—O 键的解离生成环醚和 OH 的反应，这也是后续链分支反应的重要竞争路径。一般认为该反应经历了一个环状的过渡态，并认为该反应速率常数只与生成的环醚的环大小有关。若是 QOOH 的自由基位点在 OOH 官能团的 β 位，除了成环的反应路径，还可发生 C—O 键的解离反应生成烯烃和 HO_2。若是 QOOH 是 ROO 经六元环过渡态生成的，可生成烯烃、醛类和 OH 的 β 解离反应。

在烷烃的低温氧化反应中，QOOH 的分解会生成很多环醚。由于在低温下 OH 和 HO_2 相对重要，一般情况下主要考虑 OH 和 HO_2 进攻环醚引发的氢提取反应。

2. 二次加氧反应

除了解离反应外，QOOH 和氧气发生进一步的加成反应，可以用 O_2+QOOH══OOQOOH 表示，是低温氧化反应的第三个关键步。一般认为该反应的速率常数与 QOOH 所在的碳原子的种类有关。

生成的 OOQOOH 后续主要发生自由基内部的氢迁移反应。OOQOOH 提取与—OOH 官能团相连的碳上的氢原子，如图 6.6 所示。由于发生迁移的氢原子所在的碳原子同时连接了—OOH 官能团，该 C—H 键相比于普通的 C—H 键被减弱，也更容易被提取。在这种情况下，反应的活化能通常会降低 3kcal/mol 左右。该反应生成的自由基不稳定，会快速发生分解，可以用 OOQOOH══羰基过氧化物+OH 表示，是低温氧化反应的第四个关键步。

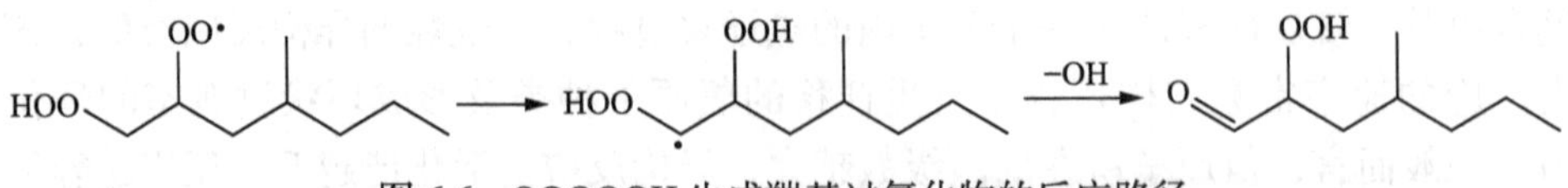

图 6.6　OOQOOH 生成羰基过氧化物的反应路径

除此之外，OOQOOH 也可以提取其他位点的氢原子发生氢转移异构反应，可以用 OOQOOH══U$(OOH)_2$ 表示。这类反应是上面提到的 OOQOOH 生成羰基过氧化物的竞争路径。在一些情况下，OOQOOH 只能异构化为 U(OOH)₂，比如对于支链分子而言，与—OOH 官能团相连的碳上并没有氢原子，因而无法继续发生反应生成羰基过氧化物和 OH，如图 6.7 所示。U(OOH)₂ 后续分解生成环醚和 OH 或是烯烃和 HO₂ 等，可以用反应 U(OOH)₂══环醚+OH、U(OOH)₂══烯烃+HO₂ 表示。

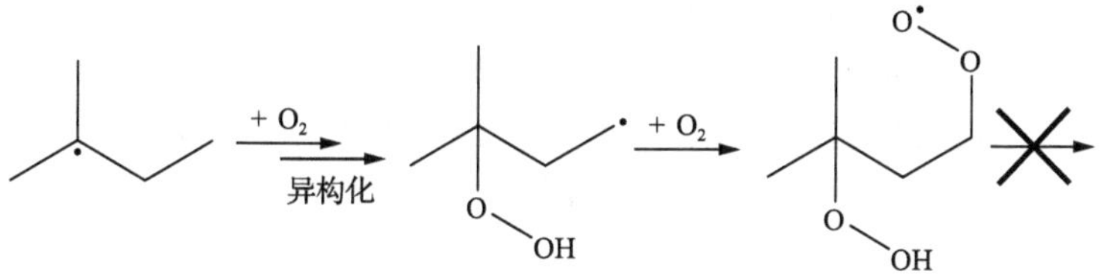

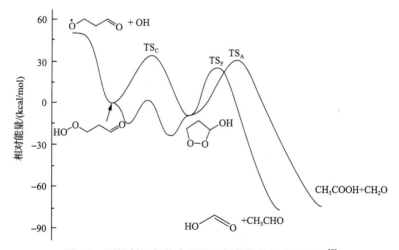

图 6.7　异戊烷基无法生成羰基过氧化物

羰基过氧化物的 O—O 键很弱（～40kcal/mol），极易断裂。一般认为羰基过氧化物发生 O—O 键断键脱 OH 的链分支反应，如图 6.8 所示，该反应将一个稳定组分转化为两个自由基：OH 和烷氧自由基，是低温氧化链分支过程的最后一步。最近的理论计算[7]发现，羰基过氧化物的 Korcek 机理，在气相反应中也可以发生，此时羰基过氧化物会经过一个五元环过渡态，将过氧基上的 OH 加成到 C══O 官能团上，再发生 O—O 键的断裂进一步生成酸和醛酮，该反应与直接脱 OH 的链分支反应构成竞争，会削弱链分支反应的贡献，从而降低研究体系的低温活性。

图 6.8　丙烷低温氧化中羰基过氧化物的反应势能面[7]

3. 三次加氧反应

除了上面提到的目前比较公认的一次加氧和二次加氧反应外，随着对燃料低温特性的持续关注，更多的低温反应类被相继提出，如三次加氧反应类[8]。Wang 等[8,9]利用同步辐射真空紫外光电质谱技术研究了正庚烷在射流搅拌反应器的氧化反应，检测到了 $C_7H_{14}O_x$ ($x=0\sim5$)、$C_7H_{12}O_x$ ($x=0\sim4$) 和 $C_7H_{10}O_x$ ($x=0\sim4$) 组分。通过上面反应类的介绍，烷烃经过二次加氧反应之后只能生成含有三个氧原子的羰基过氧化物，但 Wang 等在实验中检测到一些高氧数的低温组分，如 $C_7H_{14}O_4$ 和 $C_7H_{14}O_5$ 等，并由此猜想可能继续发生三次加氧反应，对传统的低温氧化路径进行了拓展，如图 6.9 所示。生成的 $U(OOH)_2$ 会继续与氧气发生加成反应生成 $OOU(OOH)_2$，后者同样可以发生氢迁移脱 OH 的反应，生成带两个—OOH 官能团的羰基过氧化物或环醚过氧化物，或是脱 HO_2 生成两个—OOH 官能团的烯烃。模拟结果表明三次加氧反应的加入能够促进体系的低温氧化活性[10]。

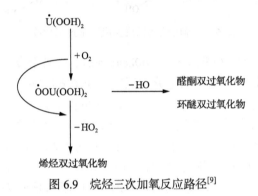

图 6.9　烷烃三次加氧反应路径[9]

6.1.3　烷烃燃烧反应规律

1. 中低温反应动力学

温度是影响燃烧化学反应的重要因素之一，在不同的温度条件下，燃烧体系的控制反应不同，燃烧行为也不同。图 6.10(a) 展示了正庚烷在射流搅拌反应器的氧化实验中的分解行为，正庚烷的分解过程随着温度的升高呈现出先分解，后减缓至初始浓度，而后又加速分解的过程，这些都与燃烧反应受到温度的影响有关。下面以正庚烷为例，利用 6.1.1 节和 6.1.2 节介绍的高温和低温反应类对烷烃燃烧行为进行解释。

如图 6.10(a) 所示，在温区为 $500\sim625K$ 时，正庚烷浓度呈下降趋势，此时主要反应为正庚烷与 OH 发生氢提取反应，生成正庚烷自由基 R，R 与氧气发生一次加氧反应生成 ROO，该自由基发生内部氢迁移生成 QOOH。QOOH 继续发生二次加氧生成 OOQOOH，该自由基继续发生内部氢迁移，提取和—OOH 官能团相邻碳上的氢原子，同时脱 OH，生成羰基过氧化物。该羰基过氧化物会继续分解生成烷氧基自由基和 OH。在此过程中，正庚烷由最初消耗了一个 OH，却通过两次的加氧反应最终生成两个 OH，实现了 OH 的增殖，从而促进了正庚烷的消耗。其中，过氧化物的分解是主要的链分支反应，也是烷烃自燃的原因。

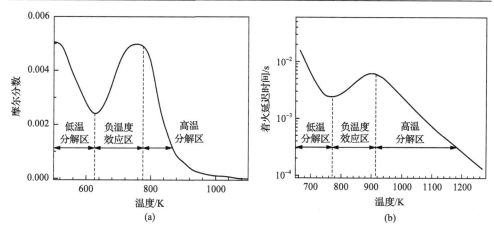

图 6.10 正庚烷(a)射流搅拌反应器氧化和(b)压力为 13.5bar、当量比为 1 下的着火延迟时间

当温度升高进入为 625～775K 的区间，正庚烷进入负温度系数区，即随着温度的升高分解率逐渐降低直至为零。这是因为，温度升高有利于 ROO 通过协同消去反应生成烯烃和 HO_2，而异构生成 QOOH 的反应则被抑制，反应生成的 HO_2 进一步发生自复合反应，生成 H_2O_2 和 O_2，发生链中止反应。此外，ROO 异构化反应所生成的 QOOH 在温度较高的条件下倾向分解生成环醚，而其竞争反应二次加氧生成 OOQOOH 的路径则被抑制。由于这两方面关键因素的影响，在此温度区间内正庚烷的低温链分支反应被抑制，低温反应活性随着温度的升高逐渐减弱，呈现出负温度系数区。

在温区为 775～1100K 下，正庚烷进入高温分解区。此时，一方面 H_2O_2 具有足够的能量发生分解，生成两个 OH，实现 OH 的增殖；另一方面，R 可以进行解离发生高温反应生成 H，促使 $H+O_2 \Longrightarrow O+OH$ 成为新的链分支反应。

烷烃的着火特性与烷烃本身的燃烧反应动力学密切相关。图 6.10(b)展示了正庚烷和空气混合物的着火延迟时间，可以看出，高温下和低温下的着火延迟与温度成较好的线性关系，这是因为高温和低温下主导的反应路径相对简单；而中温区则呈现复杂的负温度系数区行为，主要是不同反应之间互相竞争导致的。此外，碳链长度对于着火延迟时间也有影响。图 6.11 对比了八种 C_4～C_{16} 直链烷烃的着火延迟时间模拟值，可以看出，随着碳链长度的增加，着火延迟时间相应变短，正丁烷到正庚烷具有较大的差异性，特别是在温度小于 1000K 下更为明显；而从正庚烷开始更长的直链烷烃则体现出相似性。

2. 支链结构的影响

对于具有不同支链结构的烷烃，其燃烧反应动力学性质则具有较大的不同，以下将从着火延迟时间和层流火焰传播速度这两个宏观燃烧参数来进行对比分

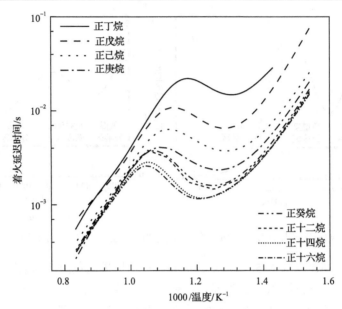

图 6.11　八种直链烷烃/空气混合物在当量比为 1、
压力为 13.5bar 下的着火延迟时间的模拟值[11]

析，并讨论与描述燃料着火特性的辛烷值和十六烷值的关系。燃料的着火特性一般用辛烷值和十六烷值来衡量，分别用于衡量汽油和柴油的燃烧特性。目前测量汽油辛烷值的方法很多，比较常用的是研究法辛烷值（research octane number，RON），该方法规定正庚烷和异辛烷的辛烷值分别为 0 和 100。测量燃料辛烷值的方法通常为选择不同混合比例的正庚烷和异辛烷的混合燃料，测量该混合燃料和目标燃料的辛烷值，当两者相近时，根据已知比例的正庚烷和异辛烷混合燃料的辛烷值推测出目标燃料的辛烷值。同样的方法适用于十六烷值的测量，自燃性能较好的正十六烷的十六烷值定义为 100，七甲基壬烷因着火延迟时间较长，自燃性能较差，定义其十六烷值为 15。因此，燃料的辛烷值越低，对应的十六烷值也越高，即反应活性越强。

　　图 6.12 对比了四种庚烷异构体在 15bar 下的着火延迟时间[12]，其着火延迟时间满足正庚烷<3-甲基己烷<2,4-二甲基戊烷<2,2,3-三甲基丁烷。可以看出，随着支链结构的增加，着火延迟时间呈现增加的趋势，与此同时，辛烷值也随之增加。这是因为，一方面支链结构增加导致了更多的叔碳位点，叔碳自由基的稳定性高于伯碳和仲碳，其一次加氧反应 $R+O_2 \Longrightarrow ROO$ 的平衡常数小，反应容易向逆反应方向发生；另一方面，综合考虑焓变和熵的影响，由于六元环的环张力较小且具有较多自由度，异构反应多发生在能形成六元环的碳位点，而支链结构增加会阻碍 ROO 异构化生成 QOOH 的反应，从而减弱了链分支反应，降低了活性。

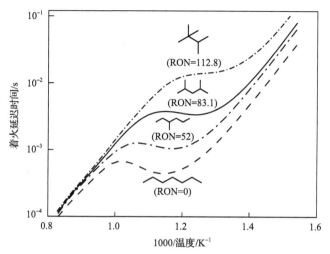

图 6.12 四种庚烷异构体的着火延迟时间对比[12]

模拟的压力为 15bar，当量比为 1

支链化程度的增加会提高燃料的辛烷值，降低十六烷值，即支链结构增加了燃料的着火延迟时间，因此常常使用支链烃来提升混合燃料的抗爆震性，在运输模型燃料的构建过程中，辛烷值和十六烷值是必须考虑的重要指标，如汽油的参比燃料(primary reference fuel，PRF)是由正庚烷和异辛烷组成的。有时在汽油机中会出现经火花塞点火后，混合气体发生自燃而不遵循正常的火焰传播过程，从而导致燃烧过程不可控制，同时放热速度迅速增加，压力改变呈现阶跃式上升，冲击波反复撞击气缸，发动机因此发出高频率的金属敲击声，即发生了爆震现象。爆震会导致发动机工作情况变差，严重时会损坏发动机零件。燃料的自燃特性或抗爆震性与燃料的燃烧化学直接相关，如燃料自由基的一次加氧和二次加氧等典型的低温反应。

对于层流火焰传播速度而言，Ji 等[13-15]利用对冲火焰对五种辛烷异构体的层流火焰传播速度进行了实验测量，见图 6.13。可以看出，五种辛烷异构体的层流火焰传播速度最大值对应的当量比相同，约为 1.05，其层流火焰传播速度表现为正辛烷＞2-甲基庚烷≈3-甲基庚烷＞2,5-二甲基己烷＞异辛烷，即随着支链化程度的增加，层流火焰传播速度呈现减小的趋势。此外，2-甲基庚烷和 3-甲基庚烷的层流火焰传播速度较为接近，说明支链甲基的位置对于这两种辛烷的层流火焰传播速度影响较小。Ji 等[13]利用敏感性分析得出辛烷的层流火焰传播速度对于 $C_0 \sim C_4$ 小分子反应具有很强的敏感性，通过进一步分析得出，这五种辛烷异构体的层流火焰传播速度的差异主要是因为火焰中 C_2H_3、C_3H_6、$a\text{-}C_3H_5$ 和 $i\text{-}C_4H_8$ 的浓度差异。例如在辛烷异构体中，正辛烷的层流火焰传播速度最大，C_2H_3 浓度最高，而 C_3H_6、$a\text{-}C_3H_5$ 和 $i\text{-}C_4H_8$ 的浓度最低。

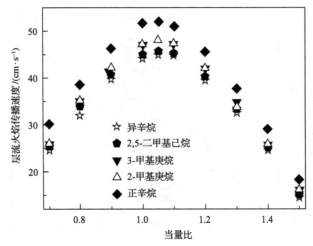

图 6.13　五种辛烷异构体的层流火焰传播速度测量值[13]

压力为 1bar，温度为 353K

6.2　环烷烃反应机理

　　环烷烃，如单环烷烃及多环烷烃，是传统化石燃料的重要组成部分(约 10%～30%)[1]。该类化合物在非传统化石燃料，如页岩油提取的柴油[16]及基于煤合成的航空煤油[17]中有更高的含量。和常规化石燃料相比，这些非传统化石燃料中高含量的环烷烃影响发动机的点火特性和污染物排放[16]。另外，环烷烃燃料具有高能量密度、高体积密度和低凝固点等特点，是航空煤油中的重要组分[18]，比如我国的商用航空煤油中，包含了约 40%质量分数的环烷烃[19]。而且，环烷烃是重要的吸热碳氢燃料，比如环己烷、甲基环己烷、十氢萘等的催化脱氢能提供超高声速飞行器所需的热沉[20]。

　　环烷烃在实际燃料和模型燃料中的重要性，以及由于特殊环结构产生的特有化学反应路径和燃烧特性，使环烷烃成为燃烧反应动力学研究的重要领域。本节内容主要介绍环烷烃的化学特性、分解反应机理、环烷烃自由基的反应机理，并探讨环烷烃和烷烃燃烧特性的异同。

6.2.1　环烷烃化学特性

　　和烷烃相比，环烷烃燃料的一个显著特点是具有较高的体积密度，是重要的高能量密度液体碳氢燃料。这主要是由于环烷烃的结构紧凑，在同等质量下具有更小的体积。图 6.14 所示为几种典型的烷烃、单环及多环烷烃的结构和密度。可以看出，对于含有相同碳数的化合物，随着环数的增加，燃料的密度在逐渐增加。七环十四烷具有最高的体积密度，是潜在的火箭推进剂。

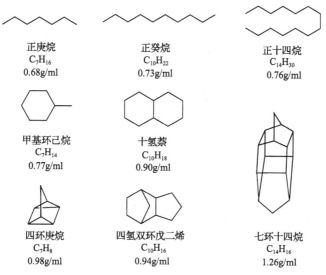

正庚烷
C₇H₁₆
0.68g/ml

正癸烷
C₁₀H₂₂
0.73g/ml

正十四烷
C₁₄H₃₀
0.76g/ml

甲基环己烷
C₇H₁₄
0.77g/ml

十氢萘
C₁₀H₁₈
0.90g/ml

四环庚烷
C₇H₈
0.98g/ml

四氢双环戊二烯
C₁₀H₁₆
0.94g/ml

七环十四烷
C₁₄H₁₆
1.26g/ml

图 6.14　几种典型烷烃、单环烷烃及多环烷烃的结构和密度

除了密度外，影响环烷烃能量密度的另一个化学特性是环张力的大小，该参数决定环烷烃的稳定性。表 6.1 所示为环烷烃的燃烧热和环张力比较。燃烧热的大小反映化合物内能的高低。每个环烷烃可以划分为若干 CH_2 单元，如环丙烷包含 3 个 CH_2 单元，环丙烷燃烧热的三分之一对应环丙烷中每个 CH_2 单元燃烧热的大小。表 6.1 最后一行为直链烷烃中每个 CH_2 单元燃烧热的大小。从表中的比较可以看出，环丙烷和环丁烷中每一个 CH_2 单元释放的燃烧热(166.7 和 164.0kcal/mol)大于直链烷烃中 CH_2 单元的燃烧热(157.5kcal/mol)，说明这两个分子的内能较高，

表 6.1　环烷烃的燃烧热和环张力[21]

名称	环大小	单位 CH_2 的燃烧热/(kcal/mol)	环张力/(kcal/mol)
环丙烷	3	166.7	27.5
环丁烷	4	164.0	26.3
环戊烷	5	158.6	6.45
环己烷	6	157.4	0
环庚烷	7	158.3	6.45
环辛烷	8	158.6	10.0
环壬烷	9	158.8	12.9
环癸烷	10	158.6	12.0
环十四烷	14	157.4	0
环十五烷	15	157.5	1.43
正烷烃	—	157.5	—

环张力较大，稳定性差。环戊烷、环己烷直到环十四烷中每个 CH_2 单元的燃烧热和直链烷烃中 CH_2 单元的燃烧热很接近，说明这些中级环和大环的环张力较小，而需要特别指出的是，环己烷的所有键角都近似为正四面体键角，而且所有相邻碳上的氢都处于邻位交叉，所以不存在环张力。对于环庚烷、环辛烷、环壬烷和环癸烷，分子内氢原子的分布较为密集，使分子内排斥力变大，和环己烷相比，环张力略高[21]。环丙烷和环丁烷较高的环张力表明，分子中这些结构的存在会提高化合物的能量密度，比如图 6.14 中的四环庚烷。

　　和烷烃相比，环烷烃中环上 C—C 键的自由转动受到限制，使支链环烷烃出现顺反异构现象的可能，比如顺-1,3-二甲基环己烷和反-1,3-二甲基环己烷。另外，尽管环上 C—C 键的自由转动受到限制，但 C—C 键可以在保持环状结构的范围内转动，使环烷烃存在不同的构象。由于自然界中六元环结构的存在最为普遍，这里简要分析环己烷、支链环己烷和双环化合物十氢萘的构象。

　　环己烷的构象有椅式、船式、扭船式和半船式四种结构。如图 6.15 所示，该分子最稳定的构象是椅式结构 (0kcal/mol)，半船式 (10kcal/mol) 是扭船式 (5.5kcal/mol)-椅式间的过渡态，而船式 (6.5kcal/mol) 是扭船式构象间的过渡态[22]。这些构象的分布受到温度的影响，比如室温下 99.99% 的环己烷是以椅式存在的，但在 800℃时扭船式构象的比例可以增至 30%。

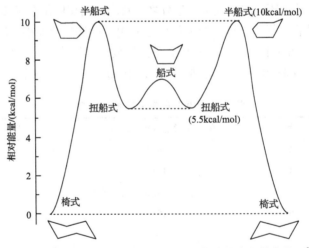

图 6.15　环己烷椅式、船式、半船式、扭船式构象变换势能面[22]

　　对于单支链的环己烷衍生物，可以有两个椅式构象，即支链在平伏键或垂直键位置。对于支链在垂直键位置的构象，支链和相邻的 C—H 键之间存在较大的排斥力，而当支链位于平伏键位置时，支链和相邻的 C—H 键之间的相互作用减弱，稳定性增强。图 6.16 所示为量子化学计算优化得到的甲基环己烷和乙基环己烷的最稳定结构，如前所述，这两个分子都具有椅式结构，而且甲基支链和乙基支链在平伏键位置[23]。

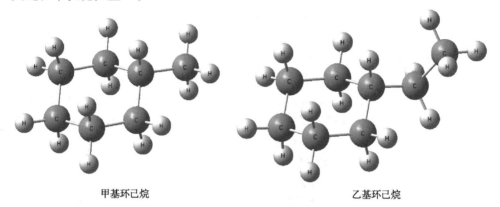

甲基环己烷　　　　　　　　　　　　　　　乙基环己烷

图 6.16　CBS-QB3 方法优化得到甲基环己烷和乙基环己烷结构[23]

十氢萘是典型的多环烷烃，该分子中的两个环都以椅式存在。一个环可以看作另一个环上双支链取代的衍生物，由于两个取代基耦合方式的不同，存在顺式和反式异构体，如图 6.17 所示。对于顺式异构体，这两个取代基都在平伏键位置，而反式异构体中一个取代基在平伏键位置，另一个取代基在垂直键位置。从稳定性角度出发，顺式十氢萘比反式十氢萘稳定，这和烯烃顺反异构体的稳定性趋势不同。在反式十氢萘中，两个取代基都占据平伏键位置，使该构象能够像环己烷一样发生环内翻转。而顺式十氢萘中，由于两个取代基分别占据平伏键和垂直键位置，环内翻转会导致另一个环的破裂，在一般情况下难以发生[21]。

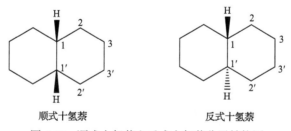

顺式十氢萘　　　　　　　　　　反式十氢萘

图 6.17　顺式十氢萘和反式十氢萘分子结构图

6.2.2　环烷烃分解反应机理

环烷烃的分解反应机理主要包括单分子分解反应和氢提取反应。后者与烷烃的氢提取反应具有较高的相似性，本书不再详述。本节主要围绕环己烷、甲基环己烷和乙基环己烷及十氢萘的单分子分解反应开展讨论，它们分别代表单环烷烃、支链环烷烃和双环烷烃的模型化合物，这些分子的反应路径和其他更复杂的环烷烃类似。

环烷烃的单分子分解反应主要包括 C—C 断键、C—H 断键、开环异构和分子解离路径等。20 世纪 70 年代，Tsang 等利用激波管对环己烷的热解反应机理进行了研究，热解反应的压力范围为 2～7bar，温度区间为 1073～1123K[24]。在实验中探测到的主要产物为 1-C_6H_{12}，研究表明，在所研究的反应温度区间，环己烷异构化为 1-C_6H_{12} 是环己烷的主要解离通道。1986 年，Brown 等[25]的研究工作支持了 Tsang 等的研究结果。该研究工作利用极低压力热解技术在 900～1200K 的温度区间内开展了环己烷的热解。Kiefer 等在 2009 年对于环己烷和 1-C_6H_{12} 的热解机理开展了更加深入的实验和理论研究工作[26]。图 6.18 所示为 Kiefer 等计算的环己烷和 1-己烯的单分子反应路径。环己烷的可能反应路径包括开环异构为 1-C_6H_{12}，C—H 断键分解生成环己基和 H，以及分子解离路径。对比反应能垒可知，环己烷的开环异构生成 1-C_6H_{12} 最容易发生，其他反应路径，尤其是分子解离路径（TS4～TS6）能垒很高，Tsang 等[24]和 Brown 等[25]的研究结果是一致的。对于开环异构路径，有两条反应通道，如图 6.18 所示，分别为单步反应（TS2）和两步反应（TS1 和 TS3）。尽管单步反应的过渡态 TS2 能垒比两步反应的 TS1 略低，两步反应过渡态的熵变比较大，导致经过双自由基的两步反应路径的速率常数远远高于单步反应。根据 Kiefer 等的工作，单步反应路径的分支比不超过 10%[26]。

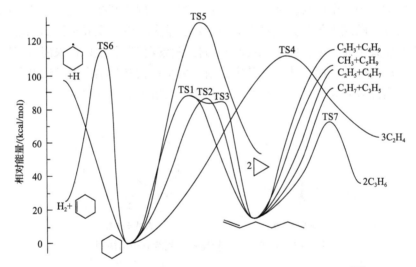

图 6.18　量子化学计算的环己烷和 1-己烯的可能反应通道[26]

相比环己烷，支链环己烷如甲基环己烷和乙基环己烷的单分子反应路径更加复杂。图 6.19 所示为甲基环己烷的可能单分子分解路径[27]，包括脱氢、脱甲基、和开环异构的路径。由于支链的存在，甲基环己烷存在 C—C 断键生成环己基和 CH_3 的路径。其余反应类型和环己烷类似，如开环异构路径，但是由于支链的存在，有三个不同的开环位置，生成直链和支链的双自由基中间产物，最终生成 6 种烯烃产物。支链环烷烃的脱支链反应和开环异构路径的温度、压力依赖的分支比，是支链环烷烃燃烧反应动力学研究的重要方向，影响支链环烷烃的碳烟形成趋势和宏观燃烧性质，如层流火焰传播速度和着火延迟时间[27]。Zhang 等[27]进一步通过高精度量子化学计算，系统研究了甲基环己烷的单分子反应动力学，更加全面地阐明了各反应路径的温度和压力相关的分支比：①脱甲基支链的路径具有最低的能垒，是重要的甲基环己烷分解路径；②在所有开环异构路径中，邻近支链的 C—C 断键开环具有最低的能垒，生成庚烯的路径具有最大的速率常数；③脱甲基和开环异构路径的速率常数都有显著的压力依赖，尤其是在高温下；开环异构化路径的速率常数比脱甲基反应通道有更显著的压力依赖性；④在 0.01bar 到高压极限的压力范围内，脱甲基路径的分支比随温度的升高而下降[27]。

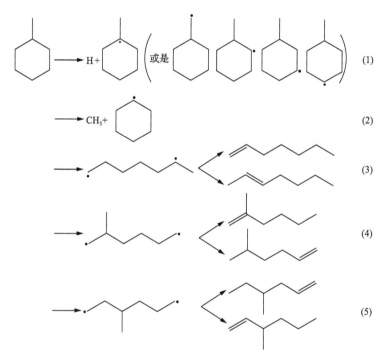

图 6.19 甲基环己烷可能的单分子分解和异构化反应通道[27]

十氢萘的单分子反应路径和环己烷类似，即开环异构。由于十氢萘的双环结构，开环异构生成环状烯烃。如图 6.17 中的分子结构可以看出，十氢萘有四种开环异构路径，C_1—$C_{1'}$、C_1—C_2（C_1—$C_{2'}$）、C_2—C_3（$C_{2'}$—$C_{3'}$）和 C_3—$C_{3'}$。生成的环状烯烃化合物的结构如图 6.20 所示。其中，C_1—$C_{1'}$ 是十氢萘分子中最弱的键，但是 C_1—$C_{1'}$ 断键开环生成环癸烯（图 6.20（a））经过十元环的双自由基中间产物，该反应过程增加了约 12kcal/mol 的环张力[28]。其余三条 C—C 断键异构路径只打开一个环，该过程没有环张力的变化，因而相比生成十元环烯烃（图 6.20（a））的开环路径，其他环状烯烃更容易产生（图 6.20（b）～（f））。

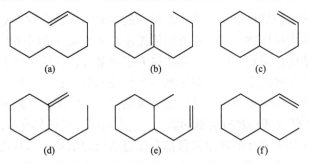

图 6.20　十氢萘开环异构生成的环状烯烃化合物[29]

6.2.3　环烷烃自由基反应机理

在环烷烃的燃烧过程中，H、OH、HO$_2$、CH$_3$ 等进攻燃料发生的氢提取反应是重要的环烷烃消耗路径。环烷烃自由基的后续分解和氧化反应决定了燃烧过程的能量转化和污染物生成。本节以环己烷自由基、甲基环己烷自由基、乙基环己烷自由基和十氢萘自由基为例，讨论环烷烃自由基的分解和氧化机理。

1. 环烷烃自由基的分解机理

环己基是最简单的六元环自由基，该自由基有两条主要分解路径，β-C—C 断键后开环异构生成烯烃自由基和 β-C—H 断键生成 cC$_6$H$_{10}$，如图 6.21 所示。相比 β-C—H 断键路径（35kcal/mol），β-C—C 断键开环异构的能垒（31kcal/mol）稍低一些，更容易发生。Knepp 等[30]和 Sirjean 等[31]分别采用高精度量子化学方法计算了这两条路径的高压极限的速率常数，Iwan 等[32]利用激波管实验测量了环己基和1-己烯基反应路径速率常数。

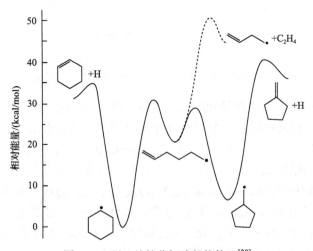

图 6.21　环己基的分解路径势能面[30]

烯烃自由基是环烷烃自由基分解的重要中间产物，后续的反应路径主要涉及
β-C—C 断键生成乙烯和小分子烯烃自由基，内部氢迁移生成共轭稳定的烯烃自由
基，后续的 β-C—C 断键生成直链和支链的二烯化合物[32]，以及内部自由基加成
反应生成环状自由基中间产物，后续的分解生成环状中间产物或小分子产物[32]
（图 6.21）。图 6.22 列出了 p-C_6H_{11} 的后续反应路径，C_2H_4 和 1,3-C_4H_6 是重要的反
应中间产物，烯烃自由基的自由基加成路径不是主要的反应路径，通常可以忽略，
但是该类反应是环烷烃燃烧过程中五元环中间产物的潜在生成路径[23]。

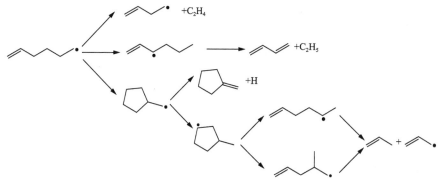

图 6.22　p-C_6H_{11} 的主要反应路径[32]

对于支链环己烷衍生物自由基，如甲基环己烷和乙基环己烷自由基，β-C—C
断键开环异构生成直链和支链的烯烃自由基，后续的反应路径和 p-C_6H_{11} 类似，但
是由于存在支链和碳链变长，生成了如 1,3-C_4H_6 等更加丰富的二烯中间产物[23,33]。
而对于十氢萘自由基，β-C—C 断键开环异构生成环状的烯烃自由基，后续的内部
氢迁移及 β-C—C 断键生成环状的二烯化合物[29,34]。另外，和烷基自由基类似，支
链的环烷烃自由基发生内部的氢迁移过程，异构为其他位点的环烷烃自由基[35]。

2. 环烷烃自由基的氧化机理

在较低温度的氧化氛围中，如 500～800K 区间内，环烷烃自由基的单分子分
解路径速率很低，低温氧化反应引发的自由基反应成为主导。以环己烷为例，环
己烷自由基和氧气反应生成 ROO（W1）的反应是无能垒的，是一个放热过程，势
能面如图 6.23 所示。生成的 ROO 主要有两类反应路径，分子内氢迁移路径和消
去反应。其中分子内氢迁移经过四元、五元和六元的过渡态生成三个 QOOH 自由
基：W2、W3 和 W4，而分子内消去反应生成了环己烯和 HO_2。QOOH 的环化反
应分别生成三元环（P2）、四元环和五元环（P4）的环醚。在环烷烃中生成的四元环
环醚的结构是不稳定的，容易开环生成直链的烯酮化合物（P3）。从势能面上可以
看出，W1→W3 经过六元环过渡态的氢迁移路径较容易发生，而在 QOOH 的环化
路径中，W2→P2，生成三元环的环醚是最容易发生的[30]。在环己烷的低温氧化

实验中，探测到了 P2、P3 和 P4 三个中间产物[36]，这和理论计算是一致的。

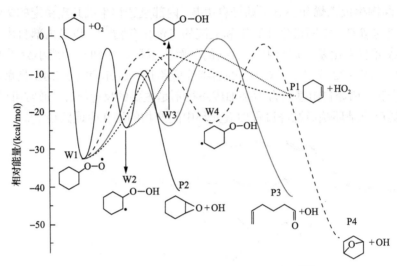

图 6.23　环己基自由基和氧气反应势能面[30]

　　支链环烷烃自由基、十氢萘自由基和氧气的反应路径与环己基自由基和氧气的反应路径类似，但是反应路径变得更加复杂，可以参照文献[37]、[38]对甲基环己烷自由基和文献[39]对乙基环己烷自由基氧化路径的量子化学计算。类比烷烃的低温氧化路径，环烷烃自由基生成的 QOOH 和氧气的后续反应生成羰基过氧化物，引发低温氧化反应。在环己烷、环庚烷、甲基环己烷、乙基环己烷和正丁基环己烷等环烷烃的低温氧化中，检测到了羰基过氧化物的生成[8]，另外，如图 6.24，在这些环烷烃的低温氧化中，检测到一系列含氧中间产物，包括含四个和五个氧原子的双过氧基化合物，说明环烷烃自由基三次加氧反应的可能性。

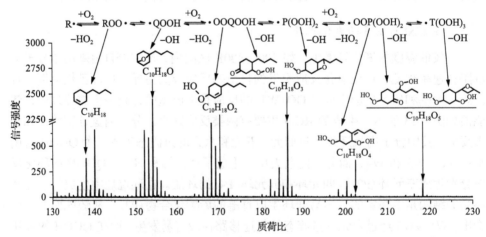

图 6.24　正丁基环己烷低温氧化中间产物质谱图，光子能量为 9.6eV，反应温度为 530K[8]

6.2.4　环烷烃和烷烃燃烧特性比较

6.1.2 节提到，低的辛烷值对应高的低温反应活性，反之亦然。直链烷烃如正己烷和正庚烷的研究法辛烷值分别为 25 和 0，而环己烷和甲基环己烷的研究法辛烷值分别为 83 和 75，说明含有相同碳原子数的环烷烃的低温反应活性低于直链烷烃。

在烷烃低温氧化中，一个重要的反应步骤是 ROO 的内部氢迁移，如 1,4-氢迁移、1,5-氢迁移和 1,6-氢迁移。其中 1,5-氢迁移是最容易发生的，是影响低温氧化链分支反应的关键步骤。影响 1,5-氢迁移主要有两个参数：①发生 1,5-氢迁移的 ROO 个数；②该 ROO 发生 1,5-氢迁移能够提取的氢原子的个数[40]。比如，正己烷的低温氧化生成三个不同位点的正己烷自由基，分别为 C_6H_{13}-1、C_6H_{13}-2 和 C_6H_{13}-3。由于直链烷烃中 C—C 键的自由转动减少了空间位阻，对于 C_6H_{13}-1、C_6H_{13}-2 和 C_6H_{13}-3 生成的 ROO，可以分别提取 2 个、2 个和 5 个氢原子发生 1,5-氢迁移。对于环己烷，在 500～800K 区间，最稳定的结构是椅式构型，6 个氢原子位于平伏键位置，另外 6 个氢原子位于垂直键位置。在环己烷的低温氧化中，生成的环己基自由基有两种构型，分别为自由基位于垂直键位置和平伏键位置，相应的 ROO 也有两种构型，如图 6.25 所示。对于图(a)—OO 官能团在平伏键位置的 ROO，由于空间位阻的影响，难以发生 1,5-氢迁移。而对于图(b)—OO 官能团在垂直键位置的 ROO，可以提取两个垂直键位置的氢原子，发生 1,5-氢迁移。总的来说，相比直链烷烃，环烷烃由于环的自由转动受阻以及 C—H 键的垂直和平伏分布，很大程度上限制了 ROO 的 1,5-氢迁移的发生。此外，这种结构也限制了链分支中间产物——羰基过氧化物的生成。如图 6.25 所示，ROO 发生 1,5-氢迁移，提取垂直键位置的氢原子，生成 QOOH。该自由基进一步发生二次加氧反应，生成 OOQOOH，由于—OO 官能团在垂直键位置，很难提取和—OOH 官能团相连且位于平伏键位置的氢原子，生成羰基过氧化物[8]。羰基过氧化物的生成受阻，进一步减弱了环烷烃的低温氧化活性。

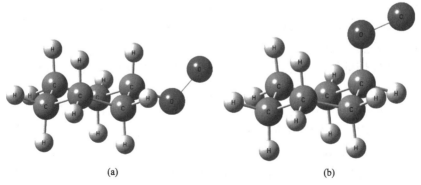

(a)　　　　　　　　　　　　(b)

图 6.25　环己烷 ROO 自由基的两种构象，—OO 官能团在(a)平伏键和(b)垂直键位置[40]

　　图 6.26 所示为正庚烷和甲基环己烷的射流搅拌反应器氧化比较，模拟的实验条件为 1%燃料，当量比为 1.0，压力为 1.066bar。可以看出，在低温氧化区间（500～800K），甲基环己烷的低温氧化区间很窄，反应活性远低于正庚烷。另外，对于低温和高温氧化中的重要中间产物 CO，甲基环己烷低温氧化中 CO 的生成也低于正庚烷的低温氧化。高温氧化区间（800～1100K），甲基环己烷和正庚烷的反应活性很类似，CO 的生成曲线也比较相近。

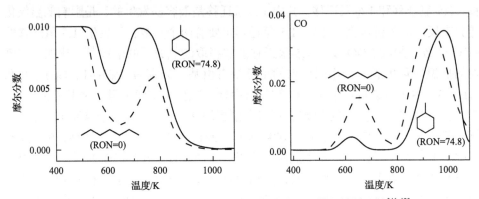

图 6.26　正庚烷和甲基环己烷氧化中燃料和 CO 模拟结果比较[41,42]
模拟采用的浓度为 0.01，压力为 1.066bar，滞留时间为 2s，当量比为 1.0

6.3　芳香烃反应机理

　　芳香烃是实际燃料和模型燃料的重要组分之一，其在汽油中的摩尔分数浓度比例高达 30.5%[43]，而在柴油中的浓度比例达 15%～40%[44]，在航空煤油中，芳香烃组分的比例则高于 20%[45]。在实际的运输燃料中，芳香烃组分一般为具有烷基支链的单环和双环芳香烃，如在汽油中，芳香烃的组分多为 C_7～C_8 的烷基苯如甲苯、乙基苯、二甲苯等，而在柴油和航空煤油中，长支链的烷基苯、多支链的烷基苯以及双环芳烃如烷基萘、四氢萘等居多。芳香烃也是运输模型燃料重要组分，因为其在实际燃料中具有一定的比例，同时，因特殊的苯环结构，其与烷烃和环烷烃等截然不同的性质，会极大的影响燃料的活性、热稳定性等化学和热物理性质以及碳烟排放性质等，所以其在模型燃料中的作用和烷烃、环烷烃一样是无法取代的。

　　由于不同类型运输燃料中碳氢组分碳原子的范围有所不同，所以不同类型的运输模型燃料中，经常使用的芳香烃燃料代表组分也有所不同。如汽油模型燃料中一般使用甲苯作为燃料中的芳香烃组分，这不仅是因为甲苯自身在实际的汽油燃料中即具有较高的浓度，而且由于甲苯具有相对较高的辛烷值，甲苯的添加可以显著地提高汽油模型燃料的辛烷值。柴油和航空煤油组分平均碳原子数一般大于 9，因而对其燃烧反应动力学研究一般使用长支链的烷基苯及双环芳烃作为模型燃料中的单环芳烃组分和双环芳烃组分[44]。

本节介绍的芳香烃将引入新的官能团——苯环。苯环独特的化学结构导致芳香烃的反应动力学规律与烷烃和环烷烃有很大区别。就反应类而言，除了一些与烷烃和环烷烃共同的反应类，如单分子分解、氢提取反应外，苯环的引入会导致新的反应类出现。随着苯环上烷基碳链的增长，芳香烃的化学规律逐渐削弱而烷烃的化学规律逐渐增强。本节将从最简单的芳香烃——苯开始，介绍苯、苯基自由基热解和氧化中的特征反应，然后引入最简单的烷基苯——甲苯，重点介绍苄基的特征反应，继而引入具有更长碳链的烷基苯——乙基苯，重点介绍苄基位 C—C 键、苯基乙基自由基特征反应及最简单的不饱和烷基苯——苯乙烯的特征反应。随着烷基支链的继续增长，烷基苯的反应类除上述特征反应以及若干长支链烷基苯(C≥9)特征反应类外，基本与烷烃相似，因此本节将在此基础上对烷基苯的反应规律进行对比总结，最后将以二甲苯为例简单介绍多支链烷基苯的反应类和反应动力学规律。

6.3.1　苯和苯基反应机理

1. 苯的分解与氧化反应

苯是分子结构最简单的芳香烃，同时苯也是芳香烃燃料燃烧中所生成的重要产物。苯的分子结构由 6 个 sp^2 杂化的碳原子共面成环形离域大 π 键，结构非常稳定。由于苯中 C—H 键能远低于 C—C 键能，所以在高温热解条件下苯的分解趋向于通过 C—H 断键反应(R6.1)生成 C_6H_5。C—H 断键反应同时也是苯高温燃烧的链引发反应，由 C—H 断键反应产生的 H 可以进而引发苯的氢提取反应(R6.2)。因此，H 进攻的氢提取反应也是高温热解中苯的主要消耗反应。在高温热解反应氛围下，苯也可以通过单分子或双分子反应进行分解，生成共轭稳定自由基或分子，如生成两个 C_3H_3、生成 $C_2H_2+C_4H_4$ 或生成链状 $l\text{-}C_6H_5$ 自由基。由于苯环的 C—C 键能较高，这些开环反应通常需要较高的活化能，然而其逆反应，即共轭稳定自由基的复合反应，通常是烷烃及烯烃燃料燃烧中苯的重要生成反应，目前已经得到较多的研究。此外，苯也可以通过异构反应(R6.3)或氢辅助的异构反应(R6.4)生成富烯(fulvene)[46]，因此在热解条件及高温火焰中，富烯是苯的重要分解产物之一，在其他燃料的燃烧中，苯的生成通常也伴随有富烯的生成，苯较富烯更为稳定(生成焓低约~30kcal/mol)，因而由苯异构生成富烯的反应为吸热反应，高温条件下更有利于富烯的生成。

$$C_6H_6 \Longrightarrow C_6H_5 + H \tag{R6.1}$$

$$C_6H_6+H = C_6H_5+H_2 \tag{R6.2}$$

$$C_6H_6 = fulvene \tag{R6.3}$$

$$C_6H_6+H = fulvene+H \tag{R6.4}$$

在氧化和火焰氛围中，苯将主要通过 H、OH、O、CH_3 及 HO_2 等进攻的氢提取反应进行消耗。在低温氧化氛围下，苯也可以通过 O_2 分子的氢提取反应进行消耗，而该反应也是低温条件下苯氧化的链引发反应。Yang 等[47]发现，无论在贫燃或是富燃火焰中，苯主要通过 H 及 OH 进攻的氢提取反应进行消耗，其中在贫燃火焰中，有约一半的苯经由 OH 进攻的氢提取反应进行消耗；在富燃火焰中，H进攻的氢提取反应成为苯消耗的主导反应。在射流搅拌反应器氧化条件下[48]，无论在富燃及贫燃条件下，苯主要通过 OH 进攻的氢提取反应进行消耗。

除氢提取反应外，苯也可以与 O、OH 等发生其他类型双分子反应。图 6.27给出了苯与 $O(^3P)$ 反应的势能面，可以看出，苯的氧加成反应主要生成 C_6H_5O+H(R6.5)、C_6H_5OH(R6.6) 及 C_5H_6+CO(R6.7)。实验及理论计算研究表明，在温度低于 500K 的条件下，氧加成反应的主要产物是 C_6H_5OH，而在温度高于 700K 的条件下，C_6H_5OH 及 C_5H_6 是氧加成反应的主要产物。

$$C_6H_6+O = C_6H_5O+H \tag{R6.5}$$

$$C_6H_6+O = C_6H_5OH \tag{R6.6}$$

$$C_6H_6+O = C_5H_6+CO \tag{R6.7}$$

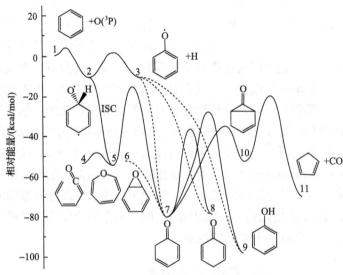

图 6.27　$C_6H_6+O(^3P)$ 反应势能面[49]

2. 苯基的分解与氧化反应

C_6H_5 是苯热解、氧化及火焰中所生成的最为重要的中间产物，由于失去了共轭结构，因而极为活泼。实际上，C_6H_5 所发生的一系列热解和氧化反应直接控制了整个苯燃烧体系的活性，并决定了燃烧产物的分布。苯基可以通过 C—H 解离反应生成 o-C_6H_4+H(R6.8)或发生开环反应生成 l-C_6H_5(R6.9)、C_4H_3+C_2H_2 及 l-C_6H_4+H。o-C_6H_4 分解主要生成 C_4H_2+C_2H_2(R6.10)，而 l-C_6H_5 分解主要生成 C_4H_3+C_2H_2(R6.11)。Wang 等[50]通过理论计算证明，生成 o-C_6H_4 的反应是 C_6H_5 的主要分解反应，而其他分解路径则贡献甚微。Sivaramakrishnan 等[51]则发现仅包含生成 o-C_6H_4 路径无法预测苯在高压条件分解时主要产物的生成，需要同时包括生成 l-C_6H_5 的路径及后续分解路径。Saggese 等[52]发现这两条路径的相对重要程度取决于压力条件，在较低压力条件下，生成 o-C_6H_4 的路径对于苯的分解具有较大的敏感性系数，而随着压力升高，开环生成 l-C_6H_5 路径的敏感性系数增加，并在高压条件下成为苯分解最为敏感的反应。

$$C_6H_5 \Longrightarrow o\text{-}C_6H_4+H \qquad\qquad (R6.8)$$

$$C_6H_5 \Longrightarrow l\text{-}C_6H_5 \qquad\qquad (R6.9)$$

$$o\text{-}C_6H_4 \Longrightarrow C_4H_2+C_2H_2 \qquad\qquad (R6.10)$$

$$l\text{-}C_6H_5 \Longrightarrow C_4H_3+C_2H_2 \qquad\qquad (R6.11)$$

在较低温度条件下，C_6H_5 趋向于通过自身的复合反应(R6.12)及与苯的复合反应(R6.13)生成 C_6H_5-C_6H_5。这些反应对于苯的着火及火焰传播也具有重要的影响，因为它们是链终止反应。从反应类型上看，苯基自复合反应为自由基-自由基加成反应，而 C_6H_5 与苯的加成反应为自由基分子加成反应。除此之外，Tranter 等[53]发现苯基自复合反应不仅可以生成 C_6H_5-C_6H_5，同时也可以通过歧化反应生成 o-C_6H_4(R6.14)。联苯基可以通过 C—H 断键反应或氢提取反应失去邻位的氢原子而生成 o-C_6H_5-C_6H_4，该自由基可以通过闭环反应生成联苯烯和 H，以及苊烯和 H。

$$C_6H_5+C_6H_5 \Longrightarrow C_6H_5\text{-}C_6H_5 \qquad\qquad (R6.12)$$

$$C_6H_6+C_6H_5 \Longrightarrow C_6H_5\text{-}C_6H_5+H \qquad\qquad (R6.13)$$

$$C_6H_5+C_6H_5 \Longrightarrow C_6H_6+o\text{-}C_6H_4 \qquad\qquad (R6.14)$$

在氧化氛围下，C_6H_5 趋向于与氧气发生加成反应。该反应目前已得到了大量的实验测量与理论研究，一般认为该反应的历程为：C_6H_5 与氧气化学活化加成生成 $C_6H_5OO^*$（R6.15），在低温条件下高能态 $C_6H_5OO^*$ 趋向于去活化而稳定为 C_6H_5OO（R6.16），而在温度较高的条件下，该 C_6H_5OO 趋向于分解生成 C_6H_5O 和 O（R6.17）以及 $C_6H_4O_2$ 和 H（R6.18），其中前者为主要分解通道。最近的理论研究表明[54]，除上述两条高温分解通道外，C_5H_5 和 CO（R6.19）也是可能的高温分解通道。生成 C_6H_5O 和 O 的通道在 1500K 温度条件下分支比约为 0.83，而在温度为 2500K 时分支比上升为 0.97[55]。在氧化和火焰条件下，C_6H_5 与氧气的加成反应均十分重要，因为该反应将 O_2 转化为活泼的 O，所以是典型的链分支反应。

$$C_6H_5+O_2 \longequal C_6H_5OO^* \tag{R6.15}$$

$$C_6H_5OO^* \longequal C_6H_5OO \tag{R6.16}$$

$$C_6H_5OO \longequal C_6H_5O+O \tag{R6.17}$$

$$C_6H_5OO \longequal C_6H_4O_2+H \tag{R6.18}$$

$$C_6H_5O \longequal C_5H_5+CO \tag{R6.19}$$

C_6H_5 与 HO_2 的反应主要生成 C_6H_5O 和 OH，而少量生成 C_6H_5OH 和 O。由此可见 C_6H_5O 是苯的氧化过程中生成的最为重要的自由基中间产物，其参与的反应会对苯的氧化以及火焰产生重要的影响。在氧化及火焰条件下，C_6H_5O 主要有两条消耗路径：①分解生成 C_5H_5 和 CO[56,57]；②通过与 H 的加成反应生成 C_6H_5OH[58]。其中前者是链传递反应而后者则是典型的链终止反应，因此这两个反应对于苯的高温着火及火焰传播性质也具有重要的影响。除了单分子分解以外，C_6H_5O 也可以与 O 发生双分子反应[59]生成 $C_6H_4O_2$ 和 H 或 C_5H_5 和 CO_2，其中前者为主要反应路径。$C_6H_4O_2$ 的分解主要生成 C_5H_4O 和 CO，目前对于该反应的实验和理论研究均较少。

6.3.2　甲苯和苄基反应机理

1. 甲苯的分解与氧化反应

在高温热解条件下，甲苯可以通过单分子分解反应进行消耗，甲苯的单分子分解可经甲基支链 C—H 断键反应生成 $C_6H_5CH_2$（R6.20），或者甲基支链 C—C 断键生成 C_6H_5 和 CH_3（R6.21），以及通过苯环 C—H 断键反应生成 $C_6H_4CH_3$（R6.22）。

$$C_6H_5CH_3 \longequal C_6H_5CH_2+H \tag{R6.20}$$

$$C_6H_5CH_3 \longequal C_6H_5+CH_3 \tag{R6.21}$$

$$C_6H_5CH_3 \Longrightarrow C_6H_4CH_3 + H \tag{R6.22}$$

甲苯消耗的双分子反应可以分为氢提取反应和本位取代两种。氢提取反应主要为甲苯和活泼自由基如 H、OH、O、CH$_3$、HO$_2$ 及 O$_2$ 发生的双分子反应。H 进攻的甲苯氢提取反应可以产生两种类型的自由基：C$_6$H$_5$CH$_2$ 与 C$_6$H$_4$CH$_3$。除了氢提取反应以外，甲苯与 H 的双分子本位取代反应也可以生成 C$_6$H$_6$ 和 CH$_3$（R6.23）。与 H 类似，OH 也是甲苯燃烧中产生的浓度较高的活泼自由基，OH 与甲苯的双分子反应也分为氢提取反应和本位取代反应两种。其中氢提取反应生成 C$_6$H$_5$CH$_2$ 和 C$_6$H$_4$CH$_3$ 两种自由基，而本位取代反应则生成 C$_6$H$_5$OH（R6.24）。除此之外，OH 也可以取代甲苯苯环上的 H 而生成 HOC$_6$H$_4$CH$_3$（R6.25）。

$$C_6H_5CH_3 + H \Longrightarrow C_6H_6 + CH_3 \tag{R6.23}$$

$$C_6H_5CH_3 + OH \Longrightarrow C_6H_5OH + CH_3 \tag{R6.24}$$

$$C_6H_5CH_3 + OH \Longrightarrow HOC_6H_4CH_3 + H \tag{R6.25}$$

相比于与 H、OH 的反应，甲苯与 O 的反应更为复杂，这主要是由于 O 上双孤对电子的结构所决定的。O 与甲苯可以发生前述的氢提取反应生成 C$_6$H$_5$CH$_2$ 和 C$_6$H$_4$CH$_3$，也可以与甲苯发生本位取代反应生成 C$_6$H$_5$O（R6.26）、OC$_6$H$_4$CH$_3$（R6.27）。除此之外，O 亦可以与甲苯反应生成 HOC$_6$H$_4$CH$_3$（R6.28）及 C$_5$H$_5$CH$_3$（R6.29），此两种产物生成的基元反应步骤为甲苯与 O 反应形成 OC$_6$H$_4$CH$_3$，随后经过成环、重排、关环的复杂过程。甲苯与氧气的氢提取反应主要发生在甲基支链上，生成 C$_6$H$_5$CH$_2$ 和 HO$_2$，甲苯与 HO$_2$ 的氢提取反应亦可以生成 C$_6$H$_5$CH$_2$ 和 C$_6$H$_4$CH$_3$。

$$C_6H_5CH_3 + O \Longrightarrow C_6H_5O + CH_3 \tag{R6.26}$$

$$C_6H_5CH_3 + O \Longrightarrow OC_6H_4CH_3 + H \tag{R6.27}$$

$$C_6H_5CH_3 + O \Longrightarrow HOC_6H_4CH_3 \tag{R6.28}$$

$$C_6H_5CH_3 + O \Longrightarrow C_5H_5CH_3 + CO \tag{R6.29}$$

2. 苄基的分解反应

在过去的几十年间关于 C$_6$H$_5$CH$_2$ 的解离路径一直有相关的研究，然而始终未有确定的说法，且争议不断，这主要由于中间产物检测的局限性及理论计算结果的不确定性。最早的苄基分解路径由 Smith[60] 提出，他认为 C$_6$H$_5$CH$_2$ 的解离直接

生成 C_5H_5 和 C_2H_2(R6.30)以及 C_3H_3 和 C_4H_4。随后 Colket 和 Seery[61]在其模型中使用了这两种路径并估计了其速率常数,至今为止,大多数的甲苯燃烧模型中包括了这两条总包反应路径,用以描述 $C_6H_5CH_2$ 的分解路径并能够较好地预测实验结果。然而,随后的激波管热解实验[62-66]发现苄基的分解过程会产生大量的 H,同时产生分子结构为 C_7H_6 的产物,基于激波管测量实验结果,Braun-Unkhoff 等[65]、Eng 等[67]及 Oehlschlaeger 等[68]提出 $C_6H_5CH_2$ 的分解可以产生 C_7H_6 和 H(R6.31)。

$$C_6H_5CH_2 \Longrightarrow C_5H_5 + C_2H_2 \qquad\qquad (R6.30)$$

$$C_6H_5CH_2 \Longrightarrow C_7H_6 + H \qquad\qquad (R6.31)$$

Cavallotti 等[69]使用量化计算方法研究了 $C_6H_5CH_2$ 的分解路径,其计算结果第一次提出 $C_6H_5CH_2$ 分解生成的 C_7H_6 产物为富烯基丙二烯,同时其提出了 C_7H_6 的分解路径,即通过与 H 的双分子反应生成 C_5H_5 和 C_2H_2(R6.32),其计算结果随后得到了 da Silva 和 Bozzelli[70]的理论计算结果的支持。此外,da Silva 和 Bozzelli 提出 $C_6H_5CH_2$ 也可以直接分解生成 C_5H_5 和 C_2H_2,尽管其能垒要比生成 C_7H_6 和 H 的能垒高约 6.8kcal/mol。这些计算结果也被随后的实验结果所支持,Detilleux 和 Vandooren[71]、Li 等[72]的甲苯层流预混火焰实验及 Zhang 等[73]的甲苯高温流动反应器热解实验均检测到 C_7H_6 产物并鉴定其结构为富烯基丙二烯。

$$C_7H_6 + H \Longrightarrow C_5H_5 + C_2H_2 \qquad\qquad (R6.32)$$

Sivaramakrishnan 等[74]研究了 $C_6H_5CH_2$ 及 $C_6H_5CD_2$ 的热解,实验结果表明,有三种路径对 $C_6H_5CH_2$ 的分解具有贡献:①甲基支链的脱氢路径,生成 C_7H_6 和 H,该反应路径的分支比约为 0.6;②苯环的脱氢路径,可能经由反应 $C_6H_5CH_2 \rightarrow$ 环庚三烯自由基 $\rightarrow$ 环庚四烯+H,该反应条路径的分支比约为 0.2;③不产生 H 的路径,可能为 $C_6H_5CH_2$ 分解生成 C_5H_5 和 C_2H_2 的路径,该路径的分支比约为 0.2。Derudi 等[75]随后重新研究了 $C_6H_5CH_2$ 分解的势能面,其计算结果认为不产生 H 路径的主要产物为 $o\text{-}C_6H_4$ 和 CH_3(R6.33),而 H 生成的路径为 C_7H_6 和 H 路径,二者的重要程度相当。最近 Polino 和 Parrinell[76]的计算结果表明 $C_6H_5CH_2$ 的分解除生成 C_7H_6 和 H、$o\text{-}C_6H_4$ 和 CH_3 外,还可以生成 enC_7H_6 和 H(R6.34),图 6.28 展示了 Polino 和 Parrinell[76]计算所得苄基分解反应势能面。

$$C_6H_5CH_2 \Longrightarrow o\text{-}C_6H_4 + CH_3 \qquad\qquad (R6.33)$$

$$C_6H_5CH_2 \Longrightarrow enC_7H_6 + H \qquad\qquad (R6.34)$$

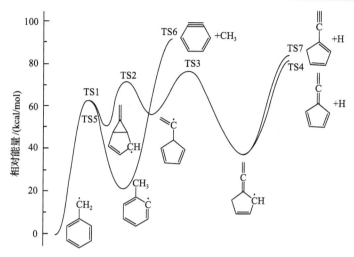

图 6.28 苄基分解反应势能面[76]

相比于其他异构体组分，C_7H_6 具有更为稳定的结构，因而其在甲苯的热解和火焰实验中均有大量的生成[77]。在热解、氧化及火焰氛围下，C_7H_6 的主要消耗路径包括通过单分子脱氢反应(R6.35)或自由基的氢提取反应(R6.36)生成 C_7H_5 以及单分子分解反应生成 cC_5H_4 和 C_2H_2(R6.37)[78]。C_7H_5 则主要有两条解离通道，生成 C_4H_2 和 C_3H_3(R6.38)或 C_5H_3 和 C_2H_2(R6.39)[79]。根据 Derudi 等[75]的路径计算结果，$C_6H_4CH_3$ 的单分子分解反应主要生成 o-C_6H_4。$C_6H_4CH_3$ 也可以发生单分子异构反应及氢辅助的双分子异构反应生成 $C_6H_5CH_2$[80](R6.40)，在高温条件下，异构反应是 $C_6H_4CH_3$ 自由基的主要消耗反应[77]。

$$C_7H_6 \Longrightarrow C_7H_5 + H \qquad (R6.35)$$

$$C_7H_6 + R \Longrightarrow C_7H_5 + RH \qquad (R6.36)$$

$$C_7H_6 \Longrightarrow cC_5H_4 + C_2H_2 \qquad (R6.37)$$

$$C_7H_5 \Longrightarrow C_4H_2 + C_3H_3 \qquad (R6.38)$$

$$C_7H_5 \Longrightarrow C_5H_3 + C_2H_2 \qquad (R6.39)$$

$$C_6H_4CH_3 \Longrightarrow C_6H_5CH_2 \qquad (R6.40)$$

苄基复合反应也是甲苯燃烧中的关键反应，$C_6H_5CH_2$ 的复合主要生成 $C_{14}H_{14}$，该反应是典型的自由基链终止反应，因此对 $C_6H_5CH_2$ 的消耗具有重要的影响。在甲苯高温流动反应器热解中，$C_6H_5CH_2$ 的敏感度分析表明，无论是在低压或常压条件下，$C_6H_5CH_2$ 的复合反应都对 $C_6H_5CH_2$ 的消耗具有重要的作用[77]。

3. 苄基的氧化反应

$C_6H_5CH_2$ 的氧化反应主要和 OH、O、HO_2 及 O_2 发生。$C_6H_5CH_2$ 与氧气的加成反应可以生成 $C_6H_5CH_2O_2$(R6.41)，相比于 C_6H_5 与氧气的反应，该反应为弱放热反应（约为 20kcal/mol），这主要是由于 $C_6H_5CH_2$ 为共轭稳定的自由基。$C_6H_5CH_2O_2$ 中 C—O 键能较弱，因此在高温条件下很容易分解生成少量的反应物 $C_6H_5CH_2$ 和 O_2，主要为 C_6H_5CHO 和 OH(R6.42)，次要为 C_6H_5O 和 CH_2O(R6.43)。除此之外，Pelucchi 等[81]计算结果表明 $C_6H_5CH_2$ 和氧气双分子直接反应生成 C_6H_5CHO 和 OH(R6.44)，也是 $C_6H_5CH_2$ 与氧气反应的主要通道。

$$C_6H_5CH_2+O_2 =\!=\!= C_6H_5CH_2O_2 \qquad\qquad (R6.41)$$

$$C_6H_5CH_2O_2 =\!=\!= C_6H_5CHO+OH \qquad\qquad (R6.42)$$

$$C_6H_5CH_2O_2 =\!=\!= C_6H_5O+CH_2O \qquad\qquad (R6.43)$$

$$C_6H_5CH_2+O_2 =\!=\!= C_6H_5CHO+OH \qquad\qquad (R6.44)$$

$C_6H_5CH_2$ 与 O 的反应是甲苯高温氧化中重要的反应之一。da Silva 和 Bozzelli[82]计算了 $C_6H_5CH_2$ 与 O 的反应，其计算结果表明 C_6H_5CHO 和 H 是主要反应产物 (R6.45)，其他产物包括 C_6H_5 和 CH_2O、C_6H_6 和 HCO 等。$C_6H_5CH_2$ 与 OH 的反应主要生成 $C_6H_5CH_2OH$，$C_6H_5CH_2OH$ 随后经由脱氢分解反应产生 $C_6H_5CH_2O$。根据 da Silva 等[83]的计算结果，$C_6H_5CH_2$ 与 HO_2 的反应可以生成 $C_6H_5CH_2O$(R6.46) 及 $C_6H_5CH_2OOH$(R6.47)。

$$C_6H_5CH_2+O =\!=\!= C_6H_5CHO+H \qquad\qquad (R6.45)$$

$$C_6H_5CH_2+HO_2 =\!=\!= C_6H_5CH_2O+OH \qquad\qquad (R6.46)$$

$$C_6H_5CH_2+HO_2 =\!=\!= C_6H_5CH_2OOH \qquad\qquad (R6.47)$$

$C_6H_5CH_2O$ 的解离反应，分别生成 C_6H_5CHO+H(R6.48)、C_6H_6+HCO(R6.49) 及 $C_6H_5+CH_2O$(R6.50)，其中生成 C_6H_5CHO+H 为主导解离路径。C_6H_5CHO 可以通过 C—H 断键反应或氢提取反应生成 C_6H_5CO(R6.51)，C_6H_5CO 可以很快解离生成 C_6H_5+CO(R6.52)。C_6H_5CO 也可以被 O 及 O_2 氧化，分别生成 C_6H_5(R6.53) 和 C_6H_5O(R6.54)。

$$C_6H_5CH_2O =\!=\!= C_6H_5CHO+H \qquad\qquad (R6.48)$$

$$C_6H_5CH_2O \Longrightarrow C_6H_6 + HCO \qquad (R6.49)$$

$$C_6H_5CH_2O \Longrightarrow C_6H_5 + CH_2O \qquad (R6.50)$$

$$C_6H_5CHO \Longrightarrow C_6H_5CO + H \qquad (R6.51)$$

$$C_6H_5CO \Longrightarrow C_6H_5 + CO \qquad (R6.52)$$

$$C_6H_5CO + O \Longrightarrow C_6H_5 + CO_2 \qquad (R6.53)$$

$$C_6H_5CO + O_2 \Longrightarrow C_6H_5O + CO_2 \qquad (R6.54)$$

$C_6H_4CH_3$ 的氧化反应主要生成 $OC_6H_4CH_3$,而 $OC_6H_4CH_3$ 进一步解离可以生成 $C_5H_4CH_3$ 和 CO(R6.55)或者通过加氢反应生成 $HOC_6H_4CH_3$(R6.56)。

$$OC_6H_4CH_3 \Longrightarrow C_5H_4CH_3 + CO \qquad (R6.55)$$

$$OC_6H_4CH_3 + H \Longrightarrow HOC_6H_4CH_3 \qquad (R6.56)$$

6.3.3 乙基苯和苯乙烯反应机理

1. 乙基苯的分解与氧化反应

乙基苯的分子结构中有对于单支链芳烃燃料而言至关重要的苄基位 C—C 键,是具有苄基位 C—C 键的最简单的单支链芳烃分子。苄基位 C—C 键在整个分子结构中具有最弱的键能,因而在热解和燃烧条件下很容易断裂而生成苄基自由基。对于乙基苯而言,以下三种反应对其分解具有显著的贡献:苄基位 C—C 断键反应生成 $C_6H_5CH_2$ 和 CH_3,H、O、OH 的本位取代反应以及氢提取反应。在高温条件下,乙基苯可以通过 C—C 断键反应生成 $C_6H_5CH_2+CH_3$ 及 $C_6H_5+C_2H_5$,通过 C—H 断键反应生成 $C_6H_5CHCH_3$、$C_6H_5CH_2CH_2$ 和 $C_6H_4C_2H_5$。Ye 等[84]计算了乙基苯的分解反应势能面图,其中,乙基苯通过直接解离反应生成 $C_6H_5CH_2$ 和 CH_3 所需要的能量为 78.34kcal/mol,其次为 C—H 断键反应生成 $C_6H_5CHCH_3$ 和 $C_6H_5CH_2CH_2$,而断键生成 C_6H_5 和 C_2H_5 所需要的能量则最高。Ye 等[84]也研究了 $C_6H_5CH_2$ 与 CH_3 的复合反应,发现乙基苯是复合反应的最主要产物。

苄基位 C—C 键的存在使乙基苯具有比甲苯更强的热解及氧化反应活性,相比于甲苯,乙基苯具有更短的着火延迟时间及更快的层流火焰传播速度。如图 6.29 所示,乙基苯具有比甲苯更快的层流火焰传播速度,而与苯相比则慢于苯。在流动反应器热解实验中,乙基苯的分解快于甲苯;在射流搅拌反应器氧化实验中,其氧化速度及氧化反应活性也快于甲苯。

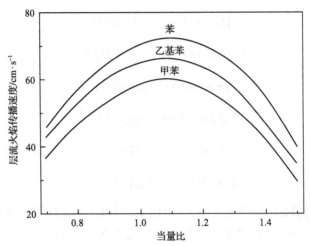

图 6.29　苯、甲苯及乙基苯在 423K、1bar 下层流火焰传播速度对比[85]

在 H、OH、O 等自由基大量生成的燃烧环境下，乙基苯的乙基支链可以通过氢提取反应被夺去一个氢原子，随后发生 β-C—H 解离反应生成 $C_6H_5C_2H_3$[86]。乙基苯的氢提取反应可以发生在三个不同位点上，分别生成 $C_6H_5CHCH_3$、$C_6H_5CH_2CH_2$ 和 $C_6H_4C_2H_5$，其中前两个自由基为乙基支链上的氢提取反应，而后一个自由基为苯环上的氢提取反应。除氢提取反应之外，乙基苯也可以经由与 H、O、OH 等的本位取代进行消耗，乙基苯与 H 的本位取代主要生成 $C_6H_6+C_2H_5$，与 O 的反应主要生成 $C_6H_5O+C_2H_5$，与 OH 的反应主要生成 $C_6H_5OH+C_2H_5$。

$C_6H_5CHCH_3$ 主要经由 β-C—H 解离反应生成 $C_6H_5C_2H_3+H$（R6.57），而 $C_6H_5CH_2CH_2$ 则有两条可能的分解路径，分别生成 $C_6H_5C_2H_3+H$（R6.58），或生成 $C_6H_5+C_2H_4$（R6.59）。除此之外，$C_6H_5CH_2CH_2$ 也可以异构化为更为稳定的 $C_6H_5CHCH_3$ 或异构化为更不稳定的 o-$C_6H_4C_2H_5$，然而，这些异构化路径所需的能垒均较高。

$$C_6H_5CHCH_3 \Longrightarrow C_6H_5C_2H_3+H \qquad\qquad (R6.57)$$

$$C_6H_5CH_2CH_2 \Longrightarrow C_6H_5C_2H_3+H \qquad\qquad (R6.58)$$

$$C_6H_5CH_2CH_2 \Longrightarrow C_6H_5+C_2H_4 \qquad\qquad (R6.59)$$

苯乙基自由基与氧气的反应及后续反应被认为是乙基苯中低温氧化过程中最重要的反应类别。Murakami 等[87]使用量化计算对苯乙基自由基与氧气反应的势能面进行了研究。他们的计算结果表明，对于 $C_6H_5CHCH_3+O_2$ 反应，$C_6H_5CHOOCH_3$ 的后续异构反应的所有过渡态位于 $C_6H_5CHCH_3+O_2$ 反应物总能量以上。相反，对于 $C_6H_5CH_2CH_2+O_2$ 反应，后续异构反应的过渡态多位于 $C_6H_5CH_2CH_2+O_2$ 反应物总能量以下。RRKM 速率常数计算结果表明，在 300～1500K 温度范围内 $C_6H_5CHCH_3+O_2$ 反应生成的过氧自由基倾向于通过逆反应返回生成物，而在 $C_6H_5CH_2CH_2+O_2$ 反应所生成的过氧自由基倾向于分解形成环状双氧结构的中间产物，如图 6.30 所示。这种环状双氧中间产物的分解主要生成 $C_6H_5O+c\text{-}C_2H_4O$ 或开环生成支链酮基烯烃自由基。此外，苯乙基自由基与氧气直接生成 $C_6H_5C_2H_3+HO_2$ 的反应（R6.60 和 R6.61）在温度升高至 1000K 左右时变得越来越重要。

$$C_6H_5CHCH_3+O_2 \Longrightarrow C_6H_5C_2H_3+HO_2 \tag{R6.60}$$

$$C_6H_5CH_2CH_2+O_2 \Longrightarrow C_6H_5C_2H_3+HO_2 \tag{R6.61}$$

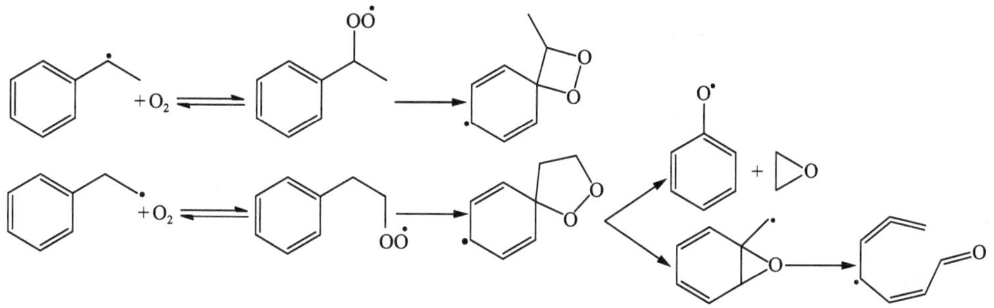

图 6.30　苯乙基自由基与氧气的主要反应路径示意图

2. 苯乙烯的分解与氧化反应

苯乙烯（$C_6H_5C_2H_3$）是乙基苯燃烧所大量生成的中间产物，其参与的反应对于乙基苯的反应活性和多环芳烃的生成具有至关重要的影响[88]。关于苯乙烯的分解路径，最早的研究是 Grela 等[89]根据热化学分析所推断的总包分解路径，Grela 等认为苯乙烯的分解主要经历一个双环的中间产物[4.1.0]-7-亚甲基环庚二烯，该双环中间产物随后经历开环反应生成 H_2CC 和 C_6H_6（R6.62）。在该过程中，开环反应的步骤为速控步，因而，该过程可以用总包反应来描述，然而，Grela 等并未给出该反应的速率常数。随后 Narayanaswamy 等估测了该反应的总包反应速率常数[90]。Hemberger 等[91]计算了苯乙烯的分解路径，其计算结果显示，苯乙烯趋向于经过多步异构反应和开环反应分解生成 $C_6H_6+H_2CC$，该反应的最高能垒为约 84.9kcal/mol。H_2CC 可以迅速通过无能垒的异构反应生成 C_2H_2。除此之外，苯乙烯可以脱去 H_2 生成苯乙炔（$C_6H_5C_2H$）（R6.63），该反应的最高能垒约为 94.7kcal/mol。除该反应外，苯乙烯也可以通过 C—C 和 C—H 断键反应生成 $C_6H_5+C_2H_3$、$C_6H_5CCH_2+H$ 和 $C_6H_5CHCH+H$[88]。苯乙烯的单分子分解反应也可以生成 C_5H_5 和 C_4H_4。

$$C_6H_5C_2H_3 \Longrightarrow C_6H_6+H_2CC \tag{R6.62}$$

$$C_6H_5C_2H_3 \Longrightarrow C_6H_5C_2H + H_2 \qquad (R6.63)$$

苯乙烯也可以经由多步异构化和开环反应异构化为 o-xylylene (R6.64)，该过程的最高能垒为 81.4kcal/mol。o-xylylene 可以异构化为 benzocyclobutene (R6.65) 或分解生成 o-C_6H_4+C_2H_4 (R6.66)。

$$C_6H_5C_2H_3 \Longrightarrow o\text{-xylylene} \qquad (R6.64)$$

$$o\text{-xylylene} \Longrightarrow benzocyclobutene \qquad (R6.65)$$

$$o\text{-xylylene} \Longrightarrow o\text{-}C_6H_4 + C_2H_4 \qquad (R6.66)$$

苯乙烯与 O、OH、HO_2 的加成反应对于苯乙烯的氧化反应活性以及其着火、火焰传播特性具有重要的影响，同时对乙基苯的着火、火焰传播等特性也具有重要的影响，因为苯乙烯是乙基苯重要的分解产物之一。然而，目前关于苯乙烯的氧化反应的理论和实验研究均十分有限，这也限制了对苯乙烯氧化反应的理解。考虑到苯乙烯和 1,3-丁二烯具有相似的共轭结构，苯乙烯所发生的氧化反应与 1,3-丁二烯具有一定的相似度。对于 1,3-丁二烯，氧原子可以很容易地加成到负电子的离域 π-键上形成环醚中间产物，而后环醚中间产物可以经历断键反应分解为醛或者酮。类比于 1,3-丁二烯，苯乙烯与 O 的加成反应可以生成 C_6H_5+HCO、C_6H_5CHCHO+H 及 C_8H_7O+H。$C_6H_5C_2H_3$ 与 OH 的加成反应可以生成 $C_6H_5CH_2$+CH_2O 及 C_6H_5CHO+CH_3。

6.3.4　长支链烷基苯反应规律

随着烷基支链的增长，烷基苯的反应变得更为复杂，其中除涉及苯、苯基、苄基、苄基位 C—C 键、苯乙烯有关的反应外，长支链烷基苯反应类的增加主要来源于烷基支链上所发生的反应，同时由于苯环的存在，长支链烷基苯也具有一些有别于烷烃的反应类，尤其是高温反应，下面将总结长支链烷基苯所发生的有别于烷烃的反应类型[86,92]。

(1) 燃料分子的芳环位本位取代反应：如图 6.31 所示，正丙基苯和正丁基苯均可以发生 H、OH、O 及 CH_3 等亲电体进攻的芳香环本位取代反应。

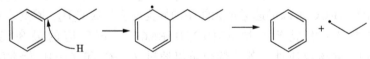

图 6.31　H 进攻丙基苯的本位取代反应路径

(2) 苯基烷基自由基的分子内氢迁移异构反应：在富燃以及高温时，氢迁移异构反应具有一定的贡献。苯基烷基的氢迁移异构反应历程是通过异构化形成环状结构的过渡态，然后发生分子内的氢迁移反应。而对于丁基苯自由基而言，其主要发生 1,4-氢迁移异构化反应，如图 6.32 所示。

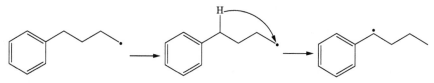

图 6.32　丁基苯的 1,4-氢迁移异构化反应路径

(3)苯基迁移/叔丁基苯重排反应：苯基迁移反应或叔丁基苯重排反应是苯基烷基自由基可能发生的另一类型的异构反应，也是直链烷基苯发生的较为特殊的反应类型。如图 6.33 所示，苯基迁移反应历程是首先生成具有更稳定结构的过渡态，然后发生解离重排反应。

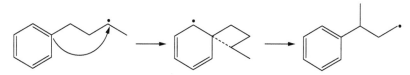

图 6.33　丁基苯的 1,4-苯基重排反应路径

(4)苯基烯烃分子的本位取代反应：和单支链烷基苯相似，苯基烯烃分子也可以发生 H、OH、O 等进攻引发的本位取代反应。

(5)苯基烯烃分子与 O、OH 的加成反应：与苯乙烯相似，苯基长链烯烃也可以发生与 O 的加成反应，由于氧原子具有孤对电子，该过程中 O 与双键加成经过三元环过渡态而后开环生成含氧产物，如图 6.34 所示；与 OH 的加成中，则为 OH 进攻双键，生成羟基烷基自由基，羟基烷基自由基在高温下发生 β 解离反应。

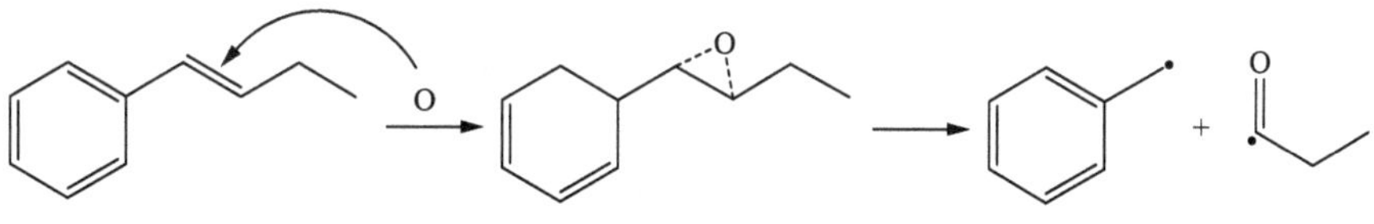

图 6.34　1-苯基-2-丁烯与 O 的加成反应路径

(6)苯基烯烃自由基的分子内成环反应：苯基烯烃分解所生成的邻-烯基苯基自由基可以与邻位的双键发生加成反应生成苯并环烷烃自由基，如图 6.35 所示，其分解生成的苯并环烯烃可以发生进一步的脱氢反应而生成双环芳烃。

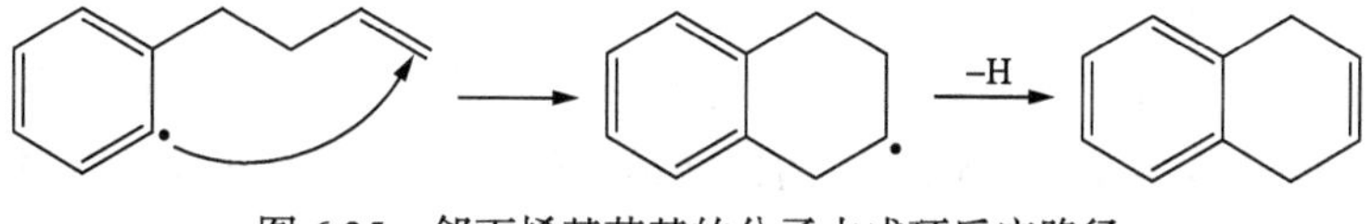

图 6.35　邻丁烯基苯基的分子内成环反应路径

(7)苯基烯烃自由基与O、HO_2、OH的加成反应,主要生成苯基取代的酮和醛。

随着烷基支链的增加,长支链烷基苯的高温热解反应活性具有较为明显的增强,图6.36比较了从甲苯到正戊基苯的高温热解反应活性。随着烷基支链的增加,烷基苯的热解反应活性逐渐增强,从甲苯至乙基苯及正丙基苯,热解反应活性均有较大的提升,而随着烷基支链的进一步增长,烷基苯的高温热解反应活性则变化不大,如图6.36所示,正丙基苯、正丁基苯及正戊基苯具有相似的高温热解反应活性。对于甲苯而言,热解反应中其初始反应为苄基位C—H断键反应,生成具有共轭稳定结构的苄基。相比于甲苯的苄基位C—H键,乙基苯苄基位C—C键具有更低的键能,乙基苯的初始分解主要为苄基位C—C键的断键反应,也因此具有比甲苯更强的高温热解活性。与乙基苯类似,丙基苯的分解也主要通过苄基位C—C断键反应,由于正丙基苯的苄基位C—C键具有更低的键能,正丙基苯的高温热解反应活性比乙基苯更强。随着烷基支链的进一步增长,烷基苯的初始分解反应仍为苄基位C—C断键反应,然而烷基支链对苄基位C—C键的电子效应与丙基苯相比则变化微弱,因而,正戊基苯、正丁基苯与正丙基苯具有较为相似的高温热解反应活性。

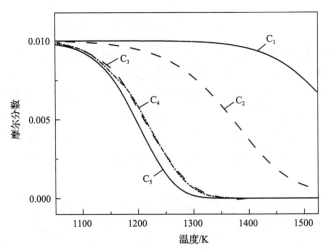

图6.36　烷基支链长度为C_1～C_5的单支链苯在流动反应器中的高温热解反应活性对比图

长支链烷基苯所具有的中低温反应类和烷烃基本相似,因此在此不再赘述。从甲苯到正丁基苯,随着烷基支链的增长,烷基苯的中低温氧化反应活性有较为明显的增加,图6.37中比较了不同烷基支链长度的单支链烷基苯,在射流搅拌反应器中的低温氧化反应活性。可以看出,正丁基苯具有较强的低温氧化反应活性且存在负温度系数区,而随着烷基支链的增长,低温氧化增强且具有明显的负温度系数区。烷基苯的这种氧化反应活性随链长的变化体现了支链长度对于烷基苯反应活性的影响。随着烷基支链的增长,烷基位的氢提取反应对于烷基苯消耗的贡献率逐渐增加，而相应苄基位的氢提取反应对于烷基苯消耗的贡献率则逐渐减小。另外一个值得关注的是氢提取反应生成的苄基位自由基的消耗路径变化。在甲苯的氧化中，苄基主要经由氧化反应进行消耗，而随着烷基支链的增加，苄基位自由基通过异构反应及 O_2 加成反应消耗的贡献增加。对于甲苯和乙基苯而言，在高压氧化条件下，其生成的苄基位自由基主要通过 O_2 加成反应生成过氧自由基，而由于这些过氧自由基主要通过逆反应返回生成苄基位自由基，或者通过协同消去反应生成苯乙烯等。随着烷基支链的增长，生成的烷基位自由基占的比例越来越大，同时，苄基位自由基通过 O_2 加成反应生成的过氧自由基，也可以通过分子内氢迁移异构反应，生成氢过氧苯基烷基自由基，两个方面的原因都促进了烷基苯低温氧化反应活性的增强。可以推测，随着烷基支链的增长，烷基苯的低温氧化反应活性将会进一步增强。

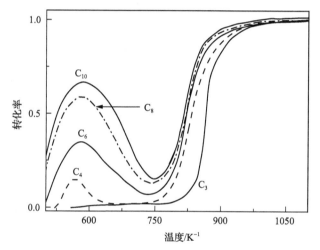

图 6.37　不同烷基支链长度的单支链苯在射流搅拌反应器中的
低温氧化反应活性对比图[93]

6.3.5　多支链烷基苯反应机理和反应规律

多支链烷基苯主要包括二甲苯、三甲苯等，多支链烷基苯具有与单支链烷基苯相似的反应类，然而由于苯环上另外一个甲基尤其是邻位甲基的存在，多支链烷基苯的分解和氧化过程将会生成双自由基或具有双自由基性质且与苯环形成共轭结构的分子，这导致其燃烧性质与单支链烷基苯具有较大的不同。另外，邻位甲基的存在也使邻位取代的多支链烷基苯具有相对较强的低温氧化性质。本节中将以二甲苯的三个异构体为例，介绍多支链烷基苯有别于单支链烷基苯的反应类和反应规律。

1. 二甲苯的分解与氧化反应

与甲苯类似，二甲苯主要经由单分子分解反应和双分子反应进行分解。二甲苯的单分子 C—H 断键反应可以生成 $CH_3C_6H_4CH_2$+H（R6.67），而其 C—C 断键反应生成 $C_6H_4CH_3$+CH_3（R6.68）。

$$CH_3C_6H_4CH_3 \Longrightarrow CH_3C_6H_4CH_2+H \qquad (R6.67)$$

$$CH_3C_6H_4CH_3 \Longrightarrow C_6H_4CH_3+CH_3 \qquad (R6.68)$$

二甲苯消耗的双分子反应包括自由基及 O_2 进攻的氢提取反应、小分子自由基的加成反应等，其中氢提取反应主要生成 $CH_3C_6H_4CH_2$。除氢提取反应外，二甲苯和 H 反应可以生成 $C_6H_5CH_3$+CH_3，与 O 反应可以生成 $(CH_3)_2C_6H_3O$+H、$(CH_3)_2C_6H_3OH$ 及 $C_5H_4(CH_3)_2$+CO，与 OH 反应主要生成 C_6H_5OH+CH_3 及 $(CH_3)_2C_6H_3OH$+H。图 6.38 以邻二甲苯为例总结了二甲苯与 H、O 及 OH 的加成反应路径。

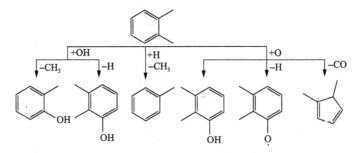

图 6.38　邻二甲苯与 H、O、OH 发生本位取代反应后的主要产物

2. 甲基苄基的分解反应

在高温热解条件下，$CH_3C_6H_4CH_2$ 将很快从第二个甲基失去一个 H，生成 xylylene。da Silva 等[94,95]通过理论计算研究了三种 $CH_3C_6H_4CH_2$ 的分解动力学，认为 m-xylyl 的脱氢反应不会生成间二亚甲基苯，而是通过一系列异构化和开环反应异构化为 o-xylyl 或 p-xylyl，如图 6.39 所示。o-xylyl 可以通过再次脱氢反应生成 o-xylylene，而 p-xylyl 则脱氢生成 p-xylylene。此外，C_7H_6+CH_3 及 2-methylfulvenallene+H 也是三种 $CH_3C_6H_4CH_2$ 的分解产物。

相比于 p-xylylene，o-xylylene 更为活泼，Hemberger 等[91]计算结果表明 o-xylylene 可以较快地异构化为 C_6H_4-cC_2H_4，也可以经过多步反应异构化为 $C_6H_5C_2H_3$，Pachner 等[96]计算结果表明 o-xylyl 的分解也可以生成 C_6H_4-cC_2H_4。图 6.39 同样给出了目前理论计算所得 $CH_3C_6H_4CH_2$ 的分解反应势能面。

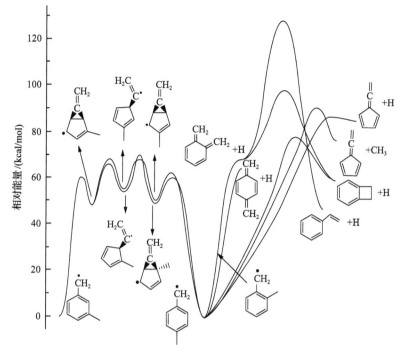

图 6.39　$CH_3C_6H_4CH_2$ 脱氢分解势能面[95]

3. 甲基苄基的氧化反应

o-$CH_3C_6H_4CH_2$、m-$CH_3C_6H_4CH_2$ 和 p-$CH_3C_6H_4CH_2$ 与氧气的反应可以产生 o-$CH_3C_6H_4CH_2OO$、m-$CH_3C_6H_4CH_2OO$ 和 p-$CH_3C_6H_4CH_2OO$。o-$CH_3C_6H_4CH_2OO$ 可通过分子内氢迁移反应形成 QOOH，如图 6.40 所示。相比之下，m-$CH_3C_6H_4CH_2OO$ 和 p-$CH_3C_6H_4CH_2OO$ 则难以进行异构反应，而趋向于分解生成反应物或其他产物。o-$CH_3C_6H_4CH_2OO$ 的其他分解路径包括生成 o-xylene+HO_2、o-$OC_6H_4CH_3$+CH_2O 及 o-$CH_3C_6H_4CHO$+OH。m-$CH_3C_6H_4CH_2$ 与氧气的反应主要生成 m-$OC_6H_4CH_3$+CH_2O，p-$CH_3C_6H_4CH_2$ 与氧气的反应主要生成 p-$OC_6H_4CH_3$+CH_2O。在低温条件下，o-$CH_2C_6H_4CH_2OOH$ 可以进行二次加氧反应及随后的反应，进而促进低温链分支反应的进行。

4. 多支链烷基苯的反应规律

在二甲苯的三种异构体中，邻二甲苯具有更高的反应活性，这主要是因为邻二甲苯的邻位效应所导致。一方面，邻甲基的存在使邻二亚甲基苯具有更高的脱氢效率，另一方面，o-$CH_3C_6H_4CH_2$ 可以发生分子内的异构反应而生成 $C_6H_4C_2H_5$[80]。实验中已经有很多关于二甲苯三种异构体反应活性的比较，例如 Roubaud 等[98]

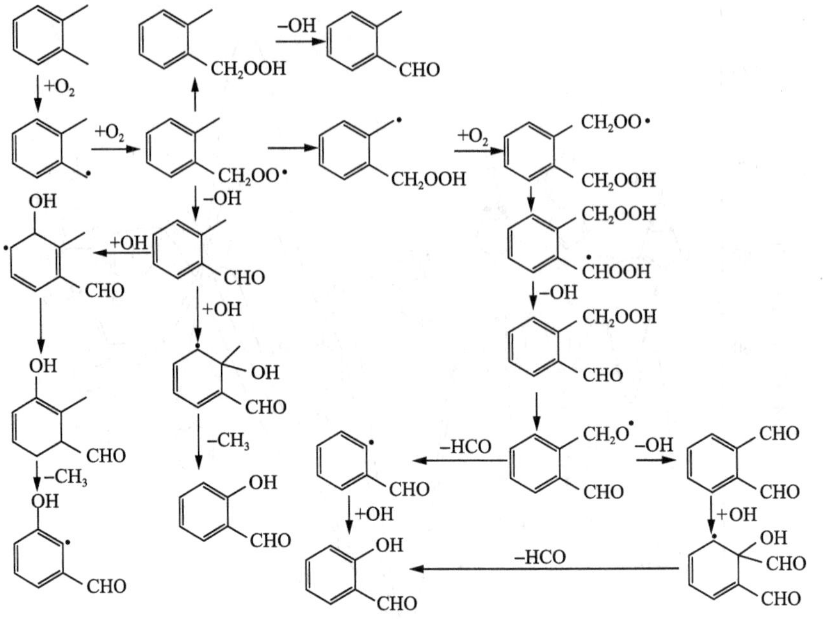

图 6.40 邻二甲苯低温氧化路径示意图[97]

发现邻二甲苯比间二甲苯和对二甲苯具有更强的低温氧化反应活性。在中高温度下，邻二甲苯也具有更高的氧化反应活性，如 Emdee 等[99,100]发现在中高温流动反应器氧化中，邻二甲苯也显示出比其他异构体更高的反应活性。Dagaut 等[101-103]发现在 900~1400K 温度范围的射流搅拌反应器氧化中，邻二甲苯的氧化反应活性比间二甲苯和对二甲苯更强，间二甲苯的氧化反应活性与对二甲苯非常相似，且稍弱于对二甲苯。邻二甲苯也具有比间二甲苯和对二甲苯更短的着火延迟时间。Shen 和 Oehlschlaeger[104]测量了温度范围为 941~1408K，压力范围为 9~45bar 条件下二甲苯异构体的着火延迟时间。他们发现二甲苯异构体的点火时间相似，其中邻二甲苯着火延迟时间更短，例如同样温度(1200K)和压力(10bar)条件下，邻二甲苯/空气混合物的着火延迟时间分别比间二甲苯和对二甲苯空气混合物小 1.9 和 1.6 倍，如图 6.41 所示。

6.3.6　芳香烃和烷烃燃烧特性比较

由于芳香环的存在，芳香烃的燃烧特性与相同碳原子数的烷烃具有较大的不同，这主要表现在反应活性的不同。在高温反应活性方面，芳香环的断键及芳香环上碳-氢键的断裂需要相对较高的活化能，因此仅有芳香环结构存在的芳香烃如苯或萘自身极难分解或氧化。带有烷基支链的烷基苯则相对较易分解，对于带有烷基支链的烷基苯而言，其燃烧主要发生烷基支链上的分解和氧化反应，随着烷基支链的增长，反应活性也逐渐增强。另外，芳香烃燃烧的显著特点是会产生大

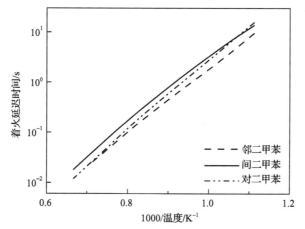

图 6.41 三种二甲苯异构体的着火延迟时间对比[105]

量的共轭稳定自由基，如 $C_6H_5CH_2$ 和 C_5H_5 等。这些共轭稳定自由基寿命较长，碳原子数容易发生复合反应，包括其自身的复合反应及与其他小分子产物尤其是不饱和小分子产物的复合反应，而这些复合反应也是多环芳烃生成与增长的重要路径之一。相比之下，烷烃分子结构中的 C—C 键键能则较弱，容易发生断键反应，生成小分子活泼自由基，进而引发链反应的快速进行。因此，烷烃的高温氧化反应活性要远远强于相同碳原子数的芳香烃，如图 6.42 所示。

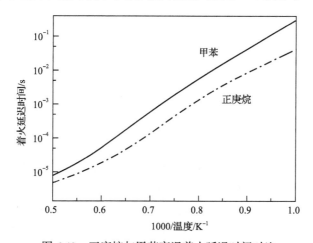

图 6.42 正庚烷与甲苯高温着火延迟时间对比

由于芳香环的存在及共轭稳定自由基的生成，芳香烃和烷烃在低温氧化反应活性及低温氧化反应类方面也具有显著的不同，相同碳原子数的烷烃的低温氧化反应活性要远强于芳香烃，如图 6.43 所示。在低温氧化条件下，烷烃初始氧化反应生成的烷基自由基较不稳定，但烷基过氧自由基的稳定性则高于烷基自由基，因此烷基自由基一次加氧生成的烷基过氧自由基的反应在低温条件下趋向于向正反应方向进行，从而引发低温链分支反应的进行。相比之下，由于芳香烃初始氧化反应较多生成共轭稳定自由基，如甲苯的低温氧化反应中初始燃料自由基为 $C_6H_5CH_2$，在低温条件下，共轭稳定自由基通过一次加氧反应生成的芳基过氧化物的反应平衡更趋于向逆反应方向进行。

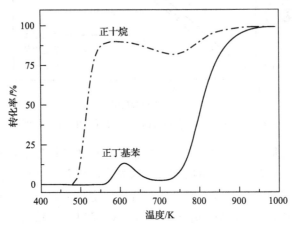

图 6.43　正丁基苯和正十烷低温氧化过程的转化率

对于具有更长烷基支链的芳香烃来说，其低温氧化性质和反应类主要受烷基支链的影响，虽然此时在苄基位形成的自由基也相对较为稳定，然而随着链的增长，燃料的低温反应活性逐渐增强，到正丁基苯时，链的长度已足以使生成的苯烷基过氧化物通过环状过渡态进行分子内氢迁移，从而异构化为苯烷基氢过氧自由基，与过氧化物直接分解生成烯基苯的中温反应形成一定的竞争性，苯烷基氢过氧自由基发生的二次加氧反应和后续分解反应最终导致低温链分支反应的发生，如图 6.43 所示，可以看出正丁基苯已具有一定的低温氧化反应活性，尽管其低温氧化反应活性远弱于相同碳原子数的正十烷。如前述章节所述，对于具有邻位烷基取代的芳香烃而言，邻位效应的存在，燃料自由基一次加氧反应生成的苯基取代过氧化物可以发生分子内的氢迁移反应夺去邻位烷基上的氢原子，从而促进整体低温链分支反应的进行，因此具有邻位取代的多烷基取代芳香烃也具有一定的低温氧化反应活性，尽管其低温氧化反应活性要远弱于具有相同碳原子数的单烷基取代芳香烃及烷烃。

6.4　运输模型燃料反应机理

实际的运输燃料通常是成百上千种组分组成，主要可以分为直链烷烃、支链烷烃、环烷烃、烯烃和芳香烃等，组分十分复杂[106,107]，因此，无法穷举成百上千种燃料组分进行燃烧反应动力学实验和模型研究，而且即便不计代价进行穷举研究，所发展出来的涵盖成百上千种燃料组分、成千上万个反应的模型也无法有效简化并应用于燃烧数值模拟。另外，实际运输燃料中的直链烷烃、支链烷烃、环烷烃、芳烃之间的相对比例随着实际燃料的产地、石油提炼工艺等条件的影响而发生很大的改变，不可能对每一种不同产地、来源的实际运输燃料开展研究[107-109]。因此需要在燃烧研究中能够较为便捷地捕捉这一差异，对于不同原料来源、不同产地和其他因素的燃料，需要一个普适的模型来模拟其主要的物理、化学和燃烧特性。此外，未来需要发展和利用代用运输燃料，特别是混合燃料。目前混合燃料已经在运输行业广泛使用，也相应提升了理解石油基组分和人工添加组分之间相互作用的需求。一个包含两种或多种组分的模型燃料燃烧动力学模型将是理解其相互作用的有效手段。

为解决这一问题，研究者提出了模型燃料方案[106,107,109-113]，选择几种代表性的组分来代表真实的运输燃料，如一种或者几种直链烷烃、支链烷烃、环烷烃和芳香烃组分，并以适当的比例混合[106,107,109-112]，使其能够用来模拟目标实际燃料的主要物理、化学和燃烧特性。人们基于燃料的物理性质和化学性质提出了很多标准，用以衡量模型燃料对实际运输燃料的模拟能力[109,112,113]。其中，物理性质包含密度、黏度、热导率、蒸馏曲线、冰点、热值等，对燃料的流动、结冰、雾化、蒸发等特性具有重要影响。化学性质包括平均分子量、氢碳比、辛烷值或十六烷值、阈值碳烟指数等，对燃料的燃烧特性具有重要的影响。例如，平均分子量与燃料在气态燃烧环境中的扩散性质直接相关；氢碳比则决定了燃烧产物中水和二氧化碳的生成比例，从而对燃烧热和绝热火焰温度有重要影响，最终也影响到层流火焰传播速度；十六烷值和辛烷值则是衡量燃料着火性能或抗爆震性能的关键参数，直接影响燃料着火延迟时间的大小；阈值碳烟指数则主要用来衡量燃料的碳烟生成特性。碳氢燃料的化学性质实际上是由不同碳原子类型所决定的。因此在发展模型燃料时，通常需要考虑不同的碳原子类型之间的比例，通过调节比例使得模型燃料的物理性质和化学性质尽量与实际燃料接近。

6.4.1　模型燃料构建策略

常用的模型燃料构建策略一般包括以下步骤[106]：

(1) 分析目标燃料的主要物理化学特性、化学组分以及燃烧特性。

(2) 构建能够模拟目标燃料特定物理特性、燃烧特性及能够代表目标燃料化学组成的多组分模型燃料。

(3) 对目标燃料和多组分模型燃料开展燃烧实验研究，包括宏观燃烧参数测量及微观燃烧中间产物浓度测量，比较其燃烧特性并提供机理验证数据库。

(4) 对单组分开展全面的实验研究，扩充单组分燃烧机理实验验证数据库。

(5) 发展单组分的详细燃烧机理，保证机理在实际发动机燃烧工况范围下的准确性和适用性。

(6) 以单组分详细燃烧机理为基础，构建多组分模型燃料详细燃烧机理。

(7) 使用已开展目标燃料燃烧实验数据对多组分模型燃料详细燃烧机理进行验证。

(8) 对多组分模型燃料详细燃烧机理进行简化以适应实际发动机燃烧数值模拟需求。

1. 模型燃料组分选择

石油基运输燃料的组分包括四种类型：烷烃（直链或支链）、环烷烃（单环或多环）、芳香烃（单环或多环，单取代或多取代）和烯烃[106]。烯烃通常不被包含在模型燃料中，这是因为它们很多时候并不具有很高的体积分数，而且其化学性质也能够借助其他类型组分来模拟。通常在选取模型燃料组分时遵循下面的原则：① 对于每一种主要组分类型至少选取一种代表性组分；② 分子量要在实际运输燃料的范围之内；③ 匹配实际燃料的总包氢碳比；④ 选取的单组分要有充足的基础燃烧参数数据库以发展/验证模型；⑤ 芳香烃含量有一定的上限，防止碳烟颗粒物和碳焦的形成。

此外，基于燃料中官能团与燃料特性的关系，可以基于官能团加和的方法提出模型燃料的组分，这是因为不同的组分类型可能含有相同的官能团，通常选用最小的官能团数量来代表实际燃料的全部分子结构。另外，也可以分析模型燃料的官能团分布，并对官能团进行加和分析。例如 Dooley 等[110]研究了 Jet-A 航空煤油的八种不同的模型燃料组分中亚甲基、甲基和苄基官能团在这八种模型燃料中的质量分数。

2. 模型燃料物理性质

在模型燃料的构建中，需要仔细地确定模型燃料组分以模拟实际燃料的表现，例如匹配实际燃料的物理、化学和燃烧特性，特别是各组分类型的含量，在宽广的测试条件下比较实际燃料和模型燃料的基础燃烧特性等。其中，需要考虑的实际燃料和模型燃料的物理性质主要有密度、黏度、沸点、冰点等。

1) 密度

密度影响燃料的体积能量密度，对于同一类组分，密度随着碳原子数的增加而增加，对于相同碳数的组分，密度的关系是烷烃＜环烷烃＜芳香烃。

2) 黏度

黏度影响液体燃料的流动特性和喷雾特性，它主要与分子量相关，与组分类型关系不大。对于相同的碳数，环烷烃的黏度通常大于烷烃和芳香烃。

3) 蒸馏曲线和沸点

由于石油基运输燃料都是液体燃料，雾化蒸发在发动机中有着重要的影响。为匹配实际燃料的蒸馏曲线，模型燃料需要包含一系列具有不同沸点和分子量的组分。

4) 冰点

低的冰点能够使航空燃料在长途国际飞行中更加稳定，特别是冬天在两极航线上。对于柴油而言，更低的冰点可使其在冬天的冷启动更加稳定。

5) 其他物理特性

其他的重要物理特性包括热导率、润滑性、显热等，模型燃料的物理特性通常可以通过对单组分特性的线性加合来估算，这是因为所有的物理特性都是组分、饱和度和分子量的函数，在很多情况下采用线性关系是合理的。

3. 模型燃料化学性质

不同类型的实际运输燃料有着不同的化学特性，例如，从表 6.2 中可以看出，汽油、航空煤油和柴油的低热值、平均碳数、分子式、分子量等均有显著差异。

表 6.2　汽油、煤油和柴油的化学性质[114]

参数	汽油	煤油	柴油
低热值/(MJ/kg)	43.4	43.2	42.7
碳数范围	4-12	8-16	9-23
平均分子式	$C_{6.9}H_{13.5}$	$C_{11}H_{21}$	$C_{16}H_{28}$
摩尔质量/(g/mol)	~96.3	~153	~220

1) 平均分子量

气相质量扩散特性与平均分子量强烈相关，因此，为了模拟实际燃料在气相燃烧环境下的扩散特性，模型燃料必须具有相似的平均分子量。分子量越大，二元扩散系数越小。另外，很多物理特性，如沸点、冰点和黏度也都与分子量相关。

2) 氢碳比

氢碳比决定了燃烧中产生的水和二氧化碳的比例，因此是燃烧热的控制因素。此外，它还控制了热值、能量密度、绝热火焰温度，并最终控制了层流火焰传播速度和其他的燃烧性质，氢碳比还能够影响局部空燃当量比和总的自由基浓度。图 6.44 给出了不同燃料的氢碳比和低热值以及绝热火焰温度之间的关系[114]。

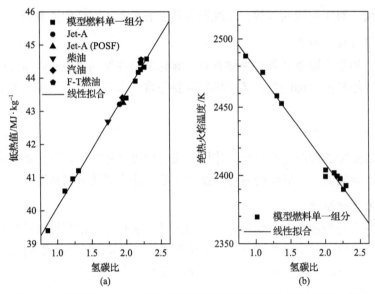

图 6.44　不同燃料的氢碳比和低热值以及绝热火焰温度之间的关系[114]

3）低热值

热值是指单位质量（或体积）的燃料完全燃烧时所释放的热量，高热值是指燃料燃烧热和水蒸气的冷凝热的总和，而低热值仅指燃料的燃烧热，即净燃烧热。对于相同碳数的化合物，质量能量密度的顺序是芳香烃＜环烷烃＜烷烃，而体积能量密度的顺序则相反。像汽油这样的轻质燃料具有更大的质量能量密度，而像柴油这样的重质燃料则有更高的体积能量密度。这是因为汽油中烷烃含量高，密度低，烷烃由于氢碳比高，相同质量下能量密度大，而柴油中芳香烃和环烷烃含量高，密度大，氢碳比低，相同体积下能量密度大。因此，能量密度实际上是由氢碳比决定的。对于一个模型燃料，净燃烧热是与组分及其配方紧密相连而且对其非常敏感的。

4. 模型燃料燃烧性质

1）着火性质

着火性质或反应活性通常是由辛烷值和十六烷值来表征的，这两个值被用于描述传统汽油和柴油的自燃特性。一般来讲，直链烷烃的辛烷值随着碳原子数的增加而降低；相同碳原子的烷烃的辛烷值随着支链数量的增加而增加，这主要是因为低温链分支反应，直链烷烃的碳链越长越容易发生低温链分支反应，而支链越多越不易发生低温链分支反应。

十六烷值是柴油机中测量着火延迟时间指标，是柴油燃料自燃特性的标志性参数，更高的十六烷值代表着更大的反应活性。衍生十六烷值是利用着火特性测试仪测量的，它是一个快速标准化的用于测量发动机的着火延迟时间的方法，基于已知十六烷值参比组分的校正来确定。十六烷值随着碳原子数目的变化趋势与辛烷值相反。对于模型燃料，可以基于单组分燃料的线性加和法分别确定辛烷值和十六烷值[115]。

2) 碳烟排放性质

燃料的燃烧会生成芳烃前驱体、芳烃和碳烟。燃烧中的碳烟排放特性主要由两种标志性参数来确定，一种是阈值碳烟指数（threshold sooting index，TSI），另一种是生成碳烟指数（yield sooting index，YSI）。

对于单一组分，TSI 可由分子量和烟点的比值获得[116]：

$$\text{TSI} = a\left(\frac{\text{分子量}}{\text{烟点}}\right) + b \tag{6.1}$$

式中，烟点是层流同向射流扩散火焰未出现烟气的最大高度，常数 a 和 b 可以通过实验确定。

Yan 等[116]总结了不同类型的碳氢燃料的阈值碳烟指数，总的来说，烷烃＜单环烷烃＜烯烃＜二烯和双环烷烃＜单环芳烃＜双环芳烃。对于模型燃料，可以采用线性加和的方式来计算模型燃料的阈值碳烟指数（TSI_{mix}）：[116]

$$\text{TSI}_{\text{mix}} = \sum_i x_i \text{TSI}_i \tag{6.2}$$

式中，x_i 为模型燃料中各组分的摩尔分数。对于 TSI 测量，烟点是较难确定的参数，因为是基于肉眼观察，误差较大。而 YSI 是基于最大碳烟体积分数（$f_{\text{v,max}}$）确定：

$$\text{YSI} = C f_{\text{v,max}} + D \tag{6.3}$$

式中，C 和 D 为与测量仪器相关的经验参数。由于应用了激光诊断方法，YSI 的数值较为准确[117]。McEnally 等[117]测量了不同碳原子数和支链结构的单环芳烃的 YSI，结果表明，单环芳烃的 YSI 随着碳链的增长和支链数目的增多而增大。

6.4.2　汽油模型燃料

汽油是目前应用最为广泛的运输燃料，由原油蒸馏而来，其初始馏分包括 $C_4 \sim C_{10}$ 直链烷烃、支链烷烃、环烷烃和芳香烃。各种炼油工艺将粗蒸馏产品升级为符合规格的汽油，这些过程包括烷基化、催化缩合、异构化和催化重整。对汽油燃烧的早期研究通常采用单组分或二元混合物（正庚烷/异辛烷）作为模型燃料，称为参比燃料。在过去的十年中，三元混合物（正庚烷/异辛烷/甲苯）得到了广泛的应用，称为甲苯参比燃料（toluene reference fuel，TRF），随着对工程模拟需求的提高，涵盖汽油燃料整个碳数范围（$C_4 \sim C_{10}$）的多组分（＞3）模型燃料的研究在近年来也取得了快速进展。除此之外，含氧燃料如乙醇、丁醇、甲基叔丁基醚等越来越多地用作汽油模型燃料的混合组分或添加剂。

在汽油模型燃料的构建中，主要考虑的物理和化学特性包括化学组分、辛烷值、低热值、氢碳比、蒸馏曲线、蒸气压等，其中辛烷值是最为重要的目标特性，也是衡量汽油抗爆震性质的指标性参数。目标特性的选择与使用汽油燃料的发动机密切相关，尽管点燃和压燃发动机都能使用汽油燃料，但是每种燃料的燃烧过程大不相同，即使在特定的工况条件下，燃烧过程也可能改变，这取决于特定的发动机工况，例如速度和负载，或者是否发生异常情况如提前点火、爆震等。因此，对于汽油模型燃料的构建需要更具有针对性地考虑目标汽油的性质及所使用的发动机情况。Sarathy 等[118]根据实际燃料 FACE(fuels for advanced combustion engines)汽油性质的不同提出了不同的 FACE 汽油模型燃料，如图 6.45 所示为他们所提出的两种 FACE 汽油模型燃料中的化学组分。

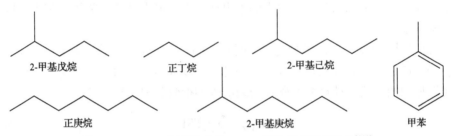

2-甲基戊烷　　　　　　正丁烷　　　　　　　2-甲基己烷

正庚烷　　　　　　　　　　　　2-甲基庚烷　　　　　　甲苯

图 6.45　Sarathy 等所提出的 FACE 汽油模型燃料组分[118]

除了异辛烷、正庚烷和甲苯三种汽油模型燃料主要组分外[118]，两种支链烷烃(2-甲基戊烷和 2-甲基己烷)和一种直链烷烃(正丁烷)也被添加到了汽油模型燃料中。这些小分子烃的加入是考虑到实际汽油中有较高浓度的小分子烃组分(如异戊烷)，同时也考虑到直链烷烃馏分的平均链长及支链烷烃的支链化程度。

在模型燃料的构建中，其主要考虑的目标参数为辛烷值、氢碳比、平均摩尔质量及燃料组分分布，如表 6.3 所示。

6.4.3　柴油模型燃料

相比于汽油，柴油中所含有的化学组分的平均分子量范围更大，同时，柴油中所包含的芳烃比例较高，且具有一些较大分子质量的芳烃如多环芳烃等。本节以 Mueller 等[107]发展的柴油模型燃料为例介绍其构建的基本步骤。

(1)选择目标柴油燃料。图 6.46(a)给出了目标柴油燃料中直链烷烃、支链烷烃、环烷烃和芳香烃的相对比例及各种类型燃料的代表组分(注意此处并不是指模型燃料中的组分)，图 6.46(b)给出了柴油的各个具有不同碳原子数和燃料类型的质量百分比。

表 6.3　Sarathy 等提出的两种 FACE 汽油模型燃料主要性质对比[118]

各类性质	FACE A 目标燃料	FACE C 目标燃料	FACE A 模型燃料	FACE C 模型燃料
研究法辛烷值	83.5	84.7	84	84
马达法辛烷值	83.6	83.6	84	84
氢碳比	2.29	2.27	2.29	2.28
平均摩尔质量	97.8	97.2	101.5	98.4
直链烷烃	13.2%	28.6%	14%	28%
支链烷烃	83.7%	65.1%	86%	69%
芳香烃	0.3%	4.4%	0	3%
烯烃	0.4%	0.4%	0	0
环烷烃	2.4%	1.5%	0	0

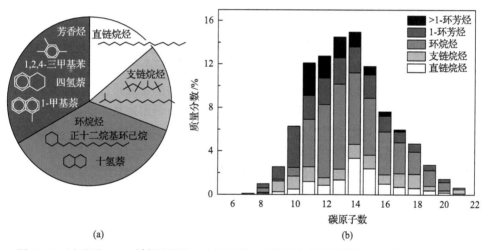

图 6.46　(a)柴油 CFA 中直链烷烃、支链烷烃、环烷烃和芳香烃的相对比例及代表组分；
(b)柴油 CFA 中不同碳原子数的燃料的质量分数[107]

　　(2)选择目标物理、化学和燃烧特性，并确定目标燃料与模型燃料在各类特性方面存在的误差范围。Mueller 等[107]选取的目标参数包括密度、蒸馏曲线、十六烷值、各化学组分的体积分数和质量分数、氢碳比、黏度和净燃烧热等。

　　(3)选择模型燃料组分。在选择模型燃料时，着重考虑了各单组分燃料的碳原子类型，图 6.47 列出 7 种单组分，包含了 11 种碳原子类型。在碳原子类型的基础上，Mueller 等[107]发展了一个包含 9 种单组分的模型燃料，即为正十六烷、正十八烷、正二十烷、2,2,4,4,6,8,8-七甲基壬烷、四氢萘、正丁基苯、十氢萘、1,2,4-三甲基苯和 1-甲基萘。

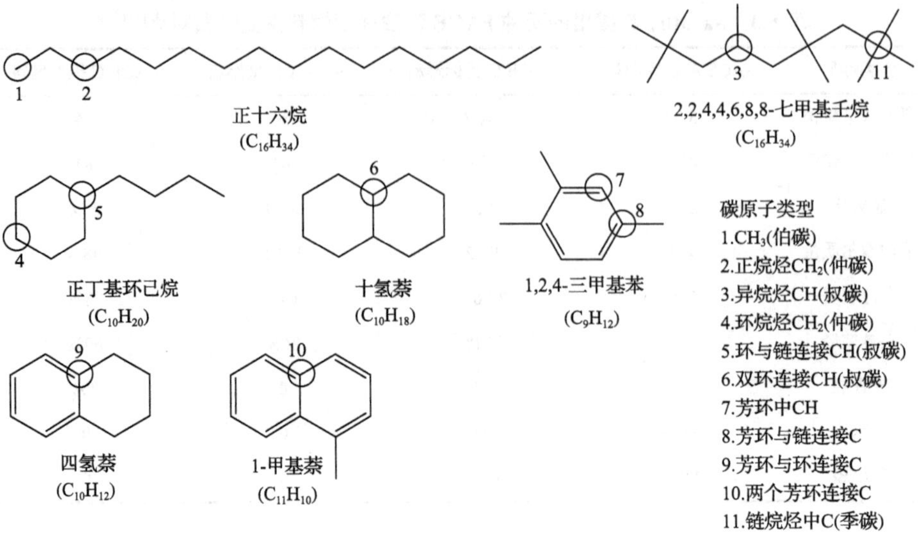

正十六烷
(C$_{16}$H$_{34}$)

2,2,4,4,6,8,8-七甲基壬烷
(C$_{16}$H$_{34}$)

正丁基环己烷
(C$_{10}$H$_{20}$)

十氢萘
(C$_{10}$H$_{18}$)

1,2,4-三甲基苯
(C$_9$H$_{12}$)

四氢萘
(C$_{10}$H$_{12}$)

1-甲基萘
(C$_{11}$H$_{10}$)

碳原子类型
1.CH$_3$(伯碳)
2.正烷烃CH$_2$(仲碳)
3.异烷烃CH(叔碳)
4.环烷烃CH$_2$(仲碳)
5.环与链连接CH(叔碳)
6.双环连接CH(叔碳)
7.芳环中CH
8.芳环与链连接C
9.芳环与环连接C
10.两个芳环连接C
11.链烷烃中C(季碳)

图 6.47 7 种代表性单组分及其 11 种碳原子类型[107]

(4)进行组分迭代运算,使多组分模型燃料的组分比例能够在误差范围内符合目标柴油燃料的物理和化学特性。

(5)由单组分构建多组分模型燃料并测试模型燃料的燃烧特性。

(6)如果达到了目标,则完成模型燃料配方设计,否则重复步骤(2)。

Mueller 等[107]对比了目标柴油燃料及其模型燃料的各类化学组分的百分比、自燃特性、挥发性、密度、氢碳比、净燃烧值、碳烟排放性质等关键物理、化学和燃烧参数,确定了目标柴油燃料及其模型燃料中各组分燃料的质量百分比。

6.4.4 煤油模型燃料

煤油模型燃料的构建过程与汽油和柴油十分相似,其中所需考虑的主要物理、化学及燃烧特性在上述章节中也均有涉及,因此本小节中不再赘述。实际运输模型燃料的构建及其燃烧反应机理的发展往往需要大量的实验数据进行约束和验证,这些实验数据包括宏观燃烧参数和微观组分浓度实验数据,因此,运输模型燃料及其燃烧反应机理的准确性也将随着实验数据库的扩大而不断得到提升。另外,模型燃料的构建中还必须要考虑单组分详细燃烧反应机理所发展的程度及其准确程度。本小节以 Dooley 等[110,111]发展的一种航空煤油的模型燃料的历程为例,简要介绍模型燃料及其燃烧反应机理对于基础燃烧实验数据及单组分燃烧反应机理的依赖性。

图 6.48 给出了目标航空煤油中各类型燃料的体积百分比[110]。Dooley 等[111]于 2010 年发展了该航空煤油的模型燃料(简称为第一代模型燃料),当时由于受到可用的单组分模型限制,他们采用了分子量较小的正癸烷、异辛烷和甲苯作为模

型燃料组分，各单组分的百分比分别为正癸烷 42.67%、异辛烷 33.02%和甲苯 24.31%，这导致了模型燃料的目标参数与该航空煤油差距较大。表 6.4 给出了航空煤油和模型燃料的衍生十六烷值、氢碳比、平均分子量和阈值碳烟指数，从表中可以看出，模型燃料的阈值碳烟指数与航空煤油的值相差较大。他们发展了包含这三个单组分的模型燃料机理，并利用流动反应器中的组分浓度、火焰传播速度、熄火拉伸率和着火延迟时间对模型燃料反应动力学模型进行验证。由于第一代模型中缺少大分子燃料组分，且模型燃料机理验证目标范围较窄，Dooley 等[110]于 2012 年开展了更宽温度、压力范围的燃烧实验，并以此为基础发展了航空煤油的第二代模型燃料，所提出的四组分模型燃料组分体积百分比分别为正十二烷 40.41%、异辛烷 29.48%、1,3,5-三甲基苯 7.28%和正丙基苯 22.83%。表 6.4 也给出了第二代模型燃料的特性，对比实际燃料和第一代模型燃料可以发现，第二代模型燃料更接近实际燃料的目标特性。此外，相比于第一代模型燃料，第二代模型燃料的密度、黏度、碳烟排放值、熄火拉伸率等值也更接近实际燃料。但是，第二代模型燃料的密度和黏度仍然要低于实际燃料的值，故后续有文献发展了新的模型燃料[119]，由于十氢萘的燃烧反应动力学模型在此期间得到了较为迅速的发展，所以在第二代模型燃料中加入了具有更大分子质量的双环芳烃——十氢萘，新的五组分模型燃料组分包括正十二烷、异十六烷、甲基环己烷、十氢萘和甲苯。

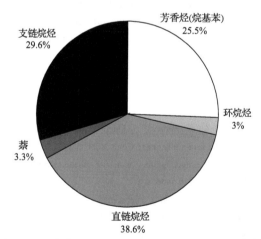

图 6.48　目标航空煤油中各类型燃料的体积百分比[110]

表 6.4　航空煤油、第一代模型燃料和第二代模型燃料参数[110]

燃料	衍生十六烷值	氢碳比	平均分子量/(g/mol)	阈值碳烟指数
目标燃料	47.1	1.96	142	21.4
第一代模型燃料	47.4	2.01	120.7	14.1
第二代模型燃料	48.5	1.95	138.7	20.4

参 考 文 献

[1] Westbrook C K, Smith P J. Basic research needs for clean and efficient combustion of 21st century transportation fuels[R]. Livermore: U.S. Department of Energy, 2006.

[2] Herbinet O, Battin-Leclerc F. Progress in understanding low-temperature organic compound oxidation using a jet-stirred reactor[J]. International Journal of Chemical Kinetics, 2014, 46(10): 619-639.

[3] Luo Y. Comprehensive handbook of chemical bond energies[M]. Boca Raton: CRC Press, 2007.

[4] Orme J P, Curran H J, Simmie J M. Experimental and modeling study of methyl cyclohexane pyrolysis and oxidation[J]. Journal of Physical Chemistry A, 2006, 110(1): 114-131.

[5] Li Y, Zhou C-W, Curran H J. An extensive experimental and modeling study of 1-butene oxidation[J]. Combustion and Flame, 2017, 181: 198-213.

[6] Sung C-J, Curran H J. Using rapid compression machines for chemical kinetics studies[J]. Progress in Energy and Combustion Science, 2014, 44: 1-18.

[7] Jalan A, Alecu I M, Meana-Pañeda R, et al. New pathways for formation of acids and carbonyl products in low-temperature oxidation: The korcek decomposition of γ-ketohydroperoxides[J]. The Journal of the American Chemical Society, 2013, 135(30): 11100-11114.

[8] Wang Z, Popolan-Vaida D M, Chen B, et al. Unraveling the structure and chemical mechanisms of highly oxygenated intermediates in oxidation of organic compounds[J]. Proceedings of the National Academy of Sciences of the United States of America, 2017, 114(50): 13102-13107.

[9] Wang Z, Chen B, Moshammer K, et al. n-Heptane cool flame chemistry: Unraveling intermediate species measured in a stirred reactor and motored engine[J]. Combustion and Flame, 2018, 187: 199-216.

[10] Wang Z, Sarathy S M. Third O_2 addition reactions promote the low-temperature auto-ignition of n-alkanes[J]. Combustion and Flame, 2016, 165: 364-372.

[11] Westbrook C K, Pitz W J, Herbinet O, et al. A comprehensive detailed chemical kinetic reaction mechanism for combustion of n-alkane hydrocarbons from n-octane to n-hexadecane[J]. Combustion and Flame, 2009, 156(1): 181-199.

[12] Zhang K, Banyon C, Burke U, et al. An experimental and kinetic modeling study of the oxidation of hexane isomers: Developing consistent reaction rate rules for alkanes[J]. Combustion and Flame, 2019, 206: 123-137.

[13] Ji C, Sarathy S M, Veloo P S, et al. Effects of fuel branching on the propagation of octane isomers flames[J]. Combustion and Flame, 2012, 159(4): 1426-1436.

[14] Sarathy S M, Westbrook C K, Mehl M, et al. Comprehensive chemical kinetic modeling of the oxidation of 2-methylalkanes from C7 to C20[J]. Combustion and Flame, 2011, 158(12): 2338-2357.

[15] Ji C, Dames E, Wang Y L, et al. Propagation and extinction of premixed C_5–C_{12} n-alkane flames[J]. Combustion and Flame, 2010, 157(2): 277-287.

[16] Silke E J, Pitz W J, Westbrook C K, et al. Detailed chemical kinetic modeling of cyclohexane oxidation[J]. Journal of Physical Chemistry A, 2007, 111(19): 3761-3775.

[17] Shafer L M, Striebich R C, Gomach J, et al. Chemical class composition of commercial jet fuels and other specialty kerosene fuels[C]. 14th AIAA/AHI International Space Planes and Hypersonic Systems and Technologies Conference. Canberra, Australia, 2006: 512-517.

[18] Agosta A, Cernansky N P, Miller D L, et al. Reference components of jet fuels: Kinetic modeling and experimental results[J]. Experimental Thermal and Fluid Science, 2004, 28(7): 701-708.

[19] 范学军, 俞刚. 大庆 RP-3 航空煤油热物性分析[J]. 推进技术, 2006, 27: 187-192.

[20] Lander H, Nixon A C. Endothermic fuels for hypersonic vehicles[J]. Journal of Aircraft, 1971, 8(4): 200-207.

[21] 伍越寰, 李伟昶, 沈晓明. 有机化学[M]. 2 版. 合肥: 中国科学技术大学出版社, 2002.

[22] Fernández-Alonso M d C, Cañada J, Jiménez-Barbero J, et al. Theoretical study of inversion and topomerization processes of substituted cyclohexanes: The relevance of the energy 3D hypersurface[J]. ChemPhysChem, 2005, 6(4): 671-680.

[23] Wang Z, Zhao L, Wang Y, et al. Kinetics of ethylcyclohexane pyrolysis and oxidation: An experimental and detailed kinetic modeling study[J]. Combustion and Flame, 2015, 162(7): 2873-2892.

[24] Tsang W. Thermal stability of cyclohexane and 1-hexene[J]. International Journal of Chemical Kinetics, 1978, 10(11): 1119-1138.

[25] Brown T C, King K D, Nguyen T T. Kinetics of primary processes in the pyrolysis of cyclopentanes and cyclohexanes[J]. Journal of Physical Chemistry, 1986, 90(3): 419-424.

[26] Kiefer J H, Gupte K S, Harding L B, et al. Shock tube and theory investigation of cyclohexane and 1-hexene decomposition[J]. Journal of Physical Chemistry A, 2009, 113(48): 13570-13583.

[27] Zhang F, Wang Z, Wang Z, et al. Kinetics of decomposition and isomerization of methylcyclohexane: Starting point for kinetic modeling mono-alkylated cyclohexanes[J]. Energy & Fuels, 2013, 27(3): 1679-1687.

[28] Benson S W. Thermochemical Kinetics[M]. New Jersey: Wiley, 1976.

[29] Zeng M, Li Y, Yuan W, et al. Experimental and kinetic modeling investigation on decalin pyrolysis at low to atmospheric pressures[J]. Combustion and Flame, 2016, 167: 228-237.

[30] Knepp A M, Meloni G, Jusinski L E, et al. Theory, measurements, and modeling of OH and HO_2 formation in the reaction of cyclohexyl radicals with O_2[J]. Physical Chemistry Chemical Physics, 2007, 9(31): 4315-4331.

[31] Sirjean B, Glaude P A, Ruiz-Lopèz M F, et al. Theoretical kinetic study of thermal unimolecular decomposition of cyclic alkyl radicals[J]. Journal of Physical Chemistry A, 2008, 112(46): 11598-11610.

[32] Iwan I, McGivern W S, Manion J A, et al. The decomposition and isomerization of cyclohexyl and 1-hexenyl radicals[C]. Proceedings of 5th US Combustion Meeting. San Diego, CA, 2007.

[33] Wang Z, Ye L, Yuan W, et al. Experimental and kinetic modeling study on methylcyclohexane pyrolysis and combustion[J]. Combustion and Flame, 2014, 161(1): 84-100.

[34] Zeng M, Li Y, Yuan W, et al. Experimental and kinetic modeling study of laminar premixed decalin flames[J]. Proceedings of the Combustion Institute, 2017, 36(1): 1193-1202.

[35] Davis A C, Tangprasertchai N, Francisco J S. Hydrogen migrations in alkylcycloalkyl radicals: Implications for chain-branching reactions in fuels[J]. Chemistry–A European Journal, 2012, 18(36): 11296-11305.

[36] Serinyel Z, Herbinet O, Frottier O, et al. An experimental and modeling study of the low- and high-temperature oxidation of cyclohexane[J]. Combustion and Flame, 2013, 160(11): 2319-2332.

[37] Xing L, Zhang L, Zhang F, et al. Theoretical kinetic studies for low temperature oxidation of two typical methylcyclohexyl radicals[J]. Combustion and Flame, 2017, 182: 216-224.

[38] Xing L, Zhang F, Zhang L. Theoretical studies for reaction kinetics of cy-$C_6H_{11}CH_2$ radical with O_2[J]. Proceedings of the Combustion Institute, 2017, 36(1): 179-186.

[39] Ning H, Gong C, Tan N, et al. Low- and intermediate- temperature oxidation of ethylcyclohexane: A theoretical study[J]. Combustion and Flame, 2015, 162(11): 4167-4182.

[40] Yang Y, Boehman A L, Simmie J M. Effects of molecular structure on oxidation reactivity of cyclic hydrocarbons: Experimental observations and conformational analysis[J]. Combustion and Flame, 2010, 157(12): 2369-2379.

[41] Herbinet O, Husson B, Serinyel Z, et al. Experimental and modeling investigation of the low-temperature oxidation of n-heptane[J]. Combustion and Flame, 2012, 159 (12): 3455-3471.

[42] Bissoonauth T, Wang Z, Mohamed S Y, et al. Methylcyclohexane pyrolysis and oxidation in a jet-stirred reactor[J]. Proceedings of the Combustion Institute, 2019, 37 (1): 409-417.

[43] Pitz W J, Cernansky N P, Dryer F L, et al. Development of an experimental database and chemical kinetic models for surrogate gasoline fuels[J]. SAE Transactions, 2007, 116: 195-216.

[44] Pitz W J, Mueller C J. Recent progress in the development of diesel surrogate fuels[J]. Progress in Energy and Combustion Science, 2011, 37 (3): 330-350.

[45] Colket M, Edwards T, Williams S, et al. Development of an experimental database and kinetic models for surrogate jet fuels[C]. 45th AIAA Aerospace Sciences Meeting and Exhibit. Reno, NV, 2007: 9446-9466.

[46] Jasper A W, Hansen N. Hydrogen-assisted isomerizations of fulvene to benzene and of larger cyclic aromatic hydrocarbons[J]. Proceedings of the Combustion Institute, 2013, 34 (1): 279-287.

[47] Yang J, Zhao L, Yuan W, et al. Experimental and kinetic modeling investigation on laminar premixed benzene flames with various equivalence ratios[J]. Proceedings of the Combustion Institute, 2015, 35 (1): 855-862.

[48] Yuan W H, Li Y Y, Dagaut P, et al. Investigation on the pyrolysis and oxidation of toluene over a wide range conditions. II. A comprehensive kinetic modeling study[J]. Combustion and Flame, 2015, 162 (1): 22-40.

[49] Taatjes C A, Osborn D L, Selby T M, et al. Products of the benzene+O (^{3}P) reaction[J]. Journal of Physical Chemistry A, 2010, 114 (9): 3355-3370.

[50] Wang H, Laskin A, Moriarty N W, et al. On unimolecular decomposition of phenyl radical[J]. Proceedings of the Combustion Institute, 2000, 28 (2): 1545-1555.

[51] Sivaramakrishnan R, Brezinsky K, Vasudevan H, et al. A shock-tube study of the high-pressure thermal decomposition of benzene[J]. Combustion Science and Technology, 2006, 178 (1-3): 285-305.

[52] Saggese C, Frassoldati A, Cuoci A, et al. A wide range kinetic modeling study of pyrolysis and oxidation of benzene[J]. Combustion and Flame, 2013, 160 (7): 1168-1190.

[53] Tranter R S, Klippenstein S J, Harding L B, et al. Experimental and theoretical investigation of the self-reaction of phenyl radicals[J]. Journal of Physical Chemistry A, 2010, 114 (32): 8240-8261.

[54] Tokmakov I V, Kim G-S, Kislov V V, et al. The reaction of phenyl radical with molecular oxygen: A G2M study of the potential energy surface[J]. Journal of Physical Chemistry A, 2005, 109 (27): 6114-6127.

[55] Kislov V V, Singh R I, Edwards D E, et al. Rate coefficients and product branching ratios for the oxidation of phenyl and naphthyl radicals: A theoretical RRKM-ME study[J]. Proceedings of the Combustion Institute, 2015, 35 (2): 1861-1869.

[56] You X, Zubarev D Y, Lester J, et al. Thermal decomposition of pentacene oxyradicals[J]. Journal of Physical Chemistry A, 2011, 115 (49): 14184-14190.

[57] Carstensen H H, Dean A M. A quantitative kinetic analysis of CO elimination from phenoxy radicals[J]. International Journal of Chemical Kinetics, 2012, 44 (1): 75-89.

[58] Davis S G, Wang H, Breinsky K, et al. Laminar flame speeds and oxidation kinetics of benene-air and toluene-air flames[J]. Proceedings of the Combustion Institute, 1996, 26 (1): 1025-1033.

[59] Lin M C, Mebel A M. Ab initio molecular orbital study of the O+C_6H_5O reaction[J]. Journal of Physical Organic Chemistry, 1995, 8 (6): 407-420.

[60] Smith R D. A direct mass spectrometric study of the mechanism of toluene pyrolysis at high temperatures[J]. Journal of Physical Chemistry, 1979, 83 (12): 1553-1563.

[61] Colket M B, Seery D J. Reaction mechanisms for toluene pyrolysis[J]. Proceedings of the Combustion Institute, 1994, 25(1): 883-891.

[62] Rao V S, Skinner G B. Formation of hydrogen atoms in pyrolysis of ethylbenzene behind shock waves. Rate constants for the thermal dissociation of the benzyl radical[J]. Proceedings of the Combustion Institute, 1988, 21(1): 809-814.

[63] Bartels M, Edelbüttel-Einhaus J, Hoyermann K. The reactions of benzyl radicals with hydrogen atoms, oxygen atoms, and molecular oxygen using EI/REMPI mass spectrometry[J]. Proceedings of the Combustion Institute, 1989, 22(1): 1041-1051.

[64] Braun-Unkhoff M, Frank P, Just T. A shock tube study on the thermal decomposition of toluene and of the phenyl radical at high temperatures[J]. Proceedings of the Combustion Institute, 1989, 22(1): 1053-1061.

[65] Braun-Unkhoff M, Frank P, Just T. High temperature reactions of benzyl radicals[J]. Berichte der Bunsengesellschaft für physikalische Chemie, 1990, 94(11): 1417-1425.

[66] Hippler H, Reihs C, Troe J. Elementary steps in the pyrolysis of toluene and benzyl radicals[J]. Zeitschrift für Physikalische Chemie, 1990, 167(1): 1-16.

[67] Eng R A, Fittschen C, Gebert A, et al. Kinetic investigations of the reactions of toluene and of p-xylene with molecular oxygen between 1050 and 1400K[J]. Proceedings of the Combustion Institute, 1998, 27(1): 211-218.

[68] Oehlschlaeger M A, Davidson D F, Hanson R K. High-temperature thermal decomposition of benzyl radicals[J]. Journal of Physical Chemistry A, 2006, 110(21): 6649-6653.

[69] Cavallotti C, Derudi M, Rota R. On the mechanism of decomposition of the benzyl radical[J]. Proceedings of the Combustion Institute, 2009, 32(1): 115-121.

[70] Da Silva G, Cole J A, Bozzelli J W. Thermal decomposition of the benzyl radical to fulvenallene(C_7H_6)+H[J]. Journal of Physical Chemistry A, 2009, 113(21): 6111-6120.

[71] Detilleux V, Vandooren J. Experimental and kinetic modeling evidences of a C_7H_6 pathway in a rich toluene flame[J]. Journal of Physical Chemistry A, 2009, 113(41): 10913-10922.

[72] Li Y, Zhang L, Tian Z, et al. Experimental study of a fuel-rich premixed toluene flame at low pressure[J]. Energy & Fuels, 2009, 23(3): 1473-1485.

[73] Zhang T C, Zhang L D, Hong X, et al. An experimental and theoretical study of toluene pyrolysis with tunable synchrotron VUV photoionization and molecular-beam mass spectrometry[J]. Combustion and Flame, 2009, 156(11): 2071-2083.

[74] Sivaramakrishnan R, Su M C, Michael J V. H- and D-atom formation from the pyrolysis of $C_6H_5CH_2Br$ and $C_6H_5CD_2Br$: Implications for high-temperature benzyl decomposition[J]. Proceedings of the Combustion Institute, 2011, 33(1): 243-250.

[75] Derudi M, Polino D, Cavallotti C. Toluene and benzyl decomposition mechanisms: Elementary reactions and kinetic simulations[J]. Physical Chemistry Chemical Physics, 2011, 13(48): 21308-21318.

[76] Polino D, Parrinello M. Combustion chemistry via metadynamics: Benzyl decomposition revisited[J]. Journal of Physical Chemistry A, 2015, 119(6): 978-989.

[77] Yuan W, Li Y, Dagaut P, et al. Investigation on the pyrolysis and oxidation of toluene over a wide range conditions. I. Flow reactor pyrolysis and jet stirred reactor oxidation[J]. Combustion and Flame, 2015, 162(1): 3-21.

[78] Polino D, Cavallotti C. Fulvenallene decomposition kinetics[J]. Journal of Physical Chemistry A, 2011, 115(37): 10281-10289.

[79] Da Silva G, Trevitt A J, Steinbauer M, et al. Pyrolysis of fulvenallene(C_7H_6) and fulvenallenyl(C_7H_5): Theoretical kinetics and experimental product detection[J]. Chemical Physics Letters, 2011, 517(4-6): 144-148.

[80] Dames E, Wang H. Isomerization kinetics of benzylic and methylphenyl type radicals in single-ring aromatics[J]. Proceedings of the Combustion Institute, 2013, 34(1): 307-314.

[81] Pelucchi M, Cavallotti C, Faravelli T, et al. H-Abstraction reactions by OH, HO$_2$, O, O$_2$ and benzyl radical addition to O$_2$ and their implications for kinetic modelling of toluene oxidation[J]. Physical Chemistry Chemical Physics, 2018, 20(16): 10607-10627.

[82] da Silva G, Bozzelli J W. Kinetics of the benzyl+O(^{3}P) reaction: a quantum chemical/statistical reaction rate theory study[J]. Physical Chemistry Chemical Physics, 2012, 14(46): 16143.

[83] da Silva G, Bozzelli J W. Kinetic modeling of the benzyl+HO$_2$ reaction[J]. Proceedings of the Combustion Institute, 2009, 32(1): 287-294.

[84] Ye L, Xing L, Yuan W, et al. Predictive kinetics on the formation and decomposition of ethylbenzene[J]. Proceedings of the Combustion Institute, 2017, 36(1): 533-542.

[85] Wang G, Li Y, Yuan W, et al. Investigation on laminar burning velocities of benzene, toluene and ethylbenzene up to 20 atm[J]. Combustion and Flame, 2017, 184: 312-323.

[86] Yuan W, Li Y, Pengloan G, et al. A comprehensive experimental and kinetic modeling study of ethylbenzene combustion[J]. Combustion and Flame, 2016, 166: 255-265.

[87] Murakami Y, Oguchi T, Hashimoto K, et al. Density functional study of the phenylethyl+O$_2$ reaction: Kinetic analysis for the low-temperature autoignition of ethylbenzenes[J]. International Journal of Quantum Chemistry, 2012, 112(8): 1968-1983.

[88] Yuan W, Li Y, Dagaut P, et al. Experimental and kinetic modeling study of styrene combustion[J]. Combustion and Flame, 2015, 162(5): 1868-1883.

[89] Grela M A, Amorebieta V T, Colussi A J. Pyrolysis of styrene. Kinetics and mechanism of the equilibrium styrene-benzene+acetylene[J]. Journal of Physical Chemistry A, 1992, 96(24): 9861-9865.

[90] Narayanaswamy K, Blanquart G, Pitsch H. A consistent chemical mechanism for oxidation of substituted aromatic species[J]. Combustion and Flame, 2010, 157(10): 1879-1898.

[91] Hemberger P, Trevitt A J, Gerber T, et al. Isomer-specific product detection of gas-phase xylyl radical rearrangement and decomposition using VUV synchrotron photoionization[J]. Journal of Physical Chemistry A, 2014, 118(20): 3593-3604.

[92] Yuan W, Li Y, Wang Z, et al. Experimental and kinetic modeling study of premixed n-butylbenzene flames[J]. Proceedings of the Combustion Institute, 2017, 36(1): 815-823.

[93] Battin-Leclerc F, Warth V, Bounaceur R, et al. The oxidation of large alkylbenzenes: An experimental and modeling study[J]. Proceedings of the Combustion Institute, 2015, 35(1): 349-356.

[94] Da Silva G, Bozzelli J W. On the reactivity of methylbenzenes[J]. Combustion and Flame, 2010, 157(11): 2175-2183.

[95] Hemberger P, Trevitt A J, Ross E, et al. Direct observation of para-xylylene as the decomposition product of the meta-xylyl radical using vuv synchrotron radiation[J]. Journal of Physical Chemistry Letters, 2013, 4(15): 2546-2550.

[96] Pachner K, Steglich M, Hemberger P, et al. Photodissociation dynamics of the ortho-and para-xylyl radicals[J]. Journal of Chemical Physics, 2017, 147(8): 084303.

[97] Canneaux S, Vandeputte R, Hammaecher C, et al. Thermochemical data and additivity group values for ten species of o-xylene low-temperature oxidation mechanism[J]. Journal of Physical Chemistry A, 2011, 116(1): 592-610.

[98] Roubaud A, Minetti R, Sochet L. Oxidation and combustion of low alkylbenzenes at high pressure: comparative reactivity and auto-ignition[J]. Combustion and Flame, 2000, 121 (3) : 535-541.

[99] Emdee J L, Brezinsky K, Glassman I. High-temperature oxidation mechanisms of m-and p-xylene[J]. Journal of Physical Chemistry, 1991, 95 (4) : 1626-1635.

[100] Emdee J L, Brezinsky K, Glassman I. Oxidation of o-xylene[J]. Proceedings of the Combustion Institute, 1991, 23 (1) : 77-84.

[101] Gaïl S, Dagaut P. Experimental kinetic study of the oxidation of p-xylene in a JSR and comprehensive detailed chemical kinetic modeling[J]. Combustion and Flame, 2005, 141 (3) : 281-297.

[102] Gaïl S, Dagaut P. Oxidation of m-xylene in a JSR: Experimental study and detailed chemical kinetic modeling[J]. Combustion Science and Technology, 2007, 179 (5) : 813-844.

[103] Gaïl S, Dagaut P, Black G, et al. Kinetics of 1, 2-dimethylbenzene oxidation and ignition: experimental and detailed chemical kinetic modeling[J]. Combustion Science and Technology, 2008, 180 (10-11) : 1748-1771.

[104] Shen H-P S, Oehlschlaeger M A. The autoignition of C_8H_{10} aromatics at moderate temperatures and elevated pressures[J]. Combustion and Flame, 2009, 156 (5) : 1053-1062.

[105] Ji C S, Dames E, Wang H, et al. Propagation and extinction of benzene and alkylated benzene flames[J]. Combustion and Flame, 2012, 159 (3) : 1070-1081.

[106] Dryer F L. Chemical kinetic and combustion characteristics of transportation fuels[J]. Proceedings of the Combustion Institute, 2015, 35 (1) : 117-144.

[107] Mueller C J, Cannella W J, Bruno T J, et al. Methodology for formulating diesel surrogate fuels with accurate compositional, ignition-quality, and volatility characteristics[J]. Energy & Fuels, 2012, 26 (6) : 3284-3303.

[108] Natelson R H, Kurman M S, Cernansky N P, et al. Experimental investigation of surrogates for jet and diesel fuels[J]. Fuel, 2008, 87 (10-11) : 2339-2342.

[109] Dryer F L, Jahangirian S, Dooley S, et al. Emulating the combustion behavior of real jet aviation fuels by surrogate mixtures of hydrocarbon fluid blends: Implications for science and engineering[J]. Energy & Fuels, 2014, 28 (5) : 3474-3485.

[110] Dooley S, Won S H, Heyne J, et al. The experimental evaluation of a methodology for surrogate fuel formulation to emulate gas phase combustion kinetic phenomena[J]. Combustion and Flame, 2012, 159 (4) : 1444-1466.

[111] Dooley S, Won S H, Chaos M, et al. A jet fuel surrogate formulated by real fuel properties[J]. Combustion and Flame, 2010, 157 (12) : 2333-2339.

[112] Honnet S, Seshadri K, Niemann U, et al. A surrogate fuel for kerosene[J]. Proceedings of the Combustion Institute, 2009, 32 (1) : 485-492.

[113] Sarathy S M, Farooq A, Kalghatgi G T. Recent progress in gasoline surrogate fuels[J]. Progress in Energy and Combustion Science, 2018, 65: 67-108.

[114] Narayanaswamy K, Pitsch H, Pepiot P. A component library framework for deriving kinetic mechanisms for multi-component fuel surrogates: Application for jet fuel surrogates[J]. Combustion and Flame, 2016, 165: 288-309.

[115] Ghosh P, Hickey K J, Jaffe S B. Development of a detailed gasoline composition-based octane model[J]. Industrial & Engineering Chemistry Research, 2006, 45 (1) : 337-345.

[116] Yan S, Eddings E G, Palotas A B, et al. Prediction of sooting tendency for hydrocarbon liquids in diffusion flames[J]. Energy & Fuels, 2005, 19 (6) : 2408-2415.

[117] McEnally C, Pfefferle L. Improved sooting tendency measurements for aromatic hydrocarbons and their implications for naphthalene formation pathways[J]. Combustion and Flame, 2007, 148 (4) : 210-222.

[118] Sarathy S M, Kukkadapu G, Mehl M, et al. Compositional effects on the ignition of FACE gasolines[J]. Combustion and Flame, 2016, 169: 171-193.

[119] Kim D, Martz J, Violi A. A surrogate for emulating the physical and chemical properties of conventional jet fuel[J]. Combustion and Flame, 2014, 161 (6) : 1489-1498.

第7章 含氧燃料反应机理

本章主要介绍典型含氧燃料如醇类、酯类、醚类、呋喃类、醛酮类等的燃烧反应动力学研究，并总结含氧燃料的特征反应类型和与碳氢燃料相比的独特燃烧反应现象，帮助认识含氧燃料燃烧反应过程。重点介绍不同含氧官能团对燃烧反应的影响，并对其进行动力学和热力学分析，了解燃料燃烧的反应机制，并为实际燃烧过程提供理论指导。

7.1 含氧燃料简介

含氧燃料的来源较为广泛，可由生物质、煤炭等原料制备。特别是生物质可以通过热转化、催化转化和生物转化等方式转化成气体和液体含氧燃料[1-3]，是当前最主要的可再生燃料来源。与气体含氧燃料相比，液体含氧燃料具有能量密度高、存储运输方便、适用于现有发动机系统等优点，因此被广泛地应用于内燃机、航空发动机和燃气轮机等动力设备中。按照官能团的差异，当前含氧燃料主要可分为以下几类。

(1) 醇类燃料。主要包括甲醇、乙醇、丁醇等。醇类燃料是目前应用最为广泛的含氧燃料，特别是乙醇已广泛应用于汽油机。相比乙醇，丁醇等更大的醇类燃料则具有更好的能量密度、更低的挥发性和更好的疏水性[4]。但是醇类燃料普遍存在十六烷值低、黏度低、汽化潜热高的缺点，这导致其着火性能和润滑性能较差，并且冷启动困难。对于醇类燃料的使用，国内外主要采取混合燃烧法、助燃法以及柴油引燃法[5]。

(2) 酯类燃料。主要包括脂肪酸甲酯和脂肪酸乙酯，其混合物构成了目前含氧燃料中使用范围仅次于乙醇的生物柴油。生物柴油具有可生物降解、稳定性好、燃烧效率高、硫含量低、芳香烃含量低、十六烷值高、闪点高、含氧量高及污染物排放低等优点，主要缺点是低温流动性差。

(3) 醚类燃料。主要包括二甲醚、乙醚、丁醚等。醚类燃料的十六烷值与柴油较为接近，可作为代用燃料或燃料添加剂应用于柴油机。二甲醚燃料在柴油机上的应用主要有引燃法、直接燃烧法和混合燃烧法，乙醚则主要采用混合燃烧法[5,6]。

(4) 呋喃类燃料。主要通过果糖的一系列脱水作用和氢解作用合成得到[7]，包括呋喃、2-甲基呋喃、2,5-二甲基呋喃等。与乙醇相比，2,5-二甲基呋喃具有能量密度高、沸点高、层流火焰传播速度快和疏水性好等优点[8]。

(5)醛酮类燃料。主要包括丙醛、丁醛等和丙酮、2-丁酮、3-戊酮等。此外，甲醛和乙醛这两种小分子醛类化合物还是重要的燃烧中间产物，因此在基础燃烧研究中也被用作燃料研究其燃烧反应机理。与乙醇相比，2-丁酮的辛烷值和低热值更高，具有更好的初次破碎和冷启动能力，燃烧稳定性也更强[9]。

7.2 醇类燃料反应机理

7.2.1 醇类燃料

醇类燃料是当前受到广泛关注的含氧燃料。最小的醇类燃料是甲醇，主要来自煤炭和天然气的化学转化，可与柴油掺混后用于柴油机中。乙醇比甲醇多一个亚甲基官能团，可直接或与汽油掺混后用于汽油机。这两种小分子醇类燃料具有生产技术成熟、产量高的优点，因此在醇类燃料中应用最为广泛。特别是乙醇作为目前世界上产量最高的含氧燃料，2018 年的乙醇年产量达到 6040 万 t 油当量[10]。

与乙醇相比，丁醇具有能量密度高、挥发性低、疏水性好、腐蚀性小、发动机适应性强等优点，因此近十年来，丁醇作为一种极具潜力的生物质燃料受到了广泛的关注，许多国家已经开始对这种新一代生物质燃料进行投资和开发[11]。一些典型的醇类燃料分子如图 7.1 所示。

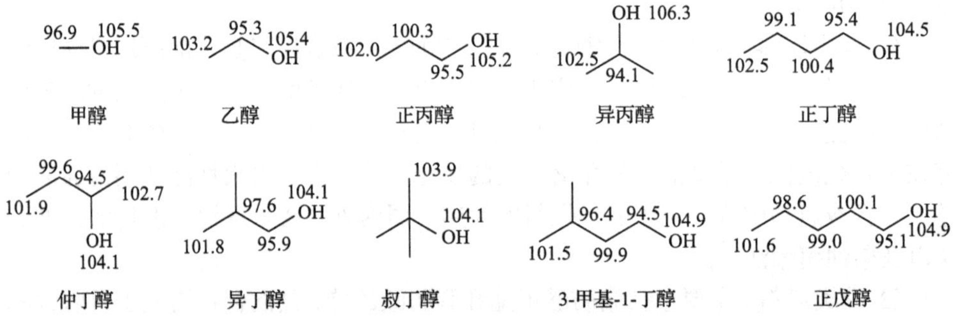

图 7.1 C$_1$~C$_5$ 醇类分子结构和 C—H 键和 O—H 键的键能（单位：kcal/mol）

与烷烃相比，醇类燃料分子结构中最重要的特点是带有一个羟基官能团。如图 7.1 所示，根据与羟基官能团的距离，醇类分子碳链上的碳原子由近及远按希腊字母 α、β、γ、δ、ε 的顺序予以命名。由于氧原子具有强电负性，会导致与之相连的 C$_\alpha$—O 键和 O—H 键比烷烃的 C—C 键和 C—H 键具有更强的键能，同时与羟基官能团相邻的 C$_\alpha$—C$_\beta$ 键和 C$_\alpha$—H 键则被削弱，因此更易于发生断键反应和氢提取反应。羟基官能团的存在也使醇类燃料易于发生脱水反应，生成相应的烯烃和水分子。

7.2.2　醇类燃料燃烧反应类

当碳原子数大于 2 时，由于羟基官能团的存在，醇类比相同碳数的烷烃具有更多的同分异构体。图 7.1 展示了 $C_1 \sim C_5$ 醇类不同的同分异构体，例如丁醇拥有 4 个同分异构体，即正丁醇、仲丁醇、异丁醇和叔丁醇，而同样具有 4 个碳原子的丁烷则只有两个同分异构体，即正丁烷和异丁烷。图 7.1 中还展示了相关醇类燃料的键能数据。在高温富燃或热解条件下，醇类的单分子分解反应是其重要的分解反应通道，主要包括脱水反应、C—C 断键反应和 C—H 断键反应。四中心过渡态的脱水反应脱去键能较弱的 C_α 位上的氢原子，生成稳定的烯烃和水分子，在热力学上是醇类最可能发生的单分子分解反应。在断键反应中，C_α—C_β 键和 C_α—H 键比其他位置的 C—C 键和 C—H 键弱，因此更易于断裂。图 7.2 展示了正丁醇单分子分解反应的势能面计算结果，其中正丁醇的脱水反应过渡态能垒为 66.7kcal/mol，是所有通道中能垒最低的反应，而 C_α—C_β 断键反应解离能则比其他 C—C 断键反应要低约 3kcal/mol。

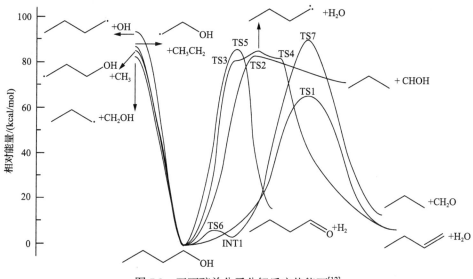

图 7.2　正丁醇单分子分解反应势能面[12]

氢提取反应是醇类燃料的另一类重要消耗反应。和碳氢燃料燃烧类似，醇类燃料燃烧中主要的提取基也是 H、O、OH、HO_2、CH_3 等小自由基，而且在与羟基官能团距离相同的碳位上，氢提取反应从易到难的顺序也依次为叔碳、仲碳和伯碳。由于醇类燃料中羟基官能团的存在，在不同碳位的 C—H 键中，C_α—H 键有着最弱的键能，因此其氢提取反应也最易发生。此外，羟基官能团中 O—H 键的键能要高于其他 C—H 键，因此其氢提取反应最难以发生。

　　醇类燃料的氢提取反应可以产生不同的醇类自由基，以正丁醇自由基为例，正丁醇氢提取反应可以生成 4 种 C_4H_8OH 自由基，包括 $a\text{-}C_4H_8OH$、$b\text{-}C_4H_8OH$、$c\text{-}C_4H_8OH$ 和 $d\text{-}C_4H_8OH$，以及 1 种 C_4H_9O 自由基。5 种自由基在高温条件下主要在自由基的 β 位上发生解离反应生成一个分子和一个更小的自由基，如 R7.1～R7.14 所示。其中 $\beta\text{-}C—C$ 解离反应产生的分子可以是烯烃或不饱和醇，$\beta\text{-}C—H$ 解离反应产生的分子可以是烯醇或双键与羟基官能团不相连的不饱和醇，而在 C_α 位上的 $\beta\text{-}O—H$ 解离反应产生的分子则为醛酮类中间产物。不同的醇类自由基之间还可以发生异构反应，实现相互转换。在有氧气存在的条件下，醇类自由基还可以被氧气分子提取一个氢原子，生成烯烃或醛类，如 R7.15 所示。Zador 等[13] 和 da Silva 等[14] 对醇类的 C_α 自由基与氧气的反应体系开展了研究，结果表明醇类 C_α 自由基非常容易与氧气发生反应，脱去羟基官能团上的 H 生成醛酮类中间产物。该反应的能垒很低，可以在低温条件下生成大量的 HO_2，在醇类燃料低温氧化中发挥着重要的作用。此外，醇类 C_β 自由基与氧气发生反应生成的 ROO 自由基，倾向发生夺取羟基上 H 的六元环路径，然后迅速分解生成两个醛酮类分子和一个 OH，该反应也被称为 Waddington 机理[15,16]，是醇类和烯烃类燃料中重要的链传递反应路径。

$$a\text{-}C_4H_8OH \Longrightarrow C_2H_5 + C_2H_3OH \tag{R7.1}$$

$$a\text{-}C_4H_8OH \Longrightarrow CH_3CH_2CH_2CHO + H \tag{R7.2}$$

$$a\text{-}C_4H_8OH \Longrightarrow CH_3CH_2CH=CHOH + H \tag{R7.3}$$

$$b\text{-}C_4H_8OH \Longrightarrow CH_3 + CH_2=CH\text{-}CH_2OH \tag{R7.4}$$

$$b\text{-}C_4H_8OH \Longrightarrow 1\text{-}C_4H_8 + OH \tag{R7.5}$$

$$b\text{-}C_4H_8OH \Longrightarrow CH_3CH_2CH=CHOH + H \tag{R7.6}$$

$$b\text{-}C_4H_8OH \Longrightarrow CH_3CH=CHCH_2OH + H \tag{R7.7}$$

$$c\text{-}C_4H_8OH \Longrightarrow C_3H_6 + CH_2OH \tag{R7.8}$$

$$c\text{-}C_4H_8OH \Longrightarrow CH_2=CH\text{-}CH_2CH_2OH + H \tag{R7.9}$$

$$c\text{-}C_4H_8OH \Longrightarrow CH_3CH=CHCH_2OH + H \tag{R7.10}$$

$$d\text{-}C_4H_8OH \Longrightarrow C_2H_4 + CH_2CH_2OH \tag{R7.11}$$

$$d\text{-}C_4H_8OH \Longrightarrow CH_2=CH\text{-}CH_2CH_2OH + H \tag{R7.12}$$

$$C_4H_9O \Longrightarrow C_3H_7CHO + H \tag{R7.13}$$

$$C_4H_9O = CH_3CH_2CH_2 + CH_2O \quad\quad (R7.14)$$

$$a\text{-}C_4H_8OH + O_2 = CH_3CH_2CH_2CHO + HO_2 \quad\quad (R7.15)$$

醇类燃烧可以生成多种烯醇类中间产物。2005 年 Taatjes 等[17]首次在碳氢燃料火焰中观测到了 $C_2 \sim C_4$ 烯醇类中间产物。与碳氢燃料相比，醇类燃料具有羟基官能团，因此在燃烧中更容易产生烯醇类中间产物。特别是醇类燃料燃烧中容易生成大量的醇类 C_α 自由基，后者易于通过 β-C—C 解离反应生成乙烯醇及更大的烯醇[18]，因此烯醇是 C_2 以上醇类燃料燃烧中的重要中间产物。近年来研究者对 C_2H_3OH 的基元反应开展了一系列理论计算研究，例如 da Silva 等[19]利用 CBS-APNO 方法计算了 C_2H_3OH 直接异构为 CH_3CHO 的反应 (R7.16)，da Silva 和 Bozzelli[14]的理论计算研究揭示了 C_2H_3OH 也有可能在 HO_2 自由基的辅助下异构为 CH_3CHO (R7.17)。

$$C_2H_3OH = CH_3CHO \quad\quad (R7.16)$$

$$C_2H_3OH + HO_2 = CH_3CHO + HO_2 \quad\quad (R7.17)$$

7.2.3　醇类燃料燃烧反应动力学规律

1. 醇类燃料的碳链长度效应

与烷烃燃料类似，醇类燃料的高温燃烧反应特性也随着碳链长度的增加而发生变化。图 7.3 展示了 $C_1 \sim C_5$ 正构醇类燃料的层流火焰传播速度模拟结果，从中可以看到，在富燃情况下甲醇、乙醇、正丙醇、正丁醇的层流火焰传播速度随燃料碳链长度增加而降低。这些醇类燃料的绝热火焰温度较为接近，因此这一现象表明，这 4 种醇类燃料的高温燃烧反应活性随碳链长度的增加而减弱。正构醇类燃料的高温燃烧反应活性强弱取决于其分解产物向氢原子的转化能力。与其他醇类不同，甲醇的两个自由基 CH_3O 和 CH_2OH 只有唯一的单分子分解反应类型，即断键生成甲醛和氢原子，生成的甲醛可以很快通过 HCO 分解为活泼的氢原子，或通过快速解离直接生成氢原子，因此，甲醇是所有醇类中生成氢原子效率最高的分子。乙醇燃烧中容易生成 C_2H_4 和 C_2H_5，正丙醇及更大的正构醇类燃料则会生成具有烯丙基结构的烯烃和 C_3 以上的烷基，乙烯的反应活性高于具有烯丙基结构的烯烃，且乙基活性高于 C_3 以上的烷基，因此乙醇的反应活性较 C_3 及以上的醇类更强。当正构醇类燃料的碳链足够长时，其烯烃和烷基中间产物的反应活性差异减小，醇类燃料的高温燃烧反应活性则趋向于一致，例如在图 7.3 中正丁醇和正戊醇具有相近的层流火焰传播速度。

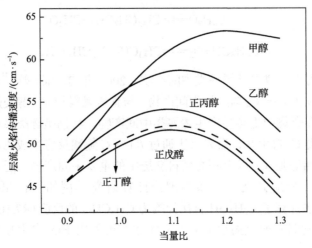

图 7.3　$C_1 \sim C_5$ 正构醇类燃料的层流火焰传播速度对比[20]

　　图 7.4 展示了正丁醇和正戊醇在 30bar、当量比为 1.0 和约 700～1200K 条件下的着火延迟时间模拟结果。从图中可以发现，当温度高于 1000K 时，正丁醇和正戊醇的着火延迟时间极为相似，这也进一步证实了当碳链长度达到 4 个碳原子之后，正构醇类燃料的高温反应活性非常接近。而在温度低于 1000K 时，正丁醇没有表现明显的低温氧化反应活性，而正戊醇则表现出了低温氧化反应活性和负温度效应。这表明当碳链越来越长时，醇类燃料的低温氧化反应活性会逐渐增加，因此其十六烷值也会相应增大，该规律与烷烃中的相似。但目前处于应用阶段和具有应用前景的醇类燃料主要为 $C_1 \sim C_5$ 醇类，其十六烷值均比较低，因此难以像长链的酯类燃料一样直接替代柴油用于柴油机。

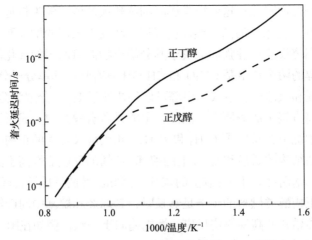

图 7.4　正丁醇与正戊醇着火延迟时间对比[20]

2. 醇类燃料的同分异构体效应

如前所述，醇类燃料具有丰富的同分异构体结构。同分异构体燃料的燃烧反应特性和燃烧中间产物常存在差异。图 7.5 展示了 4 种丁醇同分异构体燃料的层流火焰传播速度，表明正丁醇具有最快的层流火焰传播速度，而叔丁醇的层流火焰传播速度最慢。丁醇同分异构体燃料具有相同的分子式和分子量，因此热力学性质和输运性质相似，其燃烧反应特性的差异来源于分子结构的差异。正丁醇的碳链上有 1 个伯碳原子和 3 个仲碳原子，叔丁醇的碳链上则为 1 个季碳原子和 3 个伯碳原子，在燃烧中正丁醇容易产生活泼的 H，而叔丁醇则容易产生不活泼的 CH_3，因此正丁醇和叔丁醇在 4 种丁醇中分别具有最快和最慢的层流火焰传播速度。

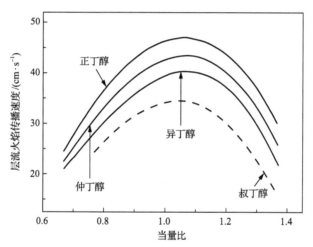

图 7.5　丁醇同分异构体在 5bar、373K 的层流火焰传播速度对比[20]

醇类燃料的同分异构体效应还反映在其燃烧中间产物的分布上，4 种丁醇同分异构体燃料在火焰中能够产生不同的燃烧中间产物。以其特征中间产物 C_4H_8O 为例，图 7.6 展示了 4 种燃料的次要中间产物均为丁烯醇，但其主要的醛酮类中间产物则存在显著的差异。正丁醇在火焰中通过 C_α—H 的氢提取反应及后续的 β-O—H 解离反应生成了正丁醛，仲丁醇和异丁醇则通过类似的路径分别生成了 2-丁酮和 2-甲基丙醛。总的来说，醇类燃料在燃烧反应特性和宏观燃烧参数上的同分异构体效应十分显著，同分异构体燃料具有非常接近的密度、黏度、能量密度，显著的同分异构体效应能够为发动机燃烧反应调控提供可行的途径。

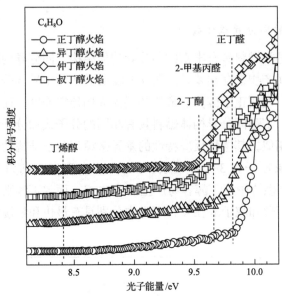

图 7.6　丁醇同分异构体的燃烧中间产物对比[21]

7.3　酯类燃料反应机理

7.3.1　酯类燃料

　　生物柴油由 $C_{16} \sim C_{22}$ 的长链饱和或不饱和脂肪酸甲酯(long-chain fatty acid methyl esters，FAMEs)或乙酯(long-chain fatty acid ethyl esters，FAEEs)组成(表 7.1)[22]，组分较为复杂。相比于其他生物燃料，生物柴油对现有柴油机有很好的兼容性[23]，因此，生物柴油被广泛用作柴油代用燃料。研究脂肪酸甲酯的燃烧反应机理，特别是利用短链脂肪酸甲酯作为生物柴油模型分子研究酯基官能团的影响，对于生物柴油燃烧反应动力学模型的构建和生物柴油的应用具有重要意义[24]。一般而言，生物柴油中的主要组分是饱和脂肪酸甲酯和含有双键的不饱和脂肪酸甲酯，因此这两类酯类燃料是当前酯类燃料研究的热点。

表 7.1　生物柴油的代表性组分

名称	分子式	结构简式
油酸甲酯	$C_{19}H_{36}O_2$	$CH_3(CH_2)_7CH=CH(CH_2)_7COOCH_3$
亚油酸甲酯	$C_{19}H_{34}O_2$	$CH_3(CH_2)_4CH=CHCH_2CH=CH(CH_2)_7COOCH_3$
棕榈酸甲酯	$C_{17}H_{34}O_2$	$CH_3(CH_2)_{14}COOCH_3$
硬脂酸甲酯	$C_{19}H_{38}O_2$	$CH_3(CH_2)_{16}COOCH_3$

在甲酯类燃料中，甲酸甲酯是最简单的脂肪酸甲酯；乙酸甲酯作为一种简单的生物柴油模型分子，已经被用作模型燃料分析和研究实际生物柴油燃料的一些化学特性；丙酸甲酯是最小的在烷基碳链上具有 C_α—C_β 键结构的脂肪酸甲酯；丁酸甲酯的烷基碳链长度达到 4 个碳原子，能够模拟出生物柴油的高温燃烧性质[25]；丁烯酸甲酯的分子结构中存在 C═C 键，可用于模拟生物柴油中的不饱和脂肪酸甲酯组分[26]。图 7.7 展示了上述短链脂肪酸甲酯的分子结构及其键能。通过对比丁酸甲酯和丁烯酸甲酯可以看出，由于 C═C 键的存在，丁烯酸甲酯的 C_α—H 和 C_β—H 键能要远大于丁酸甲酯相同位点上的 C—H 键能。

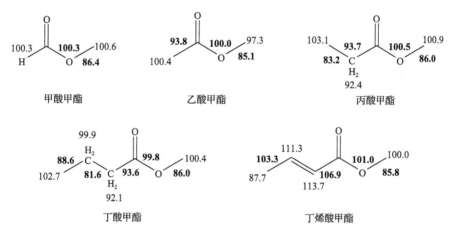

图 7.7　甲酸甲酯、乙酸甲酯、丙酸甲酯、丁酸甲酯和丁烯酸甲酯的分子结构和键能
（单位：kcal/mol）[27]
C—C 和 C—O（粗体）和 C—H 和 O—H（不加粗）

随着脂肪酸甲酯燃烧研究的不断深入，研究者发现短链脂肪酸甲酯虽然能够较好地模拟生物柴油的高温燃烧特性，但是在低温氧化实验中没有明显的低温氧化活性和负温度效应，导致其与生物柴油的低温氧化特性不符[28]。因此研究者逐渐将目光聚焦于碳链更长的脂肪酸甲酯，如己酸甲酯、庚酸甲酯以及癸酸甲酯，以此来弥补短链脂肪酸甲酯研究过程中的缺陷。特别是癸酸甲酯，其烷基碳链上有 10 个碳原子，与生物柴油中长链脂肪酸甲酯的烷基碳链长度接近，癸酸甲酯的密度、闪点等物理性质和十六烷值、低温氧化特性等化学性质均十分接近生物柴油[29]。

对于生物柴油中的实际长链脂肪酸甲酯组分，它们的烷基碳链较长（碳原子数在 16 个以上）、沸点较高，因此在理论计算与基础燃烧实验方面比烷基碳链在 C_{10} 以下的脂肪酸甲酯具有更高的研究难度。目前对于长链脂肪酸甲酯的研究主要集中于 17 个碳原子的棕榈酸甲酯和 19 个碳原子的油酸甲酯和硬脂酸甲酯等。

7.3.2 酯类燃料的燃烧反应类

酯类燃料的结构中都包含—C(=O)O—结构，即酯基，其两边各连接一个烷基形成 R—C(C=O)O—R′。对于脂肪酸甲酯而言，R′为甲基官能团，而脂肪酸乙酯的 R′则为乙基官能团。由于酯基的存在，甲酯和乙酯均可发生分子内的消除反应。甲酯可以经过一个四元环状过渡态脱去键能较弱的 C_α 上的氢原子生成烯酮和 CH_3OH，而乙酯则是倾向经过六元环状过渡态生成相应的酸和 C_2H_4。酯类的其他反应与烷烃相似，在此不再详述。

下面以癸酸甲酯为例来介绍酯类燃料的单分子分解反应。如图 7.8 所示，癸酸甲酯有 11 条主要的单分子分解反应路径，包括 9 条 C—C 断键反应和 2 条 C—O 断键反应。由于 C—O 键的键能要远大于 C—C 键的键能[30]，所以在单分子分解反应中 C—C 断键反应占据主导地位。

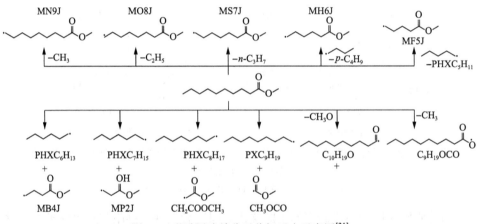

图 7.8　癸酸甲酯单分子分解反应示意图[31]

除了单分子分解反应之外，氢提取反应也是脂肪酸甲酯的主要消耗反应，提取基以 H、O、OH、HO_2、CH_3 等小自由基为主。其中在高温条件下，由 H、O、OH、CH_3 等自由基进攻引发的氢提取反应是主要的氢提取反应，而在低温条件下，由 OH、HO_2 等自由基进攻引发的氢提取反应在脂肪酸甲酯的分解中占主导地位。对于不饱和脂肪酸甲酯，其结构中存在 C=C 键，因此除了单分子分解反应和氢提取反应外，氢加成反应和羟基加成反应也在燃料的消耗中发挥着重要的作用。图 7.9 展示了丁烯酸甲酯与 OH 反应的势能面计算结果，可以看到丁烯酸甲酯可以在 C=C 键上发生羟基加成反应，其能垒要低于 OH 进攻引发的氢提取反应。

在高温条件下，脂肪酸甲酯自由基可通过 β 解离反应生成一系列的燃烧产物。图 7.10 展示了丁酸甲酯自由基的 β 解离反应。脂肪酸甲酯自由基还可以发生异构

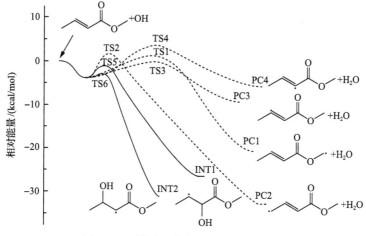

图 7.9　丁烯酸甲酯与 OH 反应的势能面

图 7.10　丁酸甲酯自由基的 β 解离反应示意图

反应，从而对脂肪酸甲酯自由基的分布产生影响。以丁酸甲酯在 C_γ 位的自由基为例，通过 1-2 氢迁移、1-3 氢迁移及 1-6 氢迁移反应，可以转化成其他碳位上的丁酸甲酯自由基[32]。在低温条件下，长链脂肪酸甲酯的自由基可以发生一次加氧路径，从而触发低温氧化的链分支机理，后续反应与烷烃类似，此处不再详述。

在脂肪酸甲酯的热解实验中能够探测到大量的 CO 与 CO_2[31]。通过动力学分析发现，对于大部分脂肪酸甲酯燃料，CO 和 CO_2 的生成与 CH_3OCO 自由基息息相关[33,34]。图 7.11 展示了 CO 与 CO_2 的生成路径。CH_3OCO 自由基主要来自脂肪酸甲酯在 C_β 位上的自由基的 β 解离反应。通过断键可生成 CO 和 CH_3O 或是 CO_2 和 CH_3。

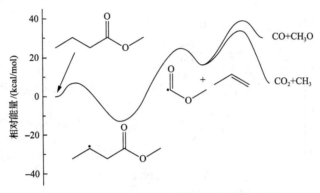

图 7.11　丁酸甲酯生成 CO 与 CO_2 的势能面[35]

7.3.3　酯类燃料的燃烧反应动力学规律

1. 酯类燃料的碳链长度效应

在高温条件下，短链脂肪酸甲酯的反应活性呈现出显著的碳链长度效应。如图 7.12 所示，实验研究[26,33]表明，随着碳链的增长，短链脂肪酸甲酯的初始分解温度表现为乙酸甲酯＞丙酸甲酯＞丁酸甲酯，这是由于碳链越长，C—C 键和氢提取位点的数量均会增长。在热解产物中，首先生成的是醇类、烯酮类、醛类等含氧产物，随后是 CO、CO_2 和碳氢类产物。碳氢类产物的最高摩尔分数随着燃料碳链的增长而逐渐增大。这是由于随着碳链的增长，分子中碳氢元素含量增加，氧元素含量降低产生的结果。与烷烃相同，当碳链增长到一定程度后，脂肪酸甲酯的高温燃烧反应活性和产物分布的变化情况会逐步趋于稳定，因此长链脂肪酸甲酯的碳链长度效应要显著弱于短链脂肪酸甲酯。

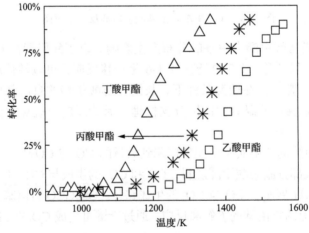

图 7.12　乙酸甲酯、丙酸甲酯、丁酸甲酯在 0.04bar 下的热解活性对比[26,33]

2. 酯类燃料的碳链不饱和度效应

对于生物柴油中常见的饱和脂肪酸甲酯和不饱和脂肪酸甲酯两大类组分，其碳链不饱和度对燃烧反应特性的影响也受到了广泛的关注。特别是在低温条件下，碳链不饱和度对于燃料着火特性有着显著的影响。在碳链长度相等的情况下，碳链不饱和度的增加会带来脂肪酸甲酯低温氧化活性的减弱和十六烷值的下降。这是由于 C=C 键会导致其自身的两个碳位的氢原子不容易被提取，同时相邻的烯丙基位上生成的 ROO 自由基不易发生后续的低温氧化链分支反应。

7.4　醚类燃料反应机理

7.4.1　醚类燃料

醚类燃料包含了非环醚类和环醚类燃料，其中非环醚类燃料包括直链醚和支链醚。醚类分子结构可以表示为 R—O—R′，即氧原子以单键的形式连接在两个碳原子之间。对于非环醚类燃料，氧原子两边的碳链结构可以相同也可以不同；对于环醚类燃料，氧原子融合在碳环之中。常见的直链醚类燃料包括二甲醚、乙醚、丁醚等，其特点是具有较高的十六烷值，是一类非常理想的柴油添加剂。特别是乙醚和丁醚在常温常压下是液体，与柴油的混合性很好，且与二甲醚相比具有更高的能量密度。常见的支链醚类燃料包括甲基叔丁基醚、乙基叔丁基醚、甲基叔戊基醚等，其特点是具有较高的辛烷值，常用作汽油添加剂，可提高汽油机抗爆性。由于甲基叔丁基醚会对地下水造成污染，对环境更加友好的乙基叔丁基醚与之相比则是一种更具前景的汽油添加剂[36]。常见的环醚类燃料包括四氢呋喃、四氢吡喃、2-甲基四氢呋喃、2-甲基四氢吡喃等，其热值与汽油接近，也是一类在内燃机中具有较大应用潜力的含氧燃料[37]，如图 7.13 所示。

醚类燃料独特的性质是由其分子结构决定的。与烷烃相比，醚类燃料中的氧原子含有两个未成键的孤电子对，很容易离域到其相邻的轨道上。C_α—C_β 键和 C_α—H 键受到的影响最大，在醚类燃料的 C—C 键和 C—H 键中具有最弱的键能，如图 7.13 所示，这与羟基官能团对醇类燃料的影响相似。例如，丁醚分子中距离氧原子最近的 C_α—H 键的键能只有 95.3kcal/mol，低于其他位点 C—H 键的键能。此外，丁醚与正丁醇相同位点的 C—C 和 C—H 键能均非常接近，说明氧原子对两个燃料的影响类似。

7.4.2　醚类燃料燃烧反应类

在高温条件下，醚类燃料可通过单分子分解反应进行分解，包括 C—C 和 C—O 断键反应、周环反应等。周环反应是醚类燃料的特征反应，该反应与醇类燃料的

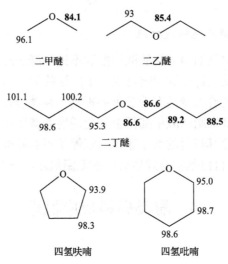

图 7.13 一些代表性醚类燃料的分子结构和键能(单位:kcal/mol)

C—C 和 C—O(粗体)和 C—H(不加粗)

脱水反应类似,其显著特征是多中心的一步反应,即化学键的断裂和生成同时发生。醚类的周环反应主要包括脱醇和脱氢两个竞争反应,图 7.14 展示了乙醚的两个周环反应,其中脱醇反应生成醇和烯烃,脱氢反应则最终生成氢气和环醚。而对于环醚类燃料,脱醇反应生成含有双键的醇,脱氢反应则生成氢气和双环醚。脱醇和脱氢这两个竞争反应的分支比在非环醚类和环醚类燃料体系中的贡献有着显著的差异。在非环醚类燃料体系中,脱氢反应的能垒远高于脱醇反应(乙醚体系中相差 10kcal/mol)[38],因此脱醇反应是主导的反应路径。在环醚类燃料体系中,这两个反应的贡献与燃料分子结构中是否存在取代基密切相关。对于四氢呋喃和四氢吡喃等无取代基的环醚,这两个反应的速率常数非常接近;而对于 2-甲基四氢呋喃和 2-甲基四氢吡喃等 C_α 位上有取代基的环醚,脱醇反应仍旧占据主导[38]。

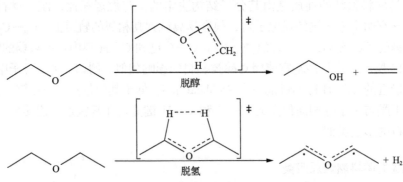

图 7.14 乙醚的单分子脱醇和脱氢反应示意图[38]

氢提取反应也是醚类燃料的重要消耗反应。与醇类燃料相同,醚类燃料的氧

原子削弱了 C_α—H 键能，因此如果氢提取反应发生在与氢原子相连的 C_α 位上，其活化能较烷烃的同类氢提取反应将降低，从而令速率常数增大。表 7.2 展示了 H 进攻不同醚类和烷烃分子的 C_α 位时的活化能[39]，可以看出，氢提取反应发生在醚类分子 C_α 位上的活化能比烷烃同类反应要低 1～3kcal/mol，并且如果 C_α 位点属于伯碳，则活化能将降低的更多。

表 7.2　醚类和烷烃氢提取反应的活化能比较[39]　　（单位：kcal/mol）

氢提取位置	氢提取基团	醚类名称	烷烃名称	醚类的活化能	烷烃的活化能
伯碳 H	甲氧基	二甲醚	丙烷	8.1	10.4
		甲基乙基醚	正丁烷	8.0	10.3
		甲基异丙基醚	2-甲基丁烷	7.7	10.6
		甲基叔丁基醚	2,2-二甲基丁烷	7.4	10.5
仲碳 H	乙氧基	甲基乙基醚	正丁烷	6.1	7.8
		乙醚	正戊烷	6.0	7.8
		乙基异丙基醚	2-甲基戊烷	5.8	8.0
		乙基叔丁基醚	2,2-甲基戊烷	5.4	8.0
叔碳 H	乙丙氧基	甲基异丙基醚	2-甲基丁烷	5.0	5.8
		乙基异丙基醚	2-甲基戊烷	4.8	5.7
		二异丙基醚	2,4-二甲基戊烷	5.1	6.2
		异丙基叔丁基醚	2,2,4-三甲基戊烷	4.8	6.2

在高温条件下，醚类自由基的后续分解以 β 解离反应为主，在低温条件下，醚类自由基还可以与氧气反应发生一次加氧反应。由于醚类分子中氧原子的特殊位置，一次加氧后产生的 ROO 易于异构为 QOOH，后者还能够继续与氧气反应进行二次加氧，得到的 OOQOOH 也易于异构分解为醛酮过氧化物和 OH，因此醚类燃料具有高效的低温链分支过程，使其具有较高的十六烷值。图 7.15 展示了乙醚在 C_α 位上的自由基与氧气反应的势能面[40]。

7.4.3　醚类燃料燃烧反应动力学规律

甲基叔丁基醚、乙基叔丁基醚、甲基叔戊基醚等一系列支链醚的辛烷值均大于 100，是优秀的汽油抗爆添加剂[41]。这 3 种燃料分子结构的共同特征是包含叔碳结构的碳链，大大增加了伯碳的数量，且叔碳上没有氢原子，从而抑制了低温链分支机理中 ROO 异构为 QOOH 的关键反应。另外，以甲基叔丁基醚为例，图 7.16 表示其在高温条件下主要分解为异丁烯，而异丁烯的分子结构相当稳定，后续分解较为困难。上述原因导致甲基叔丁基醚等支链醚的反应活性要远远低于直链醚，从而具有较高的辛烷值和良好的抗爆性。

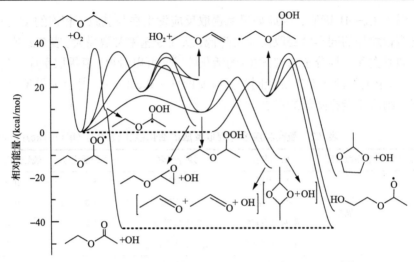

图 7.15　乙醚在 C_α 位上的自由基与氧气反应的势能面[40]

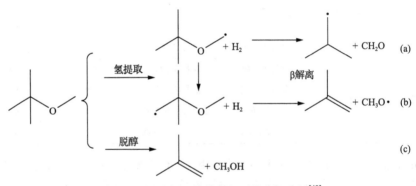

图 7.16　甲基叔丁基醚高温下的分解路径[42]

　　醚类燃料与醇类燃料、烷烃在着火特性方面也具有差异，以分子中均含有 8 个碳原子的正辛烷、正辛醇、丁醚为例，它们的十六烷值分别为 63.8、39.1 和 100。图 7.17 展示了 3 种醚类燃料在相同实验条件下的着火延迟时间测量结果[43]，可以看到，在低温反应区 3 种燃料的着火延迟时间表现为正辛醇＞正辛烷＞丁醚，与十六烷值的规律相符合。从中可以看出，丁醚具有最强的低温氧化活性，这是因为分子结构中的氧原子出现在正中间，同时使两边的 C_α—H 键被削弱，进而导致链引发和链分支反应更容易发生。同样地，环醚的低温氧化活性也比相同碳原子数的环烷烃更高[41]。

　　此外，长链醚类还具有特殊的低温氧化现象。例如，丁醚在低温氧化条件下的消耗曲线出现了明显的双负温度效应区域（图 7.18 中的②区和④区）[44]。这是因为丁醚的分解不仅与其自由基的低温氧化反应有关，还受到链分支反应中生成的丙基自由基和在较高温度下生成的丁醛影响[44]。燃料自由基生成较早，并与氧气

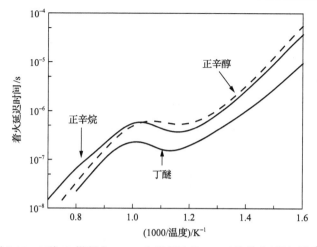

图 7.17　3 种 C$_8$ 燃料在 40bar 和当量比为 1.4 时的着火延迟时间[43]

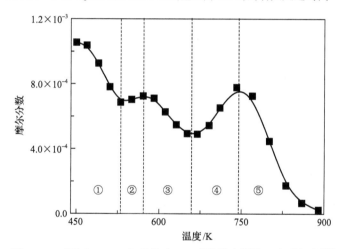

图 7.18　丁醚在 10bar 和当量比 2.0 时的射流搅拌反应器氧化[44]

发生低温链分支反应，导致了①区中的燃料消耗现象，随后发生负温度效应现象并形成②区。丙基自由基和丁醛的生成相对较晚，但它们同样可以与氧气发生低温链分支反应，并导致③区的形成，之后也通过负温度效应现象形成④区。最后与其他碳氢燃料和含氧燃料体系相同，当温度高于 750K 时 H$_2$O$_2$ 能够分解产生 OH，形成了燃料迅速消耗的⑤区，即中高温机理控制区。

7.5　呋喃类燃料反应机理

7.5.1　呋喃类燃料

呋喃是含氧单杂环化合物，无色不溶于水，有芳香气味，沸点 32℃。通常将呋喃环中氧原子的邻位标记为 α 和 α'。呋喃所有的原子都位于一个平面上，形成一个接近正五边形的结构[45]。呋喃分子的电子结构如图 7.19 所示，环上的所有电子都是 sp^2 杂化，5 个 $2p_z$ 原子轨道的交叠产生离域化的 π 分子轨道，其中三个为成键轨道，两个为反键轨道[45]。环上的碳原子和杂原子均以 sp^2 杂化轨道互相连接成 σ 键，每个碳原子和杂原子上均有一个互相平行的 p 轨道，在碳原子的 p 轨道上有一个 p 电子，在杂原子的 p 轨道上有两个 p 电子，形成一个环状封闭的 6π 电子共轭体系，因此呋喃属于共轭的芳香杂环化合物。

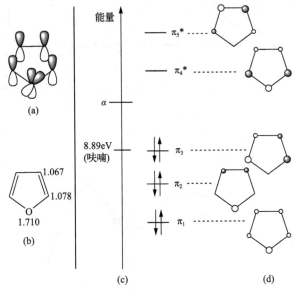

图 7.19　(a)呋喃环上原子的 sp^2 杂化；(b)分子轨道密度[45]；(c)π 分子轨道的能级和电子分布示意图；(d)π 分子轨道(氧原子位于五边形最底角)

　　由于呋喃环中 6 个电子分布在 5 个原子上，π 电子分布在每个原子上的密度大于 1，所以呋喃是富 π 电子的杂环化合物。从图 7.20 中可以看出，呋喃类化合物的共轭稳定结构使得呋喃环上的 C—C 键和 C—H 键较强，因此通过单分子分

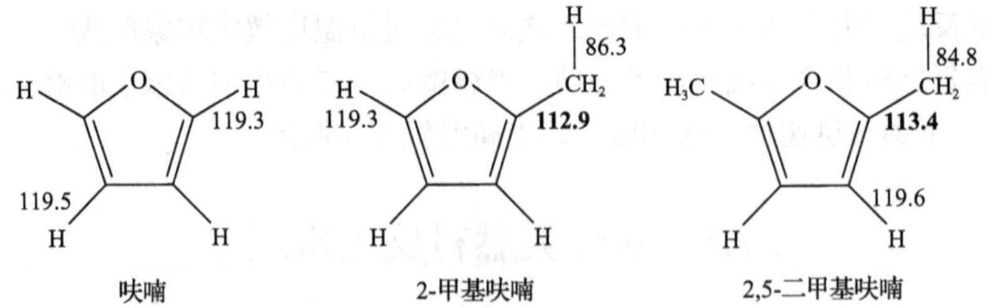

图 7.20　呋喃、2-甲基呋喃和 2,5-二甲基呋喃的分子结构和键能(单位：kcal/mol)[46,47]

解反应或氢提取反应生成呋喃自由基比较困难。与呋喃相比，其衍生物 2-甲基呋喃和 2,5-二甲基呋喃的甲基上的 C—H 键能相对较低（分别为 86.3 和 84.8kcal/mol），因此易于发生氢提取反应。

由于取代基的不同，呋喃存在一系列衍生物，很多都是具有应用前景的含氧燃料，本书中统称为呋喃类燃料。呋喃类燃料主要是由果糖的一系列脱水反应和氢解反应合成得到[7]。表 7.3 展示了 10 种具有代表性的呋喃类燃料。呋喃类燃料的物理化学性质与汽油类似，可以用作汽油代用燃料或添加剂。特别是 2,5-二甲基呋喃因其新颖的合成路径近年来广受关注，与乙醇相比，其能量密度高 40%，沸点高 15K，层流火焰传播速度快约 30%，疏水性更好。2,5-二甲基呋喃和 2-甲基呋喃均具有较高的辛烷值，可以作为汽油抗爆添加剂直接使用，发动机台架实验表明其燃烧过程中含氧污染物和颗粒物的排放均低于汽油。

表 7.3　代表性呋喃类燃料的结构和名称

名称	化学式	结构	名称	化学式	结构
2-甲基呋喃	C_5H_6O		2,5-二甲基呋喃	C_6H_8O	
2-乙基呋喃	C_6H_8O		糠醛	$C_5H_4O_2$	
2-糠醇	$C_5H_6O_2$		2-甲氧基呋喃	$C_5H_6O_2$	
2-乙酰基呋喃	$C_6H_6O_2$		2-糠酸	$C_5H_4O_3$	
5-羟甲基糠醛	$C_6H_6O_3$		2-糠酸甲酯	$C_6H_6O_3$	

7.5.2　呋喃类燃料燃烧反应类

呋喃类燃料的环状结构和芳香性导致其燃烧反应类与其他类型含氧燃料存在显著的区别。与芳香烃相似，呋喃环上的 C—C 键和 C—H 键较强，因此呋喃环上自由基的生成较为困难。在呋喃热解过程中，其消耗过程主要是由单分子分解反应控制，主要存在两条竞争的路径（见图 7.21），即呋喃通过氢迁移反应开环生成 2,3-丁二烯醛（INT1）后脱 CO 生成 p-C_3H_4，以及呋喃分解生成 C_2H_2 和 CH_2CO。对于呋喃衍生物，由于支链的存在，其单分子分解反应与呋喃有一定的差异。以 2,5-二甲基呋喃为例，C_α 和 C_α 位均被甲基取代，因此 2,5-二甲基呋喃最主要的单分子分解反应为形成卡宾后先开环生成中间体，再发生 C—C 断键生成两个自由基。对于 2-甲基呋喃，只有 C_α 位上存在一个甲基，因此 2-甲基呋喃兼具 2,5-二甲基呋喃和呋喃的分子结构特征。其主要的单分子分解反应有两条，一是与 2,5-二甲基呋喃单分子分解反应类似，生成 C_3H_3 和 CH_3CO，二是与呋喃单分子分解反应类似，通过氢迁移形成卡宾再脱 CO。

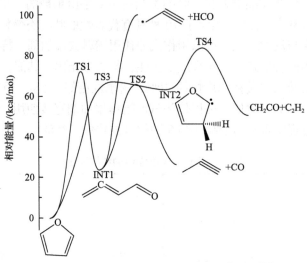

图 7.21　呋喃主要的单分子分解反应势能面[48]

　　呋喃类燃料还可以发生由自由基进攻引发的氢提取反应。以 2-甲基呋喃为例，其两种氢提取反应分别提取甲基上的氢原子和呋喃环上的氢原子。呋喃环上的 C—H 键能要远大于甲基上的 C—H 键能，因此发生在甲基上的氢提取反应更易发生，其速率常数显著大于呋喃环上的氢提取反应。在燃烧条件下，2-甲基呋喃和 2,5-二甲基呋喃均主要通过甲基上的氢提取反应消耗。

　　由于呋喃环的存在，2-甲基呋喃和 2,5-二甲基呋喃的自由基无法像其他类型含氧燃料一样通过 β 解离反应消耗。以 2,5-二甲基呋喃在甲基上的自由基为例，在高温条件下其后续分解主要通过一系列反应生成 C_5H_6 和 C_6H_5OH[8,49,50]，从而将五元杂环结构转化为五元和六元碳环结构，这也使 2,5-二甲基呋喃比多数含氧燃料更容易在燃烧中产生芳香烃产物。低温条件下，呋喃类燃料自由基还能够与氧气反应生成 ROO。图 7.22 展示了 $C_4H_3OCH_2$ 和 DMF252J 与氧气反应的势能面，从中可以看出，在 $C_4H_3OCH_2$ 与氧气反应体系中，生成的 ROO 的后续反应路径中能垒最低的是生成 $C_4H_3O_2$ 和 CH_2O，而在 DMF252J 与氧气反应体系中则是生成 $CH_3C_4H_2OOJ$ 和 CH_2O 的路径。这也解释了在 2-甲基呋喃和 2,5-二甲基呋喃氧化实验中初始阶段观测到的大量 CH_2O[51]。呋喃环上 C＝C 键的存在，限制了 ROO 的后续异构反应，因此呋喃类燃料在低温氧化中难以观测到低温氧化反应活性和负温度效应现象[51]。

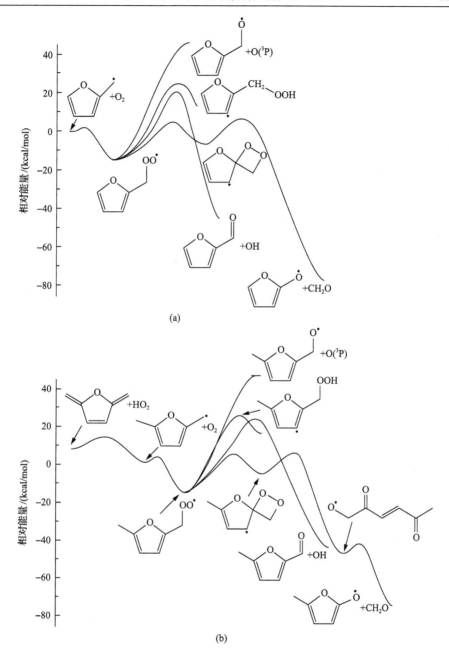

图 7.22　(a) C$_4$H$_3$OCH$_2$ 和 (b) DMF252J 与氧气反应的势能面(单位：kcal/mol)[51]

7.5.3　呋喃类燃料燃烧反应动力学规律

前人对呋喃类燃料中呋喃、2-甲基呋喃和 2,5-二甲基呋喃的燃烧反应动力学规律进行了一定的研究。由于呋喃环的共轭稳定性，环上 C—H 键能较高，所以对于呋喃，通过氢提取反应生成呋喃基比较困难。在高温条件下，呋喃主要通过 C_α 位上的氢加成或羟基加成反应消耗，而 2-甲基呋喃和 2,5-二甲基呋喃则主要通过氢提取反应消耗。此外，与其他类型的含氧燃料不同的是，2-甲基呋喃和 2,5-二甲基呋喃可以发生本位取代反应，分别生成呋喃和 2-甲基呋喃，因此 2-甲基呋喃的燃烧反应机理中包含呋喃的完整燃烧反应机理，2,5-二甲基呋喃的燃烧反应机理也包含 2-甲基呋喃的完整燃烧反应机理。呋喃、2-甲基呋喃和 2,5-二甲基呋喃三种呋喃燃料详细的高温反应路径如图 7.23 所示，从图中可以看出，呋喃、2-甲基呋喃和 2,5-二甲基呋喃的主要反应路径的类型相似，但其产物的类型存在较大的区别。

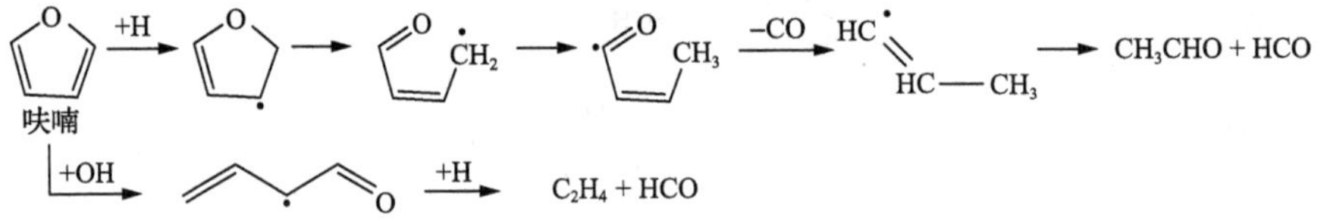

(a) 呋喃[52]

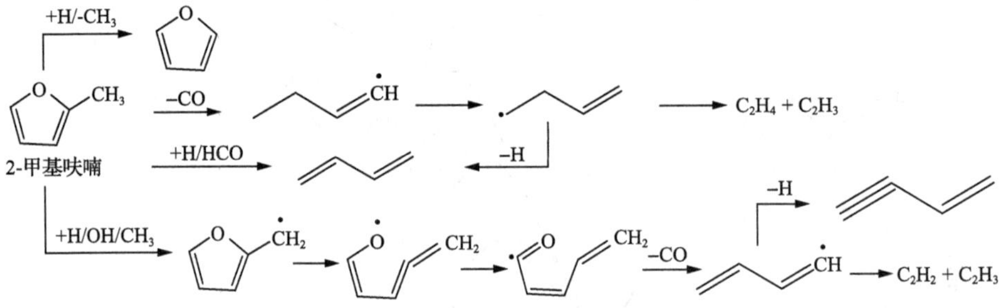

(b) 2-甲基呋喃[52]

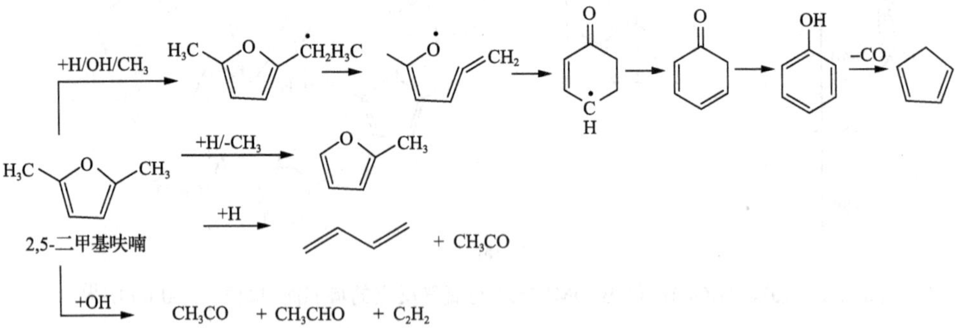

(c) 2,5-二甲基呋喃[53]

图 7.23　3 种呋喃燃料在高温下的反应路径

由于燃料分子结构的差别，呋喃、2-甲基呋喃和 2,5-二甲基呋喃的燃烧反应特性存在较大的差异。图 7.24 展示了三种燃料在激波管中测量的高温着火延迟时间。其中，2,5-二甲基呋喃的着火延迟时间最长，2-甲基呋喃的着火延迟时间最短，而呋喃的着火延迟时间则介于二者之间。这是由于在高温条件下，2,5-二甲基呋喃的链传递反应倾向产生稳定分子和不活泼自由基，特别是 CH_3，具有更高的化学稳定性；而 2-甲基呋喃的链传递反应则倾向产生活泼自由基，如 H，因此具有更高的燃烧反应活性[54]。

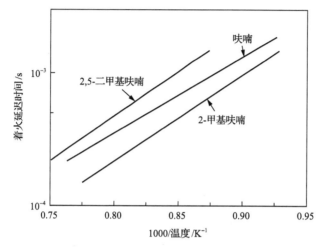

图 7.24　呋喃、2-甲基呋喃和 2,5-二甲基呋喃在 5bar 和当量比为 1.0 时的着火延迟时间比较[54]

7.6　醛酮类燃料反应机理

7.6.1　醛酮类燃料

醛酮类燃料的结构中都含有 C═O 键结构，即羰基。在醛类燃料中羰基碳原子其中一边直接连接一个氢原子，官能团可表示为—C(═O)H，而在酮类燃料中羰基碳原子两边都与碳原子相连，官能团可表示为—C(═O)—。在前面介绍酯类燃料时介绍过羰基官能团，同样在醛酮类燃料中，羰基碳原子发生 sp^2 杂化，在酮类分子中分别与一个氧原子和两个碳原子相连，在醛类分子中分别与一个氧原子、一个碳原子和一个氢原子相连，形成 σ 键，碳原子上剩余的一个电子与氧原子上剩余的一个电子形成 π 键。在 7.2 节中已经介绍过，氧原子的电负性很强，导致与氧原子相连的 C—C 键和 C—H 键局部电子云密度降低，键能减弱。如图 7.25 所示，正丁醛的 C_α—H 键能要比正丁烷的伯碳 C—H 键能低 12.2kcal/mol，正丁醛和 2-丁酮分子中的 C_β—H 键能也比正丁烷相应位点的 C—H 键能低，同时与氧原子相连的 C_α—C_β 键也相应变弱。值得说明的是，丁酸甲酯中 C—O 单键与羰基相连，但其键能不仅没有减弱反而增强（与正丁醇的 C—O 单键相比），这是因为，丁酸甲酯中 C—O 单键上的氧原子的孤对电子与羰基 π 键发生共轭效应，使 C—O 单键上的电子云密度局部增大，C—O 键能增强。

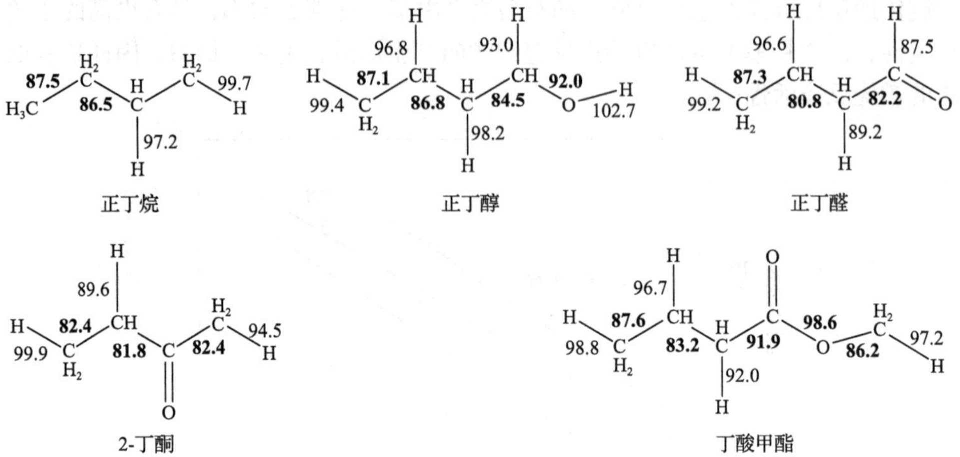

图 7.25　正丁烷、正丁醇、正丁醛、2-丁酮、丁酸甲酯的分子结构和键能（单位：kcal/mol）[55]
C—C 和 C—O（粗体）和 C—H（不加粗）

　　醛酮类化合物一方面是燃烧中大量存在的中间产物[56]和重要的燃烧污染物，会对人类健康和大气环境造成危害，例如柴油机燃烧尾气中的羰基污染物主要包括甲醛、乙醛、丙酮、丙醛、丁酮等，含氧燃料在运输燃料中的添加进一步增加了此类污染物的排放[56]。另一方面，酮类化合物被认为是一种潜在的生物燃料，研究发现 2-丁酮具有较高的辛烷值（RON=107）、较低的沸点（80℃）和较高的饱和蒸气压（20℃时为 0.108bar），并且相比于传统运输燃料具有较高的效率和较低的污染物排放量[9]，具备成为汽油代用燃料或添加剂的潜力[57]。在大负荷柴油机测试实验中，研究者发现环己酮掺混费托合成燃料可以降低碳烟排放量[58,59]。

7.6.2　醛酮类燃料燃烧反应类

1. 醛酮-烯醇异构反应

　　在有机化学中，醛或酮与烯醇结构之间存在化学平衡，称为互变异构体。在燃烧中，醛酮-烯醇互变异构反应的能垒通常低于 C—C 断键反应，在较低的温度条件下是后者的主要竞争反应。图 7.26 展示了乙醛单分子分解反应的势能面[60]，其中乙醛向乙烯醇异构的反应路径能垒最低，比 C—C 断键生成 CH_3 和 HCO 的路径约低 20kcal/mol。因此，在较低温度下，醛酮-烯醇互变异构反应是醛酮类燃料的重要反应类，需要包含在燃烧反应机理中。

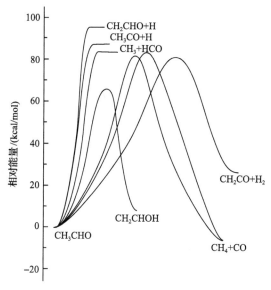

图 7.26　乙醛单分子分解反应的势能面[60]

2. 氢提取与加成反应

氢提取反应速率常数的大小与被提取 C—H 键的键能密切相关，由于羰基上氧原子的吸电子效应，使与羰基相连的 C—H 键和 C—C 键被弱化，离羰基上氧原子越近，键能越弱。如图 7.27 所示，2-丁酮分子中键能最弱的 C—H 键发生氢提取反应时能垒最低(TS3)，键能最强的 C—H 键发生氢提取反应时能垒最高(TS4)。早期研究认为，加成反应的能垒较氢提取反应更低，与氢提取反应构成主要的竞争[61]。近期研究发现，尽管加成反应能垒更低，但其熵也比较小，因此，加成反应对于醛酮类燃料消耗的贡献被高估了[62]。理论计算结果显示，在 600～1600K 下，醛酮类燃料与自由基的反应主要还是发生氢提取反应，加成反应的贡献可以忽略[63]。

3. 燃料自由基的 β 解离反应和异构反应

醛酮类燃料自由基主要依赖 β 解离反应消耗，其规律与其他含氧燃料类似，此处不再详述。在异构反应中，除了常规的氢迁移反应外，醛酮类燃料在 C_γ 位上的自由基还可以发生重排反应。如图 7.28 所示，C＝O 键打开，C_α 与 C_γ 相连，形成三元环过渡态，然后 C_α—C_β 键断裂，生成具有 C_α—C_γ—C_β 结构的产物。如果 C_β 位上连接的不是氢原子而是其他官能团，比如甲基，则反应物和产物将是不同的自由基。

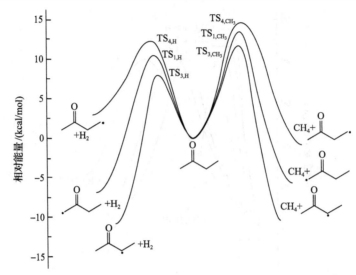

图 7.27　H 和 CH₃ 进攻引发的 2-丁酮氢提取反应的势能面[64]

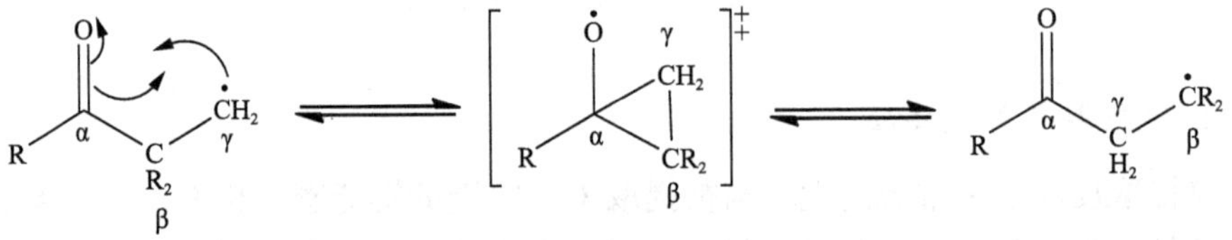

图 7.28　醛酮类在 C_γ 位上的自由基的重排反应原理图[65]

4. 醛酮类的低温氧化反应

图 7.29[66]展示了正丁烷自由基和 3-戊酮自由基与氧气反应的势能面。从图中可知，与丁烷自由基相比，3-戊酮的 ROO 自由基与 QOOH 自由基的能量非常接近，这是因为 3-戊酮的 QOOH 自由基形成了共轭稳定的结构，大大降低了 QOOH 的能量，增加了该自由基的稳定性。在烷烃体系中，QOOH 的后续反应中异构生成 ROO 的能垒较低。而在 3-戊酮体系中，QOOH 向 ROO 异构的可能性大大降低，这就导致 3-戊酮的 QOOH 解离生成环醚的链传递反应和二次加氧的链分支反应更加重要[67]。

由于醛类燃料的 C_α—H 键非常弱，所以 C_α 位是氢提取反应中最容易被夺取 H 的位点，生成酰基自由基。C_α—C_β 键也比较弱，酰基自由基很容易脱掉 CO 生成烷基自由基。即使在低温条件下，这一反应也具有比较大的贡献，因此在低温下，较长碳链的醛类分子低温氧化活性主要由生成的烷基自由基的反应活性控制[68]。图 7.30 展示了酰基自由基分解为烷基自由基和 CO 的反应以及酰基自由基与加氧反应的速率常数。可以看到在 500K 以上，酰基自由基的分解反应比加氧反应更快，温度越高，分解反应的贡献越大。

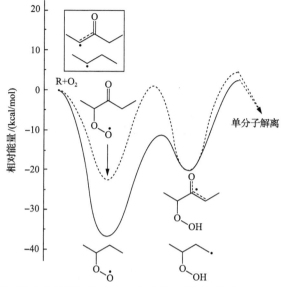

图 7.29　正丁烷自由基(实线)和 3-戊酮自由基(虚线)与氧气反应的势能面[66]

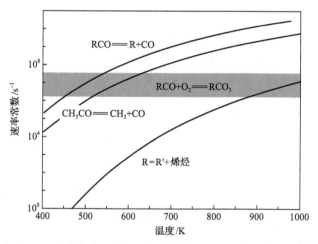

图 7.30　酰基自由基分解反应与加氧反应的速率常数比较[68]

图中阴影部分考虑了氧气的浓度

7.6.3　醛酮类燃料燃烧反应动力学规律

1. 醛酮类燃料的高温反应活性规律

图 7.31 比较了 $C_3 \sim C_5$ 直链酮的高温着火延迟时间，可以看出着火延迟时间满足 3-戊酮<2-丁酮<2-戊酮<丙酮，这就说明 3-戊酮在该条件下的反应活性最高，丙酮的反应活性最低。此外，对于 2-戊酮和 3-戊酮这两种同分异构体，羰基位点的差异导致了着火延迟时间和燃烧反应活性的差异[69]。

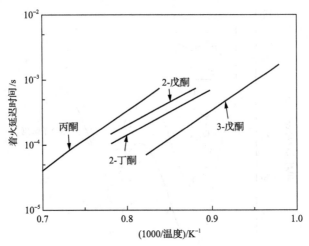

图 7.31　丙酮、2-丁酮、2-戊酮、3-戊酮在 20bar 下的着火延迟时间[69]

图 7.32 是丙酮、2-丁酮、2-戊酮和 3-戊酮的高温燃烧反应机理示意图[69]。高温反应机理主要需要考虑氢提取反应的难易以及发生 β 解离反应后产生的自由基的种类。氢提取反应发生在伯碳上的键能约为 95kcal/mol，发生在仲碳上的键能约为 90kcal/mol。因此，在 4 种酮类燃料中，最容易发生氢提取反应的是 3-戊酮，这个燃料分子中与羰基碳相连的都是仲碳原子，C—H 键能低，与其他分子相比最容易发生氢提取反应；在 2-丁酮和 2-戊酮中，与羰基相连的分别是一个伯碳原子和一个仲碳原子，发生氢提取反应较 3-戊酮更难；在丙酮分子中，与羰基相连的都是伯碳原子，在 4 个燃料中发生氢提取反应最难。3-戊酮自由基在 β—解离反应后均生成 C_2H_5；2-丁酮自由基则主要生成 CH_3 和 C_2H_5；2-戊酮自由基则主要生成 CH_3 和 $CH_3CH_2CH_2$，后者 β 断键的主要产物为 CH_3 和 C_2H_4；而丙酮自由基则最终生成两个 CH_3。由于 C_2H_5 很容易分解为 C_2H_4 和 H，所以 4 种酮类燃料发生氢提取和 β 解离反应后，主要生成 C_2H_5 的 3-戊酮反应活性最高，生成 CH_3 和 C_2H_5 的 2-丁酮反应活性次高，生成 CH_3 和 $CH_3CH_2CH_2$ 的 2-戊酮反应活性排在第三位，而生成 CH_3 的丙酮活性最低。

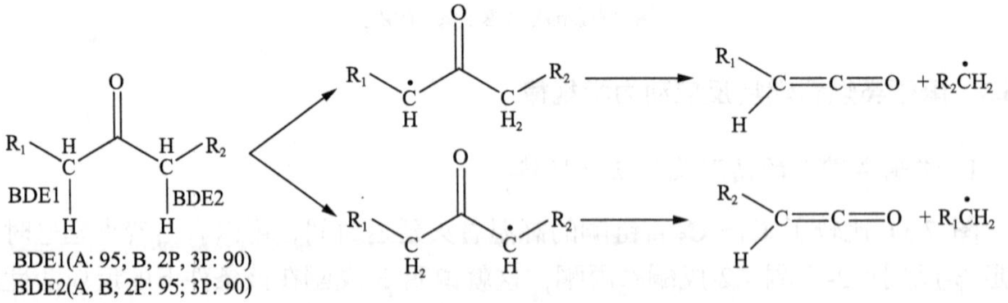

图 7.32　丙酮（A，R1 和 R2 为 H）、2-丁酮（B，R1 为 CH_3，R2 为 H）、2-戊酮（2P，R1 为 C_2H_5，R2 为 H）、3-戊酮（3P，R1 和 R2 为 CH_3）的高温反应机理示意图（单位：kcal/mol）[69]

2. 醛酮类燃料的低温反应活性规律

图 7.33 比较了相同实验条件下正己烷、正己醛、正己醇在射流搅拌反应器中的低温氧化活性。从图中可以看出，正己醛的初始反应温度最低，约为 525K，正己烷次之，正己醇最高。正己醛的初始反应温度最低是因为醛基上的 C—H 键能最弱，最容易发生链引发反应。在较低的温度下，QOOH 分解生成环醚和 OH 的反应受到抑制，因此更容易发生链分支反应。另外，醛类低温氧化中除存在从烷基自由基加氧开始的链分支反应，酰基自由基本身也可以加氧引发链分支反应，尤其是在较低的温度下。因此，从图 7.33 中可以看到，正己醛在低温条件下的转化可达到 70%，正己烷则只有 40%。醇类低温反应活性较低主要是其低温下的特征反应决定的，例如生成 ROO 之后，很容易发生协同消去反应生成不饱和醇类中间产物和 HO_2，以及 Waddington 反应生成醛酮类中间产物和 OH。前者属于链抑制反应，后者属于链传递反应，因此醇类燃料低温氧化活性要显著弱于结构相近的烷烃燃料和醛类燃料。

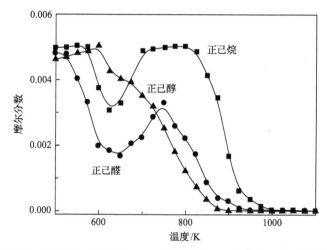

图 7.33　正己烷、正己醛、正己醇在 1bar 和当量比 1.0 条件下的低温氧化结果对比[70]

参 考 文 献

[1] Nigam P S, Singh A. Production of liquid biofuels from renewable resources[J]. Progress in Energy and Combustion Science, 2011, 37(1): 52-68.

[2] Azadi P, Malina R, Barrett S R H, et al. The evolution of the biofuel science[J]. Renewable & Sustainable Energy Reviews, 2017, 76: 1479-1484.

[3] Carneiro M L N M, Pradelle F, Braga S L, et al. Potential of biofuels from algae: Comparison with fossil fuels, ethanol and biodiesel in Europe and Brazil through life cycle assessment (LCA)[J]. Renewable & Sustainable Energy Reviews, 2017, 73: 632-653.

[4] 邵佳伟. 生物柴油替代物 C7 酯类与醇类混合燃料燃烧特性及污染物控制研究[D]. 南京: 南京理工大学, 2016.

[5] 李亚鹏, 邵超, 宋俊良. 醇醚类燃料在柴油机上的应用[J]. 重型汽车, 2013: 39-40.

[6] 郭和军, 王煊军, 刘祥萱. 柴油机燃用液态醚类燃料的探讨[J]. 小型内燃机与摩托车, 2002: 30-33.

[7] Román-Leshkov Y, Barrett C J, Liu Z Y, et al. Production of dimethylfuran for liquid fuels from biomass-derived carbohydrates[J]. Nature, 2007, 447 (7147): 982-985.

[8] Cheng Z, Xing L, Zeng M, et al. Experimental and kinetic modeling study of 2,5-dimethylfuran pyrolysis at various pressures[J]. Combustion and Flame, 2014, 161 (10): 2496-2511.

[9] Hoppe F, Burke U, Thewes M, et al. Tailor-made fuels from biomass: Potentials of 2-butanone and 2-methylfuran in direct injection spark ignition engines[J]. Fuel, 2016, 167: 106-117.

[10] BP. Statistical review of world energy[EB/OL]. (2019-10-17) [2020-09-17]. https://www.bp.com/en/global/corporate/energy-economics/statistical-review-of-world-energy.html.

[11] 刘娅, 刘宏娟, 张建安, 等. 新型生物燃料——丁醇的研究进展[J]. 现代化工, 2008, 28: 28-33.

[12] Cai J, Zhang L, Zhang F, et al. Experimental and kinetic modeling study of n-butanol pyrolysis and combustion[J]. Energy & Fuels, 2012, 26 (9): 5550-5568.

[13] Zádor J, Fernandes R X, Georgievskii Y, et al. The reaction of hydroxyethyl radicals with O_2: A theoretical analysis and experimental product study[J]. Proceedings of the Combustion Institute, 2009, 32 (1): 271-277.

[14] da Silva G, Bozzelli J W. Role of the alpha-hydroxyethylperoxy radical in the reactions of acetaldehyde and vinyl alcohol with HO_2[J]. Chemical Physics Letters, 2009, 483 (1-3): 25-29.

[15] Sway M I, Waddington D J. Reactions of oxygenated radicals in the gas phase. Part 12. The reactions of isopropylperoxyl radicals and alkenes[J]. Journal of the Chemical Society, Perkin Transactions 2, 1983, (2): 139-143.

[16] Ray D J M, Waddington D J. Gas phase oxidation of alkenes—Part II. The oxidation of 2-methylbutene-2 and 2,3-dimethylbutene-2[J]. Combustion and Flame, 1973, 20 (3): 327-334.

[17] Taatjes C A, Hansen N, McIlroy A, et al. Enols are common intermediates in hydrocarbon oxidation[J]. Science, 2005, 308 (5730): 1887-1889.

[18] Yang B, Oßwald P, Li Y, et al. Identification of combustion intermediates in isomeric fuel-rich premixed butanol-oxygen flames at low pressure[J]. Combustion and Flame, 2007, 148 (4): 198-209.

[19] da Silva G, Kim C-H, Bozzelli J W. Thermodynamic properties (enthalpy, bond energy, entropy, and heat capacity) and internal rotor potentials of vinyl alcohol, methyl vinyl ether, and their corresponding radicals[J]. Journal of Physical Chemistry A, 2006, 110 (25): 7925-7934.

[20] Sarathy S M, Oßwald P, Hansen N, et al. Alcohol combustion chemistry[J]. Progress in Energy and Combustion Science, 2014, 44: 40-102.

[21] Li Y, Qi F. Recent applications of synchrotron VUV photoionization mass spectrometry: Insight into combustion chemistry[J]. Accounts of Chemical Research, 2010, 43 (1): 68-78.

[22] Pitz W J, Mueller C J. Recent progress in the development of diesel surrogate fuels[J]. Progress in Energy and Combustion Science, 2011, 37 (3): 330-350.

[23] Basha S A, Gopal K R, Jebaraj S. A review on biodiesel production, combustion, emissions and performance[J]. Renewable & Sustainable Energy Reviews, 2009, 13 (6-7): 1628-1634.

[24] Luo Z, Lu T, Maciaszek M J, et al. A reduced mechanism for high-temperature oxidation of biodiesel surrogates[J]. Energy & Fuels, 2010, 24: 6283-6293.

[25] McEnally C S, Pfefferle L D, Atakan B, et al. Studies of aromatic hydrocarbon formation mechanisms in flames: Progress towards closing the fuel gap[J]. Progress in Energy and Combustion Science, 2006, 32 (3): 247-294.

[26] Zhai Y, Feng B, Yuan W, et al. Experimental and modeling studies of small typical methyl esters pyrolysis: Methyl butanoate and methyl crotonate[J]. Combustion and Flame, 2018, 191: 160-174.

[27] Oyeyemi V B, Keith J A, Carter E A. Accurate bond energies of biodiesel methyl esters from multireference averaged coupled-pair functional calculations[J]. Journal of Physical Chemistry A, 2014, 118 (35): 7392-7403.

[28] Dooley S, Curran H J, Simmie J M. Autoignition measurements and a validated kinetic model for the biodiesel surrogate, methyl butanoate[J]. Combustion and Flame, 2008, 153 (1-2): 2-32.

[29] Tran L S, Sirjean B, Glaude P A, et al. Progress in detailed kinetic modeling of the combustion of oxygenated components of biofuels[J]. Energy, 2012, 43 (1): 4-18.

[30] Oyeyemi V B, Dieterich J M, Krisiloff D B, et al. Bond dissociation energies of C_{10} and C_{18} methyl esters from local multireference averaged-coupled pair functional theory[J]. Journal of Physical Chemistry A, 2015, 119 (14): 3429-3439.

[31] Zhai Y, Ao C, Feng B, et al. Experimental and kinetic modeling investigation on methyl decanoate pyrolysis at low and atmospheric pressures[J]. Fuel, 2018, 232: 333-340.

[32] Huynh L K, Lin K C, Violi A. Kinetic modeling of methyl butanoate in shock tube[J]. Journal of Physical Chemistry A, 2008, 112: 13470-13480.

[33] Zhao L, Xie M, Ye L, et al. An experimental and modeling study of methyl propanoate pyrolysis at low pressure[J]. Combustion and Flame, 2013, 160 (10): 1958-1966.

[34] Herbinet O, Glaude P-A, Warth V, et al. Experimental and modeling study of the thermal decomposition of methyl decanoate[J]. Combustion and Flame, 2011, 158 (7): 1288-1300.

[35] Huynh L K, Viol A. Thermal decomposition of methyl butanoate: Ab initio study of a biodiesel fuel surrogate[J]. Journal of Organic Chemistry, 2008, 73: 73-94.

[36] Yee K F, Mohamed A R, Tan S H. A review on the evolution of ethyl *tert*-butyl ether (ETBE) and its future prospects[J]. Renewable & Sustainable Energy Reviews, 2013, 22: 604-620.

[37] Leitner W, Klankermayer J, Pischinger S, et al. Advanced biofuels and beyond: Chemistry solutions for propulsion and production[J]. Angewandte Chemie-International Edition, 2017, 56 (20): 5412-5452.

[38] Lizardo-Huerta J-C, Sirjean B, Glaude P-A, et al. Pericyclic reactions in ether biofuels[J]. Proceedings of the Combustion Institute, 2017, 36 (1): 569-576.

[39] Ogura T, Miyoshi A, Koshi M. Rate coefficients of H-atom abstraction from ethers and isomerization of alkoxyalkylperoxy radicals[J]. Physical Chemistry Chemical Physics, 2007, 9 (37): 5133-5142.

[40] Sakai Y, Ando H, Chakravarty H K, et al. A computational study on the kinetics of unimolecular reactions of ethoxyethylperoxy radicals employing CTST and VTST[J]. Proceedings of the Combustion Institute, 2015, 35 (1): 161-169.

[41] Boot M D, Tian M, Hensen E J M, et al. Impact of fuel molecular structure on auto-ignition behavior–Design rules for future high performance gasolines[J]. Progress in Energy and Combustion Science, 2017, 60: 1-25.

[42] Glaude P A, Battin-Leclerc F, Judenherc B, et al. Experimental and modeling study of the gas-phase oxidation of methyl and ethyl tertiary butyl ethers[J]. Combustion and Flame, 2000, 121 (1): 345-355.

[43] Kerschgens B, Cai L, Pitsch H, et al. Di-*n*-buthylether, *n*-octanol, and *n*-octane as fuel candidates for diesel engine combustion[J]. Combustion and Flame, 2016, 163: 66-78.

[44] Thion S, Togbé C, Serinyel Z, et al. A chemical kinetic study of the oxidation of dibutyl-ether in a jet-stirred reactor[J]. Combustion and Flame, 2017, 185: 4-15.

[45] Eicher T, Hauptmann S. The chemistry of heterocycles: Structure, reactions synthesis and applications[M]. 2nd ed. New Jersey: Wiley, 2003.

[46] Togbé C, Tran L S, Liu D, et al. Combustion chemistry and flame structure of furan group biofuels using molecular-beam mass spectrometry and gas chromatography-Part III: 2,5-Dimethylfuran[J]. Combustion and flame, 2014, 161 (3): 780-797.

[47] Jouzdani S, Eldeeb M A, Zhang L, et al. High-temperature study of 2-methyl furan and 2-methyl tetrahydrofuran combustion[J]. International Journal of Chemical Kinetics, 2016, 48 (9): 491-503.

[48] Sendt K, Bacskay G B, Mackie J C. Pyrolysis of furan: Ab initio quantum chemical and kinetic modeling studies[J]. Journal of Physical Chemistry A, 2000, 104 (9): 1861-1875.

[49] Cheng Z, Tan Y, Wei L, et al. Experimental and kinetic modeling studies of furan pyrolysis: Fuel decomposition and aromatic ring formation[J]. Fuel, 2017, 206: 239-247.

[50] Alexandrino K, Baena C, Millera Á, et al. 2-methylfuran pyrolysis: Gas-phase modelling and soot formation[J]. Combustion and Flame, 2018, 188: 376-387.

[51] Tran L S, Wang Z, Carstensen H-H, et al. Comparative experimental and modeling study of the low- to moderate-temperature oxidation chemistry of 2,5-dimethylfuran, 2-methylfuran, and furan[J]. Combustion and Flame, 2017, 181: 251-269.

[52] Liu D, Togbé C, Tran L S, et al. Combustion chemistry and flame structure of furan group biofuels using molecular-beam mass spectrometry and gas chromatography–Part I: Furan[J]. Combustion and Flame, 2014, 161 (3): 748-765.

[53] Tran L S, Togbé C, Liu D, et al. Combustion chemistry and flame structure of furan group biofuels using molecular-beam mass spectrometry and gas chromatography–Part II: 2-Methylfuran[J]. Combustion and Flame, 2014, 161 (3): 766-779.

[54] Eldeeb M A, Akih-Kumgeh B. Reactivity trends in furan and alkyl furan combustion[J]. Energy & Fuels, 2014, 28 (10): 6618-6626.

[55] Pelucchi M, Cavallotti C, Ranzi E, et al. Relative reactivity of oxygenated fuels: Alcohols, aldehydes, ketones, and methyl esters[J]. Energy & Fuels, 2016, 30 (10): 8665-8679.

[56] Guarieiro L L N, de Souza A F, Torres E A, et al. Emission profile of 18 carbonyl compounds, CO, CO_2, and NOx emitted by a diesel engine fuelled with diesel and ternary blends containing diesel, ethanol and biodiesel or vegetable oils[J]. Atmospheric Environment, 2009, 43 (17): 2754-2761.

[57] Burke U, Beeckmann J, Kopp W A, et al. A comprehensive experimental and kinetic modeling study of butanone[J]. Combustion and Flame, 2016, 168: 296-309.

[58] Klein-Douwel R J H, Donkerbroek A J, van Vliet A P, et al. Soot and chemiluminescence in diesel combustion of bio-derived, oxygenated and reference fuels[J]. Proceedings of the Combustion Institute, 2009, 32 (2): 2817-2825.

[59] Boot M, Frijters P, Luijten C, et al. Cyclic oxygenates: A new class of second-generation biofuels for diesel engines?[J]. Energy & Fuels, 2009, 23 (4): 1808-1817.

[60] Sivaramakrishnan R, Michael J V, Harding L B, et al. Resolving some paradoxes in the thermal decomposition mechanism of acetaldehyde[J]. Journal of Physical Chemistry A, 2015, 119 (28): 7724-7733.

[61] Taylor P H, Rahman M S, Arif M, et al. Kinetic and mechanistic studies of the reaction of hydroxyl radicals with acetaldehyde over an extended temperature range[J]. Proceedings of the Combustion Institute, 1996, 26(1): 497-504.

[62] Taylor P H, Yamada T, Marshall P. The reaction of OH with acetaldehyde and deuterated acetaldehyde: Further insight into the reaction mechanism at both low and elevated temperatures[J]. International Journal of Chemical Kinetics, 2006, 38(8): 489-495.

[63] Zhou C, Mendes J, Curran H J. Theoretical and kinetic study of the reaction of ethyl methyl ketone with HO$_2$ for $T =$ 600–1600K. Part II: Addition reaction channels[J]. Journal of Physical Chemistry A, 2013, 117(22): 4526-4533.

[64] Kopp W A, Burke U, Döntgen M, et al. $Ab\ initio$ kinetics predictions for H-atom abstraction from 2-butanone by H and CH$_3$ and the subsequent unimolecular reactions[J]. Proceedings of the Combustion Institute, 2017, 36(1): 203-210.

[65] Scheer A M, Welz O, Sasaki D Y, et al. Facile rearrangement of 3-oxoalkyl radicals is evident in low-temperature gas-phase oxidation of ketones[J]. Journal of the American Chemical Society, 2013, 135(38): 14256-14265.

[66] Savee J D, Papajak E, Rotavera B, et al. Direct observation and kinetics of a hydroperoxyalkyl radical(QOOH)[J]. Science, 2015, 347(6222): 643-646.

[67] Scheer A M, Welz O, Zádor J, et al. Low-temperature combustion chemistry of novel biofuels: Resonance-stabilized QOOH in the oxidation of diethyl ketone[J]. Physical Chemistry Chemical Physics, 2014, 16(26): 13027-13040.

[68] Pelucchi M, Ranzi E, Frassoldati A, et al. Alkyl radicals rule the low temperature oxidation of long chain aldehydes[J]. Proceedings of the Combustion Institute, 2017, 36: 393-401.

[69] Minwegen H, Burke U, Heufer K A. An experimental and theoretical comparison of C$_3$–C$_5$ linear ketones[J]. Proceedings of the Combustion Institute, 2017, 36(1): 561-568.

[70] Rodriguez A, Herbinet O, Battin-Leclerc F. A study of the low-temperature oxidation of a long chain aldehyde: n-hexanal[J]. Proceedings of the Combustion Institute, 2017, 36(1): 365-372.

第8章 含氮、硫、卤素化合物的燃烧反应机理

与碳氢燃料相比，含氮、硫、卤素化合物的燃烧具有独特的燃烧反应现象，本章主要介绍含氮、硫、卤素化合物的燃烧及特征反应类型，并选择若干典型化合物对其燃烧反应过程进行分析，阐述各官能团、同分异构体的影响。

8.1 含氮化合物的燃烧反应机理

含氮化合物主要是含氮烃类。氮原子的价电子层结构为 $2s^2 2p^3$，可以发生 sp^3、sp^2 或 sp 杂化。氮原子的孤对电子也可以在特定情况下参与成键，例如一氧化二氮中的配位键、一氧化氮中的三电子 π 键、硝基中的四电子三中心离域 π 键等，因此，含氮化合物的种类十分复杂。图 8.1 列举了一些含氮化合物的结构和名称，它们的用途各异，包括燃料添加剂、化工原料、炸药、染料、火箭推进剂、药物等等。

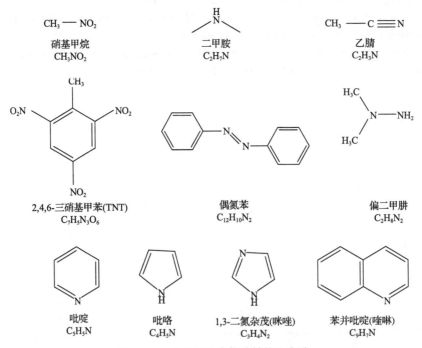

图 8.1 一些含氮化合物的结构和名称

氨基酸中含有氮元素，故含氮化合物作为杂质广泛存在于生物质燃料中，化

石燃料如石油和煤中也存在含氮化合物。在实际研究中，多以含氮化合物为模型燃料来代表燃料中的含氮杂质。考虑到成本、结构相似性、毒性及易爆性等安全因素，用于燃烧研究的含氮化合物主要包括硝基类、胺类、杂环类。另外，直接用氨气作为燃料也是当前含氮燃料研究的热点之一[1]。

含氮化合物在燃烧过程中的反应动力学特征重点是燃料中氮元素的转化。氮元素的电负性高于碳而低于氧，故含氮化合物的反应动力学特征与碳氢化合物既有相似之处，又存在明显的差异。含氮化合物在燃烧过程中的角色既可以是燃料，如氨气；也可以是氧化剂，如四氧化二氮；还可以两者兼具，例如，硝基甲烷可以快速分解为还原性的 CH_3 和氧化剂二氧化氮，因而可用作单组分推进剂。这里也涉及含氮化合物与碳氢化合物之间的化学反应，在后面的内容中将以常见的含氮燃料为例，详细解析各种含氮官能团在这些化学反应中的作用。

需要指出的是，在燃烧产生的高温下，空气中的氮气可以被直接氧化生成氮氧化物，或先与碳氢自由基反应生成氢氰酸/氰基，再被氧化生成氮氧化物。前一条路径称为热力型 NO，主要在高温和贫燃条件下发生，后一条路径称为快速型 NO，多见于碳氢化合物富燃火焰，它们是空气中的氮在火焰中转化为含氮产物的两条主要路径。相比之下，当燃料中含有氮元素时，氮元素的转化路径往往比以上两条路径复杂得多，反应体系受到更多因素的制约，更容易产生包括氮氧化物在内的多种含氮化合物。热力型 NO 和快速型 NO 的生成机理将在污染物一章中详细介绍。

含氮化合物的成键情况比碳氢化合物复杂，在燃烧过程中的转化途径更为多样，有大量反应路径尚待开展深入和详细的研究。在发展相关反应动力学模型时，常常采用近似和推测的方式确定一些化学反应及其速率，因此引入了较大的不确定性。本章在介绍含氮化合物燃烧反应动力学时，将偏重于定性的分析，以揭示燃烧过程中氮元素转化的一般规律。

8.1.1 氨气

生物质燃料燃烧产生的挥发性组分中，氨气是最主要的含氮组分，因此常以氨气作为对象研究生物质燃料燃烧过程中氮的转化[2-8]，最近氨气直接作为燃料的研究越来越受到重视[1, 9-12]。氨气可以由氢气和氮气直接制备。近年来，随着合成氨技术的进步，成本降低，比氢气更容易被液化的氨气有望解决氢能源在储存和运输上面临的困难。同时，空气中丰富的氮气也为大量制备氨气提供了便利。另外，也有直接将氨气用作新型燃料的设想[13]，因为在理想情况下，氨气完全燃烧，仅产生 N_2 和 H_2O，可实现 CO_2 零排放。但在实际情况下，氨的燃烧会产生部分 NO，这是氨气作为燃料投入实际应用之前需要解决的关键问题。

从分子结构上看，氨气与甲烷较为相似。氨气在燃烧过程中的氧化脱氢路径通常为 $NH_3 \rightarrow NH_2 \rightarrow NH/HNO \rightarrow NO \rightarrow NO_2$，这与甲烷的氧化脱氢路径 $CH_4 \rightarrow$

$CH_3 \rightarrow CH_3O \rightarrow CH_2O \rightarrow HCO \rightarrow CO/CO_2$ 相似。不同的是，CH_3 可以发生复合反应生成 C_2H_6，但氨基直接发生复合反应生成的 N_2H_4 极不稳定。此外，NH_2 可与 NH 发生复合反应生成二亚氨(R8.1)。

$$NH_2 + NH \Longrightarrow N_2H_2 + H \tag{R8.1}$$

氨气与甲烷燃烧的最大区别在于，CO_2 相对稳定，不易参与其他化学反应，可在火焰中逐步积累并作为最终产物排放，而 NO_2 则具有较强的氧化性，容易在燃烧过程中被还原为 NO，通常仅作为中间产物出现。实际上，氨气燃烧过程中生成的NO也常常仅作为中间产物出现，因为 NO 和 NO_2 都可以与 NH_2 或 NH 发生反应，直接生成在热力学上更为稳定的 N_2(R8.2、R8.3)，或氮气的前驱体 NNH(R8.4)和 N_2O(R8.5)。

$$NH + NO \Longrightarrow N_2 + OH \tag{R8.2}$$

$$NH_2 + NO \Longrightarrow N_2 + H_2O \tag{R8.3}$$

$$NH_2 + NO \Longrightarrow NNH + OH \tag{R8.4}$$

$$NH + NO \Longrightarrow N_2O + H \tag{R8.5}$$

氨气燃烧过程中可生成大量的 NH_2 和 NH，因而，氨气的燃烧通常以 H_2O、N_2 为主要产物，但根据具体条件的不同，产物中也会出现 NO。例如氧化作用较强的贫燃火焰中，NH_2 和 NH 较缺乏，部分 NO 未与 NH_2 充分反应作为最终产物排放[7]。

氨气常被用作掺杂组分，与碳氢化合物混合后燃烧，用来研究生物质燃料燃烧过程中氮元素的转化[14-21]。总体上随着氨气掺杂比的提高，火焰温度逐步降低。从反应动力学角度来看,碳氢化合物的反应体系中因引入了含氮组分而趋于复杂。一个典型的例子是氨气/甲烷混合物的燃烧，该体系中从燃料到中间产物绝大多数为小分子，因此可以很好地反映各种小分子含氮化合物的反应动力学特征。

氨气/氨基与碳氢化合物/碳氢自由基之间详细的相互作用机理尚未得到深入研究，一般认为氨气/NH_2 与小分子碳氢化合物/自由基之间主要发生氢提取反应或复合反应，例如反应 R8.6～R8.9。

$$CH_4 + NH_2 \Longrightarrow CH_3 + NH_3 \tag{R8.6}$$

$$CH_3 + NH_2 \Longrightarrow CH_4 + NH \tag{R8.7}$$

$$CH_3 + NH_2 \Longrightarrow CH_3NH_2 \tag{R8.8}$$

$$CH_3 + NH \Longrightarrow CH_2NH + H \tag{R8.9}$$

也有研究指出，NH_2 与 CO_2 之间可发生反应[14]，但其重要性有待证实。CH_3 和 NH_2 经偶合反应生成的 CH_3NH_2 或 CH_2NH 可经过氧化脱氢，形成 HCN，是硝基甲烷火焰中浓度较高的含氮中间产物之一，但其形成途径则是氮氧化物和碳氢化合物之间的反应，这也反映了 HCN 在火焰环境中相对稳定的性质。HCN 与 CH_3 发生反应则生成 CH_3CN，即反应 R8.10。氨气/甲烷混合物燃烧过程中生成大量 CH_3，因此促进了 CH_3CN 的生成：

$$CH_3 + HCN \Longrightarrow CH_3CN + H \tag{R8.10}$$

CH_3CN 中的氰基官能团远比 CH_3 在火焰环境中稳定，随着氧化的进行，CH_3CN 失去 CH_3，转化为 NCO，再进一步被氧化生成 NO，或被还原生成 HNCO。

因此，氨气的燃烧伴随着氮氧化物从生成到消耗的过程，氮元素在最终产物中多以氮气形式存在。当氨气作为掺杂组分参与碳氢化合物的燃烧时，可通过氨基/氮氧化物/碳氢自由基的相互作用生成小分子含氮中间产物如 HCN、CH_3CN、HNCO 等。图 8.2 为氨气燃烧过程中主要的反应路径[8]。

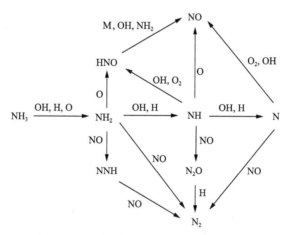

图 8.2　氨气燃烧过程中主要的反应路径[8]

8.1.2　肼类化合物

肼及其衍生物是重要的化工原料和火箭推进剂，特别是肼类燃料/四氧化二氮双组分推进剂是目前世界各国所普遍使用的火箭发动机液体推进剂组合。在肼类燃料/四氧化二氮推进剂组合中，肼类化合物作为燃料，而四氧化二氮则作为氧化剂，二者相互接触后发生自燃，无须其他点火方式。目前常用的肼类燃料主要包括肼及其甲基衍生物，如一甲基肼、偏二甲肼等，其中一甲基肼在航天器轨道控制等用途中具有广泛的应用。

　　肼具有强还原性，在没有氧化剂存在的条件下，肼的初始分解反应主要生成 NH_2(R8.11)，NH_2 可以进攻肼分子发生氢提取反应而生成 N_2H_3(R8.12)：

$$N_2H_4 == NH_2 + NH_2 \tag{R8.11}$$

$$N_2H_4 + NH_2 == N_2H_3 + NH_3 \tag{R8.12}$$

　　N_2H_3 的后续分解生成 N_2 和 H_2，肼的分解反应整个过程为放热反应，因而在肼的分解被引发后可以维持反应的进行。

　　在氧化剂四氧化二氮存在的情况下[22-27]，四氧化二氮可以快速地分解生成 NO_2，从而使肼处于 NO_2 氧化剂气氛中，NO_2 进攻肼发生氢提取反应而生成 N_2H_3，即反应 R8.13 与 R8.14：

$$N_2H_4 + NO_2 == N_2H_3 + HONO \tag{R8.13}$$

$$N_2H_4 + NO_2 == N_2H_3 + HNO_2 \tag{R8.14}$$

　　N_2H_3 很容易与 NO_2 发生氢提取反应，生成 N_2H_2(R8.15)，经过连续的氢提取反应(R8.16)，最终生成 N_2(R8.17)，反应中所生成的 HONO 主要分解生成 NO 和 OH。在整个化学反应进程中释放出大量的热量，并最终引发自燃以及剧烈的燃烧：

$$N_2H_3 + NO_2 == N_2H_2 + HONO \tag{R8.15}$$

$$N_2H_2 + NO_2 == NNH + HONO \tag{R8.16}$$

$$NNH + NO_2 == N_2 + HONO \tag{R8.17}$$

　　一甲基肼/四氧化二氮及偏甲基肼/四氧化二氮也是火箭发动机中常用的液体推进剂组合。在该类组合液体推进剂燃烧的过程中，四氧化二氮快速分解生成 NO_2，因此与 NO_2 的氢提取反应通常是单甲基肼及二甲基肼的初始反应步，如单甲基肼与 NO_2 的氢提取反应生成 CH_3NNH_2 及 HONO(R8.18)，氢提取反应可以发生在三个位点，分别生成 CH_3NHNH、CH_3NNH_2、CH_2NHNH_2，其中最易生成 CH_3NNH_2：

$$CH_3NHNH_2 + NO_2 == CH_3NNH_2 + HONO \tag{R8.18}$$

　　CH_3NNH_2 可以发生后续 NO_2 进攻的氢提取反应，生成 CH_3NNH，CH_3NNH 发生后续的氢提取反应(R8.19、R8.20)则生成 CH_3N_2：

$$CH_3NNH_2 + NO_2 == CH_3NNH + HONO \tag{R8.19}$$

$$CH_3NNH + NO_2 == CH_3N_2 + HONO \tag{R8.20}$$

由于处于 NO_2 气氛中, 除氢提取反应外, 新生成的 CH_3NNH_2 还可以很容易与 NO_2 发生复合反应, 即反应 R8.21 与 R8.22, 生成同分异构体产物 $CH_3N(NH_2)NO_2$ 及 $CH_3N(NH_2)ONO$:

$$CH_3NNH_2 + NO_2 \Longrightarrow CH_3N(NH_2)NO_2 \qquad (R8.21)$$

$$CH_3NNH_2 + NO_2 \Longrightarrow CH_3N(NH_2)ONO \qquad (R8.22)$$

$CH_3N(NH_2)NO_2$ 和 $CH_3N(NH_2)ONO$ 后续的分解主要生成 CH_3NNH, 因此 CH_3NNH 及其后续的分解产物 CH_3N_2 是甲基肼分解过程中生成的重要中间产物。CH_3N_2 主要发生单分子分解反应 R8.23 生成 CH_3 并释放 N_2:

$$CH_3N_2 \Longrightarrow CH_3 + N_2 \qquad (R8.23)$$

除 NO_2 进攻的氢提取反应外, 一甲基肼也可以发生单分子分解反应, 其中 N—N 断键单分子分解反应产物主要包括 CH_3NH、CH_2NH; C—N 断键反应产物主要为 $NHNH_2$、HNH_2, 与肼的分解反应类似, 一甲基肼的分解反应整体上为放热反应, 从而能够维持反应的进行:

$$CH_3NHNH_2 \Longrightarrow CH_3NH + NH_2 \qquad (R8.24)$$

$$CH_3NHNH_2 \Longrightarrow CH_2NH + NH_3 \qquad (R8.25)$$

$$CH_3NHNH_2 \Longrightarrow NHNH_2 + CH_3 \qquad (R8.26)$$

$$CH_3NHNH_2 \Longrightarrow NNH_2 + CH_4 \qquad (R8.27)$$

偏二甲肼的主要分解氧化反应路径与一甲基肼极为相似, 因此在本节中不再介绍。

8.1.3 胺类化合物

胺类化合物可视为氨中的氢被烃基取代后的产物, 根据取代程度的不同, 可分为伯胺、仲胺和叔胺。若氮原子与碳原子以碳氮双键相连则称为亚胺, 通常不稳定, 性质与胺类化合物有较大区别。胺类化合物在生物质中广泛存在, 因此也常被用作模型燃料来研究生物质燃料中氮的转化过程。胺类化合物中的氮原子为 sp^3 杂化, 以三个共价单键与周围的原子相连, 因此胺类化合物中的 C—N 键不够牢固, 这样的结构在一定程度上决定了胺类化合物在燃烧过程中的反应动力学特征。

甲胺是最简单的胺类化合物, 在含氮化合物的燃烧中甲胺可作为中间产物, 主要由 CH_3 和 NH_2 发生复合反应(R8.8)生成。这也是胺类化合物燃烧过程中常见的反应路径。此反应的逆向过程, 即甲胺中 C—N 键的断裂, 是甲胺热分解和氧化的主要初始反应路径。随着甲胺分解为 CH_3 和 NH_2, 反应体系与氨气/甲烷混合物趋于相似。含氮化合物燃烧的动力学模型中常包括甲胺燃烧反应机理，虽然文献中尚没有对于甲胺进行单独的燃烧研究，但其氧化过程的机理已有研究[28]，并在各种含氮化合物燃烧的动力学模型中作为子机理不断被增补和完善。

类似于乙烷，甲胺也可以发生氢提取反应，生成的自由基很容易脱氢生成 CH_2NH（R8.28 和 R8.29），碳氮单键转化为碳氮双键。

$$CH_2NH_2 \Longrightarrow CH_2NH + H \qquad\qquad (R8.28)$$

$$CH_3NH \Longrightarrow CH_2NH + H \qquad\qquad (R8.29)$$

CH_2NH 不稳定，继续发生类似的氧化脱氢过程则生成 HCN，碳氮双键转化为更为牢固的碳氮三键。这一反应路径也存在于氨气/甲烷混合物的燃烧过程中[14, 21]，HCN 氧化的最终产物是 NO。与氨气/甲烷混合物的燃烧类似，甲胺的燃烧过程也容易产生 NH_2 和 NH，与 NO 反应生成 N_2 或氮气的前驱体。故 NO 通常仅作为中间产物存在，在最终产物中浓度较低。

甲胺的氧化反应过程中，碳氢官能团与含氮官能团可以通过 C—N 键的断裂快速分离，同时含氮自由基与碳氢化合物之间存在相互作用；这与硝基甲烷、氨气/甲烷混合体系有类似之处[14, 21, 29-31]。不同的是，甲胺作为燃料时，氧化脱氢路径较为明显，碳氮单键随着氧化的进行而转化为碳氮双键和碳氮三键，这样的反应路径更多地体现了类似于烷烃燃烧过程的反应动力学特征。在硝基化合物和氨气/甲烷混合物火焰中，甲胺作为中间产物被生成和消耗，其主要反应路径可参考图 8.3[14]。

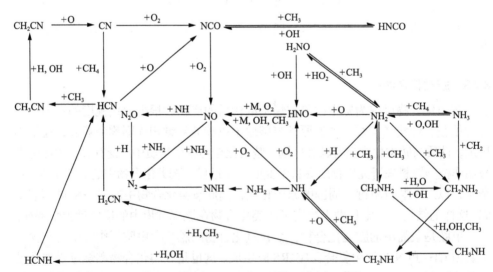

图 8.3　氨气/甲烷火焰中主要的反应路径[14]

甲胺作为重要的中间产物出现

乙胺与二甲胺互为同分异构体。乙胺为伯胺，氮原子与两个氢原子和一个乙基官能团相连；二甲胺为仲胺，氮原子与一个氢原子和两个甲基官能团相连。作为分子结构相对简单的胺类，这两种化合物可用做模型燃料研究生物质燃料燃烧过程中氮的转化[28, 32-37]。

乙胺在燃烧过程中可以直接分解形成 NH_2 (R8.30)：

$$CH_3CH_2NH_2 = C_2H_5 + NH_2 \qquad\qquad (R8.30)$$

显然，二甲胺无法通过这样的反应路径直接分解生成 NH_2。此外，研究认为乙胺可以发生脱氨反应(R8.31)，一定程度上类似乙醇的脱水反应[37]。

$$CH_3CH_2NH_2 = C_2H_4 + NH_3 \qquad\qquad (R8.31)$$

此反应路径存在的前提是位于氨基官能团的 β 位碳原子上有氢原子，而二甲胺不能发生类似的反应，因此乙胺的燃烧过程比二甲胺更容易产生 NH_2。这一定程度上导致了乙胺的燃烧产物中 N_2 与 NO 的比例更高，因为更多的 NH_2、NH 可以促进 NO 的消耗，生成 N_2。

与甲胺类似，燃烧过程中大量产生的自由基可以夺取乙胺和二甲胺中的氢原子。乙胺发生氢提取反应可以生成三种分子式为 C_2H_6N 自由基，二甲胺的氢提取反应则生成两种。根据氢提取反应发生位置的不同，这些自由基可以通过不同的反应路径消耗。对于乙胺，若氢提取反应发生在端位碳原子上，则自由基倾向于分解生成 C_2H_4 和 NH_2 (R8.32)；当氢提取反应发生在氮原子上时，自由基的分解将生成 CH_3 和 CH_2NH (R8.33)：

$$CH_2CH_2NH_2 = C_2H_4 + NH_2 \qquad\qquad (R8.32)$$

$$CH_3CH_2NH = CH_3 + CH_2NH \qquad\qquad (R8.33)$$

如前一节中所述，CH_2NH 不稳定，容易被氧化为 HCN。若氢提取反应发生在邻位碳原子上，则更容易脱氢生成 CH_2CHNH_2 (R8.34)或 CH_3CHNH (R8.35)。

$$CH_3CHNH_2 = CH_2CHNH_2 + H \qquad\qquad (R8.34)$$

$$CH_3CHNH_2 = CH_3CHNH + H \qquad\qquad (R8.35)$$

CH_2CHNH_2 和 CH_3CHNH 还可以进一步氧化脱氢，产物分别为 $C_2H_2 + NH_2$ 和 $CH_3 + HCN$。二甲胺的分子具有一定对称性，氢提取反应只能发生在端位碳原子或氮原子上，前者主要分解为 CH_3 和 CH_2NH (R8.36)，后者主要发生氧化脱氢生成 CH_3NCH_2 (R8.37)。

$$CH_3NHCH_2 \Longrightarrow CH_2NH + CH_3 \qquad (R8.36)$$

$$CH_3NCH_3 \Longrightarrow CH_3NCH_2 + H \qquad (R8.37)$$

CH_3NCH_2 最终分解为 CH_3 和 HCN，或经过环状中间产物 C_2H_3N 异构生成 CH_3CN。乙腈亦可由 CH_3 与 HCN 反应生成，与其在氨气/甲烷燃烧过程中的生成路径类似。图 8.4 对比了乙胺和二甲胺低压预混火焰中含氮产物转化的主要路径[28]。通过对比可见，分子结构上的特点导致了乙胺具有更复杂的反应路径，但两者燃烧的中间产物基本一致[37]。

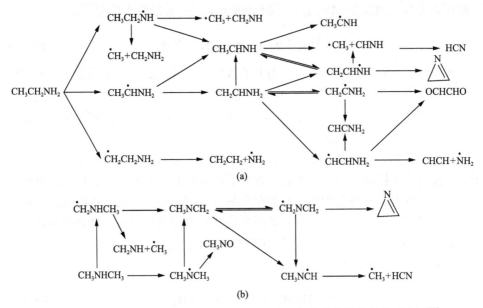

图 8.4　乙胺(a)和二甲胺(b)在低压预混火焰中含氮化合物转化的主要路径[28]

　　与硝基类化合物相比，胺类化合物更多地体现了烷烃类在燃烧过程中的反应动力学特征，氧化脱氢路径较为明显。乙胺和二甲胺是同分异构体，分别属于伯胺和仲胺，氮原子在分子中位置的不同导致了二者在氧化过程中的主要路径和产物有一定区别，但也具有部分共同点：分子中的碳氮单键在氧化过程中逐步转化为碳氮叁键，代表性的含氮中间产物为氢氰酸。在胺类化合物的燃烧过程中，氨基生成的前提通常是含氮官能团与烃基的分离。因此伯胺，特别是具有 β 位的氢原子(相对于碳原子的位置)的伯胺类化合物的燃烧过程中更容易生成氨基，从而促进氮氧化物的消除和氮气的生成。

8.1.4　硝基化合物

　　硝基化合物是由硝基取代烃基中的一个或多个氢原子而形成的衍生物，硝基中的氮原子与两个氧原子各形成一个共价单键，同时，氮原子的孤对电子与两个氧原子的单电子共同形成三中心四电子 π 键。硝基化合物包括多种重要的化工原料、燃料、药物等，分子中含有多个硝基的化合物因其不稳定性可用作炸药，如三硝基甲苯和三硝基苯酚。本节以硝基甲烷和硝基乙烷为例，介绍硝基化合物在燃烧过程中的反应动力学特征及氮元素的转化途径。

硝基甲烷是最简单的硝基化合物，可用作单组分推进剂、燃料添加剂等[38, 39]，在燃烧反应动力学研究中也因为其结构简单而广为研究[29-31, 40-49]。

硝基甲烷燃烧的主要产物为 CO、CO_2、H_2O 和 NO，其中 NO 是最主要的含氮产物。常温下，NO 容易在空气中被氧化为 NO_2；但在高温下，NO_2 具有较强的氧化性[29]，因而在含氮化合物的燃烧过程中通常仅作为中间产物出现。在硝基甲烷的燃烧产物中也可以检测到少量的 N_2。硝基甲烷燃烧的中间产物包括 C_1 和 C_2 化合物如 CH_4、CH_2O、C_2H_6、C_2H_4、C_2H_2、CH_3CHO，另外，也形成一些含氮化合物如 HCN、HNCO、HCNO、CH_3NO 等[30, 31]。

碳氮单键是硝基甲烷中最弱的化学键，因此硝基甲烷在高温下倾向快速分解为 CH_3 和 NO_2[30, 31, 40, 41, 45]。由于火焰中形成大量 H、O、OH 等，硝基甲烷也可以发生氢提取反应，生成 CH_2NO_2，随后直接分解生成碳氢自由基和氮氧化物。

硝基甲烷燃烧过程中，CH_3 的消耗途径与碳氢燃料火焰中基本一致，经氧化脱氢路径 $CH_3O \rightarrow CH_2O \rightarrow HCO \rightarrow CO/CO_2$ 形成最终产物。在富燃火焰中，CH_3 也可以发生复合反应生成 C_2H_6，然后经氧化生成一系列 C_2 中间产物。

如前所述，NO_2 在高温下具有较强氧化性，可以促进碳氢自由基的氧化，代表性的反应为 R8.38：

$$CH_3 + NO_2 \Longrightarrow CH_3O + NO \tag{R8.38}$$

在 NO_2 被还原为 NO 后，仍然可以参与碳氢自由基的氧化过程，夺取其氢原子，例如 R8.39 和 R8.40：

$$CH_3O + NO \Longrightarrow CH_2O + HNO \tag{R8.39}$$

$$HCO + NO \Longrightarrow CO + HNO \tag{R8.40}$$

HNO 在火焰中迅速分解为 H 和 NO。另外，NO 可以被氧化为 NO_2，即反应 R8.41：

$$NO + HO_2 \Longrightarrow NO_2 + OH \tag{R8.41}$$

在此过程中，HO_2 被转化为更为活泼的 OH。硝基甲烷火焰中，NO 具有相当高的浓度[30, 31]，因而以上反应路径对氧化过程有重要的促进作用。

另外，一氧化氮与碳氢自由基 $CH_i (i = 1, 2, 3)$ 反应，可生成含氮的中间产物，例如 HCN 和 HCNO，这些小分子含氮化合物的相互转化路径较为复杂。图 8.5 为硝基甲烷低压预混火焰中氮元素的转化路径示例[30]，如图所示，这些中间产物对于硝基甲烷燃烧过程中 N_2 的生成有重要作用。N_2 可由 $NH_i(i=0,1,2)$ 自由基与 NO 反应直接生成；或通过这些反应先生成氮气的前驱体如 N_2O 和 NNH，再进一步反应生成 N_2。

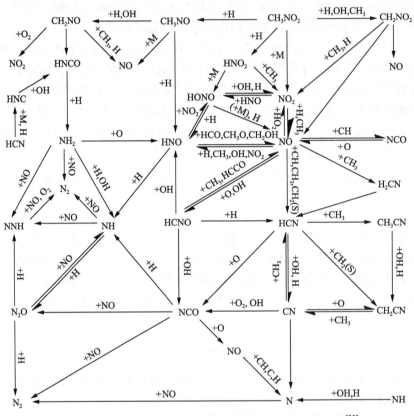

图 8.5　硝基甲烷低压预混火焰中含氮化合物的转化路径[30]

　　总体上，硝基甲烷燃烧过程中生成的氮氧化物与碳氢自由基的相互作用促进了氧化过程，同时也导致了多种含氮中间产物的生成，但最终这些产物大部分在高温下被氧化为 NO（NO_2 被还原为 NO），最终产物中的少量氮气则来自多种含氮化合物之间复杂的反应体系。

　　硝基乙烷是乙烷分子中的一个氢原子被硝基取代后的产物，与硝基甲烷相比，对于硝基乙烷燃烧反应动力学的研究较少，且大部分集中在热解过程[50-58]。

　　硝基乙烷燃烧的最终产物为 CO、CO_2、H_2O、NO 和少量 N_2，与硝基甲烷一致。硝基乙烷与硝基甲烷燃烧的中间产物也大部分相同，但从结构上看，硝基乙烷的燃烧更有利于 C_2 组分的生成，因此硝基乙烷燃烧的中间产物包括大量 C_2 组分，以及由 C_2 自由基复合生成的 C_4 组分。如前所述，硝基甲烷火焰中的 C_2 组分来自甲基复合反应，而硝基乙烷火焰中的 C_1 组分则来自 C_2 组分的分解。

硝基乙烷分子与硝基甲烷分子在结构上相似，硝基通过 C—N 单键与烃基相连，但二者的分解路径差别很大。原因在于硝基乙烷分子中存在 C_β 位及与之相连的氢原子，而硝基甲烷则没有。硝基乙烷既可以通过 C—N 键断裂直接分解 (R8.42)，又可以通过五元环过渡态分解为 C_2H_4 和 HNO_2 (R8.43)：

$$C_2H_5NO_2 \Longrightarrow C_2H_5 + NO_2 \qquad\qquad (R8.42)$$

$$C_2H_5NO_2 \Longrightarrow C_2H_4 + HNO_2 \qquad\qquad (R8.43)$$

亚硝酸在火焰中将发生进一步分解，生成羟基和一氧化氮 (R8.44)：

$$HNO_2 \Longrightarrow OH + NO \qquad\qquad (R8.44)$$

硝基甲烷主要的分解路径只有 C—N 键断裂反应。在硝基乙烷的热解中，经五元环过渡态发生的分解反应具有重要作用，尤其是在温度低于某一阈值时（该阈值取决于具体条件），其重要性可与 C—N 键断裂反应相比，随着温度进一步升高，C—N 键断裂反应才逐渐占据主要地位，这一结论在实验和理论计算中都得到了证实[55, 56, 58]。

类似于硝基甲烷，硝基乙烷在火焰中也可以在自由基的进攻下发生氢提取反应。由于硝基乙烷分子中的氢原子比硝基甲烷多，所以这一反应路径在硝基乙烷的燃烧过程中更重要。硝基乙烷经过氢提取反应生成的自由基随后进一步分解，主要产物为 C_2H_4 和 HNO_2。硝基乙烷可异构为 C_2H_5ONO，随后快速分解为 CH_3CHO 和 NO，但对燃料消耗仅有少量贡献，并非重要的反应路径。

因此，硝基乙烷的燃烧过程也可以概括为硝基与烃基的迅速分离，以及碳氢化合物与氮氧化物的相互作用。前述的两条主要分解路径分别产生 $C_2H_4 + HNO_2$ 和 $C_2H_5 + NO_2$，NO_2 可以氧化 C_2H_5、CH_3，NO 则对 HCCO 的氧化具有一定催化作用 (R8.45 和 R8.46)：

$$HCCO + NO \Longrightarrow HCNO + CO \qquad\qquad (R8.45)$$

$$HCNO + O \Longrightarrow HCO + NO \qquad\qquad (R8.46)$$

HCCO 是 C_2 碳氢化合物氧化反应的中间产物，故 NO 对 HCCO 氧化的促进作用在容易产生 C_2 碳氢化合物的硝基乙烷火焰中更明显。

硝基乙烷燃烧过程中氮的转化与硝基甲烷类似[30, 31]，相对稳定的中间产物包括 HCN、HCNO、HNCO 等，产物中包含少量 N_2。略有不同的是 HCN 的主要生成途径：在硝基甲烷燃烧过程中主要来自 NO 与 C_1 自由基的相互作用，在硝基乙烷燃烧过程中则主要来自 HCNO 的转化，这是因为硝基乙烷燃烧更多地产生 C_2

自由基而非 C_1 自由基。图 8.6 所示为硝基乙烷低压预混火焰中主要的反应路径图。

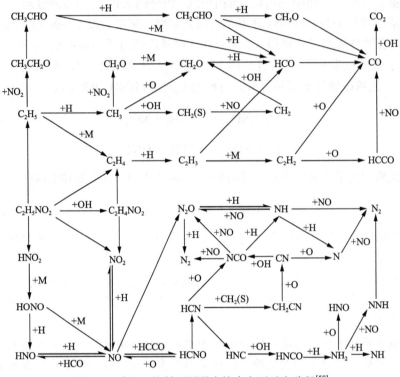

图 8.6　硝基乙烷低压预混火焰中主要反应路径[58]

8.1.5　含氮杂环化合物

含氮杂环化合物结构复杂，种类繁多。这些杂环化合物多为五元环和六元环，亦可形成稠环，前文在叙述胺类化合物氧化过程时曾涉及三元杂环化合物 2H-吖丙因。含氮杂环化合物中亦可引入含氧、含硫官能团，形成种类繁多的有机物。本章涉及的含氮杂环化合物中不包含氧和硫。含氮杂环类化合物燃烧反应动力学受到关注的一个重要原因是，煤中的含氮组分主要为杂环化合物，而其中的氮元素多存在于吡咯和吡啶类似结构中，因此，对于含氮杂环化合物燃烧的研究多以吡咯和吡啶为对象。本章以这两种化合物为例介绍含氮杂环类化合物的燃烧反应动力学特征。

吡咯可看作环戊二烯分子中 sp^3 杂化的碳原子被氮原子取代后的产物，氮原子以两个碳氮单键分别连接两个碳原子。吡咯的燃烧反应动力学研究见文献[59]～[67]。与其他含氮化合物的燃烧类似，吡咯燃烧的主要产物为 CO、CO_2、H_2O、H_2、NO 及少量 N_2[67]，中间产物则根据具体燃烧条件的不同而较为多样。

由于吡咯分子含有四个相连的碳原子，所以中间产物中可检测到 C_1～C_4 的碳氢化合物。它们是吡咯在氧化和分解过程中形成的，转化路径与碳氢化合物燃烧过程中的基本一致。在富燃条件下，这些组分之间可以发生复合反应，生成较大的分子，包括 C_6H_6 及各类苯衍生物。由于吡咯分子中含氮部分的局部结构与叔胺类似，这样的结构不利于 NH_2 的生成，所以产物中 NO 为主要含氮产物，仅有少量 N_2[67]。在胺类化合物燃烧一节中总结了碳氮单键在燃烧过程中断裂或转化为碳氮叁键，而吡咯燃烧的主要含氮中间产物为 HCN 和 HNCO，在一定程度上验证了该结论。吡咯的燃烧中还检测到一些含氧、含氮的杂环中间产物，这体现了吡咯与环戊二烯燃烧体系的相似性，说明吡咯的燃烧过程中也存在自由基耦合与成环路径，导致了 $CH_3C_4H_4N$、$(CH_3)_2C_4H_4N$ 和 C_8H_7N 等产物的生成。

吡咯氧化的详细模型未见于文献。图 8.7 所示的反应路径来自吡咯低压预混火焰的动力学模型及实验和理论基础上的推测[59, 61, 63, 64, 67]。吡咯分解的初始路径为自身的异构反应，生成 C_4H_5N。由于 C＝C 键的影响，吡咯分子中的 N—H 键较弱，而 C_4H_5N 中的 C—H 键较弱，二者脱氢或发生氢提取反应生成同一共轭稳定的自由基，分子式为 C_4H_4N，该自由基可分解生成 C_3H_3 + HCN（R8.47），或被氧化为 $p\text{-}C_3H_4$ + HNCO（R8.48）。

$$C_4H_4N \Longrightarrow C_3H_3 + HCN \qquad\qquad (R8.47)$$

$$C_4H_4N + OH \Longrightarrow p\text{-}C_3H_4 + HNCO \qquad\qquad (R8.48)$$

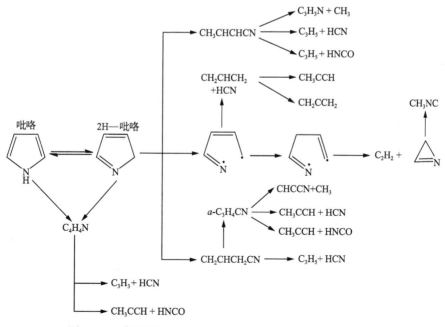

图 8.7　吡咯在低压预混火焰中含氮化合物转化的主要路径[67]

　　类似于碳氢化合物，吡咯和 C_4H_5N 自身可经过氢迁移发生开环反应，形成 $CH_2C(CH_3)CN$ 或 C_3H_5CN，这两种化合物之间也存在异构反应。$CH_2C(CH_3)CN$ 和 C_3H_5CN 中的氰基相对稳定，在氧化过程中得以保留，从而形成 HCN、HNCO 或 C_2H_3CN。这 3 种中间产物也是吡咯燃烧的 3 种主要含氮中间产物，其中 HCN 和 HNCO 常见于各种含氮燃料的燃烧过程。C_2H_3CN 在火焰中不如前两种中间产物稳定，C=C 键和氢原子都可以成为自由基进攻的目标，C_2H_3CN 的氧化产物主要是 $HNCO + C_2H_2$。

　　另外，C_4H_5N 也可以经过碳氮单键的断裂发生开环反应形成一个双自由基，该自由基可由多通道分解，生成 HCN 或 CH_3CN，以及相应的碳氢化合物。随着氧化的进一步进行，乙腈逐步脱氢也会形成 HCN。至此，燃料中的氮全部转化为相对稳定的小分子含氮组分 HCN 和 HNCO。它们的转化路径在前文中已有介绍，此处不再赘述。图 8.7 所示为吡咯在低压预混火焰中含氮化合物转化的主要路径[67]。

　　吡啶可看作苯分子中的一个碳原子被氮原子取代后的产物。由于氮原子的亲电性高于碳原子，所以吡啶的芳香性低于苯。同时，位于氮原子邻位的 C—H 键能降低，在吡啶的热解和氧化反应中，更容易失去这些氢原子而形成自由基。因此吡啶的化学性质不如苯稳定，更容易被氧化[65]，与吡啶燃烧相关的反应动力学研究见文献[68]～[76]。

　　吡啶分子中含有 5 个相连的碳原子，故吡啶火焰中的中间产物组分比吡咯火焰中更丰富，包括 C_1～C_{12} 的碳氢化合物、氧化物、腈类、胺类、吡咯衍生物、吡啶衍生物、苯衍生物等[74]。燃烧过程中产生多种大分子中间产物的另外一个原因是吡啶的芳香性导致了多环/杂环芳香类化合物的生成，如 A2OH-1、C_6H_5-C_6H_5、C_5H_3N-C_5H_3N、CH_3-C_8H_6N 等。与吡咯不同，吡啶中的氮原子上没有氢原子连接，因此从结构上判断，吡啶的燃烧过程不利于 NH_2/NH 的生成。

　　吡啶的氧化过程开始于单分子分解(R8.49)或氢提取反应(R8.50)，生成邻位自由基 o-C_5H_4N：

$$C_5H_5N \Longrightarrow o\text{-}C_5H_4N + H \tag{R8.49}$$

$$C_5H_5N + H \Longrightarrow o\text{-}C_5H_4N + H_2 \tag{R8.50}$$

　　o-C_5H_4N 在吡啶燃烧过程中十分重要，因为其具有多条反应路径，其中，自由基耦合反应可在邻位引入包括自身在内的其他官能团，生成吡啶的一系列衍生物如 C_5H_3N-CHO、C_2H_3-C_5H_3N、C_5H_3N-C_5H_3N 等；如果邻位引入氧原子形成吡啶氧自由基，则可发生和苯类似的反应，生成 CO 和 C_4H_5N，这也是吡啶燃烧过程中吡咯和吡咯衍生物的主要来源。如果邻位引入羟基则形成 C_5H_3N-OH，经过氧化分解生成小分子，这些反应路径的含氮产物主要为 HCN。吡啶邻位自由基的开环反应生成 HC=CH-CH=CH-CN，可以经多种反应路径氧化分解，主要生成不饱和碳氢化合物/自由基如 C_2H_2、C_3H_3、C_4H_2 和小分子含氮产物如 HCN、HMCO、CHCCN 等。

在吡啶的燃烧过程中可检测到 OC_5H_4N[74]，但 OC_5H_4N 与 C_5H_3N-OH 互为同分异构体，故难以定量分析。氧化吡啶可能的消耗路径为分解生成 HCNO + C_4H_4 或经由羟基取代邻位氢原子后发生分解反应，产物中含氮化合物为 HCN。

与吡咯的燃烧相比，吡啶的燃烧更容易产生芳香类化合物。相应地，在吡啶的燃烧中也检测到更多非杂环芳香类含氮化合物，它们通常由苯基和含氮官能团，如异氰酸基、氰基、异氰基、氨基等耦合生成。吡啶火焰的这种特征在含碳较多的杂环类化合物燃烧过程中也有一定体现。图 8.8 为吡啶氧化过程的主要反应路径[73]。

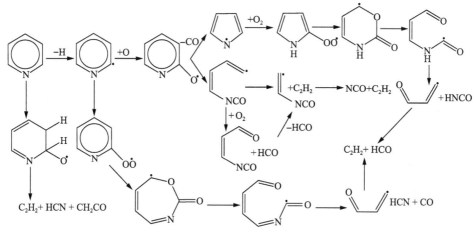

图 8.8　吡啶氧化过程的主要反应路径[73]

8.1.6　含氮化合物燃烧中氮元素转化的一般规律

含氮化合物燃烧过程的含氮产物/中间产物具有很大相似性。含氮燃料燃烧产物中含氮部分通常为 NO 和 N_2，这是因为 NO 在高温时没有 NO_2 那样强的氧化性，相对稳定，而 N_2 在热力学上的稳定性决定了它不容易被其他反应消耗。在各类含氮化合物的火焰中，氮气生成的路径也基本类似：都直接或间接地来自氨基/亚氨基/异氰酸基与氮氧化物的相互作用。燃料中含有氮时，最常见的含氮中间产物均为 HCN 和 HNCO，而其他中间产物与碳氢化合物火焰中基本一致。

这些现象的本质，在于这些燃烧体系中氮元素的转化最终都是通过小分子含氮化合物及其自由基的反应进行的。从分子内原子的种类区分，这些小分子中间产物可分为氨基/亚氨基、氮氧化合物、碳氮化合物(仅在燃料含碳时生成)。氨基/

亚氨基具有还原性，氮氧化物具有不同程度的氧化性，而碳氮化合物则既可以被氧化又可以被还原，可作为前两种中间产物转化的枢纽(当燃料含碳时)。火焰中含氮化合物相互之间的转化途径多而复杂，故在不同含氮燃料的燃烧中，这 3 类含氮中间产物均有不同程度的生成。总体上可以概括为：当燃料中氮以氨基形式存在时，更有利于氨基/亚氨基的生成；氮以硝基形式存在时，容易生成氮氧化物；氮以杂环形式存在时，倾向生成含有碳氮叁键的化合物。

氨基和氮氧化物在火焰中的反应路径相对简单，而碳氮化合物在火焰中各种自由基的作用下，可发生多种反应。这些反应最常见的中间产物为 HCN 和 HNCO，它们的共同点是分子中不含 C—C 单键或 C—N 单键，N—H 键的键能较高，相对稳定。这是因为不稳定的 C—N 单键在火焰中或断裂，或在氧化/脱氢过程中转化为碳氮双键或碳氮叁键，形成 HCN，与氮原子相连的碳原子上如果形成羰基，则倾向形成 HNCO。因为碳原子上已经没有氢原子可夺取，同时 C=O 键比 C=C 键更稳定，不易受到自由基进攻发生加成反应。在分子式为 CHNO 的几个同分异构体中(氰酸、异氰酸、雷酸、异雷酸)，异氰酸的结构较为稳定。实际上 HNCO 也可以由 HCN 发生异构和氧化反应而生成，故两者联系非常密切。

HCN 和 HNCO 都很难发生氢提取反应，它们在火焰中的消耗多由自由基对碳氮叁键或碳氮双键的进攻开始，经过加成-分解反应生成 NCO 或 NH_2 等产物，其中 NCO、NH_2/NH 均可与 NO 反应生成 N_2 及其前驱体。不同含氮燃料燃烧过程中都可由这些途径生成氮气，但燃料中含氮官能团的种类和成键方式对这一过程有影响。例如，乙胺氧化/燃烧过程中容易产生 NH_2/NH，故 NO 容易被消耗，最终产物中 N_2 含量较高；而硝基甲烷燃烧容易产生 NO，NH_2/NH 较少，故最终产物中含氮组分以 NO 为主，只有少量 N_2 生成。此外，燃烧过程中氧化/还原气氛也对 N_2 的生成有影响，富燃火焰倾向与生成 N_2，而贫燃火焰倾向生成 NO。深入充分地了解氮元素在含氮燃料燃烧过程中转化的途径和动力学行为特征，对于控制含氮污染物的形成和排放具有重要意义。

8.2　含硫化合物反应机理

含硫化合物广泛存在于人类的生活中，例如食物、燃料和能源中都有含硫化合物。含硫燃料的燃烧过程会释放有毒的二氧化硫气体，因此脱硫已经成为石油炼制中很重要的一个环节，燃料中硫含量也成为衡量燃油品质的标准之一。在燃料的热解和燃烧过程中，含硫化合物会对燃烧过程中链引发、链终止及燃烧产物分布产生影响，因此研究含硫化合物的燃烧反应机制十分重要。有机硫化物主要包括硫醚[77-81]、硫醇[82-85]、硫酮、二硫化物[81]、含硫杂环化合物[82, 86-88]等。图 8.9 给出了一些典型的含硫化合物的分子结构，例如甲基硫醇、二甲基硫醚等。

本节主要以硫醚和硫醇为例，介绍含硫化合物的燃烧反应动力学。此外，硫与氧是同族元素，因此含硫化合物和含氧化合物的分子结构差异主要体现在氧原子变为硫原子。

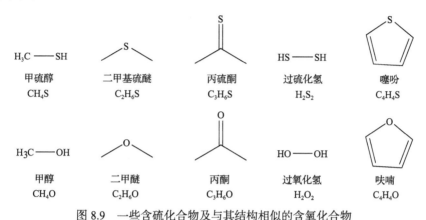

图 8.9　一些含硫化合物及与其结构相似的含氧化合物

8.2.1　硫化氢

化石燃料中的含硫化合物主要以有机硫或无机硫的形式存在。在煤中的无机硫主要是黄铁矿和少量硫酸盐，而有机硫主要以与芳环或脂肪族官能团结合的方式存在，通常可以归类为硫醇、脂肪基和芳香基硫化物、二硫化物及噻吩，煤中有机硫和黄铁矿硫之间的比例取决于煤的等级。原油中硫化合物存在的种类类似于煤，但也可能存在多硫化物、硫化氢、二硫化碳和硫化羰，原油中的硫含量很大程度上取决于油田的位置。在天然气中，硫主要以硫化氢的形式存在，同时也有少量的二硫化碳。

煤中的部分有机硫可以通过热解的方式转化为气相，转化为气相硫的比例取决于煤的种类和热解温度，通常，对于无烟煤约 5% 的硫可以转化为气相硫，而对于挥发性较强的褐煤，最高有 50% 的硫可以转化为气相硫。气相硫化合物主要以 H_2S 的形式存在，同时也有少量的硫化羰和二硫化碳生成，脂肪族硫醇、硫化物和二硫化物在温度 970~1120K 可转化为气态硫，芳香族硫化物和硫醇需要大约 1170K，而噻吩则需要更高的温度，通常在 1220K 以上。

硫化氢是燃料硫热解过程中产生较多的气相硫化物，同时也是天然气中含量较多的硫化物。与氢气火焰类似，硫化氢火焰也具有三个爆炸极限，如图 8.10 所示。在低温条件下，硫化氢可以发生 O_2 进攻的氢提取反应，生成 SH 和 HO_2，这也是低温条件下 H_2S 反应的链引发反应。

$$H_2S + O_2 \Longrightarrow SH + HO_2 \qquad (R8.51)$$

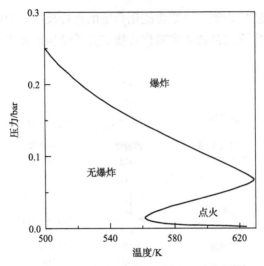

图 8.10　硫化氢火焰的三段爆炸区示意图[89]

生成的 SH 可以继续与氧气发生链分支反应，生成 SO 和 OH。H$_2$S 也可以与 SO 反应生成 S$_2$O 和 H$_2$，与 OH 反应生成 SH 和 H$_2$O。

$$SH + O_2 \Longrightarrow SO + OH \qquad (R8.52)$$

$$H_2S + SO \Longrightarrow S_2O + H_2 \qquad (R8.53)$$

$$H_2S + OH \Longrightarrow H_2O + SH \qquad (R8.54)$$

SH 也可以与氧气发生链终止反应生成 HSO$_2$，避免爆炸发生，S$_2$O 可以与氧气反应生成 SO$_2$ + SO。

$$SH + O_2 \Longrightarrow HSO_2 \qquad (R8.55)$$

$$S_2O + O_2 \Longrightarrow SO_2 + SO \qquad (R8.56)$$

在更高的温度下，SO 可以与氧气发生反应生成 SO$_2$，同时生成活泼的 O(R8.57)，引发硫化氢的另一个链分支反应，生成 OH + SH(R8.58)，导致第二爆炸极限出现。O 同时也可以与 SO 发生链终止反应生成 SO$_2$(R8.59)。硫化氢与 O 的反应也可以生成 SO + H$_2$(R8.60)。

$$SO + O_2 \Longrightarrow SO_2 + O \qquad (R8.57)$$

$$H_2S + O \Longrightarrow SH + OH \qquad (R8.58)$$

$$SO + O \Longrightarrow SO_2 \qquad (R8.59)$$

$$H_2S + O \Longrightarrow SO + H_2 \tag{R8.60}$$

8.2.2　二硫化碳

目前，对于二硫化碳的燃烧反应机理研究较少，一般认为二硫化碳的消耗主要是通过与自由基、氧气和水的反应进行。低温条件下，二硫化碳氧化的链引发反应为其与氧气的反应，生成 CS_2OO，该过氧化物可以快速分解为 COS 以及 SO (R8.61)[90]。

$$CS_2 + O_2 \Longrightarrow COS + SO \tag{R8.61}$$

二硫化碳与 O 发生反应，生成 CS + SO、COS + S 及 CO + S_2，其中 CS + SO 为主要通道。同样，二硫化碳也可以与 S 原子发生反应，生成 CS + S_2。

$$CS_2 + O \Longrightarrow CS + SO \tag{R8.62}$$

$$CS_2 + O \Longrightarrow COS + S \tag{R8.63}$$

$$CS_2 + O \Longrightarrow CO + S_2 \tag{R8.64}$$

$$CS_2 + S \Longrightarrow CS + S_2 \tag{R8.65}$$

二硫化碳与 OH 的反应主要生成 COS + SH，在低温条件下，二硫化碳可以与 OH 发生加成反应生成 CS_2OH，随后进一步与氧气发生反应生成 COS + HSO_2。

$$CS_2 + OH \Longrightarrow COS + SH \tag{R8.66}$$

$$CS_2 + OH \Longrightarrow CS_2OH \tag{R8.67}$$

$$CS_2OH + O_2 \Longrightarrow COS + HSO_2 \tag{R8.68}$$

二硫化碳与 SO 的反应主要生成 CS + S_2O，而其与 H_2O 的反应则主要生成 H_2S 和 COS。

$$CS_2 + SO \Longrightarrow CS + S_2O \tag{R8.69}$$

$$CS_2 + H_2O \Longrightarrow H_2S + COS \tag{R8.70}$$

在高温条件下，CS_2 可以通过解离反应生成 CS + S。

$$CS_2 + M \Longrightarrow CS + S + M \tag{R8.71}$$

CS 自由基可以被氧气氧化生成 CO + SO，或被 O 氧化为 CO + S，CS 与 SO

反应生成 COS + S。CS 与 OH 反应主要生成 COS + H，其次生成 CO + SH。图 8.11 中给出了不同温度及反应器氧化条件下二硫化碳反应的敏感性分析，可以看出，无论高温或低温条件下，二硫化碳与 O 的反应对二硫化碳生成或消耗具有重要敏感性，而在高温条件下，二硫化碳的单分子脱硫反应对于二硫化碳的消耗也具有重要的贡献。

$$CS + O_2 \Longrightarrow CO + SO \qquad (R8.72)$$

$$CS + O \Longrightarrow CO + S \qquad (R8.73)$$

$$CS + SO \Longrightarrow COS + S \qquad (R8.74)$$

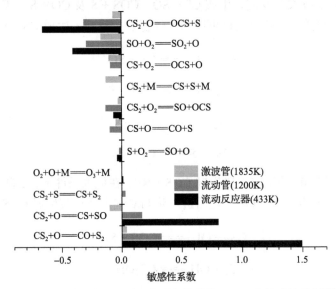

图 8.11　不同温度及不同反应器氧化条件下 CS_2 的敏感性分析[90]

COS 与 O 发生氧化反应，生成 CO + SO 及 CO_2 + S。

$$COS + O \Longrightarrow CO + SO \qquad (R8.75)$$

$$COS + O \Longrightarrow CO_2 + S \qquad (R8.76)$$

COS 与 OH 的反应可以生成 CO_2 与 SH，与 S 的反应可以生成 CO + S_2，与 H_2O 的反应则生成 $H_2S + CO_2$。

$$COS + OH \Longrightarrow CO_2 + SH \qquad (R8.77)$$

$$COS + S \Longrightarrow CO + S_2 \qquad (R8.78)$$

$$COS + H_2O \Longrightarrow H_2S + CO_2 \tag{R8.79}$$

S 以及 S_2 发生氧化反应生成 SO，SO 进一步被氧化为 SO_2。

$$S_2 + O \Longrightarrow SO + S \tag{R8.80}$$

$$S + O_2 \Longrightarrow SO + O \tag{R8.81}$$

$$S + O \Longrightarrow SO \tag{R8.82}$$

$$SO + O_2 \Longrightarrow SO_2 + O \tag{R8.83}$$

8.2.3　硫醚

硫醚的通式为 R_1—S—R_2，其中 R_1 和 R_2 通常为碳链结构，包括直链的硫醚，如二甲基硫醚、甲基乙基硫醚[79, 80]、二乙基硫醚[77, 78, 80]、二己基硫醚[91]等，以及支链的硫醚，如二叔丁基硫醚[81]等。例如，二乙基硫醚主要的分解路径有两种。

（1）燃料的单分子 C—C 断键或 C—S 断键反应。C—S 键的键能远低于 C—C 键的键能[92]，因此与 C—C 断键反应相比，二乙基硫醚的 C—S 断键反应对其消耗的贡献更大，生成 C_2H_5 和 SC_2H_5(R8.84)。在图 8.12 中的实验条件下，乙基硫醚的 C—S 断键反应对其消耗的贡献为 67%。

$$C_2H_5SC_2H_5 \Longrightarrow C_2H_5 + SC_2H_5 \tag{R8.84}$$

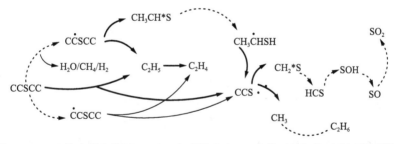

图 8.12　二乙基硫醚在常压、740℃和当量比为 0.1 条件下的氧化反应网络图[78, 93]

（2）自由基进攻二乙基硫醚的氢提取反应，生成燃料自由基和小分子。由于二乙基硫醚分子的对称性，其氢提取反应的位点只有两个，即伯碳上的氢原子和仲碳上的氢原子(R8.85 和 R8.86)。伯碳上的 C—H 键能大于仲碳的 C—H 键能，因此 R8.86 对燃料消耗的贡献要大于 R8.85。

$$C_2H_5SC_2H_5 + R \Longrightarrow CH_2CH_2SC_2H_5 + RH \tag{R8.85}$$

$$C_2H_5SC_2H_5 + R \Longrightarrow CH_3CHSC_2H_5 + RH \tag{R8.86}$$

含硫化合物的单分子 C—S 断键反应和氢提取反应(R8.87 和 R8.88)都生成了含硫自由基,这些含硫自由基的主要消耗反应是自由基的 β-C—C 解离反应或者 β-C—S 解离反应,如 $CH_3CHSC_2H_5$ 的 β-C—S 解离反应生成 C_2H_5 和 SC_2H_4。

$$CH_3CHSC_2H_5 == C_2H_5 + SC_2H_4 \qquad (R8.87)$$

$$CH_2CH_2SC_2H_5 == C_2H_4 + SC_2H_5 \qquad (R8.88)$$

硫醚类化合物的氧化反应的基本反应路径与热解相似,如图 8.12 给出了二乙基硫醚在常压、740℃和当量比为 0.1 条件下的氧化反应网络图[78]。在氧化条件下,二乙基硫醚通过 C—S 断键反应和自由基进攻的氢提取反应这两种路径分解。与热解不同之处在于,氧化条件下,自由基进攻燃料的氢提取反应路径的贡献大于其单分子分解反应的贡献。燃料的氢提取反应生成的燃料自由基主要也是经由自由基的 β-C—C 解离反应或 β-C—S 解离反应而消耗。与热解的最终产物主要为碳硫化物或硫氢化物不同的是,在氧化条件下,燃料初级反应生成的含硫自由基会氧化产生硫氧化物,如图中所示的 SO 和 SO_2。

不同于上文所述的直链硫醚,二叔丁基硫醚主要分解路径有 3 种,分别为 C—S 断键反应生成 t-C_4H_9 和 C_4H_9S(R8.89)、氢提取反应(R8.90),以及消去反应生成 C_4H_9SH 和 i-C_4H_8(R8.91)。

$$C_4H_9SC_4H_9 == t\text{-}C_4H_9 + C_4H_9S \qquad (R8.89)$$

$$C_4H_9SC_4H_9 + R == C_4H_9SC_4H_8 + RH \qquad (R8.90)$$

$$C_4H_9SC_4H_9 == C_4H_9SH + i\text{-}C_4H_8 \qquad (R8.91)$$

在这 3 个反应中,二叔丁基硫醚消去反应对其分解贡献最大,C—S 断键反应和氢提取反应的贡献则基本相同。这与上文所提及的二乙基硫醚的主要分解路径中具有一定的不同,上文的二乙基硫醚生成硫醇和烯烃的反应并没有对二乙基硫醚的消耗具有较大的贡献,这可能是因为这两种含硫燃料的结构所致,也有可能是因为这两个工作中硫醚所处的热解条件不一样,前人针对含硫化合物的研究较少,需要更多关于硫醚的实验、理论和模型研究。

8.2.4 硫醇

硫醇的通式为 R-SH,其中 R 通常为碳链结构。前人关于硫醇的研究较少[83-85],在此以乙基硫醇为例对硫醇的初始分解反应做简要分析。乙基硫醇主要有两种单分子分解反应,即分别为 C—S 断键(R8.92)或者 C—C 断键(R8.93)反应生成自由基。其中,C—S 键和 C—C 键的键能分别是 75.6 kcal/mol 和 82.5 kcal/mol。

$$C_2H_5SH \Longrightarrow C_2H_5 + SH \tag{R8.92}$$

$$C_2H_5SH \Longrightarrow CH_3 + CH_2S + H \tag{R8.93}$$

乙基硫醇经分子内氢迁移后发生单分子分解反应,生成 C_2H_4 和 H_2S 两种稳定产物(R8.94),此反应的能垒为 75.9kcal/mol,该反应与乙醇的分子内氢迁移后断键的脱水反应类似($C_2H_5OH \Longrightarrow C_2H_4 + H_2O$),且这两个反应具有相近的能垒。

$$C_2H_5SH \Longrightarrow C_2H_4 + H_2S \tag{R8.94}$$

乙基硫醇和自由基的双分子反应主要有两类,在此以乙基硫醇与 H 的反应为例,一类为 H 进攻硫醇的氢提取反应(R8.95~R8.97),另一类为 H 进攻硫醇的取代反应(R8.98)。这 4 个反应的反应速率大小关系为 $k(\text{R8.97}) > k(\text{R8.98}) > k(\text{R8.96}) > k(\text{R8.95})$:

$$C_2H_5SH + H \Longrightarrow CH_2CH_2SH + H_2 \tag{R8.95}$$

$$C_2H_5SH + H \Longrightarrow CH_3CHSH + H_2 \tag{R8.96}$$

$$C_2H_5SH + H \Longrightarrow C_2H_5S + H_2 \tag{R8.97}$$

$$C_2H_5SH + H \Longrightarrow CH_3CH_2 + H_2S \tag{R8.98}$$

8.2.5　含硫杂环化合物

前人关于含硫杂环化合物的研究较少,以噻吩为例对含硫杂环化合物的燃烧反应动力学机理做简要介绍。噻吩是石油、煤焦油和油页岩中的基本组成之一。由于噻吩燃烧反应动力学的实验、模型和理论研究较少,本节主要对噻吩的初级单分子分解反应路径做简要介绍[82, 86-88]。噻吩的主要单分子分解反应有 R8.99~R8.103。

$$C_4H_4S \Longrightarrow C_2H_2 + CH_2CS \tag{R8.99}$$

$$C_4H_4S \Longrightarrow CS + p\text{-}C_3H_4 \tag{R8.100}$$

$$C_4H_4S \Longrightarrow HCS + C_3H_3 \tag{R8.101}$$

$$C_4H_4S \Longrightarrow H_2S + C_4H_2 \tag{R8.102}$$

$$C_4H_4S \Longrightarrow S + C_4H_4 \tag{R8.103}$$

噻吩可经过 1,2-氢迁移后形成 α-卡宾或者 β-卡宾,如图 8.13 中的路径所示。

其中 α-卡宾发生开环反应生成 C_2H_2 和 CH_2CS，即 R8.99；β-卡宾经过开环异构反应生成 CH_2=C=CH—CHS 中间产物。CH_2=C=CH—CHS 有两种分解路径：一种是生成 CS 和 p-C_3H_4(R8.100)，另一种是生成 HCS 和 C_3H_3(R8.101)。噻吩也可经过一个 1,2-氢迁移后发生 C—S 断键反应，开环生成 HS—CH=CH—C≡CH 后再经由一个 1,2-氢迁移后发生 C—S 断键反应生成 H_2S 和 C_4H_2，即 R8.102。其次，HS—CH=CH—C≡CH 也经 1,2-氢迁移过程将硫上的氢迁移到碳原子上，从而生成硫原子和 C_4H_4，即 R8.103。在这几个路径中，R8.99 生成 C_2H_2 和 CH_2CS 和 R8.100 生成 CS 和 p-C_3H_4 是噻吩的主要分解路径。

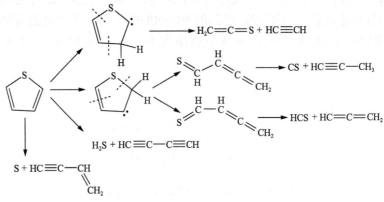

图 8.13　噻吩初始单分子分解反应

8.3　含卤素化合物燃烧反应机理

卤素及其化合物尤其是氯和含氯化合物的燃烧化学一直是燃烧研究的重点之一。这主要是因为废弃含氯化学品的处理以及固体废弃物、固体燃料比如生物质的气化过程中会排放氯及含氯化合物，一方面会造成环境污染，另一方面，由于氯具有腐蚀性，会造成生产装置的损毁。热解过程中，氯常以氯化烃(例如氯甲烷、氯化氢或碱金属氯化物)的形式释放[94]，在燃烧过程中，氯大部分被氧化并以氯化氢的形式排出。氯化氢可以通过洗涤过程容易地从烟道气中除去，然而氯也可能通过高温气相反应及由粉煤灰催化的低温反应生成二噁英/呋喃污染物[95, 96]。

氯的存在可能会影响燃烧中其他污染物的生成过程。比如含氯组分会抑制燃料氧化，尽管其效果不如其他卤素如溴[97-99]。燃料中氯的含量也可能对 NO_x 排放及多环芳烃和碳烟的形成产生影响。此外，氯可能会影响痕量金属的形态及其比例，如 Cd、Cu、Mn、Zn、Cr、As、Hg 和铅盐，其中氯对汞形态的影响已受到广泛的关注，生物质燃烧中氯和钾之间的相互作用导致气溶胶和/或腐蚀性沉积物的形成。燃料中的卤素含量过高也可能会抑制点火及降低层流火焰传播速度，也正因为其抑制点火的特性，含卤素化合物也常用作阻燃剂。因此，研究卤素及含卤素化合物的燃烧反应动力学对于固体废弃物处理、生物质热解燃烧、灭火剂、阻燃材料均具有重要的意义。

8.3.1 含氯化合物与 H、O、OH 的反应

氯化氢和氯气是最为简单的两种含氯化合物，因而氯化氢和氯气的燃烧反应机理也是含氯化合物燃烧的基础机理，在固体废弃物的处理中，氯化氢和氯气是最容易释放的含氯大气污染物。含氯化合物也常被用作阻燃材料，在高温条件下，含氯固体废弃物和含氯阻燃材料的分解主要释放氯化氢和氯气。H 是高温燃烧环境下生成较多的活泼自由基，因此与 H 的反应是氯化氢和氯气所发生的主要反应类型，对于氯化氢而言，在高温条件下，氯化氢可以和 H 发生反应生成 H_2 并释放出 Cl：

$$H + HCl \Longrightarrow H_2 + Cl \qquad (R8.104)$$

Cl_2 和 H 的反应主要生成氯化氢并释放出 Cl：

$$H + Cl_2 \Longrightarrow HCl + Cl \qquad (R8.105)$$

对于含氯碳氢化合物火焰而言，这两个反应是重要的抑制反应，也是含氯化合物作为阻燃材料的原理之一。在氯气火焰中，这两个反应是重要的链传递反应，对于反应体系活性具有重要的影响，如图 8.14 所示，这两个反应对于 $H_2/N_2/Cl_2$ 层流火焰传播速度均具有促进作用。而在图 8.15 中，这两个反应对于 $H_2/Cl_2/Ar$ 反应体系的反应活性同样具有促进作用。

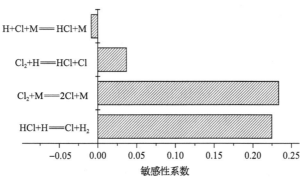

图 8.14 $H_2/N_2/Cl_2$ 层流火焰传播速度敏感度分析[100]

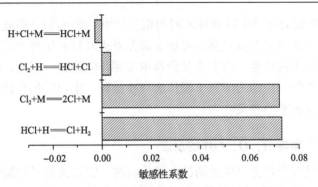

图 8.15 $H_2/Cl_2/Ar$ 着火延迟时间敏感度分析[100]

在燃烧温度下，H 对氯甲烷的进攻可发生 Cl 或者 H 的提取反应，分别生成 $CH_3 + HCl$(R8.106)和 $CH_2Cl + H_2$(R8.107)，这两个通道都是放热的，实验证实 HCl 是主要产物。

$$H + CH_3Cl \Longrightarrow CH_3 + HCl \qquad (R8.106)$$

$$H + CH_3Cl \Longrightarrow CH_2Cl + H_2 \qquad (R8.107)$$

同样，H 对 CH_2Cl_2 及 $CHCl_3$ 的进攻也会发生氯提取反应或者氢提取反应，对于 CCl_4，其分子结构中不含有 H，因此 H 进攻 CCl_4 只发生氯提取反应，生成 CCl_3。

$$H + CCl_4 \Longrightarrow CCl_3 + HCl \qquad (R8.108)$$

H 与含氯不饱和化合物如含氯烯烃、含氯炔烃及含氯芳香烃的反应较为复杂。C—Cl 键能较低，因此 H 易于取代含氯不饱和化合物中的氯原子，如 H 与氯乙烯的反应可以生成乙烯：

$$H + C_2H_3Cl \Longrightarrow C_2H_4 + Cl \qquad (R8.109)$$

O 与氯化氢的反应会生成 OH 和 Cl，该反应为链分支反应，因而其在 HCl 的氧化尤其是贫燃条件下的起着重要的作用。该反应生成的 Cl 会快速发生自复合反应生成 Cl_2，Cl_2 可以接着与反应体系中的碳氢自由基发生反应，从而将碳氢自由基氯化成为高氯化合物，是反应中高氯化合物生成的重要途径之一。

$$O + HCl \Longrightarrow OH + Cl \qquad (R8.110)$$

O 与氯气的反应生成 ClO 和 Cl：

$$O + Cl_2 \Longrightarrow ClO + Cl \qquad (R8.111)$$

该反应在中等燃烧温度下具有重要的作用，因为在高温下，氯气可以很快地解离，而在中等温度条件下，氯气具有一定的浓度，同时体系中 O 浓度也不至于太低。O 与一氯甲烷发生氢提取反应，生成 CH_2Cl：

$$O + CH_3Cl = CH_2Cl + OH \tag{R8.112}$$

同样，O 进攻 CH_2Cl_2、$CHCl_3$ 主要发生氢提取反应，对于 CCl_4 而言，分子结构中不存在 H，因此，O 进攻 CCl_4 主要发生氯提取反应，生成 ClO：

$$O + CCl_4 = CCl_3 + ClO \tag{R8.113}$$

OH 与氯化氢的反应主要生成 H_2O 并释放出 Cl：

$$OH + HCl = H_2O + Cl \tag{R8.114}$$

该反应对于贫燃火焰中高氯化合物的生成具有重要的贡献。OH 与 Cl_2 的反应将生成 HOCl，并释放出 Cl，OH 与氯化氢及氯气的反应也是含氯阻燃材料起到阻燃作用的主要反应，因为在火焰中，OH 也是生成较多的活泼自由基：

$$OH + Cl_2 = HOCl + Cl \tag{R8.115}$$

OH 进攻三氯甲烷主要发生氢提取反应，例如与 $CHCl_3$ 的氢提取反应主要生成 CCl_3：

$$OH + CHCl_3 = CCl_3 + H_2O \tag{R8.116}$$

8.3.2　氯原子的反应

Cl 与 H_2 的反应生成 HCl 并释放出 H：

$$Cl + H_2 = HCl + H \tag{R8.117}$$

Cl 与 HOCl 的反应有两条反应通道，分别提取 HOCl 中的 Cl 和 H，最终生成 Cl_2 及 HCl：

$$Cl + HOCl = OH + Cl_2 \tag{R8.118}$$

$$Cl + HOCl = HCl + ClO \tag{R8.119}$$

Cl 与 HO_2 的反应也有两条主要反应通道，分别提取 HO_2 中的 H 和 O，最终生成 HCl 及 ClO：

$$Cl + HO_2 = HCl + O_2 \tag{R8.120}$$

$$Cl + HO_2 = OH + ClO \tag{R8.121}$$

该反应对于点火初期阶段或者高压点火具有重要的影响，因为在该阶段 HO_2 的生成较多。对于中温氧化反应体系而言，该反应对于整体反应活性也具有重要的影响，如图 8.16 所示。

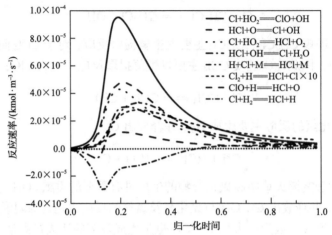

图 8.16　HCl 流动反应器热解中主要反应的速率[100]

$T = 1010\text{K}$，$P = 1\text{bar}$

Cl 与 H_2O_2 的反应将生成 HO_2 及 HCl：

$$Cl + H_2O_2 === HO_2 + HCl \tag{R8.122}$$

Cl 与 $COCl_2$ 的反应主要生成 COCl：

$$Cl + COCl_2 === COCl + Cl_2 \tag{R8.123}$$

Cl 进攻甲烷及氯甲烷将主要发生氢提取反应，生成 HCl。如图 8.17 所示，Cl 和 H 进攻的氢提取反应对于氯甲烷反应体系的着火延迟时间具有重要的影响。

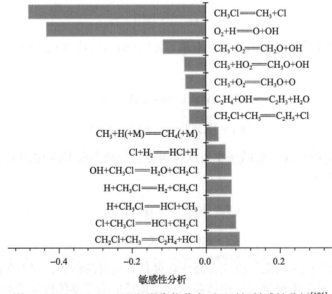

图 8.17　$CH_4/CH_3Cl/O_2/Ar$ 混合物着火延迟时间敏感性分析[101]

$T = 1700\text{K}$，$P = 4\text{bar}$，$\phi = 0.5$

Cl 进攻小分子含氧化合物也主要发生氢提取反应，除此之外，Cl 可以与氧气发生复合反应，生成 ClOO。

$$Cl + CH_2O \Longrightarrow HCO + HCl \tag{R8.124}$$

$$Cl + O_2 \Longrightarrow ClOO \tag{R8.125}$$

除前述与 H、O、OH 等反应外，氯气和氯化氢还可以发生单分子分解反应分别生成两个 Cl 及 H + Cl。氯气还可以与 CH$_3$、HCO 等自由基反应，例如与 HCO 的反应主要生成 ClCHO，而与 CH$_3$ 的反应则主要生成 CH$_3$Cl：

$$Cl_2 + HCO \Longrightarrow ClCHO + Cl \tag{R8.126}$$

$$Cl_2 + CH_3 \Longrightarrow CH_3Cl + Cl \tag{R8.127}$$

8.3.3　氯氧化合物的反应

次氯酸是氯气与 OH 反应的主要产物，次氯酸可以经由单分子分解反应和双分子提取反应消耗，其中其通过单分子分解反应主要分解生成 ClO 和 H：

$$HOCl \Longrightarrow ClO + H \tag{R8.128}$$

次氯酸的双分子提取反应主要由 H 进攻引发，可以发生在氢原子位点上和氯原子位点上，分别生成 HCl 和 ClO：

$$HOCl + H \Longrightarrow HCl + OH \tag{R8.129}$$

$$HOCl + H \Longrightarrow ClO + H_2 \tag{R8.130}$$

次氯酸也可以发生 O、OH 及 HO$_2$ 进攻的氢提取反应，生成 ClO：

$$HOCl + O \Longrightarrow ClO + OH \tag{R8.131}$$

$$HOCl + OH \Longrightarrow ClO + H_2O \tag{R8.132}$$

$$HOCl + HO_2 \Longrightarrow ClO + H_2O_2 \tag{R8.133}$$

ClO 可以与一系列自由基发生反应，其中包括 H、O、OH、HO$_2$ 及 HCO，如 ClO 与 H 的还原反应可以分别生成 Cl 和 HCl，其中前者为链分支反应，而后者为链传递反应：

$$ClO + H \Longrightarrow Cl + OH \tag{R8.134}$$

$$ClO + H \rule[0.5ex]{2em}{0.4pt} HCl + O \tag{R8.135}$$

ClO 与 O 除发生 O 的提取反应外，还可以发生复合反应，生成 OClO，而其与 OH 的反应则主要生成 HCl：

$$ClO + O \rule[0.5ex]{2em}{0.4pt} Cl + O_2 \tag{R8.136}$$

$$ClO + O\,(+M) \rule[0.5ex]{2em}{0.4pt} OClO\,(+M) \tag{R8.137}$$

$$ClO + OH \rule[0.5ex]{2em}{0.4pt} HCl + O_2 \tag{R8.138}$$

相比于与 H、O 及 OH 的反应，ClO 与 HO_2 的反应更为复杂，一方面，ClO 可以夺取 HO_2 中的 H 发生还原反应生成次氯酸，并释放出 O_2，以及夺取 HO_2 中的氢并发生置换反应生成 HCl 和 O_3，另一方面，ClO 可以夺取 HO_2 的氧发生氧化反应生成 ClOO 及 OClO。

$$ClO + HO_2 \rule[0.5ex]{2em}{0.4pt} HOCl + O_2 \tag{R8.139}$$

$$ClO + HO_2 \rule[0.5ex]{2em}{0.4pt} HCl + O_3 \tag{R8.140}$$

$$ClO + HO_2 \rule[0.5ex]{2em}{0.4pt} ClOO + OH \tag{R8.141}$$

$$ClO + HO_2 \rule[0.5ex]{2em}{0.4pt} OClO + OH \tag{R8.142}$$

在与 HCO 的反应中，ClO 可以夺取 HCO 中的 H 发生还原反应，生成 HOCl。

$$HCO + ClO \rule[0.5ex]{2em}{0.4pt} HOCl + CO \tag{R8.143}$$

除此之外，ClO 也可以发生歧化反应，一方面生成 Cl_2 释放出 O_2，另一方面分别生成 ClOO 以及 OClO，并释放出 Cl。

$$ClO + ClO \rule[0.5ex]{2em}{0.4pt} Cl_2 + O_2 \tag{R8.144}$$

$$ClO + ClO \rule[0.5ex]{2em}{0.4pt} Cl + ClOO \tag{R8.145}$$

$$ClO + ClO \rule[0.5ex]{2em}{0.4pt} Cl + OClO \tag{R8.146}$$

ClOO 是次氯酸后续氧化中生成的重要多氧含氯中间产物，ClOO 可以与 H、O、OH 和 Cl 等自由基反应，其中其与 H 和 O 的反应主要为 O 的提取反应，而与 OH 及 Cl 原子的反应则为 Cl 的提取反应：

$$ClOO + H \rule[0.5ex]{2em}{0.4pt} ClO + OH \tag{R8.147}$$

$$ClOO + O \rule[0.5ex]{2em}{0.4pt} ClO + O_2 \tag{R8.148}$$

$$ClOO + OH \Longrightarrow HOCl + O_2 \qquad (R8.149)$$

$$ClOO + Cl \Longrightarrow Cl_2 + O_2 \qquad (R8.150)$$

目前对于含卤素化合物的详细燃烧机理在实验研究和理论研究方面均较少，其中所涉及的基元反应速率常数多来自估测和类比，具有较大的不确定度，因此本节中仅以含氯化合物为例简单介绍卤素化合物燃烧中涉及的关键的基元反应。可以看出，含卤素化合物在主要基元反应类型方面与碳氢及含氧燃料有较多相似之处，如单分子分解反应、自由基提取反应等，同时由于卤素元素的特殊性质，其存在一些有别于碳氢和含氧燃料的独特反应类型。含卤素化合物是固体废弃物中含量相对较多的化合物，其燃烧会产生危害性较大的含卤污染物；灭火剂中主要是含氟、溴等卤素化合物，这类的反应机理研究较少，但其反应的类型与含氯化合物基本类似，本章不再赘述。

参 考 文 献

[1] Kobayashi H, Hayakawa A, Kunkuma K D, et al. Science and technology of ammonia combustion[J]. Proceedings of the Combustion Institute, 2019, 37(1): 109-133.

[2] Glarborg P, Jensen A D, Johnsson J E. Fuel nitrogen conversion in solid fuel fired systems[J]. Progress in Energy and Combustion Science, 2003, 29: 89-113.

[3] Lindstedt R P, Lockwood F C, Selim M A. Detailed kinetic modelling of chemistry and temperature effects on ammonia oxidation[J]. Combustion Science and Technology, 1994, 99: 253-276.

[4] Miller J A, Bowman C T. Mechanism and modeling of nitrogen chemistry in combustion[J]. Progress in Energy and Combustion Science, 1989, 15: 287-338.

[5] Duynslaegher C, Jeanmart H, Vandooren J. Flame structure studies of premixed ammonia/hydrogen/oxygen/argon flames: Experimental and numerical investigation[J]. Proceedings of the Combustion Institute, 2009, 32: 1277-1284.

[6] Nakamura H, Hasegawa S. Combustion and ignition characteristics of ammonia/air mixtures in a micro flow reactor with a controlled temperature profile[J]. Proceedings of the Combustion Institute, 2017, 36: 4217-4226.

[7] Brackmann C, Alekseev V A, Zhou B, et al. Structure of premixed ammonia + air flames at atmospheric pressure: Laser diagnostics and kinetic modeling[J]. Combustion and Flame, 2016, 163: 370-381.

[8] Miller J A, Smooke M D, Green R M, et al. Kinetic modeling of the oxidation of ammonia in flames[J]. Combustion Science and Technology, 1983, 34(1): 149-176.

[9] Hayakawa A, Goto T, Mimoto R, et al. Laminar burning velocity and Markstein length of ammonia/air premixed flames at various pressures[J]. Fuel, 2015, 159: 98-106.

[10] Mathieu O, Petersen E L. Experimental and modeling study on the high-temperature oxidation of ammonia and related NO_x chemistry[J]. Combustion and Flame, 2015, 162(3): 554-570.

[11] Kurata O, Iki N, Matsunuma T, et al. Performances and emission characteristics of NH_3—air and NH_3-CH_4—air combustion gas-turbine power generations[J]. Proceedings of the Combustion Institute, 2017, 36(3): 3351-3359.

[12] Murai R, Omori R, Kano R, et al. The radiative characteristics of $NH_3/N_2/O_2$ non-premixed flame on a 10 kW test furnace[J]. Energy Procedia, 2017, 120: 325-332.

[13] Mørch C S, Bjerre A, Gøttrup M P, et al. Ammonia/hydrogen mixtures in an SI-engine: Engine performance and analysis of a proposed fuel system[J]. Fuel, 2011, 90(2): 854-864.

[14] Mendiara T, Glarborg P. Ammonia chemistry in oxy-fuel combustion of methane[J]. Combustion and Flame, 2009, 156: 1937-1949.

[15] Puechberty D, Cottereau M J. Nitric oxide formation in an ammonia-doped methane/oxygen low pressure flame[J]. Combustion and Flame, 1983, 51: 299-311.

[16] Williams B A, Fleming J W. Comparison of species profiles between O_2 and NO_2 oxidizers in premixed methane flames[J]. Combustion and Flame, 1995, 100: 571-590.

[17] Sullivan N, Jensen A, Glarborg P, et al. Ammonia conversion and NO_x formation in laminar coflowing nonpremixed methane-air flames[J]. Combustion and Flame, 2002, 131: 285-298.

[18] Konnov A A, Dyakov I V, Ruyck J D. Probe sampling measurements of NO in $CH_4+O_2+N_2$ flames doped with NH_3[J]. Combustion Science and Technology, 2006, 178: 1143-1164.

[19] Rahinov I, Goldman A, Cheskis S. Absorption spectroscopy diagnostics of amidogen in ammonia-doped methane/air flames[J]. Combustion and Flame, 2006, 145: 105-116.

[20] Venizelos D T, Sausa R C. Laser-induced fluorescence, mass spectrometric, and modeling studies of neat and NH_3-doped $H_2/N_2O/Ar$ flames[J]. Combustion and Flame, 1998, 115(3): 313-326.

[21] Tian Z Y, Li Y Y, Zhang L D, et al. An experimental and kinetic modeling study of premixed $NH_3/CH_4/O_2/Ar$ flames at low pressure[J]. Combustion and Flame, 2009, 156: 1413-1426.

[22] Gray P, Spencer M. Studies of the combustion of dimethyl hydrazine and related compounds[J]. Proceedings of the Combustion Institute, 1963, 9(1): 148-157.

[23] Gilbert M. The hydrazine flame[J]. Combustion and Flame, 1958, 2(2): 137-148.

[24] Gray P, Holland S. The effect of isotopic substitution on the decomposition flame of hydrazine[J]. Combustion and Flame, 1970, 14(2): 203-215.

[25] Fogelzang A E, Egorshev V Y, Sinditsky V P, et al. Combustion of ammonium and hydrazine azides[J]. Combustion and Flame, 1992, 90: 289-294.

[26] Konnov A A, de Ruyck J. Kinetic modeling of the decomposition and flames of hydrazine[J]. Combustion and Flame, 2001, 124(1): 106-126.

[27] Cook R D, Pyun S H, Cho J, et al. Shock tube measurements of species time-histories in monomethyl hydrazine pyrolysis[J]. Combustion and Flame, 2011, 158: 790-795.

[28] Kantak M V, de Manrique K S, Aglave R H, et al. Methylamine oxidation in a flow reactor: Mechanism and modeling[J]. Combustion and Flame, 1997, 108: 235-265.

[29] Glarborg P, Bendtsen A B, Miller J A. Nitromethane dissociation: Implications for the CH_3+NO_2 reaction[J]. International Journal of Chemical Kinetics, 1999, 31(9): 591-602.

[30] Zhang K W, Li Y Y, Yuan T, et al. An experimental and kinetic modeling study of premixed nitromethane flames at low pressure[J]. Proceedings of the Combustion Institute, 2011, 33: 407-414.

[31] Tian Z Y, Zhang L D, Li Y Y, et al. An experimental and kinetic modeling study of a premixed nitromethane flame at low pressure[J]. Proceedings of the Combustion Institute, 2009, 32: 311-318.

[32] Cullis C F, Khokhar B A. The spontaneous ignition of aliphatic amines[J]. Combustion and Flame, 1960, 4: 265-569.

[33] Gray P, Thynne J C J. Arrhenius parameters for elementary combustion reactions: H-atom abstraction from N-H bonds[J]. Proceedings of the Combustion Institute, 1965, 10: 435-443.

[34] Li S, Dames E, Davidson D F, et al. High-temperature measurements of the reactions of OH with ethylamine and dimethylamine[J]. Journal of Physical Chemistry A, 2014, 118 (1) : 70-77.

[35] Li S, Davidson D F, Hanson R K. Shock tube study of dimethylamine oxidation[J]. International Journal of Chemical Kinetics, 2015, 47 (1) : 19-26.

[36] Altarawneh M, Almatarneh M H, Marashdeh A, et al. Decomposition of ethylamine through bimolecular reactions[J]. Combustion and Flame, 2016, 163: 532-539.

[37] Lucassen A, Zhang K, Warkentin J, et al. Fuel-nitrogen conversion in the combustion of small amines using dimethylamine and ethylamine as biomass-related model fuels[J]. Combustion and Flame, 2012, 159: 2254-2279.

[38] Wucherer E J, Christofferson S, Reed B. Assessment of high performance HAN-monopropellants[C]. 36th AIAA/ASME/SAE/ASEE Joint Propulsion Conference and Exhibit. Las Vegas, 2000.

[39] Hannum J A E. Hazards of chemical rockets and propellants. Vol. III-liquid propellants[M]. Laurel, MD: Chemical Propulsion Information Agency Publication, 1985.

[40] Glänzer K, Troe J. Thermische zerfallsreaktionen von nitroverbindungen I: Dissoziation von nitromethan[J]. Helvetica Chimica Acta, 1972, 55: 2884-2893.

[41] Perche A, Tricot J C, Lucquin M. Pyrolysis of nitromethane. 1. Experimental study　nitromethane alone and in the presence of additives[J]. Journal of Chemical Research-S, 1979, (4) : 116-117.

[42] Perche A, Tricot J C, Lucquin M. Pyrolysis of nitromethane. 2. Determination of a simplified mechanism - bibliographic review of rate constants[J]. Journal of Chemical Research-S, 1979, (9) : 304-305.

[43] Perche A, Lucquin M. Pyrolysis of nitromethane. 3. Simulation of a simplified mechanism[J]. Journal of Chemical Research-S, 1979, (9) : 306-307.

[44] Hsu D S Y, Lin M C. Laser probing and kinetic modeling of NO and CO production in shock-wave decomposition of nitromethane under highly diluted conditions[J]. Journal of Energetic Materials, 1985, 3 (2) : 95-127.

[45] Zhang Y X, Bauer S H. Modeling the decomposition of nitromethane, induced by shock heating[J]. Journal of Physical Chemistry B, 1997, 101 (43) : 8717-8726.

[46] Glarborg P, Alzueta M U, Dam-Johansen K, et al. Kinetic modeling of hydrocarbon nitric oxide interactions in a flow reactor[J]. Combustion and Flame, 1998, 115 (1-2) : 1-27.

[47] Brequigny P, Dayma G, Halter F, et al. Laminar burning velocities of premixed nitromethane/air flames: An experimental and kinetic modeling study[J]. Proceedings of the Combustion Institute, 2015, 35 (1) : 703-710.

[48] Mathieu O, Giri B, Agard A R, et al. Nitromethane ignition behind reflected shock waves: Experimental and numerical study[J]. Fuel, 2016, 182 (15) : 597-612.

[49] Jia Z, Wang Z, Cheng Z, et al. Experimental and modeling study on pyrolysis of n-decane initiated by nitromethane[J]. Combustion and Flame, 2016, 165: 246-258.

[50] Cottrell T L, Graham T E, Reid T J. The thermal decomposition of nitroethane and 1-nitropropane[J]. Transactions of the Faraday Society, 1951, 47 (10) : 1089-1092.

[51] Gray P, Yoffe A D, Roselaar L. Thermal decomposition of the nitroalkanes[J]. Transactions of the Faraday Society, 1955, 51: 1489-1497.

[52] Wilde K A. Decomposition of C-nitro compounds. 2. Further studies on nitroethane[J]. The Journal of Physical Chemistry, 1957, 61 (4) : 385-388.

[53] Spokes G N, Benson S W. Very low pressure pyrolysis. II. Decomposition of nitropropanes[J]. Journal of the American Chemical Society, 1967, 89 (24) : 6030-6035.

[54] Shaw R. Heats of formation and kinetics of decomposition of nitroalkanes[J]. International Journal of Chemical Kinetics, 1973, 5 (2): 261-269.

[55] Denis P A, Ventura O N, Le H T, et al. Density functional study of the decomposition pathways of nitroethane and 2-nitropropane[J]. Physical Chemistry Chemical Physics, 2003, 5 (9): 1730-1738.

[56] Hansen N, Miller J A, Westmoreland P R, et al. Isomer-specific combustion chemistry in allene and propyne flames[J]. Combustion and Flame, 2009, 156 (11): 2153-2164.

[57] Zhang K W, Zhang L D, Xie M F, et al. An experimental and kinetic modeling study of premixed nitroethane flames at low pressure[J]. Proceedings of the Combustion Institute, 2013, 34: 617-624.

[58] Zhang K W, Glarborg P, Zhou X Y, et al. Experimental and kinetic modeling study of nitroethane pyrolysis at a low pressure: Competition reactions in the primary decomposition[J]. Energy & Fuels, 2016, 30: 7738-7745.

[59] Sloane T M, Brudzynski R J, Ratcliffe J W. Primary steps in the oxidation of pyridine and pyrrole added to a lean methane-oxygen-argon flame[J]. Combustion and Flame, 1980, 38: 89-102.

[60] Lifshitz A, Tamburu C, Suslensky A. Isomerization and decomposition of pyrrole at elevated temperatures: Studies with a single-pulse shock tube[J]. Journal of Physical Chemistry, 1989, 93: 5802-5808.

[61] Mackie J C, III M B C, Nelson P F, et al. Shock tube pyrolysis of pyrrole and kinetic modeling[J]. International Journal of Chemical Kinetics, 1991, 23: 733-760.

[62] Dubnikova F, Lifshitz A. Isomerization of pyrrole. Quantum chemical calculations and kinetic modeling[J]. Journal of Physical Chemistry A, 1998, 102: 10880-10888.

[63] Martoprawiro M, Bacskay G B, Mackie J C. Ab initio quantum chemical and kinetic modeling study of the pyrolysis kinetics of pyrrole[J]. Journal of Physical Chemistry A, 1999, 103: 3923-3934.

[64] Zhai L, Zhou X, Liu R. A theoretical study of pyrolysis mechanisms of pyrrole[J]. Journal of Physical Chemistry A, 1999, 103: 3917-3922.

[65] MacNamara J P, Simmie J M. The high temperature oxidation of pyrrole and pyridine: Ignition delay times measured behind reflected shock waves[J]. Combustion and Flame, 2003, 133: 231-239.

[66] Koger S, Bockhorn H. NO_x formation from ammonia, hydrogen cyanide, pyrrole, and caprolactam under incinerator conditions[J]. Proceedings of the Combustion Institute, 2005, 30: 1201-1209.

[67] Tian Z Y, Li Y Y, Zhang T C, et al. An experimental study of low-pressure premixed pyrrole/oxygen/argon flames with tunable synchrotron photoionization[J]. Combustion and Flame, 2007, 151: 347-365.

[68] Houser T J, Hull M, Alway R M, et al. Kinetics of formation of HCN during pyridine pyrolysis[J]. International Journal of Chemical Kinetics, 1980, 12: 569-574.

[69] Houser T J, McCarville M E, Biftu T. Kinetics of the thermal decomposition of pyridine in a flow system[J]. International Journal of Chemical Kinetics, 1980, 12: 555-568.

[70] Kausch Jr W J, Clampitt C M, Prado G, et al. Nitrogen-containing polycyclic aromatic compounds in sooting flames[J]. Proceedings of the Combustion Institute, 1981, 18: 1097-1104.

[71] Mackie J C, Colket M B, Nelson P F. Shock tube pyrolysis of pyridine[J]. Journal of Physical Chemistry, 1990, 94: 4099-4106.

[72] Kiefer J H, Zhang Q, Kern R D, et al. Pyrolyses of aromatic azines: Pyrazine, pyrimidine, and pyridine[J]. Journal of Physical Chemistry A, 1997, 101: 7061-7073.

[73] Ikeda E, Nicholls P, Mackie J C. A kinetic study of the oxidation of pyridine[J]. Proceedings of the Combustion Institute, 2000, 28: 1709-1716.

[74] Tian Z Y, Li Y Y, Zhang T C, et al. Identification of combustion intermediates in low-pressure premixed pyridine/oxygen/argon flames[J]. Journal of Physical Chemistry A, 2008, 112: 13549-13555.

[75] Wang Z D, Lucassen A, Zhang L D, et al. Experimental and theoretical studies on decomposition of pyrrolidine[J]. Proceedings of the Combustion Institute, 2011, 33: 415-423.

[76] Lucassen A, Wang Z, Zhang L, et al. An experimental and theoretical study of pyrrolidine pyrolysis at low pressure[J]. Proceedings of the Combustion Institute, 2013, 34: 641-648.

[77] Zheng X, Fisher E M, Gouldin F C, et al. Experimental and computational study of diethyl sulfide pyrolysis and mechanism[J]. Proceedings of the Combustion Institute, 2009, 32(1): 469-476.

[78] Zheng X, Bozzelli J W, Fisher E M, et al. Experimental and computational study of oxidation of diethyl sulfide in a flow reactor[J]. Proceedings of the Combustion Institute, 2011, 33(1): 467-475.

[79] Zheng X, Fisher E M, Gouldin F C, et al. Pyrolysis and oxidation of ethyl methyl sulfide in a flow reactor[J]. Combustion and Flame, 2011, 158(6): 1049-1058.

[80] van de Vijver R, Vandewiele N M, Vandeputte A G, et al. Rule-based ab initio kinetic model for alkyl sulfide pyrolysis[J]. Chemical Engineering Journal, 2015, 278: 385-393.

[81] Class C A, Liu M, Vandeputte A G, et al. Automatic mechanism generation for pyrolysis of di-tert-butyl sulfide[J]. Physical Chemistry Chemical Physics, 2016, 18(31): 21651-21658.

[82] Vasiliou A K, Hu H, Cowell T W, et al. Modeling oil shale pyrolysis: High-temperature unimolecular decomposition pathways for thiophene[J]. Journal of Physical Chemistry A, 2017, 121(40): 7655-7666.

[83] Zhang Q Z, Wang H N, Sun T L, et al. A theoretical investigation for the reaction of CH_3CH_2SH with atomic H: Mechanism and kinetics properties[J]. Chemical Physics, 2006, 324(2-3): 298-306.

[84] Choi S, Kang T Y, Choi K W, et al. Conformationally specific vacuum ultraviolet mass-analyzed threshold ionization spectroscopy of alkanethiols: Structure and ionization of conformational isomers of ethanethiol, isopropanethiol, 1-propanethiol, tert-butanethiol, and 1-butanethiol[J]. Journal of Physical Chemistry A, 2008, 112: 7191-7199.

[85] Vasiliou A K, Anderson D E, Cowell T W, et al. Thermal decomposition mechanism for ethanethiol[J]. Journal of Physical Chemistry A, 2017, 121: 4953-4960.

[86] Song X, Parish C A. Pyrolysis mechanisms of thiophene and methylthiophene in asphaltenes[J]. Journal of Physical Chemistry A, 2011, 115(13): 2882-2891.

[87] Memon H U R, Williams A, Williams P T. Shock tube pyrolysis of thiophene[J]. International Journal of Energy Research, 2003, 27: 225-239.

[88] Winkler J K, Karow W, Rademacher P. Gas-phase pyrolysis of heterocyclic compounds, part 1 and 2: Flow pyrolysis and annulation reactions of some sulfur heterocycles: thiophene, benzo[b]thiophene, and dibenzothiophene. A product-oriented study[J]. Journal of Analytical and Applied Pyrolysis, 2002, 62: 123-141.

[89] Glassman I, Yetter R A, Glumac N G. Combustion[M]. 5th ed. Waltham: Academic press, 2014.

[90] Glarborg P, Halaburt B, Marshall P, et al. Oxidation of reduced sulfur species: Carbon disulfide[J]. Journal of Physical Chemistry A, 2014, 118(34): 6798-6809.

[91] Class C A, Aguilera-Iparraguirre J, Green W H. A kinetic and thermochemical database for organic sulfur and oxygen compounds[J]. Physical Chemistry Chemical Physics, 2015, 17(20): 13625-13639.

[92] Luo Y. Comprehensive handbook of chemical bond energies[M]. Boca Raton: CRC Press, 2007.

[93] Al Rashidi M J, Davis A C, Sarathy S M. Kinetics of the high-temperature combustion reactions of dibutylether using composite computational methods[J]. Proceedings of the Combustion Institute, 2015, 35(1): 385-392.

[94] Glarborg P. Hidden interactions—Trace species governing combustion and emissions[J]. Proceedings of the Combustion Institute, 2007, 31(1): 77-98.

[95] Stanmore B R. The formation of dioxins in combustion systems[J]. Combustion and Flame, 2004, 136(3): 398-427.

[96] Altarawneh M, Dlugogorski B Z, Kennedy E M, et al. Mechanisms for formation, chlorination, dechlorination and destruction of polychlorinated dibenzo-p-dioxins and dibenzofurans (PCDD/Fs)[J]. Progress in Energy and Combustion Science, 2009, 35(3): 245-274.

[97] Roesler J, Yetter R, Dryer F. Detailed kinetic modeling of moist CO oxidation inhibited by trace quantities of HCl[J]. Combustion Science and Technology, 1992, 85(1-6): 1-22.

[98] Roesler J, Yetter R, Dryer F. Perturbation of moist CO oxidation by trace quantities of CH_3Cl[J]. Combustion Science and Technology, 1994, 101(1-6): 199-229.

[99] Roesler J, Yetter R, Dryer F. Inhibition and oxidation characteristics of chloromethanes in reacting $CO/H_2O/O_2$ mixtures[J]. Combustion Science and Technology, 1996, 120(1-6): 11-37.

[100] Pelucchi M, Frassoldati A, Faravelli T, et al. High-temperature chemistry of HCl and Cl_2[J]. Combustion and Flame, 2015, 162(6): 2693-2704.

[101] Shi J C, Ye W, Bie B X, et al. Ignition delay time measurements on $CH_4/CH_3Cl/O_2/Ar$ mixtures for kinetic analysis[J]. Energy & Fuels, 2016, 30(10): 8711-8719.

第9章 燃烧污染物生成机理

9.1 燃烧污染物简介

燃料燃烧过程中会生成大量的污染物，大致可以分类为：①完全燃烧产物 CO_2，CO_2 被视为主要的温室气体；②完全燃烧的副产物氮氧化物 NO_x，氮氧化物的生成一般来源于空气中的 N_2 在高温环境中与氧气的反应，以及与燃烧中间产物的反应；此外，对于含氮较多的燃料如煤等，燃烧直接生成的 NO_x 也是主要生成来源；③不完全燃烧产物，主要包括 CO、多环芳烃、碳烟及未燃碳氢化合物(UHC)；④来自燃料中的其他物质，包括 SO_2、颗粒物、碱金属、重金属、HCl、HF 等。

氮氧化物是最主要的燃烧污染物，氮氧化物的主要生成来源是燃料高温燃烧过程中 N_2 的转化及含氮燃料的燃烧，其中煤、生物质燃料及固体废弃物是含氮较多的化石燃料，因此氮氧化物的排放主要来自燃煤电厂、锅炉、机动车尾气及生物质燃烧等。燃烧中所排放的氮氧化物绝大部分为 NO，约占 90%~95%，其次为 NO_2 和 N_2O。NO 是无色无臭气体，其与血液中的血红蛋白结合能力比 CO 高数倍，因此对人体毒性非常大，可以导致人体因血液缺氧而麻痹，甚至死亡。NO 排放到空气中可以被氧化为 NO_2，NO_2 的毒性是 NO 的 4~5 倍，同时 NO_2 对于人体的呼吸系统具有强烈的刺激作用。除此之外，大气中的 NO 和 NO_2 还会导致光化学烟雾和酸雨的发生。1946 年，美国洛杉矶所发生的光化学烟雾源于空气中的氮氧化物在太阳光紫外线的作用下，经过复杂的反应生成了强氧化性物质 O_3 和硝酸过氧化乙酰[1]。

硫氧化物也是主要的大气污染物，其中 SO_2 是硫氧化物污染物中最主要的组分。我国约 90% 的 SO_2 的排放来自燃煤电厂及锅炉的燃烧，因为煤中含有较多的硫，而我国是世界上最大的煤炭消耗国，也是世界上以煤作为初级能源的经济大国。SO_2 在大气中的排放主要形成酸雨，同时，SO_2 在大气中的排放也会对人体健康造成威胁。

多环芳烃和碳烟的生成都与燃烧直接相关，其生成来源主要为运输燃料燃烧、固体燃料(煤、生物质、固体废弃物)燃烧和火灾等。在我国，多环芳烃和碳烟颗粒物的生成来源主要为煤燃烧，其次来源为生物质燃烧和运输燃料燃烧，而其他来源则仅占很小一部分。

碳烟颗粒物的排放是产生雾霾天气的元凶之一，不仅会对环境和气候产生严重影响，更会对人类健康产生极大的危害。碳烟颗粒物对人体的危害途径主要包括可吸入型颗粒和可呼吸型颗粒。可吸入型碳烟颗粒物一般指可以呼吸进入鼻腔和口腔的稍大颗粒物(PM10，颗粒物的尺寸小于 10μm)。可呼吸型碳烟颗粒物则指可以随人体吸入的空气进入气管、支气管和肺部的小型颗粒物(PM2.5，颗粒物的尺寸小于 2.5μm)。和其他形式的 PM2.5 来源相比，燃烧产生的碳烟颗粒形成的 PM2.5，或是由有毒有害的有机物组成，或是在表面吸附有高致癌致畸性的多环芳烃组分，因而其带来的危害性也更大，是肺癌及其他呼吸道疾病多发的元凶之一。此外，更小的纳米级别颗粒物及多环芳烃，也有可能进入人体的血液系统，在血液系统中分解为有机碳化合物，参与人体血液循环，产生更大也更持久的危害性。下面将分别介绍这几类污染物的生成机理及控制策略。

9.2　氮氧化物生成机理

氮氧化物包括 NO、NO_2、N_2O、N_2O_4、N_2O_5、HNO_2 和 HNO_3 等，其中最为主要的大气污染物为 NO、NO_2，统称为 NO_x，NO 与 NO_2 可以参与大气酸雨及光化学烟雾的形成。除 NO 和 NO_2 外，N_2O 也是近年来较为关注的污染物，因为它被认为是典型的温室气体。基本上在所有的燃烧过程和高温工业过程中都可以形成氮氧化物，包括电厂、汽车发动机燃烧等。

NO 的主要生成机理可以分为热力型(thermal)、快速型(prompt)和燃料型(fuel)。图 9.1 展示了这几类 NO 生成机理的示意图，其中热力型 NO 是由空气中的 O_2 氧化 N_2 为 NO，快速型 NO 是由碳氢化合物等燃料燃烧生成的中间产物参与形成的 NO，而燃料型 NO 则是由含氮燃料燃烧所生成的 NO。对于不含氮或含氮很少的气体燃料，以及含氮量较少的液体和固体燃料如燃油、塑料及

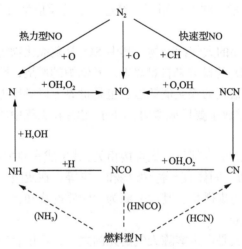

图 9.1　NO 的主要生成机理[2]

生物质等，燃烧生成的 NO 主要来自热力型和快速型 NO 机理。对于含氮量较多的燃料如煤等，NO 的生成则主要来自燃料中氮元素的氧化反应。此外，在特定的条件下，NO 还可以经由 N_2O 和 NNH 生成。

9.2.1　热力型 NO 生成机理

热力型 NO 是高温气体燃烧最为重要的 NO 来源。热力型 NO 机理由泽尔多维奇提出[3]，因此又称之为 Zel'dovich 机理。目前热力型 NO 机理已经得到了较为完善的发展，Zel'dovich 机理最初提出两步链反应描述 NO 在高温下的生成，该机理的第一步反应为 O 进攻 N_2 生成 NO 和 N 原子(R9.1)。

$$N_2 + O \Longrightarrow NO + N \qquad\qquad (R9.1)$$

由于 N_2 的三键非常的稳定，所以该反应的发生需要较高的活化能，约为 75 kcal/mol[4]，也正因为如此，热力型 NO 的生成通常需要很高的温度。该步反应也是热力型 NO 机理中的速控步，反应所生成的活泼的 N 可以迅速与氧气发生反应生成 NO 与 O(R9.2)，由此形成链反应循环。

$$N + O_2 \Longrightarrow NO + O \qquad\qquad (R9.2)$$

R9.1、R9.2 的正反应速率分别用 k_1、k_2 表示，逆反应速率用 k_{-1}、k_{-2} 表示，则可得 NO 的生成速率：

$$\frac{d[NO]}{dt} = k_1[O][N_2] - k_{-1}[NO][N] + k_2[N][O_2] - k_{-2}[NO][O] \qquad (9.1)$$

N 原子非常活泼，因而可以对其使用准稳态近似，即

$$\frac{d[N]}{dt} = 0 = k_1[O][N_2] - k_{-1}[NO][N] - k_2[N][O_2] + k_{-2}[NO][O] \qquad (9.2)$$

$$[N] = \frac{k_1[O][N_2] + k_{-2}[NO][O]}{k_{-1}[NO] + k_2[O_2]} \qquad (9.3)$$

式(9.3)代入到式(9.1)，得

$$\frac{d[NO]}{dt} = 2\frac{k_1k_2[O][O_2][N_2] + k_{-1}k_{-2}[NO]^2[O]}{k_{-1}[NO] + k_2[O_2]} \qquad (9.4)$$

O_2 的浓度远大于 NO 浓度，且 k_{-1} 与 k_2 为相同量级，因此 $k_2[O_2]$ 远大于 $k_{-1}[NO]$，则式(9.4)可简化为

$$\frac{d[NO]}{dt} = 2k_1[N_2][O] \tag{9.5}$$

O 来自反应 $O_2 \rightleftharpoons 2O$，当该反应处于平衡态时，O 生成反应的平衡常数 $K_c = [O]/[O_2]^{0.5}$，于是可得

$$\frac{d[NO]}{dt} = 2k_1K_c[O_2]^{0.5}[N_2] \tag{9.6}$$

由式 (9.6) 可知，NO 的生成主要取决于燃烧温度和氧气的浓度，因而控制热力型 NO 的策略可通过降低燃烧温度及减少 O_2 的浓度实现。

Fenimore 提出 N 也可以被燃烧中所产生的 OH 所氧化，生成 NO 与 H(R9.3)[5]。R9.1～R9.3 称之为扩展的 Zel'dovich 机理，其总包反应为 $N_2 + O_2 \rightleftharpoons 2NO$。

$$N + OH \rightleftharpoons NO + H \tag{R9.3}$$

R9.3 所生成的 H 可以与氧气发生链分支反应，生成 O 和 OH(R9.4)。因此，R9.1～R9.4 构成新的链反应循环。表 9.1 列出了热力型 NO 生成的反应列表。

$$H + O_2 \rightleftharpoons O + OH \tag{R9.4}$$

表 9.1　热力型 NO 生成的反应列表

编号	反应	A	n	$E_a/(kcal/mol)$	参考文献
1	$N+NO \rightleftharpoons O_2+N$	9.4×10^{12}	0.14	0	[6]
2	$N+O_2 \rightleftharpoons NO+O$	5.9×10^9	1.00	6.28	[7]
3	$N+OH \rightleftharpoons NO+H$	3.8×10^{13}	0.00	0	[8]

由式 (9.6) 可知，影响热力型 NO 生成的最主要因素为燃烧温度，因为其在指数项，所以对 NO 的生成的影响最为显著，总的来说，在温度较低时，NO 的生成速率较慢，而温度升高时，NO 的生成速率迅速变大。

滞留时间也是影响热力型 NO 生成的一个因素，这主要是因为反应 R9.1 为慢反应，反应的进行需要较高的活化能。同时，反应的进行受制于 O 的平衡浓度，而 O 在火焰区中存在时间很短且容易与其他组分反应，而在后火焰区则达到平衡，所以一般认为热力型 NO 在火焰区中不会大量生成，而在后火焰区大量生成。

9.2.2　快速型 NO 生成机理

与热力型 NO 相同，快速型 NO 的生成机制也是空气或燃烧体系中的 N_2 被氧化生成 NO。快速性 NO 的生成机制最初由 Fenimore[5]提出，常称为 Fenimore 机理，见图 9.2。与热力型 NO 主要生成于后火焰区不同，快速型 NO 主要产生于火

焰面内，并且主要产生于富燃火焰，其初始的反应为 $CH_n(n = 0, 1, 2)$ 自由基进攻 N_2。在燃烧中，CH 及 CH_2 的生成主要来自 CH_3 自由基的脱氢反应，以及 HCCO 的分解反应(R9.5)，而 HCCO 则主要来自 C_2H_2 的氧化反应(R9.6)，因此在 H_2 火焰中并不存在快速型 NO 生成机理。另外，CH 及 CH_2 等均为在火焰区生成的活泼自由基，并且在富燃火焰中浓度较高，这决定了快速型 NO 机理在富燃火焰中更为重要。

$$HCCO + H \Longrightarrow CH_2 + CO \qquad (R9.5)$$

$$C_2H_2 + O \Longrightarrow HCCO + H \qquad (R9.6)$$

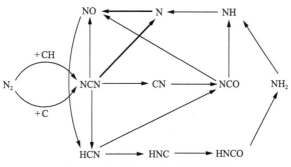

图 9.2 快速型 NO 生成网络图[15]

快速型 NO 被认为是湍流扩散火焰中 NO 的最主要生成来源。对于燃烧体系，如果仅包含热力型 NO 而不包含快速型 NO，会对 NO 的预测造成较大的偏差。关于快速型 NO 的初始反应，早期的研究认为 CH 进攻 N_2 的主要产物为 HCN + N[9]，Moskaleva 和 Lin[10]对 $CH + N_2$ 的反应开展了理论计算，发现该反应并不能直接生成 HCN + N，而主要生成 NCN + H(R9.7)，该路径被后来的实验和理论工作所证实[11, 12]。除 CH 以外，单态和三态的 CH_2 也可以与 N_2 发生反应，但是这些反应存在较高的能垒[13]，因而不易进行。其他可以与 N_2 反应的组分，包括 C_2 和 C，其中 C_2 可以与 N_2 反应生成两个 CN(R9.8)，而 C 与 N_2 反应则生成 NCN(R9.9)。由于 C_2 在火焰中的浓度远低于 CH[14]，所以 R9.8 基本上无法与 R9.7 竞争。

$$CH + N_2 \Longrightarrow NCN + H \qquad (R9.7)$$

$$C_2 + N_2 \Longrightarrow CN + CN \qquad (R9.8)$$

$$C + N_2 + M \Longrightarrow NCN + M \qquad (R9.9)$$

NCN 可以与 H、O、OH 等反应而消耗，由于快速型 NO 的生成在富燃火焰，即还原性环境中更为重要，所以 NCN 与 H 的反应对于快速型 NO 的生成非常重要。NCN 与 H 的反应有三条通道，其中第一条为 R9.7 的逆反应，其他两条通道分别生成 HCN + N(R9.10) 及 HNC + N(R9.11)。根据 Klippenstein 等[2]的计算结果，在低中温条件下，NCN 与 H 的反应趋向于生成 CH + N_2，而在高温条件下，则趋向于生成 HCN + N。

$$NCN + H \longrightarrow HCN + N \tag{R9.10}$$

$$NCN + H \longrightarrow HNC + N \tag{R9.11}$$

$$NCN + O \longrightarrow CN + NO \tag{R9.12}$$

$$NCN + OH \longrightarrow HCN + NO \tag{R9.13}$$

$$NCN + OH \longrightarrow NCO + NH \tag{R9.14}$$

$$NCN + O_2 \longrightarrow NCO + NO \tag{R9.15}$$

$$NCN + NO \longrightarrow CN + N_2O \tag{R9.16}$$

　　NCN 与 O 的反应 (R9.12) 为快反应，是快速型 NO 生成的最关键反应。NCN 与 OH 的反应则相对较慢，反应可以生成 HCN + NO(R9.13) 和 NCO + NH(R9.14)。此外，NCN 也可以被 O_2 和 NO 所氧化，分别生成 NO + NCO(R9.15) 和 CN + N_2O (R9.16)。

　　NCN 氧化所生成的 HCN 主要与 O 反应生成 NCO + H(R9.17)，HCN 与 O 的反应也可以生成少量的 CN + H(R9.18) 以及 NH + CO(R9.19)。HCN 和 OH 的反应则可以生成 CN + H_2O(R9.20)、HOCN + H(R9.21)、HNCO + H(R9.22) 及 NH_2 + CO(R9.23)。除了氧化反应外，在高温下 HCN 也可以通过单分子反应 (R9.24) 或 H 辅助异构化为 HNC(R9.25)。HNC 可以被 O、OH 氧化，分别生成 NH + CO(R9.26) 及 HNCO + H(R9.27)。

$$HCN + O \longrightarrow NCO + H \tag{R9.17}$$

$$HCN + O \longrightarrow CN + H \tag{R9.18}$$

$$HCN + O \longrightarrow NH + CO \tag{R9.19}$$

$$HCN + OH \longrightarrow CN + H_2O \tag{R9.20}$$

$$HCN + OH \longrightarrow HOCN + H \tag{R9.21}$$

$$HCN + OH \longrightarrow HNCO + H \tag{R9.22}$$

$$HCN + OH \longrightarrow NH_2 + CO \tag{R9.23}$$

$$HCN + M \Longrightarrow HNC + M \tag{R9.24}$$

$$HCN + H \Longrightarrow HNC + H \tag{R9.25}$$

$$HNC + O \Longrightarrow NH + CO \tag{R9.26}$$

$$HNC + OH \Longrightarrow HNCO + H \tag{R9.27}$$

NCO 主要与 H 反应生成 NH + CO(R9.28)，也可以与 OH 反应生成 HCO + NO (R9.29)，与 O 反应生成 NO + CO(R9.30)，与氧气反应生成 NO + CO_2(R9.31)。NCO 也可以被 NO 氧化生成 N_2O + CO(R9.32) 及 N_2 + CO_2(R9.33)。

$$NCO + H \Longrightarrow NH + CO \tag{R9.28}$$

$$NCO + OH \Longrightarrow HCO + NO \tag{R9.29}$$

$$NCO + O \Longrightarrow NO + CO \tag{R9.30}$$

$$NCO + O_2 \Longrightarrow NO + CO_2 \tag{R9.31}$$

$$NCO + NO \Longrightarrow N_2O + CO \tag{R9.32}$$

$$NCO + NO \Longrightarrow N_2 + CO_2 \tag{R9.33}$$

HNCO 是 HCN 氧化中生成的重要产物，HNCO 的主要消耗路径是与 OH 反应生成 NCO + H_2O(R9.34)。HNCO 与 O 的反应可以生成 NH + CO_2(R9.35) 及 NCO + OH(R9.36)。除此之外，HNCO 还可以与氧气及 H_2O 反应，与氧气的反应主要生成 HNO + CO_2(R9.37)，而与 H_2O 的反应则生成 NH_3 + CO_2(R9.38)。

$$HNCO + OH \Longrightarrow NCO + H_2O \tag{R9.34}$$

$$HNCO + O \Longrightarrow CO_2 + NH \tag{R9.35}$$

$$HNCO + O \Longrightarrow NCO + OH \tag{R9.36}$$

$$HNCO + O_2 \Longrightarrow HNO + CO_2 \tag{R9.37}$$

$$HNCO + H_2O \Longrightarrow NH_3 + CO_2 \tag{R9.38}$$

CN 可以被 O_2、O 及 OH 氧化，与 O_2 的反应主要生成 NCO + O(R9.39)，与 O 的反应主要生成 CO + N(R9.40)，与 OH 的反应主要生成 NCO + H(R9.41)。

$$CN + O_2 \Longrightarrow NCO + O \tag{R9.39}$$

$$CN + O \Longrightarrow CO + N \qquad\qquad (R9.40)$$

$$CN + OH \Longrightarrow NCO + H \qquad\qquad (R9.41)$$

9.2.3　其他源于 N_2 的 NO 生成机理

相比于热力型及快速型 NO 生成机理,经由 N_2O 和 NNH 的 NO 生成机理更为复杂,且目前没有得到较为充分的研究。经由 N_2O 生成 NO 的机理由 Malte 与 Pratt[16]最先提出,认为 N_2 与 O 反应可以生成 N_2O(R9.42),N_2O 与 H 反应有两条通道,分别生成 $N_2 + OH$(R9.43)和 NO + NH(R9.44)。根据 Klippenstein 等[17]的计算结果,$N_2O + H$ 的反应主要生成 $N_2 + OH$,只有在较低温度下 NO + NH 通道才有所贡献。N_2O 也可以与 O 反应,生成 NO + NO(R9.45)或 $N_2 + O_2$(R9.46)。

$$N_2 + O + M \Longrightarrow N_2O + M \qquad\qquad (R9.42)$$

$$N_2O + H \Longrightarrow N_2 + OH \qquad\qquad (R9.43)$$

$$N_2O + H \Longrightarrow NO + NH \qquad\qquad (R9.44)$$

$$N_2O + O \Longrightarrow NO + NO \qquad\qquad (R9.45)$$

$$N_2O + O \Longrightarrow N_2 + O_2 \qquad\qquad (R9.46)$$

经由 NNH 生成 NO 的机理最早由 Bozzelli 与 Dean[16]提出,其研究认为 NNH 可以由 N_2 和 H 复合生成(R9.47),NNH 随后可以被 O 氧化生成 NH + NO(R9.48),该反应同时有两条竞争通道,分别生成 $N_2O + H$(R9.49)和 $N_2 + OH$(R9.50)。除此之外,NNH 也可以被 O_2 所氧化,生成 $N_2 + HO_2$(R9.51)。

$$N_2 + H + M \Longrightarrow NNH + M \qquad\qquad (R9.47)$$

$$NNH + O \Longrightarrow NH + NO \qquad\qquad (R9.48)$$

$$NNH + O \Longrightarrow N_2O + H \qquad\qquad (R9.49)$$

$$NNH + O \Longrightarrow N_2 + OH \qquad\qquad (R9.50)$$

$$NNH + O_2 \Longrightarrow N_2 + HO_2 \qquad\qquad (R9.51)$$

需要指出的是,经由 N_2O 及 NNH 生成 NO 的机理一般仅在热力型和快速型 NO 机理不起重要作用的条件下,才对 NO 的生成有显著贡献,如低温、贫燃条件或氢气火焰中。

9.2.4 燃料型 NO 生成机理

一些固体和液体燃料如煤、泥炭中含有氮元素，因而在其燃烧过程中会生成 NO，即燃料型 NO。当燃料中含有较多的氮时，燃料型 NO 会在 NO 的生成中占主导地位，这主要是因为燃料氮在燃烧中容易通过断键反应及后续的氧化反应生成 NO。在煤燃烧时，一般认为燃料型 NO 是 NO 生成的主要来源，因为煤中的含氮量可占其比重约 0.5%~2.5%[18]，煤中的含氮化合物形态主要是吡咯型、吡啶型和季氮。

如图 9.3 所示，在燃烧过程中，燃料中的含氮化合物将首先分解为 NH_3 和 HCN 等，然后被 O、O_2 及 OH 等氧化为 NO。HCN 和 NH_3 是最为重要的燃料型 NO 生成前驱物。燃料型 NO 的生成特性主要取决于火焰的性质，同时，燃料中只有一部分燃料氮转变为 NO，其转变率随燃料含氮量的增多而降低。

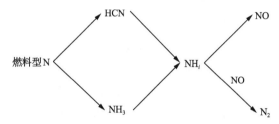

图 9.3 燃料型 NO 的主要反应路径[19]

在上一节中，已经简单讨论了 HCN 氧化生成 NO 的过程，其中 HCN 主要被 O、OH 等氧化生成 NCO、NH 及 CN 等，而后这些中间产物被进一步氧化为 NO_x。在没有碳氢化合物存在的情况下，NH_3 主要由 O 和 H 进攻的氢提取反应消耗生成 NH_2(R9.52)。在高温条件下，NH_3 也可以通过单分子的 N—H 断键反应生成 NH_2。由于 NH_2 与氧气反应的活性很弱，NH_2 的消耗趋向于与 NO 反应生成 NNH + OH(R9.53) 及 N_2 + H_2O(R9.54)，其中前者为链分支反应，而后者为链终止反应。NH_2 与 NO 的反应也是选择性非催化还原(SNCR)脱除 NO 的重要反应。在空气过量的情况下，HO_2 会大量生成，NO 可以被 HO_2 氧化为 NO_2。NH_2 和 NO_2 的反应可以生成 N_2O + H_2O(R9.55) 或 H_2NO + NO(R9.56)。除了这些消耗反应以外，NH_2 还可以通过氢提取反应生成 NH(R9.57)。NH 主要与 NO 反应生成 N_2O (R9.58) 或 N_2(R9.59)，NH 和氧气反应主要生成 NO + OH(R9.60) 及 HNO + O (R9.61)。

$$NH_3 + O/H \Longrightarrow NH_2 + OH/H_2 \qquad (R9.52)$$

$$NH_2 + NO \Longrightarrow NNH + OH \qquad (R9.53)$$

$$NH_2 + NO \Longrightarrow N_2 + H_2O \tag{R9.54}$$

$$NH_2 + NO_2 \Longrightarrow N_2O + H_2O \tag{R9.55}$$

$$NH_2 + NO_2 \Longrightarrow H_2NO + NO \tag{R9.56}$$

$$NH_2 + O/H \Longrightarrow NH + OH/H_2 \tag{R9.57}$$

$$NH + NO \Longrightarrow N_2O + H \tag{R9.58}$$

$$NH + NO \Longrightarrow N_2 + OH \tag{R9.59}$$

$$NH + O_2 \Longrightarrow NO + OH \tag{R9.60}$$

$$NH + O_2 \Longrightarrow HNO + O \tag{R9.61}$$

9.2.5　NO_x的原位控制方法

由以上分析可知，影响燃烧中 NO 生成的因素主要为温度、过量空气、滞留时间及燃料中氮元素的含量。因此减少 NO 排放的策略通常也从这几个方面入手，如降低燃烧温度使用的方法有二次风(overfire air)、分级燃烧(staged combustion)、低氮燃烧炉(low NO_x burner)、催化燃烧、水或水蒸气喷射、烟气再循环等。使用化学还原的方法也可以降低 NO 生成，主要包括选择性催化还原(selective catalytic reduction，SCR)、选择性非催化还原(selective noncatalytic reduction，SNCR)以及再燃(reburning)。以下将主要介绍 SNCR 及再燃中的反应动力学。

SNCR 是实际中经常使用的 NO_x 控制技术，如用于柴油机尾气 NO_x 消除及生物质和固体废弃物燃烧中 NO_x 的消除，由于不会产生 SCR 中催化剂中毒等问题，其与 SCR 技术相比成本更低。SNCR 技术所使用的还原剂一般有氨气、尿素及三聚氰酸。

使用氨气作为还原剂的 SNCR 过程又称热脱硝(thermal DeNO$_x$)过程，该方法最早由 Lyon[20]提出，该过程的特征是只能在 1250 K 温度附近很窄的温度区间实现对 NO 的脱除，同时该过程必须有氧气的存在。温度低于 1100 K 时，反应太慢而无法达到显著的效果，而温度高于 1400 K 时，NH$_3$ 将会被氧化为 NO 而不是被还原为 N$_2$。图 9.4 展示了使用 NH$_3$ 作为还原剂的 SNCR 主要反应网络图，首先氨气通过氢提取反应生成 NH$_2$，如前所述，NH$_2$ 和 NO 的反应有两条通道，分别生成 N$_2$ + H$_2$O 及 NNH + H。NNH 的分解可以生成 N$_2$ + H，而 H 的产生则会促使链反应的进行，H 主要与氧气发生链分支反应生成 O + OH，产生的 O 可以与 H$_2$O 发生链分支反应生成两个 OH，这些链反应提供了氨气氢提取反应的自由基，并且维持了整个反应体系的持续进行。在温度更高的条件下，链分支反应更为迅速，从而产生大量的 OH/O，这将导致 NH_2 的氧化反应成为上述还原反应的竞争反应，如图 9.4 所示，NH_2 可以经由 OH 主导的氢提取反应生成 NH 或直接被 O 所氧化生成 HNO + N。NH 可以被 O_2 及 OH 继续氧化生成 HNO，而 HNO 的最后通过分解或氢提取反应生成 NO。

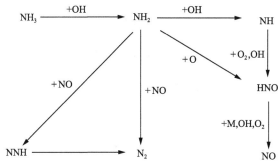

图 9.4　使用 NH_3 作为 SNCR 还原剂的反应网络图[2]

三聚氰酸是一种可以替代氨气的 SNCR 还原剂，使用三聚氰酸为 SNCR 还原剂最早由 Perry 与 Siebers[21]提出并取名为 $RapReNO_x$。在温度 600 K 以上时，三聚氰酸可以分解为 HNCO (R9.62)，在温度足够高时 HNCO 可以经由自由基的氢提取反应生成 NCO。NCO 可以与 NO 发生反应生成 N_2 + CO_2 或 N_2O + CO。N_2O 最终可以经由单分子 N—O 分解反应或与 H、OH 等自由基的反应生成 N_2。

$$(HOCN)_3 \Longrightarrow 3HNCO \tag{R9.62}$$

使用尿素作为还原剂的 SNCR 最早由 Muzio 等[22]提出并取名为 $NO_x out$ 过程。尿素在高温下可以快速地分解为 NH_3 和 HNCO (R9.63)，因此其兼具前述 thermal $DeNO_x$ 和 $RapReNO_x$ 过程的优点。

$$(NH_2)_2CO \Longrightarrow NH_3 + HNCO \tag{R9.63}$$

再燃过程是指碳氢自由基与 NO 快速反应而最终将 NO 还原的过程，再燃最早由 Myerson 等[23]提出。在再燃中，NO 主要是被一些自由基如 CH_3、CH_2、CH、HCCO 等还原，1200～1500K 温度范围内，发生的反应主要是 HCCO + NO、CH_3 + NO 及 $^3CH_2$ + NO 等，而在温度更高时，NO 主要被一些更小的自由基如 CH 和 C 还原。CH_3 与 NO 的反应可以生成 HCN + H_2O (R9.64) 或 H_2CN + OH (R9.65)，$^3CH_2$ 与 NO 的反应可以生成 HCNO + H (R9.66) 及 HCN + OH (R9.67)，HCCO 与 NO 的反应可以生成 HCNO + CO (R9.68) 及 HCN + CO_2 (R9.69)，CH 与 NO 的反应可以生成 CO + NH (R9.70)、NCO + H (R9.71)、HCN + O (R9.72)、CN + OH (R9.73) 及 HCO + N (R9.74)，C 与 NO 的反应则可以生成 CN + O (R9.75) 及 CO + N

(R9.76)。HCN、HCNO 及 CN 是再燃过程中生成较多的组分，如前所述，均可以发生后续的还原反应而最终生成 N_2。图 9.5 展示了甲烷再燃还原 NO 过程的主要反应网络图。

$$CH_3 + NO \Longrightarrow HCN + H_2O \tag{R9.64}$$

$$CH_3 + NO \Longrightarrow H_2CN + OH \tag{R9.65}$$

$$^3CH_2 + NO \Longrightarrow HCNO + H \tag{R9.66}$$

$$^3CH_2 + NO \Longrightarrow HCN + OH \tag{R9.67}$$

$$HCCO + NO \Longrightarrow HCNO + CO \tag{R9.68}$$

$$HCCO + NO \Longrightarrow HCN + CO_2 \tag{R9.69}$$

$$CH + NO \Longrightarrow CO + NH \tag{R9.70}$$

$$CH + NO \Longrightarrow NCO + H \tag{R9.71}$$

$$CH + NO \Longrightarrow HCN + O \tag{R9.72}$$

$$CH + NO \Longrightarrow CN + OH \tag{R9.73}$$

$$CH + NO \Longrightarrow HCO + N \tag{R9.74}$$

$$C + NO \Longrightarrow CN + O \tag{R9.75}$$

$$C + NO \Longrightarrow CO + N \tag{R9.76}$$

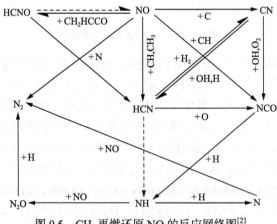

图 9.5　CH_4 再燃还原 NO 的反应网络图[2]

9.3 苯和多环芳烃的生成机理

苯和多环芳烃是碳烟形成的前驱体，一般认为碳烟的形成从燃料的分解反应开始，如图 9.6 所示，在高温条件下碳氢燃料发生分解反应，产生大量不同类型的小分子/自由基组分如 C_2H_2、C_2H_3、C_3H_3、C_4H_4、C_4H_5 等，这些小分子/自由基通过成环反应生成苯。苯环形成以后，经过不断的环化增长，生成稳定的多环芳烃分子，多环芳烃分子经过二聚等过程形成初生碳烟。因此，苯和多环芳烃生成的气相机理对于描述碳烟的生成具有关键的作用。

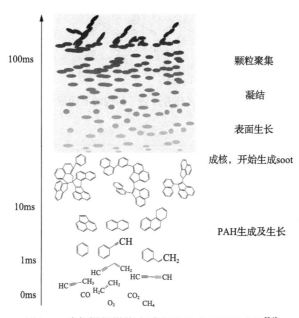

图 9.6　碳氢燃料燃烧中碳烟的生成过程示意图[24]

多环芳烃一般是指具有两个及以上芳香环的碳氢化合物。多环芳烃分子结构中的特征位点可以分为五类，分别为锯齿形（zig-zag）位点、扶手椅（armchair）位点、自由边（free-edge）位点、湾型（bay）位点及五元环（5-mumber ring）位点，如图 9.7 所示，不同的位点具有不同的反应活性。多环芳烃分子具有不同的结构，其中最简单的多环芳烃分子是双环的茚和萘，最大的多环芳烃分子与初生碳烟分子之间没有明确的界限，一般以分子尺寸和氢碳比进行划分。多环芳烃从广义上可以分为三类，一类为 C—C 之间只有 π 键的存在，如萘、蒽、菲、芘、苯并芘等，称其为周环并合多环芳烃（pericondensed aromatic hydrocarbons, PCAHs）或者稠环多环芳烃，该类多环芳烃分子中一般仅具有六元环；另一类是既具有 π 键又具有 σ 键结构，六元环之间不完全聚合，而是形成低聚体的非并环多环芳烃，如联苯等；

第三类为五元环与六元环形成嵌状结构，该类多环芳烃一般包含有六元环和五元环，如苊烯、芴、荧蒽、苉嵌环戊二烯等，称其为环戊二嵌多环芳烃(cyclopentafused PAHs，CP-PAHs)。PCAHs 具有较低的氢碳比，随着分子质量的增加，其氢碳比减小。同时，由于全部由共轭六元环组成，PCAHs 具有平面结构，其最大可以形成一个石墨烯层结构。而对于 CP-PAHs，五元环的存在可以使多环芳烃分子发生空间扭曲。

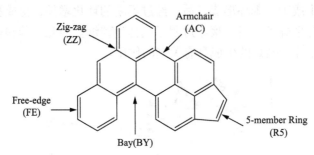

图 9.7　典型多环芳烃分子结构的不同位点

9.3.1　苯的生成机理

　　芳香烃燃料及其他碳氢燃料燃烧过程中，会产生大量具有不饱和结构的小分子产物，包括不饱和的中性分子和具有共轭稳定结构的自由基，如 C_2H_2、C_3H_3、C_4H_4、C_4H_3 自由基异构体、C_4H_5 自由基异构体、1,3-C_4H_6 等。与非共轭结构的自由基相比，共轭稳定结构的自由基具有更强的热力学稳定性，因此易于生成而不易于消耗。这就使共轭稳定自由基在燃烧条件下能够大量聚集存在，因而自身之间、彼此之间及与稳定分子之间发生热活化碰撞复合反应或者化学活化复合反应的频率加快，生成热力学上更为稳定的中性分子或自由基。大量的实验和理论计算结果表明，对于这些 C_4 以下的链状小分子产物而言，其生成多环芳烃的第一步，也是关键一步反应往往是生成 C_6H_6[25]，尽管前面的章节中有所涉及，下面将简要总结由小分子生成 C_6H_6 的机理。

　　在小分子生成 C_6H_6 的过程中，一般认为 C_3 中间产物最重要[25-28]。在大多数的条件下，C_3H_3 被认为是小分子生成 C_6H_6 最主要的前驱体，这首先是因为 C_3H_3 是火焰中生成较多且较为稳定的自由基，既能够通过大分子燃料的分解反应生成，也能够通过 $C_2H_2 + CH_2$ 的复合反应大量生成。C_3H_3 可以经过自复合反应、化学活化异构反应及最后的成环反应生成 C_6H_6(R9.77)，其竞争反应序列还可以生成 C_6H_5(R9.78)、富烯(R9.79)和 $C_4H_5C_2H$。C_3H_3 与其他自由基或者稳定的小分子发生反应也可以生成多环芳烃的前驱体[29]，例如可以与 a-C_3H_5 生成富烯(R9.80)，与 C_3H_4 反应生成 C_6H_7，与 C_3H_2 反应生成 C_6H_5，与 C_2H_2 反应生成 C_5H_5，与 C_5H_5

反应生成 $C_6H_5C_2H_3$ 等。

$$C_3H_3 + C_3H_3 \Longrightarrow C_6H_6 \tag{R9.77}$$

$$C_3H_3 + C_3H_3 \Longrightarrow C_6H_5 + H \tag{R9.78}$$

$$C_3H_3 + C_3H_3 \Longrightarrow \text{fulvene} \tag{R9.79}$$

$$C_3H_3 + a\text{-}C_3H_5 \Longrightarrow \text{fulvene} + H + H \tag{R9.80}$$

$a\text{-}C_3H_5$ 和 C_3H_4 也是燃烧中生成较多的 C_3 中间产物，除由大分子直接分解产生外，$a\text{-}C_3H_5$ 也可以由 $C_2H_3+CH_3$ 及 C_2H_4+CH 生成，$a\text{-}C_3H_4$ 和 $p\text{-}C_3H_4$ 还可以由 $CH_3 + C_2H_2$ 反应生成。$a\text{-}C_3H_5$ 和 C_3H_4 除可分解生成 C_3H_3 外，其自身也可以参与生成 C_6H_6、C_6H_5 或富烯的反应，如 C_3H_4 可以与 C_3H_2 反应生成 C_6H_6，$a\text{-}C_3H_5$ 可以与 C_3H_3 反应生成富烯(R9.80)。

另外一种重要的苯生成路径是 $C_4 + C_2$ 路径[30]。C_4 中间产物也能够在芳香烃燃料及其他碳氢燃料燃烧中大量产生，如 C_4H_2、C_4H_4、C_4H_6 及其自由基。$C_4 + C_2$ 生成 C_6H_6 或 C_6H_5 的主要路径包括 $C_4H_3 + C_2H_2$ 和 $C_4H_5 + C_2H_2$(R9.81~R9.83)，其中 C_4H_3 和 C_4H_5 各自有两个主要的同分异构体，即 $n\text{-}C_4H_3$、$i\text{-}C_4H_3$ 和 $n\text{-}C_4H_5$、$i\text{-}C_4H_5$。

$$C_4H_3 + C_2H_2 \Longrightarrow C_6H_5 \tag{R9.81}$$

$$C_4H_5 + C_2H_2 \Longrightarrow \text{fulvene} + H \tag{R9.82}$$

$$C_4H_5 + C_2H_2 \Longrightarrow C_6H_6 + H \tag{R9.83}$$

除苯以外，C_5 环状结构的 C_5H_6 和 C_5H_5，也被认为是小分子生成多环芳烃过程中的一类重要的中间产物[31-36]。C_5H_6 和 C_5H_5 均可以由小分子复合反应生成，如 $C_3H_3 + C_2H_2$ 的反应可以生成 C_5H_5，而 $a\text{-}C_3H_5$ 与 C_2H_2 的双分子化学活化反应则可以生成 C_5H_6。C_5H_5 可与 CH_3 复合生成 $C_5H_4CH_3$ 或 $C_5H_5CH_2$，而后经过环重整反应生成 C_6H_6 或者富烯(R9.84、R9.85)。除此之外，C_5H_5 还可与 C_2H_2 反应生成 C_7H_7，C_7H_7 随后与 C_2H_2 发生反应生成 C_9H_8。

$$C_5H_4CH_3 \Longrightarrow C_6H_6 + H \tag{R9.84}$$

$$C_5H_4CH_3 \Longrightarrow \text{fulvene} + H \tag{R9.85}$$

环烷烃是实际运输燃料及其模型燃料中的重要组分，环烷烃可以通过逐步的脱氢反应生成苯及烷基苯，因此在环烷烃燃烧中，环己烷的逐步脱氢反应是苯的主要生成路径之一。

9.3.2 多环芳烃的生成机理

C_9H_8 和 $C_{10}H_8$ 是多环芳烃生成的最重要前驱物。C_9H_8 和 $C_{10}H_8$ 主要由 C_6H_5、C_6H_6、$C_6H_5CH_2$ 等与小分子中间产物发生复合反应生成。C_6H_5 和 $C_6H_5CH_2$ 主要与具有 π 键的小分子及共轭稳定结构的自由基发生加成环化反应生成 C_9H_8 和 $C_{10}H_8$。如图 9.8 所示，C_6H_5 可以与 a-C_3H_4 和 p-C_3H_4 发生加成反应生成 C_9H_9 自由基，该自由基经由环化脱氢反应生成 C_9H_8（R9.86～R9.87）；C_6H_5 可以与 C_3H_3 反应生成 C_9H_8（R9.88）；C_6H_6 与 C_3H_3 发生加成反应生成 C_9H_9 异构体，随后进行脱氢环化反应生成 C_9H_8（R9.89）。

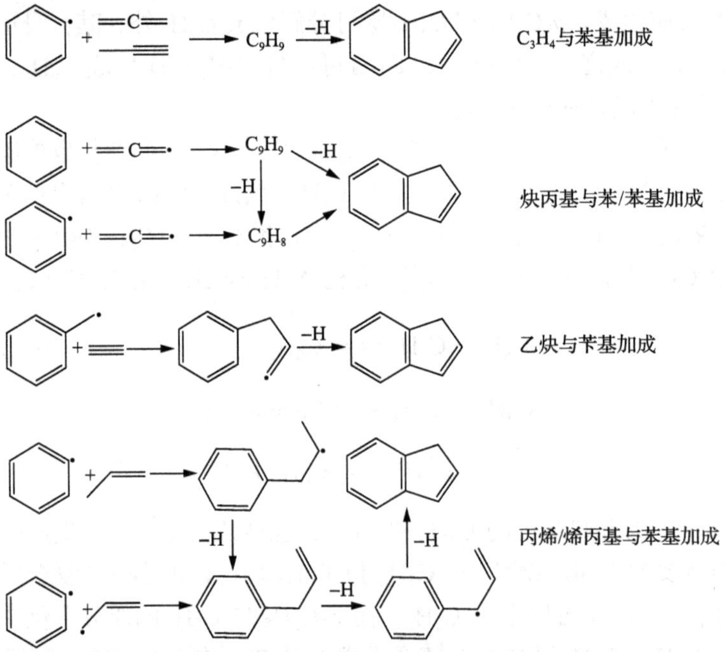

图 9.8　以 C_6H_5 和 $C_6H_5CH_2$ 为前驱体生成 C_9H_8 的路径[37]

C_6H_5 可以与 C_3H_6 发生加成反应生成 $C_6H_5CH_2CHCH_3$（R9.90），该自由基可以发生 β-C—H 解离反应生成 $C_6H_5CH_2CHCH_2$（R9.91），$C_6H_5CH_2CHCH_2$ 经过系列脱氢环化反应可以生成 C_9H_8（R9.92、R9.93）[38]。C_6H_5 同样也可以与 a-C_3H_5 发生加成反应生成 $C_6H_5CH_2CHCH_2$（R9.94），随后进行脱氢环化反应生成 C_9H_8。$C_6H_5CH_2$ 可以加成到乙炔的三键之上生成 C_9H_9，而后该自由基发生环化脱氢反应生成 C_9H_8（R9.95）。

$$C_6H_5 + a\text{-}C_3H_4 \Longrightarrow C_9H_8 + H \qquad\qquad (R9.86)$$

$$C_6H_5 + p\text{-}C_3H_4 =\!=\!= C_9H_8 + H \tag{R9.87}$$

$$C_6H_5 + C_3H_3 =\!=\!= C_9H_8 \tag{R9.88}$$

$$C_6H_6 + C_3H_3 =\!=\!= C_9H_8 + H \tag{R9.89}$$

$$C_6H_5 + C_3H_6 =\!=\!= C_6H_5CH_2CHCH_3 \tag{R9.90}$$

$$C_6H_5CH_2CHCH_3 =\!=\!= C_6H_5CH_2CHCH_2 + H \tag{R9.91}$$

$$C_6H_5CH_2CHCH_2 =\!=\!= C_6H_5CHCHCH_2 + H \tag{R9.92}$$

$$C_6H_5CHCHCH_2 =\!=\!= C_9H_8 + H \tag{R9.93}$$

$$C_6H_5 + a\text{-}C_3H_5 = C_6H_5CH_2CHCH_2 \tag{R9.94}$$

$$C_6H_5CH_2 + C_2H_2 = C_9H_8 + H \tag{R9.95}$$

C_6H_5 的系列氢提取乙炔加成(HACA)路径是碳氢燃料燃烧中 $C_{10}H_8$ 的重要生成路径之一，C_6H_5 与 C_2H_2 的加成反应主要生成 $C_6H_5C_2H_2$，$C_6H_5C_2H_2$ 可以脱氢生成 $C_6H_5C_2H$ 或者经过分子内氢迁移反应生成 $C_6H_4C_2H_3$。$C_6H_5C_2H$ 可以脱去乙炔基邻位苯环上的 H，生成 $C_6H_4C_2H$，$C_6H_4C_2H$ 加成 C_2H_2 生成 $C_{10}H_7$，$C_{10}H_7$ 加氢生成 $C_{10}H_8$。$C_6H_4C_2H_3$ 也可以通过乙炔加成及后续的环化脱氢反应生成 $C_{10}H_9$[39]。

C_6H_5 与 C_4H_4 或 1,3-C_4H_6 的反应也可以生成 $C_{10}H_8$，如图 9.9 所示。C_6H_5 与 C_4H_4 的加成将生成 $C_{10}H_9$，该自由基随后进行脱氢环化反应生成 $C_{10}H_8$。C_6H_5 与 1,3-C_4H_6 加成将首先生成 $C_{10}H_{11}$，该自由基进行环化脱氢反应生成二氢萘，二氢萘逐步脱氢生成 $C_{10}H_8$。

$C_6H_5CH_2$ 与 C_3H_3 的加成反应将首先生成 $C_6H_5C_4H_5$，后经脱氢环化生成 $C_{10}H_9$，该自由基进一步脱氢生成 $C_{10}H_8$。

此外，C_5H_5 的自复合反应以及 C_5H_5 与 C_5H_6 的复合反应也是 C_9H_8 和 $C_{10}H_8$ 的重要生成路径。C_5H_5 的自复合或与 C_5H_6 复合可以生成双环芳烃，如 C_5H_5 的自复合反应可生成 $C_5H_5\text{-}C_5H_4$，其后经过环重整反应生成 $C_{10}H_8$，如图 9.9 所示。C_5H_5 与 C_5H_6 复合反应则有可能生成 C_9H_8、$C_{10}H_8$、$C_6H_5C_2H_3$ 及 C_6H_6 等产物[40]。

由 C_6H_6 和 $C_{10}H_8$ 生成多环芳烃以及多环芳烃的后续增长的过程一般认为主要借助 HACA 机理实现[41-44]，如图 9.10 所示。HACA 机理包含两步重复性的反应：①苯环上的氢提取反应；②自由基位的 C_2H_2 加成生成共轭稳定自由基或稳定分子和 H。HACA 机理能成为燃烧环境下多环芳烃增长机理，主要是因为：①C_2H_2 是

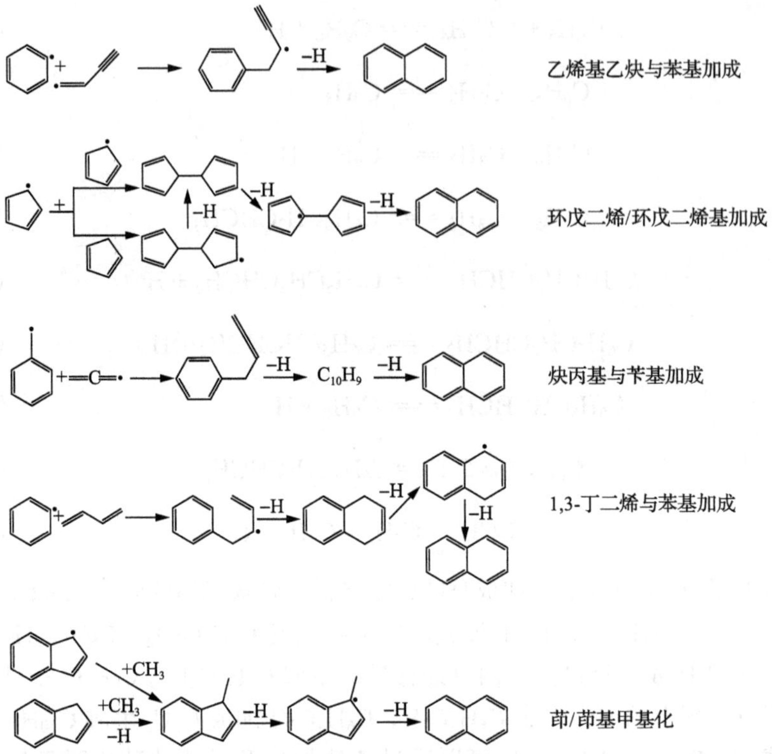

图 9.9　$C_{10}H_8$ 的生成路径[39]

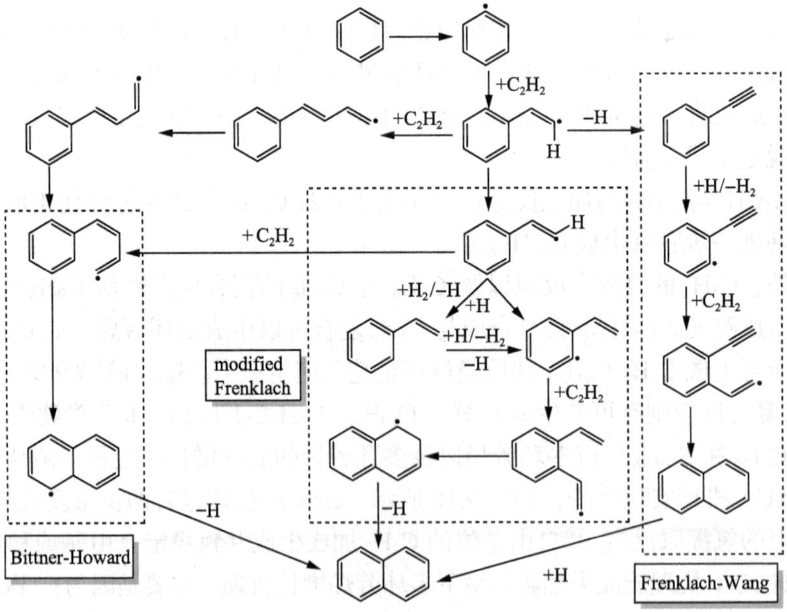

图 9.10　三种 HACA 路径示意图

各类碳氢燃料燃烧中生成的主要中间产物之一；②在燃烧高温条件下，H 可以大量的生成；③该反应可以反复进行。HACA 机理在预测一系列小分子燃料燃烧中多环芳烃浓度及碳烟生成趋势方面取得了较大的成功，这也使其成为了从提出至今近 30 年来，使用最为普遍的多环芳烃和碳烟生成机理。

HACA 机理的雏形即 C_6H_5 与 C_2H_2 的加成反应，该机理最早由 Bitter 与 Howard[45]提出（Bittner-Howard 路径），认为 C_6H_5 与 C_2H_2 的加成反应生成 $C_6H_5C_2H_2$，$C_6H_5C_2H_2$ 可以在乙烯基支链上再加成 C_2H_2 生成 $C_6H_5C_4H_4$，该自由基经过环化反应生成 $C_{10}H_9$，随后脱氢反应生成 $C_{10}H_8$，如图 9.11 所示。Frenklach 和 Wang[46]认为 $C_6H_5C_2H_2$ 趋向于脱氢生成 $C_6H_5C_2H$，后脱去乙炔基邻位苯环的氢生成 $C_6H_4C_2H$，该自由基与 C_2H_2 发生加成反应及后续的成环反应生成 $C_{10}H_9$（Frenklach-Wang 路径）。同时，他们认为这不仅对于 C_6H_5 与 C_2H_2 的反应适用，对于其他芳香烃自由基也同样适用，因此将其归纳且命名为 HACA 机理。随后，Frenklach 等[47]提出 $C_6H_5C_2H_2$ 可以经由分子内的氢迁移反应，生成 $C_6H_4C_2H_3$，该自由基经过后续的乙炔加成反应、环化反应生成 $C_{10}H_9$（modified Frenklach 路径），如图 9.10 所示。Mebel 等[48]的计算结果表明在低压火焰中，Bittner-Howard 路径和 Frenklach-Wang 路径可能是不现实的，但是在高压条件下，这两条路径会对 $C_{10}H_8$ 的生成有一定的贡献。同时，Frenklach-Wang 路径中，在温度低于 2000K 时，可以生成 $C_{10}H_9$ 进而生成 $C_{10}H_8$，然而高于 2000K 时，将主要生成 $C_6H_4(C_2H)_2$ 而非 $C_{10}H_9$。

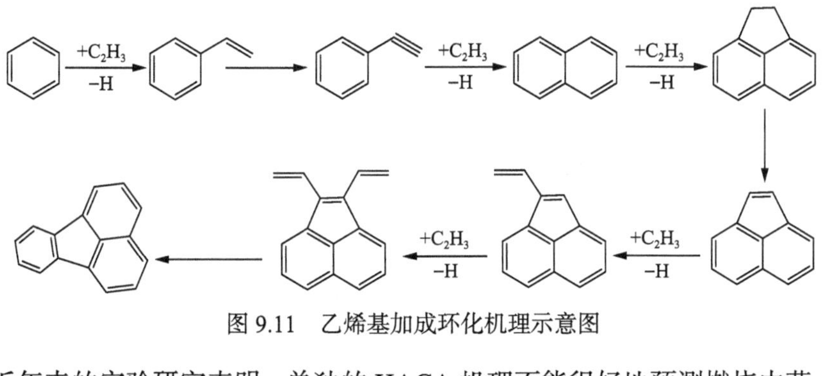

图 9.11　乙烯基加成环化机理示意图

近年来的实验研究表明，单独的 HACA 机理不能很好地预测燃烧中菲、蒽及晕苯(蔻)等大质量多环芳烃的生成，因为 HACA 机理仅仅依靠加成小分子的 C_2H_2 生成大质量的多环芳烃，反应步数多，所以在预测大质量多环芳烃的生成时表现出了较低的效率，也存在过低估计大质量多环芳烃及碳烟的质量增长速率的情况[49]。另外，最近的实验研究也表明，HACA 机理在预测三环芳烃生成时存在不足。例如 Parker 等[50]开展了萘基自由基和乙炔在燃烧条件下的实验，发现 $C_{10}H_9$ 与 C_2H_2 可借助 HACA 机理生成 $C_{10}H_9C_2H_2$ 及 $C_{10}H_9(C_2H_2)_2$，此二者按 HACA 机理进行，则必然会生成蒽和菲，然而实验中并未检测到这两种三环芳烃。另外，HACA 机理的反应步①与反应步②都是可逆反应，因而 HACA 机理的贡献不可避免地会受化学平衡的影响，也就是说在不同的温度、压力、H 和 C_2H_2 浓度等条件下，HACA 机理的进行程度都会受到一定影响。同时需要注意的是反应步②整体是熵减的反应，因而为了弥补熵的减少，反应需释放较多的热量，特别是在多环芳烃和碳烟生成需要的高温条件下，方可令反应整体的自由能减小，令反应自发向正反应方向进行，这就对 HACA 机理的适用范围产生了限制。

目前，也有其他的路径提出用以解释多环芳烃的增长，例如，C_2H_3 也是碳氢燃料燃烧中生成较多的自由基，因此 Shukla 与 Koshi 提出氢提取乙烯基加成（HAVA）机理也可能是多环芳烃增长的可能路径[51]，如图 9.11 所示。

Shukla 等[51]提出苯基加成环化（phenyl addition/cyclization，PAC）机理对于大质量多环芳烃的生成较 HACA 机理具有更高的效率，如图 9.12 所示。如对于 C_6H_6，可以通过与 C_6H_5 的复合反应生成 C_6H_5-C_6H_5，C_6H_5-C_6H_5 经由氢提取反应生成联苯自由基，该自由基经过环化反应可以生成苊烯。C_6H_5-C_6H_5 也可以继续通过苯基加成反应及随后的环化反应生成更大的多环芳烃，在经过 4 次苯基加成反应之后，C_6H_6 最终生长成为具有七元环的晕苯。

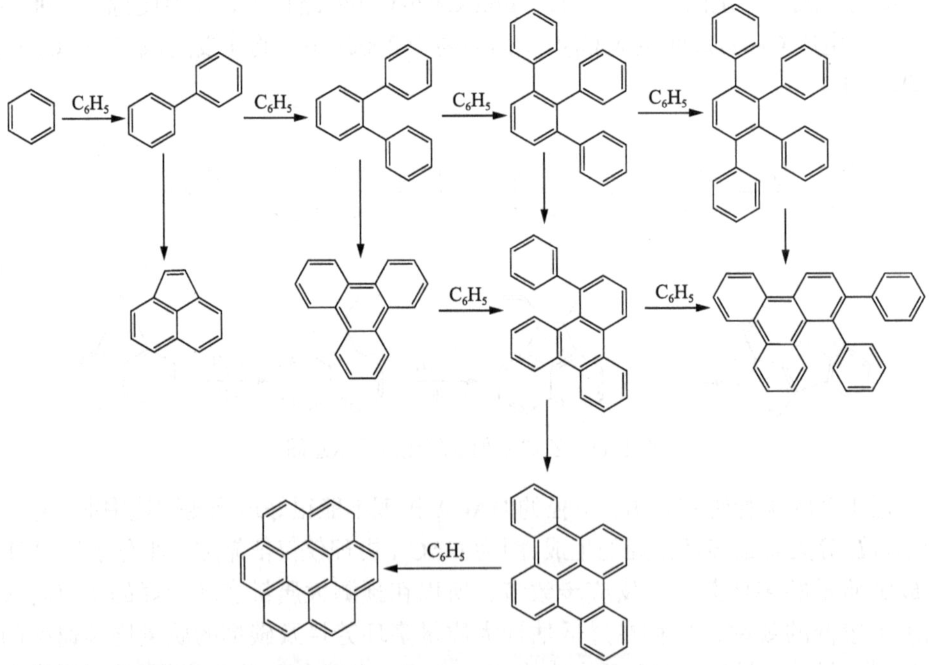

图 9.12　苯基加成环化机理示意图[52]

与 C_2H_2 相同，CH_3 在碳氢燃料的热解氧化及火焰中也大量存在，Shukla 等[53]

认为，CH₃ 对于多环芳烃的增长也具有重要的作用，因此他提出甲基加成环化
（MAC）机理，如图 9.13 所示。MAC 机理认为多环芳烃分子首先经由氢提取反应
生成相应自由基，自由基随后与 CH₃ 发生加成反应生成甲基取代的多环芳烃分子，
甲基取代的多环芳烃分子经由氢提取反应脱去甲基支链的 H，而后经过成环反应
生成更大的多环芳烃分子。

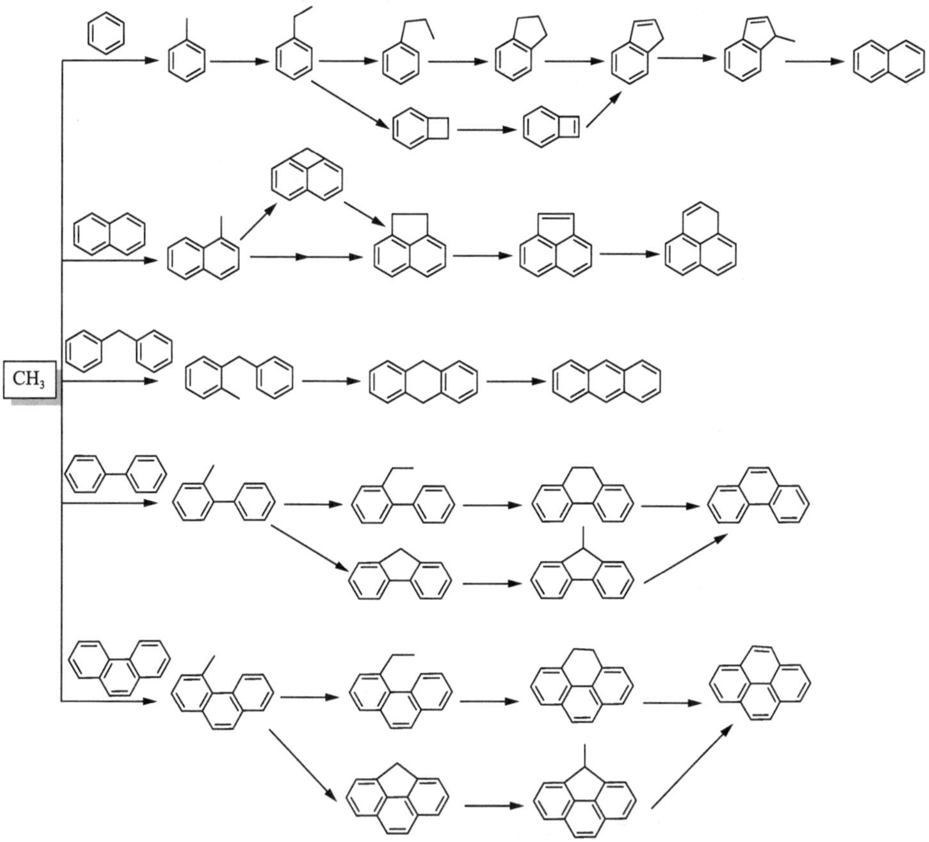

图 9.13　甲基加成环化机理示意图[53]

9.4　碳烟生成机理

　　一般认为多环芳烃是碳烟形成的前驱体，因此碳烟的生成主要包括以下过程[54]。
　　（1）碳烟的成核（nucleation）或初生（inception）：该过程是从多环芳烃到碳烟颗
粒物形成的过渡过程，一般认为该过程既有多环芳烃化学聚合，也有物理凝聚与
结构形变。
　　（2）碳烟的表面生长：该过程主要包括碳烟颗粒的化学增长及多环芳烃的凝

聚。其中化学增长主要为碳烟的表面通过加成 C_2H_2（HACA 路径）或其他小分子中间产物而后聚环生长，或者通过苯基加成反应形成 C_6H_5-C_6H_5，而后成环脱氢增长。多环芳烃的凝聚主要是指多环芳烃分子在碳烟颗粒表面的凝聚，从而使碳烟颗粒物尺寸增大。

(3) 碳烟的氧化：碳烟的氧化是指碳烟与 OH、O 和氧气发生的表面氧化反应。

(4) 碳烟颗粒的凝并和团聚：该过程主要包括碳烟颗粒的凝并（coalescence）和团聚（agglomeration）[55, 56]，凝并是指类球状的小颗粒或表面结构不规整的碳烟颗粒互相碰撞形成具有球状结构的碳烟颗粒，通过减小表面积从而形成自由能更低的稳定结构；团聚是指更大一些的碳烟颗粒通过互相碰撞粘在一起而同时又保持它们各自的形状结构不发生变化，这种团聚形成初始的粒子群，并具有一定的链状结构。

9.4.1 碳烟生成热力学分析

碳烟的生成被认为是一个熵驱动的过程，从图 9.14 中可以看出，从丙烷分解生成固态 C 及 H_2 的反应整体上是一个吸热（$\Delta H > 0$）且焓变较小的过程，同时是一个熵增的过程且 $T\Delta S > \Delta H$，因此导致反应过程 $\Delta G < 0$。但由于吉布斯自由能变并不显著，反应为高度可逆过程。近期的研究也已表明，碳烟的成核及凝并需要考虑可逆过程。

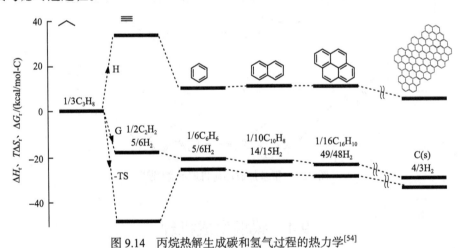

图 9.14　丙烷热解生成碳和氢气过程的热力学[54]

9.4.2 碳烟的成核或初生

碳烟的成核指由气相多环芳烃分子通过一系列相互作用，均相成核形成初生碳烟颗粒的过程，碳烟的成核决定着形成碳烟颗粒的数目。碳烟的初生机制目前尚未得到很好的理解和认知，一般认为多环芳烃分子的物理与化学聚结是导致初生碳烟形成的原因。目前关于碳烟的成核主要有 3 种不同的假设,如图 9.15 所示。其中路径 A 由 Kroto 等[57]提出,认为二维多环芳烃分子在高温下生成弯曲状富勒烯结构的分子,是球形碳烟形成的核心;路径 B 由 Frenklach 等[42]及 Miller 等[58, 59]提出,认为多环芳烃分子通过物理作用的二聚(dimerization),是碳烟成核的初始过程,随后中等大小的多环芳烃分子经过物理作用堆叠生成聚集体;路径 C 由 Richter[24]、Ciajolo[60]、Violi[61]等提出,认为多环芳烃分子之间经过物理凝结或者化学反应生成交互相连的三维结构,其中化学反应过程主要是指芳香烃分子与芳香烃自由基发生的反应。

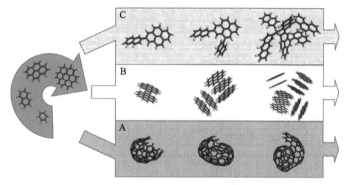

图 9.15　三种假设的碳烟成核路径[54]

路径 A 所提出的富勒烯状结构分子生长过程过于缓慢,实验观察到碳烟的成核速度与单体多环芳烃分子浓度是二次方的关系,因而路径 A 无法解释碳烟成核速率较快的问题;另外,实验中观察到随着苯环数目的增加,多环芳烃分子的浓度逐渐降低,路径 A 因此也无法解释该现象。路径 B 中多环芳烃分子通过分子间作用力聚集,Wang[54]指出一对中等大小多环芳烃分子的结合能,不足以保证其在火焰温度条件是稳定的,只有分子质量达到 $C_{54}H_{18}$ 的多环芳烃分子十二苯并晕苯(circumcoronene)形成的二聚体的结合能才能保证在火焰条件下是稳定的,因此,路径 B 可能只在温度较低的条件下比较有利。路径 C 中芳香烃自由基的生成将主要依赖于自由基的氢提取反应,但是在后火焰区自由基的浓度很小,无法生成较多的芳香烃自由基,因而路径 C 虽然可以解释火焰中碳烟的成核过程,但无法解释实验中所观察到的后火焰后区成核依然继续进行的现象。需要指出的是,路径 B 是目前碳烟模型中描述碳烟成核应用较多的路径。一般以芘的二聚作为碳烟成核模型的起始反应,但最近的实验和理论计算[62]结果表明,在高温下芘的二聚体是热力学不稳定的。因此,使用比芘更大的多环芳烃比如十环芳烃卵苯或七环芳烃晕苯的二聚,来描述碳烟的成核反应将更为合理。

9.4.3　碳烟表面生长

初生碳烟核心形成以后，在其表面气相中依然存在大量具有较高活性的自由基，可以通过加成反应实现质量增长，初生碳烟的表面增长决定着形成碳烟颗粒的质量。碳烟的质量增长类似多环芳烃的增长，但与气相多环芳烃增长不同的是，碳烟的质量增长发生在初生碳烟核心的表面，是气-固两相的反应过程。一般认为初生碳烟的质量增长是通过 HACA 机理进行的，如图 9.16 所示，但也可以通过与其他共轭稳定自由基及芳香烃自由基加成实现质量的增长。此外，实验研究发现在后火焰区碳烟的质量增长仍可以持续进行，这一现象无法用 HACA 机理解释，因为 HACA 机理依赖于 H 进攻反应，而在后火焰区 H 浓度已经很低。一种解释认为在碳烟的表面持续存在自由基位点，因而可以在没有 H 存在的情况下继续发生加成反应实现质量增长，该结论得到了一些实验的间接证实[63]。

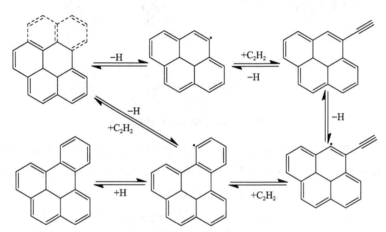

图 9.16　描述碳烟表面质量增长的 HACA 机理示意图[63]

需要指出的是，碳烟的表面增长过程虽然与多环芳烃分子的气相增长过程类似，其实这两个过程存在较大的不同。首先碳烟的表面增长为气-固两相反应过程，而一般的气固两相反应过程，存在吸附、表面反应、脱附等过程。因此碳烟表面增长动力学将取决于碰撞频率、黏附系数，而平衡常数则取决于表面活性位点的性质。其次，表面反应速率应随着碳烟尺寸的增加而降低，因为随着碳烟尺寸的增加，氢碳比减少，这意味着可以发生表面反应的活性位点也随之减少。此外，具有大质量的碳烟分子由于比表面积的降低，表面反应将变得不再重要。

9.4.4　碳烟颗粒的凝并和团聚

初生碳烟颗粒经过表面反应增大到一定尺寸，其表面反应能力也随之减弱，因此后续的生长主要依赖于凝聚(coagulation)。凝聚又可以细分为凝并和团聚过程，如图 9.17 所示。凝并是指气相分子或小的碳烟颗粒与另一个小的碳烟颗粒碰撞形成一种自由能最小化，且趋向于减小碳烟颗粒表面积的颗粒结构。在整个过程中小的颗粒及气相分子被包裹于更大的颗粒，同时形成新的更大的颗粒将保持球型，因此表面反应在颗粒表面仍有可能发生。

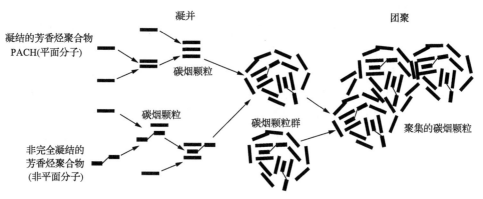

图 9.17　碳烟颗粒的凝并与团聚过程[64]

当碳烟颗粒变得更大以后，凝并不再有效，其趋向于通过碰撞团聚继续增长，该过程中参与碰撞的颗粒保持形状不变，其成团后的颗粒则为链状。

9.4.5　碳烟的氧化

在碳烟演变过程中，氧化和生长是同时发生的。碳烟颗粒物在火焰中运动时，一部分会被完全氧化耗尽，也有一部分会从火焰中逃逸并排放到大气中。O_2、O 和 OH 是主要的氧化剂，富燃条件下，OH 起主导作用；贫燃时，O_2 对碳烟的消耗作用更明显。由于碳烟氧化反应的复杂性，目前广泛使用的碳烟氧化模型多为宏观实验拟合所得的唯象模型(phenomenological model)，主要包括以下反应步(R9.96～R9.99)[65]：

$$C_{soot}{}^o + O_2 \longrightarrow C_{soot-2}H + 2CO \tag{R9.96}$$

$$C_{soot}H + OH \longrightarrow C_{soot-1}H + CO + H \tag{R9.97}$$

$$C_{soot}H + OH \longleftrightarrow C_{soot}{}^o + H_2O \tag{R9.98}$$

$$C_{soot}-H + O \longrightarrow C_{soot}{}^o + OH \tag{R9.99}$$

通常认为 O_2 在碳烟表面的活性位点发生反应，而 OH 则不需要活性位点的参与，因此，气相反应物的浓度和活性位点的密度共同决定了碳烟氧化反应速率。

　　除了表面反应，一些研究者利用电镜方法观测到了碳烟的氧化过程[66, 67]。碳烟的氧化模式很大程度上依赖于颗粒物的微纳结构和氧化条件。对于成熟度较高的碳烟，表面消耗占主导，粒子的直径逐渐减小，颗粒间的"连接桥"变弱，并大幅变形直至球形度消失，最终树枝状的团聚体被氧化成碎片。对于成熟度较低的碳烟，其孔隙结构可供氧化剂渗透进入其内部，从而引发内部和表面的联合氧化过程，氧化剂会优先消耗不定型的碳结构，并迅速扩张直至将颗粒内部"挖空"。

　　碳烟的结构对其氧化反应活性有着显著的影响，就石墨烯片层的尺寸、取向和排布而论，不同来源的碳在结构上千差万别，而这种原子尺度的分布通常被称作微纳结构，可以用微晶长度（fringe length）、层间距（fringe separation）和曲率（curvature）3个参数进行定量描述[68]，其定义如图9.18所示。在高分辨透射电镜（high resolution transmission electron microscope，HRTEM）图像中，碳层的片段以条纹形式出现。条纹长度指代单个片层在平面的延伸，层间距描述了相邻片层的距离，曲率由微晶长度与其两个端点直线距离的比值确定。通常认为，在单个片层中，位于边缘处的碳原子要远比内部的活泼，这是因为边缘碳原子拥有未成对的 sp^2 电子，与氧化剂的亲和力强，容易与吸附的氧原子结合成键，而内部碳原子中的电子均形成 π 键，稳定性更高。因此，更大的微晶由于其边缘碳原子的比例较低，反应性相对会弱一些。曲率主要是由于五元环的存在所导致[69]，描述了片层的起伏程度，曲率增大会增加张力，从而削弱层内 C—C 强度，使其更容易被氧气攻击[70]。曲率会增加碳骨架的无序性，抑制微晶堆积结构的发展，增大相邻石墨烯片层的距离，使其明显大于石墨的 0.335nm[71]。总的来说，碳烟结构中微晶长度更短，层间距和曲率更大，其氧化反应更好[72]。除 HRTEM 外，拉曼光谱和 X 射线衍射方法也可以用来进行微晶结构的微观表征[73]。

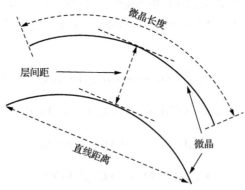

图9.18　纳米尺度下碳内部微晶结构参数定义[74]

　　除上述的微观结构外，碳烟表面的含氧官能团也会显著影响其氧化活性。氧化剂"进攻"微晶的边缘位点或者含氧复合物合并进碳层都会生成含氧官能团，碳表面一些主要官能团如图 9.19 所示。在氧化过程中，酮和氧气反应形成稳定的表面含氧复合物半醌(semiquinone)，进而改变相邻碳原子的电子密度，使其更容易与呈电负性的氧原子结合，氧以化学吸附的形式与这些位点结合并形成一个 C—O 键；这种结构会大大削弱 C—C 的强度，致使含氧复合物失稳，转化成 CO 从碳表面脱附，但又会产生新的活泼碳原子位点供氧气进攻。这种循环模式有助于增加活性比表面和氧化反应性，详细的反应过程参见文献[75]。

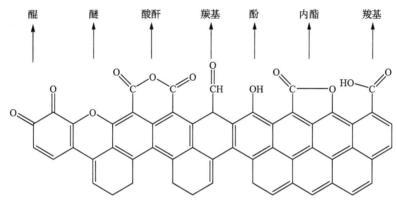

图 9.19　表面含氧官能团[76]

氧化反应会导致碳烟内部结构发生明显变化。针对柴油颗粒在 500 ℃ 下的氧化反应[77]，在早期阶段，颗粒表面可溶有机组分(SOF)的释放使颗粒呈现出多孔结构；随着反应的进行，微晶内的石墨烯片层重新排列，导致尺寸增加并出现无序结构。与此同时，红外光谱的测试结果表明，随着颗粒的燃尽，C＝O 峰逐渐变弱，表明含氧官能团数量下降。在氧化反应的最后阶段，颗粒的直径减小但其内部微晶并未变小，这可能是颗粒外表面的微晶剥落所致，而非由于边缘碳原子的解离。

碳烟氧化最直接的应用体现在柴油机颗粒物捕集器(diesel particulate filter, DPF)上，可有效阻止尾气中的颗粒物排放到大气中。DPF 的工作原理通过过滤或惯性碰撞、拦截、布朗扩散和热泳等物理沉积过程[78]，将颗粒物从尾气中分离出来，其过滤效率可达 95%以上[79]。碳烟在 DPF 壁面的持续沉积会形成一个厚层的"碳烟蛋糕"，可以显著提升过滤效率，但同时也会引起背压增加，阻碍发动机的稳定运行，因此积聚的碳烟颗粒需要被周期性地清除，称为 DPF 的再生。这一过程受诸多因素影响，例如尾气的流速、组分、温度、DPF 的特征及碳烟的物理化学结构特性等。根据相应工作过程，又可被分为主动再生和被动再生，其中主动再生是通过燃烧室中再次注入燃料来提供额外的能量提高尾气温度，促进碳烟的氧化反应。

9.5 其他污染物生成机理

除上述污染物外，CO、醛酮类污染物及未燃尽碳氢化合物也是燃烧过程中生成的重要污染物。其中 CO 主要来源于燃料的不完全燃烧，而在完全燃烧的条件下，CO 将主要通过反应 $CO + OH \Longrightarrow CO_2 + H$ 转化为 CO_2。甲醛是燃料燃烧中生成的最重要的醛酮类污染物之一，在高温条件下，甲醛主要经由烷烃或烯烃自由基的氧化反应生成，如 CH_3 自由基的氧化反应（R9.100～R9.103），是碳氢燃料燃烧中甲醛的重要生成路径之一。

$$CH_3 + O \Longrightarrow CH_2O + H \tag{R9.100}$$

$$CH_3 + O_2 \Longrightarrow CH_2O + OH \tag{R9.101}$$

$$CH_3 + O_2 \Longrightarrow CH_3O + O \tag{R9.102}$$

$$CH_3O + M \Longrightarrow CH_2O + H + M \tag{R9.103}$$

在低温条件下，醛酮类污染物主要通过烷基自由基的低温氧化反应生成，如烷基自由基（RCH_2）与氧气加成生成 RCH_2OO（R9.104），RCH_2OO 经由分子内氢迁移反应生成 QOOH 自由基（R9.105），QOOH 自由基经过二次加氧反应（R9.106）及后续的分解反应（R9.107）生成羰基氢过氧化物（KHP），羰基氢过氧化物的分解反应是大分子醛类污染物的一个重要生成来源。因此对于目前利用低温燃烧技术控制污染物生成的先进动力机械，如均质充量压燃发动机而言，控制低温燃烧过程中醛类污染物的生成也将是其所考虑的重要因素之一。

$$RCH_2 + O_2 \Longrightarrow RCH_2OO \tag{R9.104}$$

$$RCH_2OO \Longrightarrow QOOH \tag{R9.105}$$

$$QOOH + O_2 \Longrightarrow OOQOOH \tag{R9.106}$$

$$OOQOOH \Longrightarrow KHP + OH \tag{R9.107}$$

CO 和未燃碳氢化合物都是燃料的不完全燃烧产物，因此，他们的生成与燃料/空气的混合条件及温度均有关系，如图 9.20 所示，在贫燃条件下，CO 的生成较少，随着当量比的增加，其生成迅速增加。未燃碳氢化合物的生成随着当量比的增加先减少再增加。

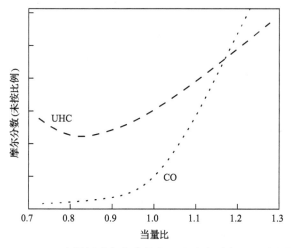

图 9.20　CO 和未燃尽碳氢化合物的生成浓度随当量比的变化[80]

参 考 文 献

[1] Glassman I, Yetter R A, Glumac N G. Combustion[M]. 5th ed. Waltham: Academic press, 2014.

[2] Glarborg P, Miller J A, Ruscic B, et al. Modeling nitrogen chemistry in combustion[J]. Progress in Energy and Combustion Science, 2018, 67: 31-68.

[3] Zeldovich Y. The oxidation of nitrogen in combustion and explosions[J]. Acta Physicochimica U.S.S.R, 1946, 21(3): 577-628.

[4] Baulch D L, Bowman C T, Cobos C J, et al. Evaluated kinetic data for combustion modeling: Supplement II[J]. Journal of Physical and Chemical Reference Data, 2005, 34(3): 757-1397.

[5] Fenimore C P. Formation of nitric oxide in premixed hydrocarbon flames[J]. Proceedings of the Combustion Institute, 1971, 13(1): 373-380.

[6] Abian M, Alzueta M U, Glarborg P. Formation of NO from N_2/O_2 mixtures in a flow reactor: Toward an accurate prediction of thermal NO[J]. International Journal of Chemical Kinetics, 2015, 47(8): 518-532.

[7] Fernandez A, Goumri A, Fontijn A. Kinetics of the reactions of N (4S) atoms with O_2 and CO_2 over wide temperatures ranges[J]. Journal of Physical Chemistry A, 1998, 102(1): 168-172.

[8] Skreiberg Ø, Kilpinen P, Glarborg P. Ammonia chemistry below 1400 K under fuel-rich conditions in a flow reactor[J]. Combustion and Flame, 2004, 136(4): 501-518.

[9] Miller J A, Walch S P. Prompt NO: Theoretical prediction of the high-temperature rate coefficient for CH + N_2 → HCN + N[J]. International Journal of Chemical Kinetics, 1997, 29(4): 253-259.

[10] Moskaleva L V, Lin M C. The spin-conserved reaction CH + N_2 → H + NCN: A major pathway to prompt NO studied by quantum/statistical theory calculations and kinetic modeling of rate constant[J]. Proceedings of the Combustion Institute, 2000, 28(2): 2393-2401.

[11] Lamoureux N, Desgroux P, El Bakali A, et al. Experimental and numerical study of the role of NCN in prompt-NO formation in low-pressure CH_4-O_2-N_2 and C_2H_2-O_2-N_2 flames[J]. Combustion and Flame, 2010, 157(10): 1929-1941.

[12] Vasudevan V, Hanson R K, Bowman C T, et al. Shock tube study of the reaction of CH with N_2: Overall rate and branching ratio[J]. Journal of Physical Chemistry A, 2007, 111(46): 11818-11830.

[13] Xu S, Lin M C. Ab initio chemical kinetics for singlet CH_2 reaction with N_2 and the related decomposition of diazomethane[J]. Journal of Physical Chemistry A, 2010, 114(15): 5195-5204.

[14] Köhler M, Brockhinke A, Braun-Unkhoff M, et al. Quantitative laser diagnostic and modeling study of C_2 and CH chemistry in combustion[J]. Journal of Physical Chemistry A, 2010, 114(14): 4719-4734.

[15] Lamoureux N, El Merhubi H, Pillier L, et al. Modeling of NO formation in low pressure premixed flames[J]. Combustion and Flame, 2016, 163: 557-575.

[16] Bozzelli J W, Dean A M. O + NNH: A possible new route for NO_x formation in flames[J]. International Journal of Chemical Kinetics, 1995, 27(11): 1097-1109.

[17] Klippenstein S J, Harding L B, Glarborg P, et al. The role of NNH in NO formation and control[J]. Combustion and Flame, 2011, 158(4): 774-789.

[18] Glarborg P, Jensen A D, Johnsson J E. Fuel nitrogen conversion in solid fuel fired systems[J]. Progress in Energy and Combustion Science, 2003, 29(2): 89-113.

[19] Dagaut P, Glarborg P, Alzueta M U. The oxidation of hydrogen cyanide and related chemistry[J]. Progress in Energy and Combustion Science, 2008, 34(1): 1-46.

[20] Lyon R K, Cole J A. A reexamination of the RapreNO$_x$ process[J]. Combustion and Flame, 1990, 82(3-4): 435-443.

[21] Perry R A, Siebers D L. Rapid reduction of nitrogen oxides in exhaust gas streams[J]. Nature, 1986, 324(6098): 657-658.

[22] Muzio L J, Arand J K, Teixeira D P. Gas phase decomposition of nitric oxide in combustion products[J]. Proceedings of the Combustion Institute, 1977, 16(1): 199-208.

[23] Myerson A L, Taylor F R, Faunce B G. Ignition limits and products of the multistage flames of propane-nitrogen dioxide mixtures[J]. Proceedings of the Combustion Institute, 1957, 6(1): 154-163.

[24] Richter H, Howard J B. Formation of polycyclic aromatic hydrocarbons and their growth to soot—A review of chemical reaction pathways[J]. Progress in Energy and Combustion science, 2000, 26(4-6): 565-608.

[25] McEnally C S, Pfefferle L D, Atakan B, et al. Studies of aromatic hydrocarbon formation mechanisms in flames: Progress towards closing the fuel gap[J]. Progress in Energy and Combustion Science, 2006, 32(3): 247-294.

[26] Georgievskii Y, Miller J A, Klippenstein S J. Association rate constants for reactions between resonance-stabilized radicals: $C_3H_3 + C_3H_3$, $C_3H_3 + C_3H_5$, and $C_3H_5 + C_3H_5$[J]. Physical Chemistry Chemical Physics, 2007, 9(31): 4259-4268.

[27] Miller J A, Klippenstein S J, Georgievskii Y, et al. Reactions between resonance-stabilized radicals: Propargyl + allyl[J]. Journal of Physical Chemistry A, 2010, 114(14): 4881-4890.

[28] Hansen N, Miller J A, Klippenstein S J, et al. Exploring formation pathways of aromatic compounds in laboratory-based model flames of aliphatic fuels[J]. Combustion, Explosion and Shock Waves, 2012, 48(5): 508-515.

[29] Jin H, Frassoldati A, Wang Y, et al. Kinetic modeling study of benzene and PAH formation in laminar methane flames[J]. Combustion and Flame, 2015, 162(5): 1692-1711.

[30] Senosiain J P, Miller J A. The reaction of n- and i-C_4H_5 radicals with acetylene[J]. Journal of Physical Chemistry A, 2007, 111(19): 3740-3747.

[31] Wang H, Brezinsky K. Computational study on the thermochemistry of cyclopentadiene derivatives and kinetics of cyclopentadienone thermal decomposition[J]. Journal of Physical Chemistry A, 1998, 102(9): 1530-1541.

[32] Ikeda E, Tranter R S, Kiefer J H, et al. The pyrolysis of methylcyclopentadiene: Isomerization and formation of aromatics[J]. Proceedings of the Combustion Institute, 2000, 28(2): 1725-1732.

[33] Lindstedt R P, Rizos K-A. The formation and oxidation of aromatics in cyclopentene and methyl-cyclopentadiene mixtures[J]. Proceedings of the Combustion Institute, 2002, 29(2): 2291-2298.

[34] Kim D H, Kim J-K, Jang S-H, et al. Thermal formation of polycyclic aromatic hydrocarbons from cyclopentadiene (CPD)[J]. Environmental Engineering Research, 2007, 12(5): 211-217.

[35] Cavallotti C, Polino D, Frassoldati A, et al. Analysis of some reaction pathways active during cyclopentadiene pyrolysis[J]. Journal of Physical Chemistry A, 2012, 116(13): 3313-3324.

[36] Djokic M R, Van Geem K M, Cavallotti C, et al. An experimental and kinetic modeling study of cyclopentadiene pyrolysis: First growth of polycyclic aromatic hydrocarbons[J]. Combustion and Flame, 2014, 161(11): 2739-2751.

[37] Yuan W, Li Y, Dagaut P, et al. Experimental and kinetic modeling study of styrene combustion[J]. Combustion and Flame, 2015, 162(5): 1868-1883.

[38] Mebel A M, Landera A, Kaiser R I. Formation mechanisms of naphthalene and indene: From the interstellar medium to combustion flames[J]. Journal of Physical Chemistry A, 2017, 121(5): 901-926.

[39] Yuan W, Li Y, Dagaut P, et al. A comprehensive experimental and kinetic modeling study of n-propylbenzene combustion[J]. Combustion and Flame, 2017, 186: 178-192.

[40] Yuan W, Li Y, Dagaut P, et al. Investigation on the pyrolysis and oxidation of toluene over a wide range conditions. II. A comprehensive kinetic modeling study[J]. Combustion and Flame, 2015, 162(1): 22-40.

[41] Wang H. Detailed kinetic modeling of soot particle formation in laminar premixed hydrocarbon flames[D]. Pennsylvania: Pennsylvania State University, 1992.

[42] Frenklach M, Wang H. Detailed modeling of soot particle nucleation and growth[J]. Proceedings of the Combustion Institute, 1991, 23(1): 1559-1566.

[43] Frenklach M, Wang H. Detailed mechanism and modeling of soot particle formation[M]//Bockhorn H. Soot formation in combustion. Berlin, Heidelberg: Springer, 1994: 165-192.

[44] Wang H, Frenklach M. A detailed kinetic modeling study of aromatics formation in laminar premixed acetylene and ethylene flames[J]. Combustion and Flame, 1997, 110(1-2): 173-221.

[45] Bittner J D, Howard J B. Composition profiles and reaction mechanisms in a near-sooting premixed benzene/oxygen/argon flame[J]. Proceedings of the Combustion Institute, 1981, 18(1): 1105-1116.

[46] Wang H, Frenklach M. Calculations of rate coefficients for the chemically activated reactions of acetylene with vinylic and aromatic radicals[J]. Journal of Physical Chemistry, 1994, 98(44): 11465-11489.

[47] Moriarty N W, Brown N J, Frenklach M. Hydrogen migration in the phenylethen-2-yl radical[J]. Journal of Physical Chemistry A, 1999, 103(35): 7127-7135.

[48] Mebel A M, Georgievskii Y, Jasper A W, et al. Temperature- and pressure-dependent rate coefficients for the HACA pathways from benzene to naphthalene[J]. Proceedings of the Combustion Institute, 2017, 36(1): 919-926.

[49] Böhm H, Jander H, Tanke D. PAH growth and soot formation in the pyrolysis of acetylene and benzene at high temperatures and pressures: Modeling and experiment[J]. Proceedings of the Combustion Institute, 1998, 27(1): 1605-1612.

[50] Parker D S N, Kaiser R I, Bandyopadhyay B, et al. Unexpected chemistry from the reaction of naphthyl and acetylene at combustion-like temperatures[J]. Angewandte Chemie-International Edition, 2015, 127(18): 5511-5514.

[51] Shukla B, Koshi M. Comparative study on the growth mechanisms of PAHs[J]. Combustion and Flame, 2011, 158(2): 369-375.

[52] Shukla B, Susa A, Miyoshi A, et al. Role of phenyl radicals in the growth of polycyclic aromatic hydrocarbons[J]. Journal of Physical Chemistry A, 2008, 112(11): 2362-2369.

[53] Shukla B, Miyoshi A, Koshi M. Role of methyl radicals in the growth of PAHs[J]. Journal of the American Society for Mass Spectrometry, 2010, 21(4): 534-544.

[54] Wang H. Formation of nascent soot and other condensed-phase materials in flames[J]. Proceedings of the Combustion Institute, 2011, 33(1): 41-67.

[55] Saggese C, Ferrario S, Camacho J, et al. Kinetic modeling of particle size distribution of soot in a premixed burner-stabilized stagnation ethylene flame[J]. Combustion and Flame, 2015, 162(9): 3356-3369.

[56] Saggese C, Cuoci A, Frassoldati A, et al. Probe effects in soot sampling from a burner-stabilized stagnation flame[J]. Combustion and Flame, 2016, 167: 184-197.

[57] Zhang Q-L, O'Brien S, Heath J, et al. Reactivity of large carbon clusters: Spheroidal carbon shells and their possible relevance to the formation and morphology of soot[J]. The Journal of Physical Chemistry, 1986, 90(4): 525-528.

[58] Miller J H. The kinetics of polynuclear aromatic hydrocarbon agglomeration in flames[J]. Proceedings of the Combustion Institute, 1991, 23(1): 91-98.

[59] Herdman J D, Miller J H. Intermolecular potential calculations for polynuclear aromatic hydrocarbon clusters[J]. Journal of Physical Chemistry A, 2008, 112(28): 6249-6256.

[60] Ciajolo A, Tregrossi A, Barbella R, et al. The relation between ultraviolet-excited fluorescence spectroscopy and aromatic species formed in rich laminar ethylene flames[J]. Combustion and flame, 2001, 125(4): 1225-1229.

[61] Violi A, Kubota A, Truong T N, et al. A fully integrated kinetic monte carlo/molecular dynamics approach for the simulation of soot precursor growth[J]. Proceedings of the Combustion Institute, 2002, 29(2): 2343-2349.

[62] Elvati P, Violi A. Homo-dimerization of oxygenated polycyclic aromatic hydrocarbons under flame conditions[J]. Fuel, 2018, 222: 307-311.

[63] Henning B. Soot Formation in Combustion: Mechanisms and Models[M]. Berlin, Heidelberg: Springer, 2013.

[64] D'Anna A, Sirignano M, Kent J. A model of particle nucleation in premixed ethylene flames[J]. Combustion and Flame, 2010, 157(11): 2106-2115.

[65] Turns S R. An Introduction to Combustion: Concepts and Applications[M]. 3rd ed. New York: McGraw-Hill Company, 2012.

[66] Al-Qurashi K, Boehman A L. Impact of exhaust gas recirculation(EGR) on the oxidative reactivity of diesel engine soot[J]. Combustion and Flame, 2008, 155(4): 675-695.

[67] Sediako A D, Soong C, Howe J Y, et al. Real-time observation of soot aggregate oxidation in an Environmental Transmission Electron Microscope[J]. Proceedings of the Combustion Institute, 2017, 36(1): 841-851.

[68] Vander Wal R L, Tomasek A J, Pamphlet M I, et al. Analysis of HRTEM images for carbon nanostructure quantification[J]. Journal of Nanoparticle Research, 2004, 6(6): 555-568.

[69] Kroto H W, Heath J R, O'Brien S C, et al. C_{60}: Buckminsterfullerene[J]. Nature, 1985, 318(6042): 162-163.

[70] Zhang Y, Boehman A L. Oxidation behavior of soot generated from the combustion of methyl 2-butenoate in a co-flow diffusion flame[J]. Combustion and Flame, 2013, 160(1): 112-119.

[71] Tuinstra F, Koenig J L. Raman spectrum of graphite[J]. Journal of Chemical Physics, 1969, 53(3): 1126-1130.

[72] Vander Wal R L, Tomasek A J. Soot oxidation: Dependence upon initial nanostructure[J]. Combustion and Flame, 2003, 134(1-2): 1-9.

[73] Lapuerta M, Rodríguez–Fernández J, Sánchez-Valdepeñas J. Soot reactivity analysis and implications on diesel filter regeneration[J]. Progress in Energy and Combustion Science, 2020, 78: 100833.

[74] Zhang Y, Zhang R, Kook S. Nanostructure analysis of in-flame soot particles under the influence of jet-jet interactions in a light-duty diesel engine[J]. SAE International Journal of Engines, 2015, 8(5): 2213-2226.

[75] van Setten B A A L, Makkee M, Moulijn J A. Science and technology of catalytic diesel particulate filters[J]. Catalysis Reviews-Science and Engineering, 2001, 43(4): 489-564.

[76] Setiabudi A, Makkee M, Moulijn J A. The role of NO_2 and O_2 in the accelerated combustion of soot in diesel exhaust gases[J]. Applied Catalysis B-Environmental, 2004, 50(3): 185-194.

[77] Ishiguro T, Suzuki N, Fujitani Y, et al. Microstructural changes of diesel soot during oxidation[J]. Combustion and Flame, 1991, 85(1): 1-6.

[78] Saracco G, Russo N, Ambrogio M, et al. Diesel particulate abatement via catalytic traps[J]. Catalysis Today, 2000, 60(1): 33-41.

[79] Burtscher H. Physical characterization of particulate emissions from diesel engines: A review[J]. Journal of Aerosol Science, 2005, 36(7): 896-932.

[80] Vovelle C. Pollutants from Combustion: Formation and Impact on Atmospheric Chemistry[M]. Berlin, Heidelberg: Springer, 2000.

第 10 章　新型燃烧技术中的反应动力学

新型燃烧技术是指借助于其他物质进行辅助燃烧或加入某种物质从而改变燃烧条件的技术。一般常用的辅助燃烧手段有等离子体辅助燃烧和催化辅助燃烧。新型燃烧技术也包括改变设备运行工况来达到高效、清洁燃烧的目的，例如废气再循环、柔和燃烧、富氧或纯氧燃烧、化学链燃烧等。本章将对新型燃烧技术中所涉及的反应动力学问题进行简要介绍。

10.1　等离子体辅助燃烧中的反应动力学

10.1.1　等离子体辅助燃烧原理

等离子体辅助燃烧(plasma-assisted combustion)是一种常见的强化点火和助燃技术。采用等离子体点火或助燃一方面可以借助等离体子的热效应快速加热气流，另一方面非平衡等离子体会产生大量的活泼中间产物如激发态的分子、电子、离子及自由基，从而可以借助其化学效应实现大范围点火，缩短着火延迟时间，拓宽可燃极限及提高燃烧稳定性等[1-3]。

等离子体是一种由自由电子、带电粒子和未带电的中性粒子等组成的物质形态，其整体为电中性并表现出集体行为，一般通过直流放电、脉冲放电和微波放电等方式产生。借助电场或磁场将外层电子电离，电子不再束缚于原子核而成为高能自由电子，同时电子与系统中的原子和分子发生相互碰撞，导致原子与分子激发到不同的振动、转动及电子激发态，并能够导致分子的解离。例如，一个在等离子体中非常常见的反应是氧气被电子撞击时的解离反应：

$$e + O_2 =\!=\!= O + O(^1D) + e \qquad\qquad (R10.1)$$

式中，e 为电子；O 为基态氧原子；$O(^1D)$ 为激发态氧原子。因此，等离子体本质上是包含大量活性物质的反应流，包括电子、离子、自由基、激发态分子和原子等，这种反应流一般处于非热力学平衡态。

等离子体的一个非常重要的参数是电子能量，由电子温度 T_e 表征。平均电子能量决定电子碰撞解离反应的速率常数，电子能量可以通过约化电场确定，增大约化电场强度会增加平均电子能量，通常会增大反应的速率常数。图 10.1 显示了反应 R10.1 的速率常数随约化电场变化的一个例子。图 10.1 中还展示了气相燃烧中一些重要反应的速率常数，从图中可以看出，电子碰撞反应的速率常数远大于常见的自由基链增长和链引发反应的速率常数。

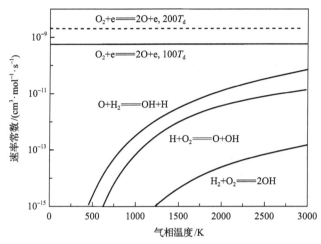

图 10.1　电子碰撞解离反应和燃烧中关键的气相链分支反应的速率常数比较[2]

　　基于电子、离子和中性物质的能量，等离子体可以分为非平衡等离子体和平衡等离子体。如果电子能量远大于离子能量(由离子温度 T_i 表征)和中性物质能量(由平动温度 T 表征)，则该等离子体被称为非平衡等离子体。平衡等离子体具备 $T \approx T_i \approx T$。如果工作气体是分子，除平动温度外，振动和转动温度也很重要。转动-平动能量传递非常快，并且由于转动激发的低能级，通常可以在几次碰撞中达到平衡。相比之下，振动-平动能量传递较慢，特别是当振动激发能级之间的能量差很大时，通常需要 $10^3 \sim 10^8$ 次碰撞才能达到平衡，所以振动温度和电子温度高于非平衡等离子体中的平动温度。通常非平衡等离子体对于活泼中间产物的产生更有效，因为在气体的平动温度较低时可以具有较高的电子能量，所以通常使用非平衡等离子体实现点火和助燃的目的。

　　除了自由基之外，等离子体还能够产生不存在于传统气相燃烧体系中的中间产物，这些中间产物所发生的反应与在传统气相燃烧体系中有较大的不同。例如，由反应 R10.1 产生的 O 原子大约一半处于电子激发态 $O(^1D)$。而反应 $O(^1D) + H_2 \longrightarrow H + OH$ 的速率常数在 300K 时约为 $4.4 \times 10^{10} mol/(cm^3/s)$，比基态 O 的反应大约高了 7 个数量级。另一个例子涉及惰性气体，由于电子能够激发反应，被激发的惰性气体非常活泼，例如，被激发的氮分子可导致氧气或燃料分子在碰撞时发生解离反应，因此，等离子体可引入新的反应路径来影响燃烧反应体系。等离子体的另一个特征是原位产生活性物质，进而引发新的氧化反应路径，因此可以更有效地控制和增强燃料分解氧化反应。以上这些特性使等离子体辅助燃烧成为一种非常有前景的强化点火和助燃技术。

10.1.2　等离子体辅助点火机理

点火是一个典型的链分支和放热反应过程，快速的链分支反应导致体系热释放和燃料分解氧化的速度呈指数增加，从而引发点火。点火需要两个关键过程：一个是温度需要达到链分支放热过程的阈值，另一个是自由基生成的链分支过程比链终止过程更快。对于给定初始温度和压力的特定混合物，其自发的点火过程具有一定的时间延迟，即着火延迟时间。着火延迟时间不仅受温度和压力的影响，而且还受燃料化学性质和自由基初始浓度的显著影响。

使用等离子体辅助点火可以显著缩短着火延迟时间，如图 10.2 所示，特别是利用非平衡等离子体辅助的方式。在没有等离子体存在的条件下，H_2/O_2 反应体系中的 HO_2 和 H 等自由基首先经由一个慢反应(R10.2)产生：

$$H_2 + O_2 \rule[0.5ex]{1.5em}{0.4pt} HO_2 + H \tag{R10.2}$$

$$H + O_2 \rule[0.5ex]{1.5em}{0.4pt} OH + O \tag{R10.3}$$

$$O + H_2 \rule[0.5ex]{1.5em}{0.4pt} OH + H \tag{R10.4}$$

$$OH + H_2 \rule[0.5ex]{1.5em}{0.4pt} H_2O + H \tag{R10.5}$$

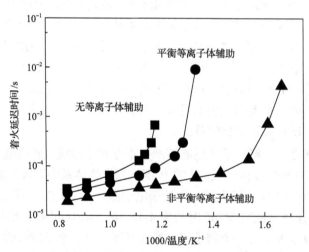

图 10.2　等离子体辅助对于 $H_2/O_2/N_2$ 混合物着火延迟时间的影响，约化电场 $E/N=300T_d$[4]

之后，一个 H 将通过链分支反应(R10.3)产生两个活泼自由基(OH 和 O)。反应 R10.3 具有高活化能，需要在高温(在 1 个大气压下温度约 1100K)条件下才能快速反应。因此，产生的 O 和 OH 主要通过链分支反应 R10.4 与链传递反应 R10.5，快速产生三个 H，导致自由基浓度呈指数增加。在无等离子体辅助条件下，着火延迟时间主要由其中两个较慢的反应(R10.2 和 R10.3)控制，但等离子体产生的小自由基可以绕过气相链引发反应(R10.2)，显著缩短了着火延迟时间。

在温度为 1000K 以下时，自由基的加入可显著缩短 H_2/O_2 混合物的着火延迟时间。研究表明，当等离子体辅助点火带来 10ppm($1ppm=10^{-6}$)的 H 时，可以使着火延迟时间缩短五倍。对于 H_2/O_2 体系，O 的加入比 H 和 OH 的加入对于缩短着火延迟时间更为有效。这是因为通过 R10.5 加入一个 OH，会立即产生一个 H，而 R10.5 的速率常数比 R10.3 快得多，所以 OH 和 H 的添加是等价的。然而，对于一个 O 的加入，由于 R10.4 比 R10.3 快，R10.4 及 R10.5 会立即产生两个 H，这解释了在 H_2/O_2 体系中加入 O 比加入 H 和 OH 对于提高点火效率更为有效。非平衡等离子体可通过电子和氧气离子的撞击解离反应及 O_2 与激发态的 N_2 撞击解离反应产生 O，这也进一步确保了其对点火的强化能力。

$$e + O_2^+ \Longrightarrow O + O \qquad\qquad (R10.6)$$

$$N_2(A,B,C) + O_2 \Longrightarrow O + O + N_2 \qquad\qquad (R10.7)$$

对于大分子碳氢燃料，点火过程中的化学反应变得更为复杂。对于碳氢燃料，在富燃条件下，等离子体反应除 R10.1 及 R10.6~R10.7 外，还有可能发生以下反应：

$$e + RH \Longrightarrow R + H + e \qquad\qquad (R10.8)$$

$$e + RH \Longrightarrow R' + H + CH_3 + e \qquad\qquad (R10.9)$$

$$e + RH \Longrightarrow R^+ + 2e + 2H \qquad\qquad (R10.10)$$

$$N_2^* + RH \Longrightarrow R + H + N_2 \qquad\qquad (R10.11)$$

$$N_2^* + RH \Longrightarrow R' + R + N_2 \qquad\qquad (R10.12)$$

$$N_2^+ + RH \Longrightarrow R + R^+ + N_2 \qquad\qquad (R10.13)$$

这些反应将产生活泼自由基，从而促进链分支反应。

图 10.3 总结了在不同温度范围内等离子体辅助点火的主要反应路径。需要指出的是，在高温条件下，当温度高于链分支反应的临界温度时，等离子体的加入主要产生热效应，因为 R10.3、R10.4 的分支比非常高。而在低温和中温条件下，化学效应成为主要效应。

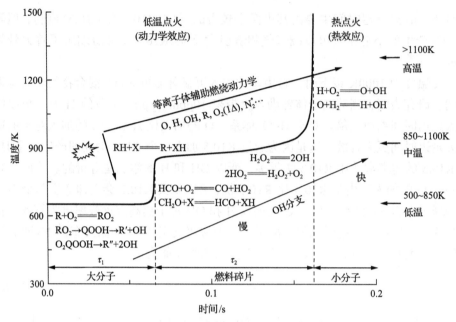

图 10.3　高温、中温和低温下等离子体辅助点火的化学效应和热效应[3]

10.2　催化辅助燃烧中的反应动力学

10.2.1　催化辅助燃烧

催化辅助燃烧是指通过使用催化剂，改变燃烧反应路径降低反应活化能，从而提高燃烧效率、降低污染物排放的一种技术。对于催化燃烧而言，要求在催化剂表面的催化反应发生后，所释放出的热量足以维持或升高燃料和氧化剂混合物的温度。相比于传统燃烧，催化燃烧具有以下优点。

（1）降低燃烧温度。催化剂的使用可以降低燃烧反应的活化能，因而可以降低燃烧温度，使燃料可以在相对较低的温度下被点燃。同时，由于燃烧污染物尤其是 NO_x 在高温下生成较多，因而催化燃烧可以减少 NO_x 的生成。

（2）提高燃烧效率。传统的燃烧过程产生 O 需要较高的能量，同时易生成电子激发态产物以可见光的形式释放能量。在催化燃烧中，O_2 在催化剂表面吸附，发生表面分解反应生成低能量的表面 O，表面反应形成振动激发态的产物，以红外辐射的形式放出能量，这种能量可以被充分利用。因此，催化燃烧可以在一定程度上实现"无焰"燃烧，从而减少能量损失，提高燃烧效率。

（3）微尺度燃烧。对于传统的燃烧而言，一般需要足够的空间以保证火焰传播，如果空间受限且小于一定的尺寸，火焰将无法传播而无法维持燃烧。微尺度燃烧器不仅具有较小的空间，而且由于比表面积较大，热量的损失过快而导致温度降低，所以在微尺度燃烧器中使用传统的燃烧方式将无法维持最低的着火温度，而在催化辅助燃烧条件下，由于反应能垒的降低，在很低温度下即可反应并实现着火，同时催化辅助燃烧为无焰燃烧，不存在火焰传播，所以能够维持在微尺度燃烧器中的燃烧。

(4)提高燃烧稳定性,拓宽可燃极限。由于催化剂的使用可以降低反应活化能，所以可以拓宽燃料的可燃极限。

催化剂之所以能改变反应速率，主要是因为其改变了反应的活化能并改变了反应路径，如图 10.4 所示。在提高反应速率时，催化剂先与反应物结合形成中间络合物，随后分解生成产物及催化剂本身，在此过程中，催化剂本身不发生变化。

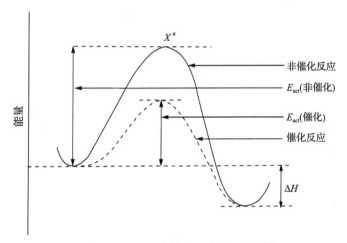

图 10.4　催化与非催化反应的活化能[5]

10.2.2　催化反应动力学

催化燃烧过程为气-固两相反应过程，气-固两相反应较气相均相反应更为复杂。一般认为，气-固两相反应的过程分为化学吸附、表面反应和产物脱附 3 个步骤，如图 10.5 所示。一般认为每一个步骤就是一个基元步骤。具体的反应过程如下。

(1)反应开始于反应物从气相(步骤①)传质(扩散)到催化剂的表面。

(2)反应物分子扩散到催化剂孔中，紧邻内部催化表面(步骤②)，催化剂通过降低反应活化能而改变了反应途径。

(3)反应物通过物理吸附(通过范德瓦耳斯力弱键合)或化学吸附吸附在催化剂的表面(步骤③)。化学吸附的吸附热高于物理吸附的吸附热。虽然只有化学吸附组分发生化学反应(一种化学吸附组分与另一种吸附组分或气相组分的解离、重组或反应），但物理吸附和化学吸附都会对反应动力学产生影响。

（4）被吸附的反应物分子在固体表面上发生反应，生成被固体表面所吸附的产物分子（步骤④）。

（5）被吸附的产物分子从催化剂表面脱附（步骤⑤）。

（6）产物分子从催化剂孔道内部扩散到催化剂孔口（步骤⑥）。

（7）产物分子从催化剂孔口扩散到气相中（步骤⑦）。

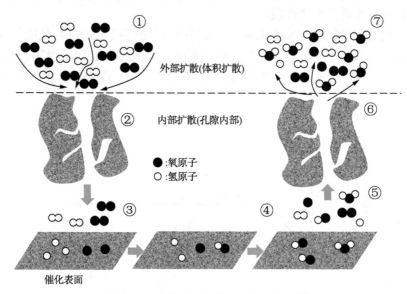

图 10.5　氢气催化氧化的反应示意图[6]

由此可见，吸附脱附、表面反应及扩散是催化反应的重要过程。分析催化反应动力学的基础是表面质量作用定律，指表面反应速率与参加反应的吸附组分的表面浓度（覆盖度）呈正比，表面浓度的指数是计量系数。表面浓度无法通过实验直接测量，但表面覆盖度与反应物的浓度（或分压）相关联。

在大多数情况下，吸附步骤是表面反应的关键步骤，化学吸附是在催化剂表面的特定吸附位发生的，因此气相反应物分子与催化剂表面的化学吸附键的形成及其性质不仅与反应物的性质有关，而且与吸附位点的性质密切相关，正因为如此，催化剂对于气体反应物的化学吸附一般具有较高的敏感度。化学吸附具有化学反应的基本特征，首先，化学吸附需要活化能，因此化学吸附一般是慢反应过程，需要在较高的温度下才有可观察的吸附速率；其次，化学吸附键是一种短程作用力，所以化学吸附总是单分子层的。因为化学吸附本质上是化学反应，所以吸附前的组分和吸附后的组分在化学性质上有着本质的差异，这种差异导致反应分子被活化。

　　吸附和脱附的速率主要是由吸附剂与吸附质之间的相互作用决定的，但又受到温度、压力等因素的影响。描述吸附过程的吸附速率方程主要有 Langmuir 速率方程、Elovich 速率方程和管孝男速率方程[7]等。在一定温度下，当吸附速率与脱附速率相等时，吸附量达到恒定，此时即达到吸附平衡。吸附量通常是以单位质量催化剂所吸附的气体量来表示，它是温度和压力的函数，在实验上固定一个条件，研究另外两个参数的关系可以得到 3 类曲线，即等温线、等压线和等浓度线，其中应用最多的是等温线，即在恒定温度下描述吸附量与压力之间的平衡关系。图 10.6 展示了最为简单的 Langmuir 吸附等温式，A 为气相平衡浓度，θ 为表面覆盖度，K 为吸咐系数。Langmuir 吸附模型假设固体表面上各个原子的力场不饱和，可吸附碰撞到固体表面的气体分子或溶质分子。当固体表面上吸附了一层分子后，这种力场就被饱和，因此吸附层是单分子层。此外，该模型还假设固体表面是均匀的，吸附的分子间无相互作用。图 10.6 描述了一定温度下达到吸附平衡时被吸附物质的表面覆盖度 θ 对于该物质在气相中的平衡压力 P（或浓度 [A]）的依赖关系。

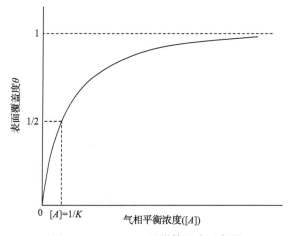

图 10.6　Langmuir 吸附等温式示意图

　　基于吸附现象，描述催化反应机理主要有 3 种模型。第一种模型为 Langmuir-Hinshelwood 模型，假设仅在吸附组分之间产生反应，如图 10.7(a)所示。Langmuir-Hinshelwood 模型假定催化剂表面是理想的，反应物在表面上的吸附平衡都满足 Langmuir 吸附等温式。气相反应物分子首先被吸附在表面形成吸附态的活化络合物 A(s) 和 B(s)，被吸附的反应物之间通过相互作用进行反应(R10.14)，然后转化为被吸附的产物分子 C(s)，而被吸附的产物分子在理想表面脱附得到气相的产物。

$$A(s) + B(s) = C(s) \tag{R10.14}$$

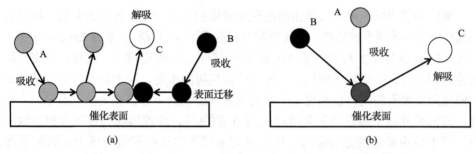

图 10.7　(a) Langmuir-Hinshelwood 与 (b) Eley-Rideal 模型[8]

　　为了推导速率方程，假设反应物和产物与发生表面反应的表面组分在速控步中达到平衡。通过 Langmuir 吸附等温线将表面覆盖率与气相中的分压或浓度相关联。反应速率由吸附分子的反应所控制，速率表达式可以推导为组分 A 和 B 的表面覆盖度的函数。

　　如同气相反应，根据反应历程不同，表面反应可以分为表面单分子反应和表面双分子反应，对于只有反应物被吸附的情况，进行表面反应的分子发生表面单分子反应：

$$\text{A} + -\overset{|}{\text{S}}- \overset{\text{(吸附)}}{\underset{\text{(脱附)}}{\overset{k_1}{\underset{k_{-1}}{\rightleftharpoons}}}} \left(\overset{\text{A}}{\underset{-\underset{|}{\text{S}}-}{|}} \right)^{\neq} \overset{k_2}{\longrightarrow} \text{P} + -\overset{|}{\text{S}}-$$

式中，A 代表反应物；P 代表产物；S 代表催化剂表面上的活性位点。由于吸附和脱附的速率都很快，而表面反应的速率较慢，所以整个反应的速率由表面反应来控制。反应速率可以写为

$$k = k_2\theta_{(AS)} = k_2\frac{bP}{1+bP} \tag{10.1}$$

式中，b 为常数；k_2 为脱附反应速率；$\theta_{(AS)}$ 为表面覆盖度；P 为压力。当压力 P 很低时，则 $\theta_{(AS)} \ll 1$，此时覆盖度较低，吸附较弱，则可得到

$$k \approx k_2bP = k_2\frac{k_1}{k_{-1}}P \tag{10.2}$$

即这是宏观上的一级反应，反应的表观活化能为 $E = E_2 + E_1 - E_{-1}$

　　当压力很高时，反应物的吸附很强，则 $\theta_{(AS)} \approx 1$，即整个表面已经完全被覆盖，则

$$k = k_2\theta_{(AS)} = k_2 \tag{10.3}$$

该反应为零级反应，反应的活化能为 $E = E_2$。

若介于强吸附和弱吸附之间，则

$$k \approx k_2 bP = k_2 \frac{k_1}{k_{-1}} P = aP^{1/n} \tag{10.4}$$

即反应为分数级。

由以上 3 种情况可以看到，在只有反应物被吸附(产物吸附较弱，可以忽略)的单分子反应中，随着反应物分压的增加，反应的级数可由一级经过分数级而下降为零级。

如果反应中除了有反应物的吸附外，产物也被吸附，在这种情况下，由于产物被吸附，使表面积减少，相当于抑制了反应的进行，并改变了动力学公式。如果反应按下式进行：

$$\text{A} + \underset{(脱附)}{\overset{(吸附)}{-\,\text{S}\,-}} \overset{k_1}{\underset{k_{-1}}{\rightleftharpoons}} \left(\overset{\text{A}}{\underset{-\,\text{S}\,-}{|}} \right)^{\neq} \overset{k_2}{\longrightarrow} \text{Z} + -\,\text{S}\,- \tag{R10.15}$$

式中，Z 为产物，也具有一定的吸附。反应物 A 的吸附与脱附速率 $r_a(\text{A})$ 和 $r_d(\text{A})$ 分别为

$$r_a(\text{A}) = k_1 P_\text{A}(1 - \theta_\text{A} - \theta_\text{Z}) \tag{10.5}$$

$$r_d(\text{A}) = k_{-1}\theta_\text{A} \tag{10.6}$$

由此可以求得

$$\theta_\text{A} = \frac{b_\text{A} P_\text{A}}{1 + b_\text{A} P_\text{A} + b_\text{Z} P_\text{Z}} \tag{10.7}$$

同理可以求得

$$\theta_\text{Z} = \frac{b_\text{Z} P_\text{Z}}{1 + b_\text{A} P_\text{A} + b_\text{Z} P_\text{Z}} \tag{10.8}$$

由于 Z 不参与反应，可得

$$k = k_2 \theta_\text{A} = \frac{k_2 b_\text{A} P_\text{A}}{1 + b_\text{A} P_\text{A} + b_\text{Z} P_\text{Z}} \tag{10.9}$$

对于上式可以在不同的条件下进行简化，当反应物 A 的吸附很弱而产物 Z 的

吸附很强时：

$$k = \frac{k_2 b_A P_A}{b_Z P_Z} \tag{10.10}$$

如果反应物和产物的吸附都很强，则有

$$k = \frac{k_2 b_A P_A}{b_A P_A + b_Z P_Z} \tag{10.11}$$

如果反应物的分压很低，即反应物只是稀疏覆盖催化剂有效的表面，而产物 Z 的吸附强于反应物的吸附，则

$$k = \frac{k_2 b_A P_A}{1 + b_Z P_Z} \tag{10.12}$$

大多数表面双分子反应服从 Langmuir-Hinshelwood 机理，即反应是吸附在表面上的相邻 A 和 B 分子间完成。此种反应速率与 A 和 B 在表面上相邻位置上被吸附的概率成比例，而这一概率又与 θ_A、θ_B 的乘积成比例。对于双分子反应：

$$\text{A} + \text{B} + \underset{(\text{脱附})}{\overset{(\text{吸附})}{— S — S —}} \underset{k_{-1}}{\overset{k_1}{\rightleftharpoons}} \left(\underset{— S — S —}{\overset{A \quad B}{|\quad|}} \right)^{\neq} \underset{\text{表面反应}}{\overset{k_2}{\longrightarrow}} \text{P} + — S — S — \tag{R10.16}$$

若表面反应为控制步骤，则反应速率为

$$k = k_2 \theta_A \theta_B \tag{10.13}$$

式中，θ_A、θ_B 分别为反应物 A 和 B 的表面覆盖度。

对于只有反应物被吸附的情况，其速率表达式为

$$k = k_2 \theta_A \theta_B = \frac{k_2 b_A P_A b_B P_B}{(1 + b_A P_A + b_B P_B)^2} \tag{10.14}$$

当反应物 A 和 B 的吸附都很强时或者 A 和 B 的分压均很小时，反应为二级反应；若其中一种反应物吸附很强，从而导致另一种反应物在表面上的量大大降低，这样反应速率将下降。

当反应物和产物都被吸附时，其速率表达式为

$$k = k_2 \theta_A \theta_B = \frac{k_2 b_A P_A b_B P_B}{(1 + b_A P_A + b_B P_B + b_Z P_Z)^2} \tag{10.15}$$

参考上述不同吸附状况的处理，可以得到不同的近似速率表达式。

　　需要指出的是，Langmuir-Hinshelwood 机理假定固体表面吸附中心的位置固定，气体分子只有碰撞到吸附中心空白位置上才能发生吸附，即"定位吸附"。该机理认为每个吸附中心吸附气体分子时的吸附热是固定的和相同的，表面各处活性一样，即"均匀吸附"。以上假定是把固体表面视为理想表面，这对于一般的物理吸附可以进行近似处理，但对于化学吸附而言，假定与实际情况具有一定的偏差。例如在化学吸附中，吸附量与吸附表面的分子能量有关，每个吸附中心的活性是不同的，各位置的吸附热有差异。此外，Langmuir 吸附理论假定被吸附的分子之间不产生影响，不发生相互作用。而实际上，尤其对于双分子反应，两种反应物分子吸附强弱的差异直接影响到它们的吸附量，进而影响它们之间的化学反应。在实际过程中，第二种物质的加入往往影响第一种物质的吸附量，使其减小或增大。

　　Eley-Rideal 模型是描述表面反应的另一种模型，该模型假定气态分子的吸附情况是与 Langmuir-Hinshelwood 机理相同的，所不同的是，Eley-Rideal 模型假定两种反应物之一 A 和催化剂表面发生吸附作用，形成吸附态中间络合物 A(s)，随后气相组分可以与 A(s) 发生反应生成产物，如图 10.7(b)所示。该模型可以用以下反应式表示：

$$A + \overset{|}{\underset{|}{\text{—}}} S \text{—} \underset{\underset{(脱附)}{\xrightleftharpoons[k_{-1}]{}}}{\overset{(吸附)}{\xrightleftharpoons[]{k_1}}} \left(\overset{A}{\underset{\underset{|}{\text{—}}}{\underset{|}{S}} \text{—} \right)^{\neq} \tag{R10.17}$$

$$B + \left(\overset{A}{\underset{\underset{|}{\text{—}}}{\underset{|}{S}} \text{—} \right)^{\neq} \xrightarrow[(反应)]{k_2} \overset{|}{\underset{|}{\text{—}}} S \text{—} + P \tag{R10.18}$$

　　许多表面反应遵循 Eley-Rideal 模型，尤其是两种反应物其中一个反应物被吸附，而另一反应物在气相中的反应体系。例如，CO 在一些过渡金属氧化物催化剂表面上进行氧化的反应，就是由气态的 CO 分子与被吸附的氧进行反应的结果。

　　Mars-van-Krevelen（MvK）机理是 Langmuir-Hinshelwood 机理及 Eley-Rideal 机理之外描述催化反应历程的另一种机理。MvK 机理又称为晶格氧机理，主要用于描述在过渡金属氧化物催化剂表面的选择性催化氧化反应，如甲烷在 PdO(1 0 1)晶面所发生的催化氧化反应及 CO 在 FeO(1 1 1)晶面所发生的催化氧化反应。MvK 机理的反应历程为过渡金属氧化物 MO_n 的活泼晶格氧与反应物反应，形成氧空位 MO_{n-1}，而后反应气体中的 O_2 在氧空位吸附再次氧化形成过渡金属氧化物 MO_n，通过这样的还原-氧化循环形成氧的消耗-补给过程。

10.2.3　微观催化反应动力学

自 20 世纪 50 年代以来，结合反应动力学和反应器设计是催化反应工程的重要研究方向之一。催化反应动力学模型包括宏观动力学模型和微观动力学模型。

宏观动力学模型广泛用于等温反应器的设计，其中总包反应速率规则来自温度、组分浓度及压力的实验测量。宏观动力学模型仅在有限的动力学数据范围内有效，由于实际和假定机理之间的差异可能导致参数拟合的条件范围之外的速率表达无效，所以宏观速率不能向未研究的温度、压力等条件范围拓展。此外，宏观动力学模型不能用于复杂反应系统的非稳态计算。

微观动力学模型是指用基元反应步骤来描述表面催化反应，该模型可用于在宽温度和压力范围内精确预测反应动力学。因此可以使用一种模型以快速且经济有效的方式验证各种反应条件，从而确定最佳工况条件。该模型可用于估算所有外部条件下的反应器行为，例如在实验室条件下难以实现的高压和高温，从而可以用于工业催化反应装置的模拟计算。图 10.8 显示了从第一性原理出发到工业催化装置模拟的示意图。从密度泛函理论计算开始，通过计算可以得到基元反应路径和速率常数。如果感兴趣的是某个具体过程(吸附、扩散、反应)所发生的概率，来自密度泛函理论计算的信息可以传递给动力学蒙特卡罗模拟。动力学蒙特卡罗模拟直接将表面反应速率作为实验条件和催化剂状态的函数，将基本动

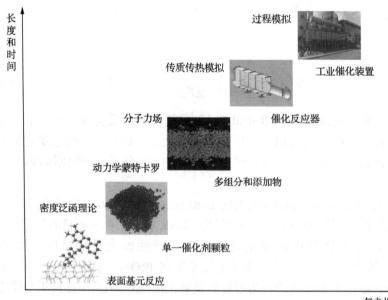

图 10.8　从第一性原理出发模拟工业催化装置[6]

力学与统计学结合起来，以正确评估催化反应动力学。由于实际工业系统中催化颗粒的形态多种多样，而分子动力学模拟太过昂贵而不能直接应用于催化反应器的模拟中，包括质量扩散和热扩散的模拟。然而分子动力学模拟可用于推导速率方程，利用分子动力学模拟不仅可以估算表面反应速率，还可以估算在许多催化过程中起作用的均相气相反应速率。

　　微观动力学模型的一个缺点是复杂反应机理需要大量的动力学参数，而动力学参数需要结合不同的实验和计算得到。图 10.9 展示了发展微观动力学模型所使用的方法及它们之间的联系。

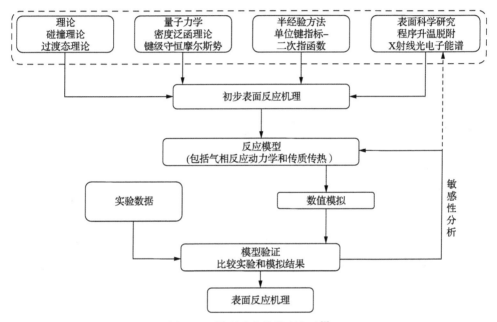

图 10.9　微观动力学模型方法[9]

10.2.4　平均场近似

　　尽管非均相催化剂的微观动力学模型的主要目标是在分子水平上描述催化反应体系，但由于催化反应的复杂性，而且反应体系在空间和时间尺度上不断变化，所以对微观催化反应动力学模型进行简化是必要的。平均场近似(mean field approximation)是用于催化反应器模拟的常用方法。根据平均场近似，催化活性表面与表面位点密度 Γ 相关联，表面密度 Γ 是用来描述可以吸附在催化剂单位表面积的最大组分数。需要注意的是，这里的参考区域是活性催化表面积，反映了吸附位点的数量，而不是多孔催化剂结构的总面积。前者可以通过氢和 CO 化学吸附来测量，后者可以通过 Brunauer-Emmett-Teller(BET)吸附来进行测量。在平均场近似中，吸附组分随机分布在催化剂表面上，横向相互作用只能通过速率表达的额外覆盖依赖性来考虑，因此，在宏观层面上，通过吸附组分的平均表面覆盖率和温度描述了表面的状态。但是，覆盖度取决于在反应器中的当地位置，覆盖度曲线的空间分辨率由计算网格的分辨率给出，实际空间分辨率通常在微米量级到毫米量级。由于催化剂表面可随反应条件而变化，所以必须定义不同的催化表面及这些表面之间过渡的速率表达式。如图 10.10 所示，相比于总包反应动力学，平均场近似方法能够更精确地表示表面反应，而相比于基元反应动力学，这种近似表达形式则更为简单。

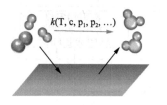 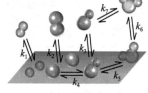 

总包动力学　　　　　　　　平均场近似方法　　　　　　　基元动力学

图 10.10　总包动力学、平均场近似方法及基元动力学

在平均场近似下，表面反应可以表示为

$$\sum_{i=1}^{N_g+N_s} v'_{ik} A_i \to \sum_{i=1}^{N_g+N_s} v''_{ik} A_i \tag{10.16}$$

式中，N_g 为气相组分的个数；N_s 为表面相组分的个数；v_{ik} 为当量因子；A_i 为组分 i。吸附组分的浓度可以用其覆盖率（θ_i）来表示：

$$\theta_i = \frac{c_i \sigma_i}{\Gamma} \tag{10.17}$$

式中，c_i 为组分浓度；σ_i 为组分 i 所占据的表面位点个数；Γ 为表面位点密度即每单位催化剂表面积的吸附位点个数。因此表面反应速率取决于气相组分浓度、表面覆盖度及温度。

催化剂表面的组分摩尔生成率（s_i）由近似于气相组分的方法得到：

$$s_i = \sum_{K=1}^{K_s} v_{ik} k_{fk} \prod_{i=1}^{N_g+N_s+N_b} c_i^{v'_{jk}} \tag{10.18}$$

式中，K_s 为表面反应的个数；c_i 为吸附态组分 N_s、气相组分 N_g 和体相组分 N_b 的浓度。由此可得速率表达式：

$$k_{fk} = A_k T^{n_k} \exp\left(\frac{-E_{a,k}}{RT}\right) \prod_{i=1}^{N_s} \exp\left(\frac{\varepsilon_{ik}\theta_i}{RT}\right) \tag{10.19}$$

式中，A_k 为指前因子；T^{n_k} 为温度指数；$E_{a,k}$ 为活化能；ε_{ik} 用来定义覆盖度依赖的活化能。

吸附反应的速率由黏附系数 S_0 得到：

$$S_i^{\text{ads}} = S_0 \sqrt{\frac{RT}{2\pi M_i}} c_i \prod_{j=1}^{N_s} \theta_j^{v_j'} \tag{10.20}$$

式中，c_i 为被吸附组分的气相浓度；$\theta_j^{v_j'}$ 为吸附位点的覆盖度。

在气相−催化剂反应界面，表面反应速率需要乘以两个因子：

$$j_{i,\text{surf.}} = F_{\text{cat/geo}} \eta M_i S_i \tag{10.21}$$

式中，$F_{\text{cat/geo}}$ 为比催化表面积；η 为内部质量扩散因子。

10.2.5 表面反应与热力学一致性

速率常数在质量作用定律中采取的数值由两个热力学关系限制，而这两个热力学关系必须保证机理中所有基元反应 i 在正逆方向的速率常数满足下列方程：

$$E_{a,i,\text{rev}} = E_{a,i,\text{for}} - \Delta H_i^0 \tag{10.22}$$

$$A_{i,\text{rev}} = A_{i,\text{for}} \exp\left(\frac{\Delta G_i^0 - \Delta H_i^0}{RT}\right) \tag{10.23}$$

式中，$E_{a,i,\text{for}}$、$E_{a,i,\text{rev}}$ 分别为正反应和逆反应的活化能；$A_{i,\text{for}}$、$A_{i,\text{rev}}$ 分别为正反应和逆反应的指前因子；ΔH_i^0、ΔG_i^0 分别为反应 i 的标准焓变和吉布斯自由能变；T 为测定时的绝对温度。

热力学一致性有如下要求。

(1) 机理中所有从反应物到产物的独立反应路径的活化能的加和必须等于净反应热：

$$\sum_i \sigma_i (E_{a,i,\text{for}}) - \sum_i \sigma_i (E_{a,i,\text{rev}}) = \Delta H_{\text{net}}^0 \tag{10.24}$$

(2) 机理中所有从反应物到产物的独立反应路径的指前因子的积与净反应的标准熵变相关联：

$$\prod_i \left(\frac{A_{i,\text{rev}}}{A_{i,\text{for}}}\right)^{\sigma_i} = \exp\left(\frac{\Delta G_{\text{net}}^0 - \Delta H_{\text{net}}^0}{RT}\right) \tag{10.25}$$

表面反应速率常数可以由第一性原理计算或半经验方法估测得到，其中第一性原理计算使用密度泛函理论得到电子结构及势能面，再通过过渡态理论得到相应的速率常数。半经验的方法在目前微观表面反应机理的发展中也起到十分重要的作用，半经验方法可以根据不同的反应类型对反应的指前因子进行估测，对于吸附热和反应活化能，普遍使用单位键指标-二次指数势法对吸附热和基元反应活化能进行估测。

表 10.1 列出了 CO 在金属 Rh 表面的催化反应机理，其中，表中所列 R10.19 为 O_2 的吸附解离反应，R10.20 为 CO_2 的吸附反应，R10.21 为 CO 的吸附反应，R10.23 和 R10.24 分别为 CO 与 CO_2 的脱附反应，R10.22、R10.25～R10.28 则为表面反应。

表 10.1　CO 在催化剂 Rh 表面的催化反应机理[6]

反应编号	反应	A/(cm·mol·s)	β	E_a/(kJ·mol)
R10.19	$O_2+Rh(s)+Rh(s)=\!=\!=O(s)+O(s)$	1.000E-2	黏性系数	
R10.20	$CO_2+Rh(s)=\!=\!=CO_2(s)$	4.800E-2	黏性系数	
R10.21	$CO+Rh(s)=\!=\!=CO(s)$	4.971E-1	黏性系数	
R10.22	$O(s)+O(s)=\!=\!=O_2+Rh(s)+Rh(s)$	5.329E+22	−0.137	387
R10.23	$CO(s)=\!=\!=CO+Rh(s)$	1.300E+13	0.295	134.07-47θ_{CO}
R10.24	$CO_2(s)=\!=\!=CO_2+Rh(s)$	3.920E+11	0.315	20.51
R10.25	$CO_2+Rh(s)=\!=\!=CO(s)+O(s)$	5.752E+22	−0.175	106.49
R10.26	$CO(s)+O(s)=\!=\!=CO_2+Rh(s)$	6.183E+22	0.034	129.98
R10.27	$CO+Rh(s)=\!=\!=C(s)+O(s)$	6.390E+21	0.000	174.76
R10.28	$C(s)+O(s)=\!=\!=CO+Rh(s)$	1.173E+22	0.000	92.14

反应机理与反应动力学研究是催化基础研究及工业应用中必不可少的环节。然而目前对于催化反应动力学的研究多为宏观反应动力学研究，仅有少量的微观反应动力学研究，这主要受制于实验测量技术及理论计算方法。先进的实验测量手段为微观催化反应动力学的发展提供必要的气相中间产物的信息，从而可以提出并完善表面相基元反应，如近期通过使用同步辐射真空紫外原位光电离质谱作为诊断手段，在合成气催化制烯烃的实验中探测到了关键中间产物乙烯酮[10]，在甲烷催化氧化偶联、乙烷/丙烷催化氧化脱氢及甲醇催化转化碳氢化合物实验中探测到了甲基自由基等一系列关键中间产物[11-14]，这些中间产物的探测为气体-固两相催化基元反应的认知提供了重要的实验依据。由于催化反应体系较为复杂，需要发展高精度的理论计算方法，计算表面反应路径和速率常数。除此之外，微观催化反应动力学的发展也离不开其他催化表征手段。

10.3　废气再循环中的反应动力学

废气再循环技术(exhaust gas recirculation，EGR)是一种降低尾气污染物的方法。EGR 技术的原理是将发动机在燃烧后排出气体的一部分引出，并导入吸气侧使其再度参与燃烧，如图 10.11 所示。目前 EGR 对于汽油机尾气 NO_x 的抑制效果已经得到了广泛的验证和使用，而在柴油机中的应用也在不断的研究之中。

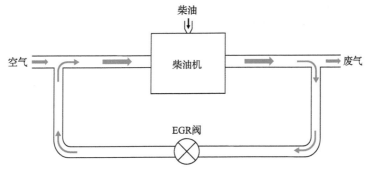

图 10.11　废气再循环过程示意图[15]

尾气中最为主要的组分包括 H_2O、CO_2、CO 等，这些组分的再循环会对发动机中燃料的燃烧产生影响，一般认为二氧化碳和水的再循环对于燃料燃烧的影响有以下 4 种。

(1)稀释作用：CO_2 或 H_2O 的添加可以降低反应物浓度，从而降低反应速率。

(2)热力学作用：CO_2 或 H_2O 的添加可以降低火焰温度，从而降低反应速率。

(3)输运作用：CO_2 和 H_2O 的加入可以改变反应体系的 Lewis 数，并增强辐射热损失。

(4)化学作用：CO_2 和 H_2O 可以参与燃烧反应，从而对自由基生成和放热产生影响。

图 10.12 展示了 CO_2 的添加对于正庚烷层流火焰传播速度的影响，可以看出，在贫燃及富燃条件下，CO_2 的添加降低了正庚烷火焰的层流火焰传播速度。这是由于对正庚烷的层流火焰传播速度起控制作用的反应是 $H + O_2 = O + OH$、HCO 的分解反应等小分子反应，这些反应都与 H 密切相关。CO_2 的加入，通过反应 $CO + OH = CO_2 + H$ 降低了 H 的浓度，因此会导致正庚烷层流火焰传播速度的降低。

H_2O 的添加也会对碳氢燃料的燃烧特性产生影响。除了稀释效应及热效应外，化学效应也同样在 H_2O 的再循环中具有重要的贡献。首先，H_2O 的存在将使反应

$H_2O + O \Longleftrightarrow OH + OH$ 向正反应方向移动，导致生成的 O 浓度降低，如图 10.13 所示。对于大多数碳氢燃料的燃烧过程，两个 OH 的生成比一个 O 的生成更能促进整个的体系反应活性，这种效应可以增加火焰速度。然而，由于 OH 与 C_2H_2 的反应相当缓慢，生成 $CH_3 + CO$、$H + CH_2CO$、$HCCOH + H$ 和 $C_2H + H_2O$ 的反应活性远低于反应速度快的反应 $C_2H_2 + O \Longleftrightarrow HCCO + H$，因此，平衡的偏移可能会降低火焰速度。而且，反应 $H + O_2(+M) \Longleftrightarrow HO_2 (+M)$ 中存在三体碰撞效应，H_2O 又具有非常高的碰撞效率，H_2O 的添加促使该反应向生成 HO_2 的方向进行从而消耗了 H，抑制了火焰的传播。

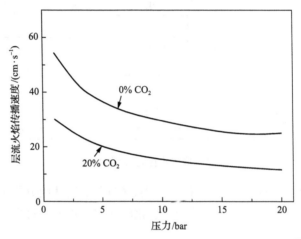

图 10.12 CO$_2$ 的添加对于正庚烷层流火焰传播速度的影响[16]

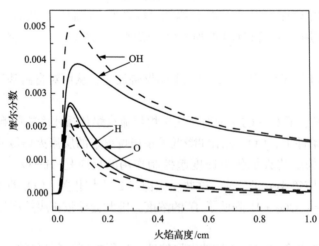

图 10.13 H$_2$O 的添加对于当量比为 0.8 的乙炔层流火焰中 H、O、OH 生成浓度的影响[17]

实线和虚线分别为无添加和添加 10%的水

10.4　其他燃烧技术中的反应动力学

10.4.1　柔和燃烧

柔和(moderate or intense low oxygen dilution，MILD)燃烧是一种新型的清洁燃烧技术。柔和燃烧是指反应物的入口温度大于反应物的自燃温度，或是由于稀释，燃烧期间的反应体系的最大温升低于反应物的自燃温度，如图 10.14 所示。

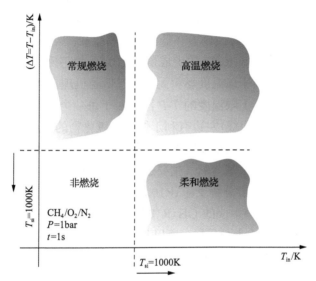

图 10.14　T_{in}-ΔT 的关系与不同的燃烧模式[18]

和传统的燃烧方式相比，柔和燃烧拥有独特的特点和优势。柔和燃烧没有明显的火焰锋面，燃烧反应区域分散，反应温升较小，导致火焰峰值温度较低，同时温度分布较为均匀，无明显的高温点。这些特点降低了燃烧器的冷却需求，可以充分地利用材料自身的耐热性能，从而降低燃烧器的研发和制造成本。另外，低温可以有效地抑制 NO_x 等污染物的生成，减轻尾气排放处理的负担。由于反应物温度高于自燃温度，燃烧反应可以在一定的空间内同时进行，所以不存在燃烧稳定性的问题，可以降低对特定稳焰机制的依赖。

柔和燃烧是一个非常复杂的过程，流动、热力学及反应动力学对于柔和燃烧均有重要的影响。在反应动力学方面，柔和燃烧常在中低温下进行，因此中低温反应是影响其燃烧过程的主要因素。表 10.2 列出了不同温区的控制反应，可以看到在低温、中温和高温条件下碳氢燃料的燃烧具有不同的控制反应。

表 10.2   不同温区的碳氢燃料燃烧控制反应

温区	H_2/O_2 机理中控制反应	燃料子机理中关键反应
低温	$H_2O_2(+M) \Longrightarrow OH + OH(+M)$	$R + O_2(+M) \Longrightarrow ROO(+M)$
中温	$H + O_2(+M) \Longrightarrow HO_2(+M)$	$R + O_2 \Longrightarrow P + HO_2$
高温	$H + O_2 \Longrightarrow O + OH$	$R(+M) \Longrightarrow P1 + P2(+M)$

通过比较不同控制反应的速率常数，可以在 $T\text{-}P$ 图上识别每个动力学路径活跃的区域。在低温区，燃料自由基和氧气的加成反应(R10.19)是燃料自燃中的关键反应，其产物烷基过氧化物(ROO)在低温下更易生成。当温度上升时，(R10.19)的逆反应逐渐加强，并降低 ROO 的生成量。R10.19 的正反应和逆反应平衡时的温度被称为上限温度，高于该温度燃料无法通过低温机理自燃。图 10.15 展示了不同氧气含量下烷烃自燃上限温度的 $T\text{-}P$ 图。对于每一个固定的氧气含量，上限温度曲线(即 R10.19 对应曲线)左边有利于烷基过氧化物的生成，而右侧的压力和温度值会促使反应 R10.19 的逆反应发生，此时燃料的自燃主要由中高温机理控制。中温条件下，燃料自由基与氧气主要通过(R10.20)生成烯烃和 HO_2；高温条件下，该反应与燃料单分子分解反应(R10.21)竞争。当(R10.20)占优势时，燃料自燃主要依赖于 H_2O_2 分解生成的 OH(R10.21)，此时 H_2O_2 主要由 HO_2 的自复合反应产生。由于 H_2O_2 生成十分缓慢，所以其分解反应需要较长的滞留时间，而滞留时间又取决于温度和压力。图 10.16 展示了不同滞留时间下 H_2O_2 分解的 $T\text{-}P$ 图，可以看出，随着滞留时间的缩短，曲线向右移动，这意味着滞留时间越短，燃料通过 H_2O_2 分解自燃所需的温度和压力越高。高温条件下，燃料自由基主要通过单分子分解反应(R10.22)消耗，燃料自燃依赖于 H 和氧气的链分支反应(R10.23)，该反应与 H 和氧气的复合反应(R10.24)是竞争反应。

$$R + O_2(+M) \Longrightarrow ROO(+M) \tag{R10.19}$$

$$R + O_2 \Longrightarrow P1 + HO_2 \tag{R10.20}$$

$$H_2O_2(+M) \Longrightarrow OH + OH(+M) \tag{R10.21}$$

$$R(+M) \Longrightarrow P2 + R'(+M) \tag{R10.22}$$

$$H + O_2 \Longrightarrow O + OH \tag{R10.23}$$

$$H + O_2(+M) \Longrightarrow HO_2(+M) \tag{R10.24}$$

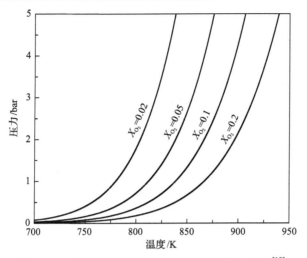

图 10.15　不同氧气含量烷烃自燃上限温度 T-P 图[18]

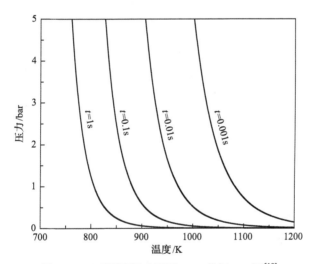

图 10.16　不同滞留时间下 H_2O_2 分解 T-P 图[18]

图 10.17 展示了不同氧气含量和滞留时间下烷烃自燃的 T-P 图。可以看出，几条反应曲线将整个 T-P 图分为 4 个部分。在上限温度曲线左边，燃料通过低温机理自燃；在上限温度曲线右边，R10.31 对应曲线右边和 R10.33/R10.34 对应曲线上边区域，主要依赖 H_2O_2 生成和分解发生链分支反应；在 R10.33/R10.34 对应曲线下边区域，高温链分支反应发生，生成 O 和 OH；在灰色填充区域，由于没有链分支反应发生，所以该区域不会发生燃料自燃。同时，通过对比不同氧气含量和滞留时间可以发现，氧化剂的稀释将使低温区向左移动，而长的滞留时间可以使自燃区域缩小。所以在氧化剂稀释的同时增加滞留时间，可以有效地促进柔和燃烧的发生，特别是在高压条件下，可以实现宽温度范围燃料自燃。

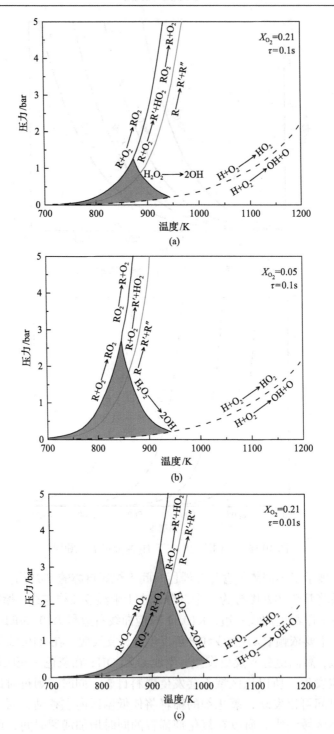

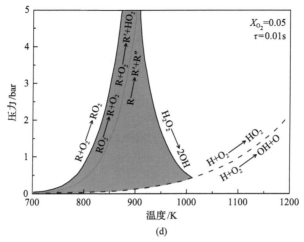

图 10.17　不同氧气含量和滞留时间下烷烃自燃的 T-P 图[18]

10.4.2　富氧燃烧

富氧燃烧是指氧气含量超过在正常空气中含量(约 21%)的燃烧。富氧燃烧根据稀释剂的不同可以分为空气富氧燃烧和二氧化碳富氧燃烧。空气富氧燃烧是将氧气加入到空气中以提升氧气含量,而二氧化碳富氧燃烧是指将二氧化碳和氧气混合,以二氧化碳和氧气的混合气作为氧化剂进行的燃烧。富氧燃烧的极限是纯氧燃烧。尽管空气是非常常用的氧化剂,但空气中的氮气会对整个燃烧过程产生不利的影响,如提高 NO_x 排放、降低火焰温度和燃烧效率等[19],因此,通过降低氧化剂气体中的氮气含量,提高氧气含量,可以改善整体的燃烧过程。在实际应用过程中,再循环的二氧化碳常常用来稀释氧气,从而使富氧燃烧过程产生较高浓度的二氧化碳,可以降低回收储存温室气体的成本。在氧气/二氧化碳的富氧燃烧气氛中,由于没有氮气,NO_x 等污染物的排放也会大大降低。

富氧燃烧可以显著提高火焰温度,如图 10.18 所示,甲烷富氧燃烧的绝热火焰温度比甲烷/空气火焰的绝热火焰温度高约 800K。在富氧燃烧条件下,甲烷的层流火焰传播速度得到了大幅提高,如图 10.19 所示,这主要源于绝热火焰温度的提高。

在二氧化碳富氧燃烧过程中,大量的二氧化碳作为稀释气体,二氧化碳不再只是产物,而是广泛地参与到燃烧反应的体系中,影响燃烧过程的化学平衡,因此,二氧化碳富氧燃烧与常规的空气燃烧相比,燃烧特性有着很大的不同。此外,二氧化碳代替氮气作为稀释气体对燃烧过程中 NO_x 生成有着重要影响。图 10.20 展示了二氧化碳在稀释气体中的浓度对 NO 生成的影响,可以看出,稀释气体中氮气浓度高而二氧化碳浓度低的情况下会生成大量的 NO,而当氮气的浓度降低时,NO 的生成浓度也会随之降低。

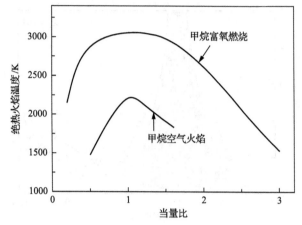

图 10.18　甲烷/空气火焰与甲烷富氧燃烧的绝热火焰温度比较[20]

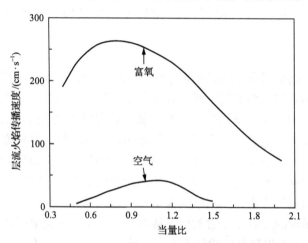

图 10.19　甲烷/空气火焰和甲烷富氧燃烧下的层流火焰传播速度[20]

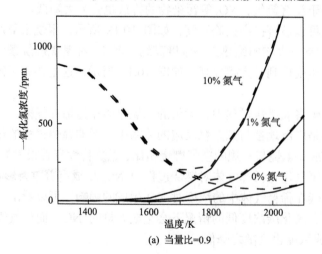

(a) 当量比=0.9

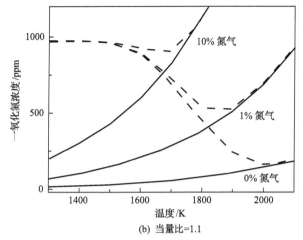

(b) 当量比=1.1

图 10.20　氮气浓度对 NO_x 排放的影响的模拟结果[21]

实线为平衡时 NO 的浓度，虚线为 5s 的停留时间情况下对 1000ppm 的 NO 减少的影响

在二氧化碳富氧燃烧过程中，二氧化碳浓度的提高也会影响燃烧中的自由基池，主要通过反应 $CO_2 + H \Longrightarrow CO + OH$。Glarborg 和 Bentzen[22]通过对小尺度甲烷火焰增加二氧化碳浓度，探测到了一氧化碳浓度的显著提升，如图 10.21 所示，这也是由于二氧化碳的添加增强了上述反应及二氧化碳与碳氢燃料的反应。

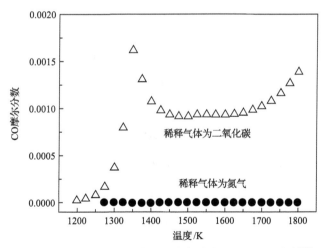

图 10.21　甲烷流动反应器贫燃氧化实验中测量的 CO 浓度[22]。

10.4.3　化学链燃烧

与传统的燃料与空气直接接触的燃烧过程不同，化学链燃烧借助于氧传递作用而分解为两个气固反应，燃料和氧气无须直接接触，而是通过载氧体将空气中的氧传递到燃料中。化学链燃烧的原理如图 10.22 所示。与传统气相燃烧相比，

化学链燃烧在分离 CO_2 及减少燃烧生成的 NO_x 方面具有巨大的优势[23-25]。

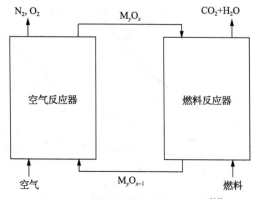

图 10.22　化学链燃烧原理示意图[25]

化学链燃烧系统包含空气反应器和燃料反应器，载氧体在空气反应器和燃料反应器之间循环，避免了燃料和空气的直接接触。在燃料反应器中，燃料进入反应器后被载氧体的晶格氧所氧化，完全氧化后生成 CO_2 和 H_2O，由于反应体系没有 N_2 的稀释，产物中 CO_2 的浓度很高，将水蒸气冷凝后即得到很纯的 CO_2 气体，这样便于 CO_2 的收集。燃料反应器内的反应式（C_nH_{2m} 和 M_yO_x 分别为燃料和金属氧化物）如下：

$$(2n + m)M_yO_x + C_nH_{2m} == (2n + m)M_yO_{x-1} + mH_2O + nCO_2 \quad (R10.25)$$

在燃料反应器内反应完全后，被燃料还原的载氧体被输送到空气反应器内再次与空气中的 O_2 接触发生氧化反应而被氧化，从而实现了载氧体的再生，其反应式为

$$M_yO_{x-1} + 1/2O_2\,(air) == M_yO_x + air\,(N_2+未反应\,O_2) \quad (R10.26)$$

以甲烷化学链燃烧为例，其总包反应为

$$CH_4 + 2O_2 == CO_2 + 2H_2O \quad (R10.27)$$

利用铜载氧体[26, 27]进行化学链燃烧的反应包括

$$8CuO + CH_4 == 4Cu_2O + CO_2 + 2H_2O \quad (R10.28)$$

$$4CuO + CH_4 == 4Cu + CO_2 + 2H_2O \quad (R10.29)$$

$$2Cu + O_2 == 2CuO \quad (R10.30)$$

利用铁载氧体[26]进行化学链燃烧的反应包括

$$12Fe_2O_3 + CH_4 \Longrightarrow 8Fe_3O_4 + CO_2 + 2H_2O \qquad (R10.31)$$

$$4Fe_2O_3 + CH_4 \Longrightarrow 8FeO + CO_2 + 2H_2O \qquad (R10.32)$$

$$4/3Fe_2O_3 + CH_4 \Longrightarrow 8/3Fe + CO_2 + 2H_2O \qquad (R10.33)$$

$$4/3Fe + O_2 \Longrightarrow 2/3Fe_2O_3 \qquad (R10.34)$$

利用镍载氧体[28]进行化学链燃烧的反应包括

$$4NiO + CH_4 \Longrightarrow CO_2 + 2H_2O + 4Ni \qquad (R10.35)$$

$$4Ni + 2O_2 \Longrightarrow 4NiO \qquad (R10.36)$$

利用锰载氧体[26]进行化学链燃烧的反应包括

$$4Mn_3O_4 + CH_4 \Longrightarrow CO_2 + 2H_2O + 12MnO \qquad (R10.37)$$

$$12MnO + 2O_2 \Longrightarrow 4Mn_3O_4 \qquad (R10.38)$$

利用混合金属载氧体[29]进行化学链燃烧的反应包括

$$4NiTiO_3 + 3/2CH_4 \Longrightarrow 4Ni + 2Ti_2O_3 + CO_2 + 2H_2O \qquad (R10.39)$$

$$4NiO + CH_4 \Longrightarrow 4Ni + CO_2 + 2H_2O \qquad (R10.40)$$

$$Ni + 1/2Ti_2O_3 + 3/4O_2 \Longrightarrow NiTiO_3 \qquad (R10.41)$$

以煤气化产生的混合气体(CH_4、H_2 和 CO)化学链燃烧[30]为例(M 为金属)：

$$CH_4 + 4MO \Longrightarrow CO_2 + 2H_2O + 4M \qquad (R10.42)$$

$$H_2 + MO \Longrightarrow H_2O + M \qquad (R10.43)$$

$$CO + MO \Longrightarrow CO_2 + M \qquad (R10.44)$$

$$CO + H_2O \Longrightarrow CO_2 + H_2 \qquad (R10.45)$$

$$CO + 3H_2 \Longrightarrow CH_4 + H_2O \qquad (R10.46)$$

$$CH_4 \Longrightarrow C + 2H_2 \qquad (R10.47)$$

$$2CO \Longrightarrow C + CO_2 \qquad (R10.48)$$

其中，反应 R10.55～R10.58 是该体系中不希望发生的副反应，金属 M 在体系中充当催化剂，而不是反应物。

金属基质载氧体的还原和氧化动力学主要考虑以下两种模型，即成核和核生长模型[31-33]以及未反应收缩核模型[32, 34-36]。

1) 成核和核生长模型

成核模型仅考虑气固反应的化学反应机理和动力学，不考虑固相颗粒形态因素，气固反应中多孔颗粒的粒径及形态对反应速率有很大影响[37]。图 10.23 展示了气固反应的成核和核生长路径。在成核之前，存在固相颗粒活化形成晶核的诱导期。诱导期的长短取决于体系本身和反应温度。成核是引发化学反应的动态过程，推进化学反应进行。

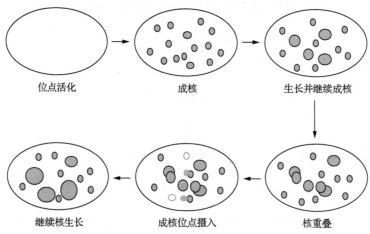

图 10.23　气固反应的成核和核生长过程[38]

根据 Avrami-Erofeev 模型（A-E 方程）[39]

$$f(\alpha) = n(1-\alpha)[-\ln(1-\alpha)]^{(n-1)/n} \tag{10.26}$$

式中，α 为转化率；n 为 Avrami 指数。

结合阿伦尼乌斯公式，成核和核生长模型可以表示为

$$\frac{\mathrm{d}\alpha(t)}{\mathrm{d}t} = nk_0 \exp\left[\frac{-E_a}{R}\left(\frac{1}{T_0 + \beta t} - \frac{1}{T_\mathrm{m}}\right)\right](1-\alpha)[-\ln(1-\alpha)]^{(n-1)/n} \tag{10.27}$$

式中，T_0 为初始温度；T_m 为设定的中心温度；β 为升温速率。

2) 未反应收缩核模型

未反应收缩核模型考虑了固相颗粒的粒径和孔结构对反应速率的影响。随着反应的进行，金属与金属氧化物的界面向晶粒中心靠近，产生多孔的金属/金属氧化物产物层，气相反应物和产物通过该层扩散[36, 40]。根据未反应收缩核模型，固体颗粒晶核与灰层（产物）分离。固体颗粒外表面最先发生反应，产生的灰层厚度

随时间而增大，从而导致未反应颗粒的核收缩。因此，异相反应经历 3 个过程：外部传质、内部传质和化学反应。

假设气固反应方程式为

$$A(g) + bB(s) = cC(g) + dD(s) \qquad (R10.49)$$

根据未反应晶核的收缩模型，晶核半径 (r_c) 的变化率表示为

$$-\frac{dr_c}{dt} = \frac{bC_A}{r_c^2 / R_p^2 k_g + (R_p - r_c)r_c / R_p D_e + 1/k_s} \qquad (10.28)$$

式中，C_A 为气相反应物 A 的浓度；R_p 为固体颗粒的半径；D_e 为有效扩散系数；k_g 为气相反应速率；k_s 为固相反应速率，分母三项分别表示气体膜扩散、灰层扩散和发生的化学反应。

固体颗粒转换率 (X) 表示为

$$1 - X = \left(\frac{r_c}{R_p}\right)^3 \qquad (10.29)$$

图 10.24 利用典型球型收缩核模型描述了固体颗粒还原和氧化循环机制。

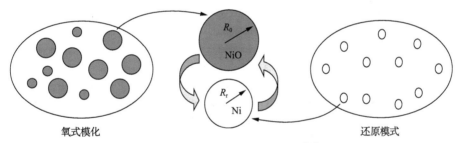

氧式模化　　　　　　　　　　　　　　　　　　　　　　还原模式

图 10.24　典型球型收缩核模型[38]

根据典型球型颗粒收缩核模型，粒子转化率由粒子体积变化量 α 表示

$$\alpha = 1 - \frac{未反应晶核体积}{全部颗粒体积} = 1 - \left(\frac{r_c}{R_p}\right)^3 \qquad (10.30)$$

考虑表面动力学用一级反应表示，未反应收缩核模型可表示为

$$\frac{d\alpha(t)}{dt} = k_0 \exp\left[\frac{-E_a}{R}\left(\frac{1}{T} - \frac{1}{T_0}\right)\right](1-\alpha)^{\frac{2}{3}}(1-a\alpha) \qquad (10.31)$$

式中, a 为常数; k_0 为初始反应速率; E_a 为反应活化能。化学链燃烧还原和氧化动力学模型十分复杂, 涉及气-固两相反应, 因而目前对其研究还停留于参数拟合和半经验分析阶段, 随着化学链燃烧反应器数值模拟对反应模型精度提升的需求, 未来将有必要在更为微观的尺度上对化学链燃烧中所涉及的固体金属及金属氧化物还原和氧化反应进行研究。

参 考 文 献

[1] Ju Y, Sun W. Plasma assisted combustion: Dynamics and chemistry[J]. Progress in Energy and Combustion Science, 2015, 48: 21-83.

[2] Starikovskaia S M. Plasma assisted ignition and combustion[J]. Journal of Physics D-Applied Physics, 2006, 39(16): R265.

[3] Ju Y, Lefkowitz J K, Reuter C B, et al. Plasma assisted low temperature combustion[J]. Plasma Chemistry and Plasma Processing, 2016, 36(1): 85-105.

[4] Bozhenkov S A, Starikovskaia S M, Starikovskiia A Y. Nanosecond gas discharge ignition of H_2- and CH_4- containing mixtures[J]. Combustion and Flame, 2003, 133(1-2): 133-146.

[5] Steinfeld J I, Francisco J S, Hase W L. Chemical kinetics and dynamics[M]. Englewood Cliffs: Prentice Hall, 1989.

[6] Diehm C, Karadeniz H, Karakaya C, et al. Spatial resolution of species and temperature profiles in catalytic reactors: In situ sampling techniques and CFD modeling[M]//Dixon A G. Advances in Chemical Engineering. Waltham: Academic Press, 2014: 41-95.

[7] 傅献彩, 沈文霞, 姚天扬, 等. 物理化学[M]. 5 版下. 北京: 高等教育出版社, 2006.

[8] Delgado K H. Surface reaction kinetics for oxidation and reforming of H_2, CO, and CH_4 over nickel-based catalysts[D]. Karlsruher: Karlsruher Institut für Technologie, 2014.

[9] Karakaya C. A novel, hierarchically developed surface kinetics for oxidation and reforming of methane and propane over Rh/Al_2O_3[D]. Karlsruher: Karlsruher Institut für Technologie, 2012.

[10] Jiao F, Li J, Pan X, et al. Selective conversion of syngas to light olefins[J]. Science, 2016, 351(6277): 1065-1068.

[11] Luo L, Tang X, Wang W, et al. Methyl radicals in oxidative coupling of methane directly confirmed by synchrotron vuv photoionization mass spectroscopy[J]. Scientific Reports, 2013, 3(1): 1625.

[12] Luo L, You R, Liu Y, et al. Gas-phase reaction network of Li/MgO-catalyzed oxidative coupling of methane and oxidative dehydrogenation of ethane[J]. ACS Catalysis, 2019, 9(3): 2514-2520.

[13] Zhang X, You R, Wei Z, et al. Radical chemistry and reaction mechanisms of propane oxidative dehydrogenation over hexagonal boron nitride catalysts[J]. Angewandte Chemie International Edition, 2020, 59(21): 8042-8046.

[14] Wen W, Yu S, Zhou C, et al. Formation and fate of formaldehyde in Methanol-to-Hydrocarbon reaction: In situ synchrotron radiation photoionization mass spectrometry study[J]. Angewandte Chemie International Edition, 2020, 59(12): 4873-4878.

[15] Zheng M, Reader G T, Hawley J G. Diesel engine exhaust gas recirculation—A review on advanced and novel concepts[J]. Energy Conversion and Management, 2004, 45(6): 883-900.

[16] Liu D, Santner J, Togbé C, et al. Flame structure and kinetic studies of carbon dioxide-diluted dimethyl ether flames at reduced and elevated pressures[J]. Combustion and Flame, 2013, 160(12): 2654-2668.

[17] Shen X, Yang X, Santner J, et al. Experimental and kinetic studies of acetylene flames at elevated pressures[J]. Proceedings of the Combustion Institute, 2015, 35(1): 721-728.

[18] Cavaliere A, de Joannon M. Mild combustion[J]. Progress in Energy and Combustion Science, 2004, 30(4): 329-366.

[19] Wu F, Argyle M D, Dellenback P A, et al. Progress in O_2 separation for oxy-fuel combustion–A promising way for cost-effective CO_2 capture: A review[J]. Progress in Energy and Combustion Science, 2018, 67: 188-205.

[20] Oh J, Noh D. Laminar burning velocity of oxy-methane flames in atmospheric condition[J]. Energy, 2012, 45(1): 669-675.

[21] Normann F, Andersson K, Leckner B, et al. Emission control of nitrogen oxides in the oxy-fuel process[J]. Progress in Energy and Combustion Science, 2009, 35(5): 385-397.

[22] Glarborg P, Bentzen L L B. Chemical effects of a high CO_2 concentration in oxy-fuel combustion of methane[J]. Energy & Fuels, 2008, 22(1): 291-296.

[23] Abad A, García-Labiano F, de Diego L F, et al. Reduction kinetics of Cu-, Ni-, and Fe-based oxygen carriers using syngas(CO+H_2) for chemical-looping combustion[J]. Energy & Fuels, 2007, 21(4): 1843-1853.

[24] Adanez J, Abad A, Garcia-Labiano F, et al. Progress in chemical-looping combustion and reforming technologies[J]. Progress in Energy and Combustion Science, 2012, 38(2): 215-282.

[25] Hossain M M, de Lasa H I. Chemical-looping combustion(CLC) for inherent CO_2 separations—A review[J]. Chemical Engineering Science, 2008, 63(18): 4433-4451.

[26] Adánez J, de Diego L F, García-Labiano F, et al. Selection of oxygen carriers for chemical-looping combustion[J]. Energy & Fuels, 2004, 18(2): 371-377.

[27] De Diego L F, García-Labiano F, Adánez J, et al. Development of Cu-based oxygen carriers for chemical-looping combustion[J]. Fuel, 2004, 83(13): 1749-1757.

[28] Adánez J, García-Labiano F, de Diego L F, et al. Nickel−copper oxygen carriers to reach zero CO and H_2 emissions in chemical-looping combustion[J]. Industrial & Engineering Chemistry Research, 2006, 45(8): 2617-2625.

[29] Corbella B M, de Diego L F, García-Labiano F, et al. Performance in a fixed-bed reactor of titania-supported nickel oxide as oxygen carriers for the chemical-looping combustion of methane in multicycle tests[J]. Industrial & Engineering Chemistry Research, 2006, 45(1): 157-165.

[30] Jin H, Ishida M. A new type of coal gas fueled chemical-looping combustion[J]. Fuel, 2004, 83(17-18): 2411-2417.

[31] Richardson J T, Turk B, Twigg M V. Reduction of model steam reforming catalysts: Effect of oxide additives[J]. Applied Catalysis A-General, 1996, 148(1): 97-112.

[32] Richardson J T, Scates R M, Twigg M V. X-ray diffraction study of the hydrogen reduction of NiO/α-Al_2O_3 steam reforming catalysts[J]. Applied Catalysis A-General, 2004, 267(1-2): 35-46.

[33] Koga Y, Harrison L G. Reactions of Solids with Gases other Oxygen[M]//Bamford C H, Tipper C F H, Compton R G. Comprehensive chemical kinetics. New York: Elsevier, 1984: 119-149.

[34] Sohn H Y, Szekely J. A structural model for gas-solid reactions with a moving boundary—III: A general dimensionless representation of the irreversible reaction between a porous solid and a reactant gas[J]. Chemical Engineering Science, 1972, 27(4): 763-778.

[35] Utigard T, Wu M, Plascencia G, et al. Reduction kinetics of Goro nickel oxide using hydrogen[J]. Chemical Engineering Science, 2005, 60(7): 2061-2068.

[36] Szekely J, Lin C I, Sohn H Y. A structural model for gas-solid reactions with a moving boundary—V: An experimental study of the reduction of porous nickel-oxide pellets with hydrogen[J]. Chemical Engineering Science, 1973, 28(11): 1975-1989.

[37] Richardson J T, Scates R, Twigg M V. X-ray diffraction study of nickel oxide reduction by hydrogen[J]. Applied Catalysis A-General, 2003, 246(1): 137-150.

[38] Hossain M M. Fluidized bed chemical-looping combustion: Development of a bimetallic oxygen carrier and kinetic modeling[D]. Ontario: Western University, 2008.

[39] Hossain M M, de Lasa H I. Reactivity and stability of Co-Ni/Al$_2$O$_3$ oxygen carrier in multicycle CLC[J]. AIChE Journal, 2007, 53(7): 1817-1829.

[40] Levenspiel O. Chemical reaction engineering[J]. Industrial & Engineering Chemistry Research, 1999, 38(11): 4140-4143.

组 分 列 表

相对分子(原子)量	本书命名	分子式	中文名	结构(简)式
1	H	H	氢原子	H
2	H_2	H_2	氢气	H—H
4	HE	He	氦气	He
12	C	C	碳原子	C
13	CH^*	CH^*	激发态次甲基	C—H
13	CH	CH	次甲基	C—H
14	$^1CH_2$	CH_2	单重态亚甲基	$H \overset{\cdot\cdot}{C} H$
14	$^3CH_2$	CH_2	三重态亚甲基	$H \overset{\cdot\cdot}{C} H$
14	N	N	氮原子	N
15	CH_3	CH_3	甲基	$H\overset{\cdot}{C}H,\ H$ 下方
15	NH	NH	亚氨基	H—N:
16	CH_4	CH_4	甲烷	$H-\overset{H}{\underset{H}{C}}-H$
16	O	O	氧原子	O
16	NH_2	NH_2	氨基	$H-\overset{\cdot}{N}-H$
16	$O(^1D)$	$O(^1D)$	激发态氧原子	O
17	NH_3	NH_3	氨气	$H\overset{H}{\underset{H}{N}}H$
17	OH^*	OH^*	激发态羟基	$\overset{\cdot}{O}-H$

相对分子(原子)量	本书命名	分子式	中文名	结构(简)式
17	OH	OH	羟基	$\dot{O}$—H
18	H_2O	H_2O	水	H—O—H
20	HF	HF	氟化氢	H—F
25	C_2H	C_2H	乙炔基	HC≡C·
26	C_2H_2	C_2H_2	乙炔	H—C≡C—H
26	H_2CC	C_2H_2	亚乙烯基	=C:
26	氰基	CN	氰基	·C≡N
26	异氰基	CN	异氰基	C≡N·
27	HNC	CHN	异氰化氢	H—N=C:
27	HCN	CHN	氢氰酸	H—C≡N
27	C_2H_3	C_2H_3	乙烯基	H_2C=$\dot{C}H$
28	CO	CO	一氧化碳	CO
28	N_2	N_2	氮气	N_2
28	N_2^*	N_2^*	激发态氮气	N_2
28	N_2^+	N_2^+	氮气离子	N_2
28	C_2H_4	C_2H_4	乙烯	H_2C=CH_2
28	H_2CN	CH_2N	亚甲基氨基	=N·
29	HCO	CHO	甲酰基	H—$\dot{C}$=O
29	CH_2NH	CH_3N	亚甲胺	H_2C=N—H
29	NNH	N_2H	二亚胺自由基	H—N=N·
29	C_2H_5	C_2H_5	乙基	CH_3—$\dot{C}H_2$

相对分子(原子)量	本书命名	分子式	中文名	结构(简)式
30	HCOH	CH₂O	羟亚甲基	OH—C̈—H
30	NO	NO	一氧化氮	NO
30	CH₂O	CH₂O	甲醛	H, H \C=O
30	N₂H₂	N₂H₂	二氮烯	H\N=N\H
30	C₂H₆	C₂H₆	乙烷	H—C—C—H (with H's)
31	CH₂OH	CH₃O	羟甲基	H\Ċ—OH
31	CH₃O	CH₃O	甲氧基	H₃C—O·
31	CH₃NH₂	CH₅N	甲胺	H—C—N (with H's)
31	N₂H₃	N₂H₃	肼基	H\N—Ṅ (with H's)
31	HNO	HON	次硝酸	HN=O
32	N₂H₄	N₂H₄	肼	H\N—N\H (with H's)
32	¹O₂	O₂	单重态氧气	O₂
32	³O₂	O₂	三重态氧气	O₂
32	O₂	O₂	氧气	O₂
32	甲醇	CH₄O	甲醇	H—C—OH (with H's)
33	HO₂	HO₂	氢过氧自由基	Ȯ—OH
33	SH	SH	巯基自由基	Ṡ—H

相对分子(原子)量	本书命名	分子式	中文名	结构(简)式
34	H_2S	H_2S	硫化氢	H—S—H
34	H_2O_2	H_2O_2	过氧化氢	HO—OH
35.5	Cl	Cl	氯原子	Cl
36.5	HCl	HCl	氯化氢	HCl
39	C_3H_3	C_3H_3	炔丙基	≡—·
40	Ar	Ar	氩气	Ar
40	p-C_3H_4	C_3H_4	丙炔	≡
40	a-C_3H_4	C_3H_4	丙二烯	=C=
40	NCN	CN_2	氰基氮宾	N≡—N:
41	a-C_3H_5	C_3H_5	烯丙基	⌃·
41	CH_3CN	C_2H_3N	乙腈	N≡—CH_3
41	2H-吖丙因	C_2H_3N	2H-吖丙因	
41	HCCO	C_2HO	乙烯酮基	HĊ=C=O
42	HCCOH	C_2H_2O	羟基乙炔	≡C—OH
42	NCO	CON	异氰酸基	·N=C=O
42	CH_2CO	C_2H_2O	乙烯酮	O=C=
42	C_3H_6	C_3H_6	丙烯	⌃
42	环丙烷	C_3H_6	环丙烷	△
43	$CH_3CH_2CH_2$	C_3H_7	正丙基	⌃$\dot{C}H_2$
43	CH_3CHCH_3	C_3H_7	异丙基	
43	CH_3N_2	CH_3N_2	甲基重氮基	—N=Ṅ
43	CH_2CHNH_2	C_2H_5N	乙烯胺	NH_2
43	HNCO	CHON	异氰酸	HN=C=O

续表

相对分子(原子)量	本书命名	分子式	中文名	结构(简)式
43	HOCN	CHON	氰酸	$N \equiv - OH$
43	HCNO	CHON	雷酸	$HC \equiv N = O$
43	HONC	CHON	异雷酸	$O = C = NH$
43	CH_3NCH_2	C_2H_5N	N-甲基亚甲胺	
44	CO_2	CO_2	二氧化碳	$O = C = O$
44	C_3H_8	C_3H_8	丙烷	
44	$c\text{-}C_2H_4O$	C_2H_4O	环氧乙烷	
44	C_2H_3OH	C_2H_4O	乙烯醇	
44	CH_3CHO	C_2H_4O	乙醛	
44	CH_2CH_2O	C_2H_4O	亚甲基甲氧基	
44	CH_3NNH	CH_4N_2	甲基重氮	$HN = N - CH_3$
44	CH_3CHNH_2	C_2H_6N	1-乙胺基	
44	CH_3NHCH_2	C_2H_6N	甲氨基甲基	
44	CH_3NCH_3	C_2H_6N	二甲氨基	
44	$CH_2CH_2NH_2$	C_2H_6N	2-乙胺基	
44	N_2O	ON_2	一氧化二氮	$N \equiv N = O$
44	CS	CS	一硫化碳	CS
45	CH_3NHNH	CH_5N_2	2-甲基肼基	
45	CH_3NNH_2	CH_5N_2	1-甲基肼基	
45	$CH_3CH_2NH_2$	C_2H_7N	乙胺	
45	CH_3NHCH_3	C_2H_7N	二甲胺	

相对分子(原子)量	本书命名	分子式	中文名	结构(简)式
45	CH_3NO	CH_3ON	亚硝基甲烷	
45	CH_2CH_2OH	C_2H_5O	2-羟基乙基	
46	NO_2	NO_2	二氧化氮	
46	CH_3NHNH_2	CH_5N_2	一甲基肼	
46	二甲醚	C_2H_6O	二甲醚	
46	乙醇	C_2H_6O	乙醇	
47	CH_3OO	CH_3O_2	甲基过氧自由基	
47	HNO_2	HO_2N	硝基氢	
47	$HONO$	HO_2N	亚硝酸	
48	CH_3OOH	CH_4O_2	甲基过氧化物	
48	CH_3SH	CH_4S	甲基硫醇	$—SH$
48	SO	SO	一氧化硫	$S{=}O$
48	O_3	O_3	臭氧	
49.5	CH_2Cl	CH_2Cl	一氯甲基	$H_2\dot{C}{-}Cl$
50	C_4H_2	C_4H_2	丁二炔	
50.5	CH_3Cl	CH_3Cl	氯甲烷	$H_3C{-}Cl$
51	$CHCCN$	C_3HN	丙炔腈	
51	$n\text{-}C_4H_3$	C_4H_3	1-丁烯基-3-炔	
51	$i\text{-}C_4H_3$	C_4H_3	2-丁烯基-3-炔	
51.5	ClO	ClO	一氧化氯	$Cl{-}O^{\cdot}$
52	C_4H_4	C_4H_4	乙烯基乙炔	
52	Cr	Cr	铬	$—$

续表

相对分子(原子)量	本书命名	分子式	中文名	结构(简)式
52.5	HOCl	HOCl	次氯酸	OH—Cl
53	C_2H_3CN	C_3H_3N	丙烯腈	N≡C—⟍⟍
53	$n\text{-}C_4H_5$	C_4H_5	1,3-丁二烯基	⟍⟍ĊH
53	$i\text{-}C_4H_5$	C_4H_5	1,3-丁二烯-2-基	Ċ
54	$1,2\text{-}C_4H_6$	C_4H_6	1,2-丁二烯	⟍=C=
54	$1,3\text{-}C_4H_6$	C_4H_6	1,3-丁二烯	⟍⟍
54	$2\text{-}C_4H_6$	C_4H_6	2-丁炔	≡
55	$C_4H_7\text{1-3}$	C_4H_7	3-丁烯-2-基	Ċ H
55	$C_4H_7\text{1-4}$	C_4H_7	3-丁烯-1-基	ĊH₂
55	Mn	Mn	锰	—
56	C_2H_3CHO	C_3H_4O	丙烯醛	⟍CHO
56	$1\text{-}C_4H_8$	C_4H_8	1-丁烯	⟍⟍
56	$2\text{-}C_4H_8$	C_4H_8	2-丁烯	⟍⟍
56	环丁烷	C_4H_8	环丁烷	□
56	$i\text{-}C_4H_8$	C_4H_8	异丁烯	⋏
56	Fe	Fe	铁	—
57	$p\text{-}C_4H_9$	C_4H_9	1-丁基	ĊH₂
57	$s\text{-}C_4H_9$	C_4H_9	2-丁基	Ċ H
57	$i\text{-}C_4H_9$	C_4H_9	异丁基	ĊH₂
57	$t\text{-}C_4H_9$	C_4H_9	叔丁基	Ċ
58	丙醛	C_3H_6O	丙醛	⟍CHO
58	丙酮	C_3H_6O	丙酮	O

相对分子(原子)量	本书命名	分子式	中文名	结构(简)式
58	CH$_2$=CH-CH$_2$OH	C$_3$H$_6$O	烯丙基醇	～＼OH
58	CH$_3c$-CHCH$_2$O	C$_3$H$_6$O	甲基环氧乙烷	
58	正丁烷, n-C$_4$H$_{10}$	C$_4$H$_{10}$	正丁烷	
58	i-C$_4$H$_{10}$	C$_4$H$_{10}$	异丁烷	
58	CH$_2$CS	C$_2$H$_2$S	乙烯硫酮	H$_2$C＝C＝S
59	Ni	Ni	镍	—
60	(CH$_3$)$_2$NNH$_2$	C$_2$H$_8$N$_2$	偏二甲肼	
60	CH$_2$NO$_2$	CH$_2$O$_2$N	硝基亚甲基	
60	COS	COS	硫化羰	S＝C＝O
60	SC$_2$H$_4$	C$_2$H$_4$S	硫代乙醛	―＝S
60	(NH$_2$)$_2$CO	CH$_4$ON$_2$	尿素	
60	甲酸甲酯	C$_2$H$_4$O$_2$	甲酸甲酯	
61	CH$_3$CH$_2$OO	C$_2$H$_5$O$_2$	氢过氧乙基自由基	
61	CH$_2$CH$_2$OOH	C$_2$H$_5$O$_2$	2-氢过氧基乙基	
61	CH$_3$NO$_2$	CH$_3$O$_2$N	硝基甲烷	
61	CH$_2$CH$_2$SH	C$_2$H$_5$S	2-巯基乙基	
61	CH$_3$CHSH	C$_2$H$_5$S	1-巯基乙基	
61	SC$_2$H$_5$	C$_2$H$_5$S	乙硫基	～＼S·

相对分子(原子)量	本书命名	分子式	中文名	结构(简)式
62	CH_3SCH_3	C_2H_6S	二甲基硫醚	
62	C_2H_5SH	C_2H_6S	乙基硫醇	
62.5	C_2H_3Cl	C_2H_3Cl	氯乙烯	
63	HNO_3	HNO_3	硝酸	
63.5	Cu	Cu	铜	—
64	c-C_5H_4	C_5H_4	环戊二烯卡宾	
64	SO_2	SO_2	二氧化硫	
64	HSO_2	HO_2S	羟基亚磺酰基	
64	S_2	S_2	双原子硫分子	S_2
64.5	ClCHO	CHOCl	氯甲醛	
65	C_5H_5	C_5H_5	环戊二烯基	
65.4	Zn	Zn	锌	—
66	C_4H_4N	C_4H_4N	N-吡咯基	
66	C_5H_6	C_5H_6	环戊二烯	
67	吡咯	C_4H_5N	吡咯	
67	$CH_2C(CH_3)CN$	C_4H_5N	甲基丙烯腈	
67	C_3H_5CN	C_4H_5N	3-丁烯腈	
67	C_4H_5N	C_4H_5N	2H-吡咯	

相对分子(原子)量	本书命名	分子式	中文名	结构(简)式
67.5	ClOO	ClO$_2$	氯过氧自由基	
67.5	OClO	O$_2$Cl	二氧化氯	
68	呋喃	C$_4$H$_4$O	呋喃	
70	环戊烷	C$_5$H$_{10}$	环戊烷	
71	Cl$_2$	Cl$_2$	氯气	Cl$_2$
71	MnO	MnO	氧化锰	—
72	正戊烷	C$_5$H$_{12}$	正戊烷	
72	异戊烷，2-甲基丁烷	C$_5$H$_{12}$	异戊烷，2-甲基丁烷	
72	CH$_3$CH$_2$CH=CHOH	C$_4$H$_8$O	1-丁烯-1-醇	
72	CH$_3$CH=CHCH$_2$OH	C$_4$H$_8$O	2-丁烯-1-醇	
72	CH$_2$=CHCH$_2$CH$_2$OH	C$_4$H$_8$O	3-丁烯-1-醇	
72	C$_3$H$_7$CHO	C$_4$H$_8$O	丁醛	
72	2-丁酮	C$_4$H$_8$O	2-丁酮	
72	四氢呋喃	C$_4$H$_8$O	四氢呋喃	
72	FeO	FeO	氧化亚铁	—
73	C$_2$H$_5$ONO	C$_2$H$_5$O$_2$N	亚硝酸乙酯	
73	a-C$_4$H$_8$OH	C$_4$H$_9$O	4-羟基-1-丁基	
73	b-C$_4$H$_8$OH	C$_4$H$_9$O	4-羟基-2-丁基	
73	c-C$_4$H$_8$OH	C$_4$H$_9$O	4-羟基-3-丁基	
73	d-C$_4$H$_8$OH	C$_4$H$_9$O	1-羟基-3-丁基	

续表

相对分子(原子)量	本书命名	分子式	中文名	结构(简)式
74	乙酸甲酯	$C_3H_6O_2$	乙酸甲酯	
74	乙醚	$C_4H_{10}O$	乙醚	
74	正丁醇	$C_4H_{10}O$	正丁醇	
74	仲丁醇	$C_4H_{10}O$	仲丁醇	
74	异丁醇	$C_4H_{10}O$	异丁醇	
74	叔丁醇	$C_4H_{10}O$	叔丁醇	
74	a-C_3H_5OOH	$C_3H_6O_2$	烯丙基过氧化物	
74.5	KCl	KCl	氯化钾	—
75	$OOCH_2CHO$	$C_2H_3O_3$	甲酰基甲基过氧自由基	
75	$CH_3CH_2CH_2O_2$	$C_3H_7O_2$	1-丙基过氧自由基	
75	$CH_2CH_2CH_2OOH$	$C_3H_7O_2$	3-氢过氧基丙基	
75	CH_3CHCH_2OOH	$C_3H_7O_2$	1-氢过氧基-2-丙基	
75	$(CH_3)_2CHO_2$	$C_3H_7O_2$	异丙基过氧自由基	
75	$CH_2CH(CH_3)OOH$	$C_3H_7O_2$	2-氢过氧基丙基	
75	$C_2H_5NO_2$	$C_2H_5O_2N$	硝基乙烷	
75	As	As	砷	—
75	NiO	NiO	氧化镍	—
76	CS_2	CS_2	二硫化碳	$S\!=\!C\!=\!S$
76	$CH_3SC_2H_5$	C_3H_8S	甲基乙基硫醚	

相对分子(原子)量	本书命名	分子式	中文名	结构(简)式
76	$o\text{-}C_6H_4$	C_6H_4	苯炔	
77	$l\text{-}C_6H_5$	C_6H_5	2,4-二己炔基	
77	C_6H_5	C_6H_5	苯基	
78	fulvene	C_6H_6	富烯	
78	苯	C_6H_6	苯	
78	$C_4H_5C_2H$	C_6H_6	2-乙炔基-1,3-丁二烯	
78	HC=CH-CH=CH-CN	C_5H_4N	4-氰基-1,3-丁二烯-1-基	
79	C_5H_5N	C_5H_5N	吡啶	
79	C_6H_7	C_6H_7	2,4-环己二烯基	
79	$C_5H_4CH_3$	C_6H_7	1-甲基-2,4-环戊二烯基	
80	C_5H_4O	C_5H_4O	2,4-环戊二烯酮	
80	$C_5H_5CH_3$	C_6H_8	甲基环戊二烯	
80	S_2O	S_2O	一氧化二硫	
80	CuO	CuO	氧化铜	—
81	$CH_3C_4H_4N$	C_5H_7N	2-甲基吡咯	
82	2-甲基呋喃	C_5H_6O	2-甲基呋喃	
82	C_6H_{10}	C_6H_{10}	1,5-己二烯	

续表

相对分子(原子)量	本书命名	分子式	中文名	结构(简)式
82	环己烯	C$_6$H$_{10}$	环己烯	
83	环己烷自由基	C$_6$H$_{11}$	环己烷基	
83	p-C$_6$H$_{11}$	C$_6$H$_{11}$	5-己烯-1 基	
84	环己烷	C$_6$H$_{12}$	环己烷	
84	1-己烯	C$_6$H$_{12}$	1-己烯	
84	C$_4$H$_4$S	C$_4$H$_4$S	噻吩	
84	CH$_2$=C=CH-CHS	C$_4$H$_4$S	2,3-丁二烯硫醛	
85	CH$_2$Cl$_2$	CH$_2$Cl$_2$	二氯甲烷	
86	四氢吡喃	C$_5$H$_{10}$O	四氢吡喃	
86	2-甲基戊烷	C$_6$H$_{14}$	2-甲基戊烷	
86	2,3-二甲基丁烷	C$_6$H$_{14}$	2,3-二甲基丁烷	
86	2-甲基四氢呋喃	C$_5$H$_{10}$O	2-甲基四氢呋喃	
86	3-戊酮	C$_5$H$_{10}$O	3-戊酮	
86	正己烷	C$_6$H$_{14}$	正己烷	
88	丙酸甲酯	C$_4$H$_8$O$_2$	丙酸甲酯	
88	甲基叔丁基醚	C$_5$H$_{12}$O	甲基叔丁基醚	
88	正戊醇	C$_5$H$_{12}$O	正戊醇	

相对分子(原子)量	本书命名	分子式	中文名	结构(简)式
89	C_7H_5	C_7H_5	富烯基丙二烯自由基	
89	$CH_2CH_2SC_2H_5$	C_4H_9S	2-乙硫基乙基	
89	$CH_3CHSC_2H_5$	C_4H_9S	1-乙硫基乙基	
89	C_4H_9S	C_4H_9S	丁巯基自由基	
90	enC_7H_6	C_7H_6	2-乙炔基环戊二烯	
90	富烯基丙二烯	C_7H_6	富烯基丙二烯	
90	$C_2H_5SC_2H_5$	$C_4H_{10}S$	二乙基硫醚	
90	C_4H_9SH	$C_4H_{10}S$	异丁基硫醇	
91	2,4,6-环庚三烯-1-基	C_7H_7	2,4,6-环庚三烯-1-基	
91	$C_6H_4CH_3$	C_7H_7	甲基苯基	
91	$C_6H_5CH_2$，苄基	C_7H_7	苄基	
91	$CH_3N(NH_2)NO_2$	$CH_5N_3O_2$	N-甲基-N-硝基肼	
91	$CH_3N(NH_2)ONO$	$CH_5N_3O_2$	N-甲基-N-亚硝酸基肼	
92	甲苯	C_7H_8	甲苯	

续表

相对分子(原子)量	本书命名	分子式	中文名	结构(简)式
92	N_2O_4	N_2O_4	四氧化二氮	
93	C_6H_5O	C_6H_5O	苯氧基	
93	$C_6H_5CD_2$	$C_7H_5D_2$	氘代苄基	
94	$C_5H_4(CH_3)_2$	C_7H_{10}	二甲基环戊二烯	
94	C_6H_5OH,苯酚	C_6H_6O	苯酚	
95	DMF252J	C_6H_7O	2-(5-甲基)-呋喃基甲基	
95	$(CH_3)_2C_4H_4N$	C_6H_9N	2,5-二甲基吡咯	
95	$C_5H_4N\text{-}OH$	C_5H_5NO	2-羟基吡啶	
95	OC_5H_5N	C_5H_5NO	2-吡啶氧自由基	
95	CS_2OH	$CHOS_2$	羟基二硫化碳加和物	$S{=}C{=}S\text{-----}OH$
98	环己酮	$C_6H_{10}O$	环己酮	
98	甲基环己烷	C_7H_{14}	甲基环己烷	
98	环庚烷	C_7H_{14}	环庚烷	
97	$CH_3C_4H_2OO$	$C_5H_5O_2$	2-甲基环丁二烯基过氧自由基	

续表

相对分子(原子)量	本书命名	分子式	中文名	结构(简)式
99	COCl$_2$	COCl$_2$	碳酰氯	
100	丁烯酸甲酯	C$_5$H$_8$O$_2$	2-丁烯酸甲酯	
100	2-甲基四氢吡喃	C$_6$H$_{12}$O	2-甲基四氢吡喃	
100	正己醛	C$_6$H$_{12}$O	正己醛	
100	正庚烷	C$_7$H$_{16}$	正庚烷	
100	2-甲基己烷	C$_7$H$_{16}$	2-甲基己烷	
100	2,2-二甲基戊烷	C$_7$H$_{16}$	2,2-二甲基戊烷	
100	2,4-二甲基戊烷	C$_7$H$_{16}$	2,4-二甲基戊烷	
101	C$_6$H$_4$C$_2$H	C$_8$H$_5$	2-乙炔基苯基	
102	丁酸甲酯	C$_5$H$_{10}$O$_2$	丁酸甲酯	
102	乙基叔丁基醚	C$_6$H$_{14}$O	乙基叔丁基醚	
102	甲基叔戊基醚	C$_6$H$_{14}$O	甲基叔戊基醚	
102	正己醇	C$_6$H$_{14}$O	正己醇	
102	C$_6$H$_5$C$_2$H	C$_8$H$_6$	苯乙炔	
102	C$_6$H$_4$C$_2$H$_3$	C$_8$H$_7$	2-乙烯基苯基	
103	C$_6$H$_5$C$_2$H$_2$	C$_8$H$_7$	2-苯基-2-乙烯基	

续表

相对分子(原子)量	本书命名	分子式	中文名	结构(简)式
104	*o*-xylylene	C_8H_8	邻二亚基甲苯	
104	benzocyclobutene	C_8H_8	苯并环丁烯	
104	$C_6H_5C_2H_3$、苯乙烯	C_8H_8	苯乙烯	
104	*p*-xylylene	C_8H_8	对二亚甲基苯	
104	2-methylfulvenallene	C_8H_8	2-甲基富烯基丙二烯	
104	C_6H_5OO	$C_6H_5O_2$	苯基过氧自由基	
105	$C_6H_5CH_2CH_2$	C_8H_9	2-苯基乙基	
105	$C_6H_5CHCH_3$	C_8H_9	1-苯基乙基	
105	C_2H_3-C_5H_4N	C_7H_7N	2-乙烯基吡啶	
105	间甲基苄基	C_8H_9	间甲基苄基	
105	邻甲基苄基	C_8H_9	邻甲基苄基	
105	对甲基苄基	C_8H_9	对甲基苄基	
106	*m*-xylene、间二甲苯	C_8H_{10}	间二甲苯	
106	*o*-xylene、邻二甲苯	C_8H_{10}	邻二甲苯	

相对分子(原子)量	本书命名	分子式	中文名	结构(简)式
106	*p*-xylene、对二甲苯	C_8H_{10}	对二甲苯	
106	乙基苯	C_8H_{10}	乙基苯	
106	C_6H_5CHO	C_7H_6O	苯甲醛	
107	*o*-$OC_6H_4CH_3$	C_7H_7O	邻甲基苯氧基	
107	*m*-$OC_6H_4CH_3$	C_7H_7O	间甲基苯氧基	
107	*p*-$OC_6H_4CH_3$	C_7H_7O	对甲基苯氧基	
107	$C_6H_5CH_2O$	C_7H_7O	苄氧基	
107	C_5H_4N-CHO	C_6H_5NO	2-甲酰基吡啶	
108	$C_6H_5CH_2OH$	C_7H_8O	苯甲醇	
108	$HOC_6H_4CH_3$	C_7H_8O	甲基苯酚	
108	CS_2OO	CS_2O_2	二硫化碳氧气加和物	$S{=}C{=}S{-----}O_2$
108	Ag	Ag	银	—
108	N_2O_5	N_2O_5	五氧化二氮	
111	$C_6H_5CCH_2$	C_8H_7	1-苯基乙烯基	
111	C_6H_5CHCH	C_8H_7	2-苯基乙烯基	

续表

相对分子(原子)量	本书命名	分子式	中文名	结构(简)式
112	环辛烷	C_8H_{16}	环辛烷	
112	顺-1,3-二甲基环己烷	C_8H_{16}	顺-1,3-二甲基环己烷	
112	反-1,3-二甲基环己烷	C_8H_{16}	反-1,3-二甲基环己烷	
112	乙基环己烷	C_8H_{16}	乙基环己烷	
112.4	Cd	Cd	镉	—
114	正辛烷	C_8H_{18}	正辛烷	
114	2-甲基庚烷	C_8H_{18}	2-甲基庚烷	
114	3-甲基庚烷	C_8H_{18}	3-甲基庚烷	
114	2,5-二甲基己烷	C_8H_{18}	2,5-二甲基己烷	
114	2,2,4-三甲基戊烷,异辛烷	C_8H_{18}	2,2,4-三甲基戊烷,异辛烷	
116	C_9H_8	C_9H_8	茚	
117	C_8H_7N	C_8H_7N	中氮茚	
117	C_9H_9	C_9H_9	茚满基	
118	$C_6H_5CH_2CHCH_2$	C_9H_{10}	3-苯基丙烯	
118.5	CCl_3	CCl_3	三氯甲基	
119	$C_6H_5CH_2CHCH_3$	C_9H_{11}	1-苯基-2-丙基	

相对分子(原子)量	本书命名	分子式	中文名	结构(简)式
119	C₆H₅CHCHO	C₈H₇O	苯基甲酰基甲基自由基	
119	C₈H₇O	C₈H₇O	2-苯基乙烯氧基自由基	
119.5	CHCl₃	CHCl₃	三氯甲烷	
120	正丙基苯	C₉H₁₂	正丙基苯	
120	1,2,4-三甲基苯	C₉H₁₂	1,2,4-三甲基苯	
120	1,3,5-三甲基苯	C₉H₁₂	1,3,5-三甲基苯	
121	硝酰过氧乙酰	C₂H₃O₅N	硝酰过氧乙酰	
123	C₆H₅CH₂OO	C₇H₇O₂	苄基过氧自由基	
124	C₆H₅CH₂OOH	C₇H₈O₂	苄基过氧化氢	
126	环壬烷	C₉H₁₈	环壬烷	
126	C₆H₄(C₂H)₂	C₁₀H₆	邻-二乙炔基苯	
128	C₁₀H₈	C₁₀H₈	萘	

相对分子(原子)量	本书命名	分子式	中文名	结构(简)式
129	(HOCN)₃	C₃H₃O₃N₃	三聚氰酸	
129	C₅H₅-C₅H₄	C₁₀H₉	连环戊二烯-1-基	
129	C₆H₅C₄H₄	C₁₀H₉	4-苯基-1,3-丁二烯-2-基	
129	C₁₀H₇	C₁₀H₇	萘基	
130	己酸甲酯	C₇H₁₄O₂	己酸甲酯	
130	丁醚	C₈H₁₈O	丁醚	
130	正辛醇	C₈H₁₈O	正辛醇	
130	二氢萘	C₁₀H₁₀	二氢萘	
130	C₆H₅C₄H₅	C₁₀H₁₀	1-苯基-1,3-丁二烯	
131	CH₃—C₈H₆N	C₉H₉N	2-甲基吲哚	
132	四氢萘	C₁₀H₁₂	四氢萘	
134	叔丁基苯	C₁₀H₁₄	叔丁基苯	
137	1-苯基乙基过氧自由基	C₈H₉O₂	(1-苯基)乙基过氧自由基	

相对分子(原子)量	本书命名	分子式	中文名	结构(简)式
137	2-苯基乙基过氧自由基	$C_8H_9O_2$	(2-苯基)乙基过氧自由基	
138	十氢萘	$C_{10}H_{18}$	十氢萘	
140	环癸烷	$C_{10}H_{20}$	环癸烷	
140	正丁基环己烷	$C_{10}H_{20}$	正丁基环己烷	
142	1-甲基萘	$C_{11}H_{10}$	1-甲基萘	
144	庚酸甲酯	$C_8H_{16}O_2$	庚酸甲酯	
144	A2OH-1	$C_{10}H_8O$	1-萘酚	
144	Cu_2O	Cu_2O	氧化亚铜	—
144	Ti_2O_3	Ti_2O_3	三氧化二钛	—
146	$C_4H_9SC_4H_9$	$C_8H_{18}S$	二异丁基硫醚	
152	联苯烯	$C_{12}H_8$	联苯烯	
152	苊烯	$C_{12}H_8$	苊烯	
153	$o\text{-}C_6H_5\text{-}C_6H_4$	$C_{12}H_9$	联苯基	
154	$C_6H_5\text{-}C_6H_5$	$C_{12}H_{10}$	联苯	

续表

相对分子(原子)量	本书命名	分子式	中文名	结构(简)式
154	CCl₄	CCl₄	四氯化碳	
154	C₅H₃N-C₅H₃N	C₁₀H₆N₂	2-连吡啶	
155	NiTiO₃	NiTiO₃	钛酸镍	—
155	C₁₀H₉C₂H₂	C₁₂H₁₁	炔基萘	
160	Fe₂O₃	Fe₂O₃	三氧化二铁	—
166	芴	C₁₃H₁₀	芴	
170	正十二烷	C₁₂H₂₆	正十二烷	
178	蒽	C₁₄H₁₀	蒽	
178	菲	C₁₄H₁₀	菲	
184	七环十四烷	C₁₄H₁₆	七环十四烷	
186	癸酸甲酯	C₁₁H₂₂O₂	癸酸甲酯	
196	环十四烷	C₁₄H₂₈	环十四烷	
202	二己基硫醚	C₁₂H₂₆S	二己基硫醚	

相对分子(原子)量	本书命名	分子式	中文名	结构(简)式
202	芘	$C_{16}H_{10}$	芘	
202	荧蒽	$C_{16}H_{10}$	荧蒽	
226	2,2,4,4,6,8,8-七甲基壬烷	$C_{16}H_{34}$	2,2,4,4,6,8,8-七甲基壬	
226	正十六烷	$C_{16}H_{34}$	正十六烷	
226	芘嵌环戊二烯	$C_{18}H_{10}$	芘嵌环戊二烯	
227	三硝基甲苯	$C_7H_5N_3O_6$	三硝基甲苯	
229	三硝基苯酚	$C_6H_3N_3O_7$	三硝基苯酚	
229	Mn_3O_4	Mn_3O_4	四氧化三锰	—
232	Fe_3O_4	Fe_3O_4	四氧化三铁	—
252	苯并芘	$C_{20}H_{12}$	苯并芘	
254	正十八烷	$C_{18}H_{38}$	正十八烷	
270	$C_{17}H_{34}O_2$	$C_{17}H_{34}O_2$	棕榈酸甲酯	

续表

相对分子(原子)量	本书命名	分子式	中文名	结构(简)式
282	正二十烷	$C_{20}H_{42}$	正二十烷	
294	$C_{19}H_{34}O_2$	$C_{19}H_{34}O_2$	油酸甲酯	
298	$C_{19}H_{38}O_2$	$C_{19}H_{38}O_2$	硬脂酸甲酯	
300	晕苯	$C_{24}H_{12}$	晕苯	